U0325967

21 世纪高等学校信息工程类专业规划教材

电视原理与系统

（第二版）

赵坚勇　编著

裴昌幸　主审

西安电子科技大学出版社

内 容 简 介

当今,电视技术正与其他高新技术互相结合而不断创造出新的产品,电视正在实现数字化,且必将迎来更大的发展和更广泛的应用。本书深入浅出地介绍了模拟电视的基本原理和应用,以及数字电视的原理、标准和接收技术。

全书共 8 章,主要内容有:人眼的视觉特性、色度学、电视图像的传送原理、彩电制式、地面广播、卫星广播、有线电视广播、摄像机、监视器、录像技术的发展、视频信号的传送和切换、串行传送控制信号、系统控制、视频信号的数字化和压缩、压缩标准、数码相机、VCD、DVD、多媒体技术及其应用、多路复用、信道编码、数字电视广播标准、数字电视的接收等。

本书可作为高等学校非电子类专业的"电视"课程教材,也可供从事电视技术工作的工程技术人员参考。

图书在版编目(CIP)数据

电视原理与系统/赵坚勇编著 . —2 版 . —西安:西安电子科技大学出版社,2011.7
(2017.12 重印)
21 世纪高等学校信息工程类专业规划教材
ISBN 978 - 7 - 5606 - 2599 - 7

Ⅰ. ① 电… Ⅱ. ① 赵… Ⅲ. ① 电视—理论—高等学校—教材 Ⅳ. ① TN94

中国版本图书馆 CIP 数据核字(2011)第 100352 号

策 划 马晓娟
责任编辑 孟秋黎 马晓娟
出版发行 西安电子科技大学出版社(西安市太白南路 2 号)
电 话 (029)88242885 88201467 邮 编 710071
网 址 www.xduph.com 电子邮箱 xdupfxb001@163.com
经 销 新华书店
印刷单位 陕西大江印务有限公司
版 次 2011 年 7 月第 2 版 2017 年 2 月第 6 次印刷
开 本 787 毫米×1092 毫米 1/16 印张 19.5
字 数 458 千字
印 数 19 001~20 000 册
定 价 33.00 元

ISBN 978 - 7 - 5606 - 2599 - 7/TN • 0607

XDUP 2891002 - 6

＊＊＊如有印装问题可调换＊＊＊

本社图书封面为激光防伪覆膜,谨防盗版。

前　言

本书第一版出版至今已经 7 年了，电视技术及其应用又有了很大的发展，特别是卫星数字电视、有线数字电视和地面数字电视技术都有了巨大的进步，新标准、芯片、机顶盒等层出不穷，数字电视已经走进我们的生活，迫使我们去了解它、熟悉它。所以，第一版中有关数字电视广播的内容已经不适应目前的情况，需要及时修订。

本次修订工作主要有以下内容：

（1）加强了第 8 章数字电视的阐述，对多路复用、信道编码、条件接收、各种数字调谐器、解复用信源解码等单片方案的基本原理作了介绍；对于我国近几年公布的 AVS 标准、地面广播电视标准、多声道数字音频标准 DRA、手机数字电视标准 CMMB、直播星标准 ABS－S 等，本书中都作了介绍，并且介绍了接收芯片和接收机；对国际新标准 DVB－S2、DVB－C2、DVB－T2 等以及 LDPC 码、Turbo 码等都作了简要介绍。

（2）在第 6 章中增加了对国际新标准 VC－1、MP3、MPEG－2AAC 的介绍。

（3）在第 4 章中增加了提高电视机质量的各种方法的介绍。

（4）另外，在第 7 章增加了交互式电视的介绍。

（5）删除了原第 5 章中关于磁带录像机、时滞录像机和多画面处理器的介绍。

本次修订增添了不少新的内容，但是教材的基本体系未变，主要内容未改，使用新教材不会给教学带来任何不便。

在本书第二版的出版过程中，得到西安电子科技大学出版社的大力支持和帮助，在此表示深切的感谢。

由于编者水平有限，书中难免还存在一些缺点，敬请读者批评指正。

编者

2011 年 3 月

第 一 版 前 言

随着现代科学技术的发展，电视的使用范围越来越广，广播电视已经深入到千家万户，成为人们日常生活中不可缺少的必需品。应用电视也已被银行、超市、商场、宾馆、交通管理部门、工矿、学校、医院等企事业单位广泛使用。

由于现代科学的交叉与互通，电视技术与其他高新技术互相渗透、结合而创造出的新技术和新产品不断涌现，因此，非电子类本科生也必须了解电视技术和电视的概况，以及电视的基本概念和基本原理。编写本书的目的是想深入浅出地介绍电视的基本原理和应用，介绍正在发展的数字电视。

本书共8章。第1章介绍光的性质、人眼的视觉特性和色度学。第2章介绍电视图像的传送原理，包括扫描、同步、黑白电视信号的组成。第3章介绍彩色电视信号的传输，包括 NTSC、PAL、SECAM 三种制式的原理、编解码方法和性能。第4章介绍广播电视，包括地面广播、卫星广播和有线电视的原理及有关设备。第5章介绍应用电视，包括摄像机与监视器、电视信号的基带传送、信号的分配与切换、字符的产生与叠加、录像技术的发展、串行通信与解码器、系统控制器。第6章介绍图像信号数字化和压缩的基本原理，包括静止图像压缩标准 JPEG 和 JPEG2000 及活动图像压缩标准 H.261、H.263、MPEG-1、MPEG-2、MPEG-4、H.264 和标准在 VCD 与 DVD 中的应用。第7章介绍多媒体技术及其应用，包括在 LAN 网上组建视听系统的 H.323 系列建议，在 ISDN 网组建视听系统的 H.320 系列建议，在 PSTN 网上进行视听通信的 H.324 系列建议以及标准在可视电话、会议电视、远程医疗和多媒体电视监控报警系统中的应用。第8章介绍数字电视，包括BCH 码、级联编码、能量扩散、RS 编码、交织、卷积编码等信道编码技术；还介绍了正交幅度调制（QAM）、四相相移键控（QPSK）、格形编码调制（TCM）等技术；最后介绍了欧洲的 DVB、美国的 ATSC、日本的 ISDB 三种数字电视标准的特点，数字电视的接收、数字电视机顶盒等。

本书内容丰富，资料新颖，深入浅出，部分章节可由学生自学，不必讲授。本书可作为高等学校非电子类专业"电视"课程教材，也可作为成人教育和培训班教材。第6、7、8章有关电视数字化的内容难度较大，可以根据教学计划等具体情况决定取舍。

在本书的编写、审定和出版过程中，得到了西安电子科技大学出版社的大力支持与帮助。西安电子科技大学的裴昌幸教授认真审阅了本书，提出了很多宝贵的意见，在此表示深切的谢意。由于编者水平有限，书中难免还存在一些缺点和疏漏，敬请读者批评指正。

编者

2003 年 10 月

目　　录

第1章 彩色与视觉特性

电视图像是一种光信号，在介绍彩色电视之前，应该先了解光和色度学的基本知识。

1.1 光 的 性 质

1.1.1 可见光谱

光是一种电磁辐射。电磁辐射的波长范围很宽，按波长从长到短的顺序排列，依次是无线电波、红外线、可见光、紫外线、X射线和宇宙射线等。图1-1是电磁波按波长的顺序排列的电磁波谱。

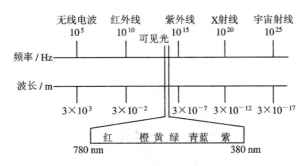

图1-1 电磁辐射波谱

波长在380～780 nm范围内的电磁波能够使人眼产生颜色感觉，称为可见光。可见光在整个电磁波谱中只占极小的一段。可见光谱的波长由780 nm向380 nm变化时，人眼产生的颜色感觉依次是红、橙、黄、绿、青、蓝、紫7色。一定波长的光谱呈现的颜色称为光谱色。太阳光包含全部可见光谱，给人以白色的感觉。

光谱完全不同的光，人眼有时会有相同的色感。用波长为540 nm的绿光和700 nm的红光按一定比例混合可以使人眼得到580 nm黄光的色感。这种由不同光谱混合出相同色光的现象叫同色异谱。

1.1.2 物体的颜色

物体分为发光体和不发光体。发光体的颜色由它本身发出的光谱所确定，如白炽灯发黄和荧光灯发白，各自有其特定的光谱色。

不发光体的颜色与照射光的光谱和不发光体对照射光的反射、透射特性有关。例如，红旗反射太阳光中的红色光、吸收其他颜色的光而呈红色；绿叶反射绿色光、吸收其他颜色的光而呈绿色；白纸反射全部太阳光而呈白色；黑板能吸收全部太阳光而呈黑色。另外，绿叶拿到暗室的红光下观察成了黑色，这是因为红光源中没有绿光成分，树叶吸收了全部红光而呈黑色。

1.1.3　标准光源

在彩色电视系统中，用标准白光作为照明光源。为了便于对标准白光进行比较和计算，用绝对黑体的辐射温度——色温表示光源的光谱性能。

绝对黑体也称全辐射体，是指不反射、不透射，并完全吸收入射辐射的物体，它对所有波长辐射的吸收系数均为 1。绝对黑体在自然界是不存在的，其实验模型是一个中空的、内壁涂黑的球体，在其上面开了一个小孔，进入小孔的光辐射经内壁多次反射、吸收，已不能再逸出到外面，这个小孔就相当于绝对黑体。

绝对黑体所辐射的光谱与它的温度密切相关。绝对黑体的温度越高，辐射的光谱中蓝色成分越多，红色成分越少。光源的色温定义为：光源的可见光谱与某温度的绝对黑体辐射的可见光谱相同或相近时，绝对黑体的温度称为该光源的色温，单位以绝对温度开氏度（K）表示。

色温与光源的实际温度无关，彩色电视机荧光屏的实际温度为常温，而其白场色温是6500 K。

常用的标准白光有 A、B、C、D_{65} 和 E 光源等 5 种，它们的光谱分布如图 1-2 所示。

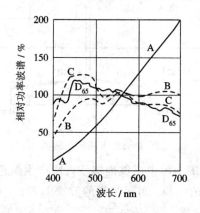

图 1-2　标准光源的光谱分布

（1）A 光源：色温为 2854 K 的白光，光谱偏红，相当于充气钨丝白炽灯所产生的光。

（2）B 光源：色温为 4874 K 的白光，近似中午直射的太阳光。

（3）C 光源：色温为 6774 K 的白光，相当于白天的自然光。它是 NTSC 制彩色电视的白光标准光源。

（4）D_{65} 光源：色温为 6504 K 的白光，相当于白天的平均光照。它是 PAL 制彩色电视的白光标准光源。

（5）E 光源：色温为 5500 K 的等能量白光（$E_{白}$）。它是为简化色度学计算所采用的一种假想光源，实际并不存在。

电视演播室卤钨灯光源的色温为 3200 K，有体积小、亮度高、寿命长、色温稳定等优点。

1.1.4 光的度量单位

1. 光通量

光通量是按人眼的光感觉来度量的辐射功率,用符号 φ 表示,其单位为流明(lm)。当 $\lambda = 555$ nm 的单色光辐射功率为 1 W 时,产生的光通量为 683 lm,或称 1 光瓦。在其他波长时,由于相对视敏度 $V(\lambda)$ 下降,相同辐射功率所产生的光通量随之下降。

40 W 的钨丝灯泡输出的光通量为 468 lm,发光效率为 11.7 lm/W;40 W 的日光灯可以输出 2100 lm 的光通量,发光效率为 52.5 lm/W;电视演播室卤钨灯发光效率可达 80~100 lm/W。

2. 光照度

光照度用 E 表示,单位为勒(克斯),符号为 lx。1 勒(克斯)等于 1 流明的光通量均匀分布在 1 平方米面积上的光照度。

为了对光照度的单位勒有个大概的印象,下列数据可供参考:室外晴天光照度约为 10 000 lx,多云约为 500 lx,傍晚约为 50 lx,月光约为 10^{-1} lx,黄昏约为 10^{-2} lx,星光约为 10^{-4} lx。

1.2 人眼的视觉特性

人能感觉到图像的颜色和亮度是由眼睛的生理结构所决定的。电影和电视都是根据人眼的视觉特性发明的。电影每秒投射 24 幅静止画面,每画面投射 2 次,由于人眼的视觉惰性,看起来就同活动景象一样;电视每秒扫描 50 幅画面,每幅画面是由 312 根扫描线组成的,由于人眼的视觉惰性和有限的细节分辨能力,看起来就成了整幅的活动景象。人眼的视觉特性是电视技术发展的重要依据。

1.2.1 视觉灵敏度

波长不同的可见光光波,给人的颜色感觉不同,亮度感觉也不同,人眼对不同波长光的灵敏度是不同的。

人眼的灵敏度因人而异,同一个人眼睛的灵敏度也随年龄和健康状况有所变化,所以,标准视觉灵敏度采用统计的方法,用许多正常视力的观察者来做实验,取其平均值。经过对各种类型人的实验进行统计,国际照明委员会推荐的标准视敏度曲线(也称相对视敏函数曲线)如图 1-3 中的 $V(\lambda)$ 曲线所示。图 1-3 中曲线表明:具有相等辐射能量、不同波长的光作用于人眼时,引起的亮度感觉是不一样的;人眼最敏感的光波长为 555 nm,颜色是草绿色,这一区域颜色,人眼看起来省力,不易疲劳;在

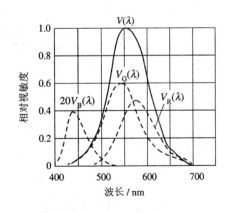

图 1-3 标准视敏度曲线

555 nm 两侧，随着波长的增加或减少，亮度感觉逐渐降低；在可见光谱范围之外，辐射能量再大，人眼也是没有亮度感觉的。

1.2.2 彩色视觉

人眼视网膜上有大量的光敏细胞，按形状分为杆状细胞和锥状细胞。杆状细胞灵敏度很高，但对彩色不敏感，人的夜间视觉主要靠它起作用，因此，在暗处只能看到黑白形象而无法辨别颜色；锥状细胞既可辨别光的强弱，又可辨别颜色，白天视觉主要由它来完成。关于彩色视觉，科学家曾做过大量实验，并提出视觉三色原理的假设，该假设认为锥状细胞又可分成三类，分别称为红敏细胞、绿敏细胞和蓝敏细胞。它们各自的相对视敏函数曲线分别为图 1-3 所示的 $V_R(\lambda)$、$V_G(\lambda)$、$V_B(\lambda)$，其峰值分别在 580 nm、540 nm、440 nm处。图中 $V_B(\lambda)$ 曲线幅度很低，已将其放大了 20 倍。三条曲线的总和等于相对视敏函数曲线 $V(\lambda)$。三条曲线是部分交叉重叠的，很多单色光同时处于两条曲线之下，如 600 nm 的单色黄光就处在 $V_R(\lambda)$、$V_G(\lambda)$ 曲线之下，所以 600 nm 的单色黄光既激励了红敏细胞，又激励了绿敏细胞，可引起混合的感觉。当混合红绿光同时作用于视网膜时，使红敏细胞、绿敏细胞同时受激励，只要混合光的比例适当，所引起的彩色感觉可以与单色黄光引起的彩色感觉完全相同。

不同波长的光对三种细胞的刺激量是不同的，产生的彩色视觉各异，人眼因此能分辨出五光十色的颜色。电视技术就是利用这一原理，在图像重现时，不是重现原来景物的光谱分布，而是利用相似于红、绿、蓝锥状细胞特性曲线的三种光源进行配色，在色感上得到了相同的效果。

1.2.3 分辨力

分辨力是指人眼在观看景物时对细节的分辨能力。对人眼进行分辨力测试的方法如图 1-4 所示，在眼睛的正前方放一块白色的屏幕，屏幕上面有两个相距很近的小黑点，逐渐增加画面与眼睛之间的距离，当距离增加到一定长度时，人眼就分辨不出有两个黑点存在，感觉只有一个黑点，这说明眼睛分辨景色细节的能力有一个极限值，我们将这种分辨细节的能力称为人眼的分辨力或视觉锐度。

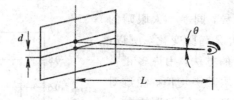

图 1-4 人眼的分辨力

分辨力的定义是：眼睛对被观察物上相邻两点之间能分辨的最小距离所对应的视角 θ 的倒数，即

$$分辨力 = \frac{1}{\theta} \qquad (1-1)$$

如图 1-4 所示，用 L 表示眼睛与图像之间的距离，d 表示能分辨的两点间最小距离，则有

$$\frac{d}{\theta} = \frac{2\pi L}{360 \times 60}$$

$$\theta = 3438\frac{d}{L} \quad (') \tag{1-2}$$

人眼的最小视角取决于相邻两个视敏细胞之间的距离。对于正常视力的人，在中等亮度情况下观看静止图像时，θ 为 $1'\sim1.5'$。分辨力在很大程度上取决于景物细节的亮度和对比度。当亮度很低时，视力很差，这是因为亮度低时锥状细胞不起作用；但是亮度过大时，视力不再增加，甚至由于眩目现象，视力反而有所降低。此外，细节对比度愈小，也愈不易分辨，会造成分辨力降低。在观看运动物体时，分辨力更低。

人眼对彩色细节的分辨力比对黑白细节的分辨力要低，例如，黑白相间的等宽条子，相隔一定距离观看时，刚能分辨出黑白差别，如果用红绿相间的同等宽度条子替换它们，此时人眼已分辨不出红绿之间的差别，而是一片黄色。实验还证明，人眼对不同彩色的分辨力也各不相同。如果眼睛对黑白细节的分辨力定义为 100%，则实验测得人眼对各种颜色细节的相对分辨力用百分数表示如表 1-1 所示。

表 1-1 人眼对各种颜色细节的相对分辨力

细节颜色	黑白	黑绿	黑红	黑蓝	红绿	红蓝	绿蓝
相对分辨力/(%)	100	94	90	26	40	23	19

因为人眼对彩色细节的分辨力较差，所以在彩色电视系统中传送彩色图像时，只传送黑白图像细节，而不传送彩色细节，这样做可减少色信号的带宽，这就是大面积着色原理的依据。

1.2.4 视觉惰性

实验证明，人眼的主观亮度感觉与客观光的亮度是不同步的。当一定强度的光突然作用于视网膜时，不能在瞬间形成稳定的主观亮度感觉，而是按近似指数规律上升；当亮度突然消失后，人眼的亮度感觉并不立即消失，而是按近似指数规律下降。人眼的亮度感觉总是滞后于实际亮度的，这一特性称为视觉惰性或视觉暂留。

图 1-5(a)表示作用于人眼的光脉冲亮度，图 1-5(b)表示该光脉冲造成的主观亮度感觉，它滞后于实际的光脉冲。光脉冲消失后，亮度感觉还要一段时间才能消失。图 1-5(b)中，$t_1\sim t_2$ 就是视觉暂留时间。在中等亮度的光刺激下，视力正常的人视觉暂留时间约为 0.1 s。

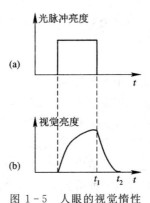

图 1-5 人眼的视觉惰性

人眼受到频率较低的周期性的光脉冲刺激时，会感到一亮一暗的闪烁现象，如果将重复频率提高到某个定值以上，由于视觉惰性，眼睛就感觉不到闪烁了。不引起闪烁感觉的最低重复频率，称为临界闪烁频率。临界闪烁频率与很多因素有关，其中最重要的是光脉冲亮度，随着光脉冲亮度的提高，临界闪烁频率也会提高；临界闪烁频率还与亮度变化幅度有关，亮度变化幅度越大，临界闪烁频率越高。

人眼的临界闪烁频率约为46 Hz。对于重复频率在临界闪烁频率以上的光脉冲，人眼不再感觉到闪烁，这时主观感觉的亮度等于光脉冲亮度的平均值。

1.3 色 度 学

1.3.1 彩色三要素

描述一种色彩需要用亮度、色调和饱和度三个基本参量，这三个参量称为彩色三要素。

1. 亮度

亮度反映光的明亮程度。彩色光辐射的功率越大，亮度越高；反之，亮度越低。不发光物体的亮度取决于它反射光功率的大小。若照射物体的光强度不变，物体的反射性能越好，物体越明亮；反之，物体越暗。对于一定的物体，照射光越强，物体越明亮；反之，物体越暗。

2. 色调

色调反映彩色的类别，如红、橙、黄、绿、青、蓝、紫等不同颜色。发光物体的色调由光的波长决定，不同波长的光呈现不同的色调；不发光物体的色调由照明光源和该物体的吸收、反射或透射特性共同决定。

3. 饱和度

色饱和度反映彩色光的深浅程度。同一色调的彩色光，会给人以深浅不同的感觉，如深红、粉红是两种不同饱和度的红色，深红色饱和度高，粉红色饱和度低。饱和度与彩色光中的白光比例有关，白光比例越大，饱和度越低。高饱和度的彩色光可加白光来冲淡成低饱和度的彩色光。饱和度最高称为纯色或饱和色，谱色光就是纯色光，其饱和度为100%。饱和度低于100%的彩色称为非饱和色，日常生活中所见到的大多数彩色是非饱和色。白光的饱和度为0。

色饱和度和色调合称为色度，它表示彩色的种类和彩色的深浅程度。

1.3.2 三基色原理

根据人眼的视觉特性，在电视机中重现图像时并不要求完全重现原景物反射或透射光的光谱成分，而应获得与原景物相同的彩色感觉。因此，仿效人眼三种锥状细胞，可以任选三种基色，三种基色必须是相互独立的，任一种基色都不能由其他两种基色混合得到，将它们按不同比例进行组合，可得到自然界中绝大多数的彩色。具有这种特性的三个单色光叫基色光，这三种颜色叫三基色。并总结出三基色原理：自然界中绝大多数的彩色可以分解为三基色，三基色按一定比例混合，可得到自然界中绝大多数彩色。混合色的色调和饱和度由三基色的混合比例决定，混合色的亮度等于三种基色亮度之和。

因为人眼的三种锥状细胞对红光、绿光和蓝光最敏感，所以在红色、绿色和蓝色光谱区中选择三个基色按适当比例混色可得到较多的彩色。在彩色电视中，选用了红、绿、蓝作为三基色，分别用 R、G、B 来表示。国际照明委员会（CIE）选定了红基色的波长为 700 nm，绿基色的波长为 546.1 nm，蓝基色的波长为 435.8 nm。

三基色原理是彩色电视技术的基础，摄像机把图像分解成三基色信号，电视机又用三基色信号还原出原图像的色彩。三基色光相混合得到的彩色光的亮度等于三种基色亮度之和，这种混合色称为相加混色。将三束等强度的红、绿、蓝圆形单色光同时投射到白色屏幕上，会出现三基色的圆图，其混合规律如图 1-6 所示。

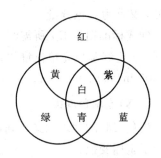

红色＋绿色＝黄色

绿色＋蓝色＝青色

蓝色＋红色＝紫色

红色＋绿色＋蓝色＝白色

适当改变三束光的强度，可以得到自然界中常见的彩色光。

红色＋青色＝白色

绿色＋紫色＝白色

蓝色＋黄色＝白色

图 1-6　相加混色

当两种颜色混合得到白色时，这两种颜色称为互补色。红与青互为补色，绿与紫互为补色，蓝与黄互为补色。

在彩色电视技术中，常用两种相加混色法。

空间混色法是同时将三种基色光分别投射到同一表面上彼此相距很近的三个点上，由于人眼的分辨力有限，能产生三种基色光混合的色彩感觉。空间混色法是同时制彩色电视的基础。

时间混色法是将三种基色光轮流投射到同一表面上，只要轮换速度足够快，加之视觉惰性，就能得到相加混色的效果。时间混色法是顺序制彩色电视的基础。

1.3.3　颜色的度量

1. 配色实验

给定一种彩色光，可通过配色实验来确定其所含三基色的比例，配色实验装置如图 1-7 所示。

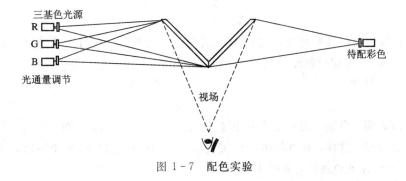

图 1-7　配色实验

实验装置是由两块互成直角的理想白板将观察者的视场一分为二，在一块白板上投射待配色，另一块白板上投射三基色。调节三基色光的强度，直至两块白板上彩色光引起的视觉效果完全相同。此时记下三基色调节器上的光通量读数，便可写出如下的配色方程：

$$F = R(R) + G(G) + B(B) \qquad (1-3)$$

式中，F 为任意一个彩色光，(R)、(G)、(B) 为三基色单位量，R、G、B 为三色分布系数。要配出彩色量 F，必须将 R 单位的红基色、G 单位的绿基色和 B 单位的蓝基色加以混合。R、G、B 的比例关系确定了所配彩色光的色度（含色调和饱和度），R、G、B 数值确定了所配彩色光的光通量（亮度）。$R(R)$、$G(G)$、$B(B)$ 分别代表彩色量 F 中所含三基色的光通量成分，又称为彩色分量。

配成标准白光 $E_{白}$ 所需红、绿、蓝三基色的光通量比为 $1:4.5907:0.0601$，为了简化计算，规定红基色光单位量的光通量为 $1\ \text{lm}$，绿基色光和蓝基色光单位量的光通量分别为 $4.5907\ \text{lm}$ 和 $0.0601\ \text{lm}$。

2. XYZ 制色度图

配色实验的物理意义明确，但进行定量计算却比较复杂，实际使用时很不方便，为此进行了坐标变换：

$$\left.\begin{aligned}
(X) &= 0.4185(R) - 0.0912(G) + 0.0009(B) \\
(Y) &= -0.1587(R) + 0.2524(G) + 0.0025(B) \\
(Z) &= -0.0828(R) + 0.0157(G) + 0.1786(B)
\end{aligned}\right\} \qquad (1-4)$$

在 XYZ 计色制中，任何一种彩色的配色方程式可表示为

$$F = X(X) + Y(Y) + Z(Z) \qquad (1-5)$$

式中，X、Y、Z 为标准三色系数，(X)、(Y)、(Z) 为标准三基色单位。在 XYZ 计色制中，标准三色系数均为正数，系数 Y 的数值等于合成彩色光的全部亮度，系数 X、Z 不包含亮度，合成彩色光色度仍由 X、Y、Z 的比值决定。当 $X=Y=Z$ 时，配出等能白光 $E_{白}$。

色度是由三色系数 X、Y、Z 的相对值确定的，与 X、Y、Z 的绝对值无关。如果仅考虑色度值时，可以用三色系数的相对值表示。

$$\left.\begin{aligned}
m &= X + Y + Z \\
x &= \frac{X}{X+Y+Z} = \frac{X}{m} \\
y &= \frac{Y}{X+Y+Z} = \frac{Y}{m} \\
z &= \frac{Z}{X+Y+Z} = \frac{Z}{m}
\end{aligned}\right\} \qquad (1-6)$$

式中，m 为色模，表示某彩色光所含标准三基色单位的总量，它与光通量有关，对颜色不产生影响；x、y、z 为相对色度系数，又叫色度坐标。

由式（1-6）可知，

$$x + y + z = 1 \qquad (1-7)$$

式（1-7）表明，当某一彩色量 F 的相对色度系数 x、y 已知时，则 z 也为已知，即 z 是一个非独立的参量。这样，就可将由配色实验得到的数据换算成 x、y 坐标值，并画出其平面图形，即 x-y 标准色度图，如图 1-8 所示。

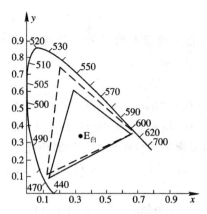

图 1-8　标准色度图和显像三基色

在 x-y 色度图中，所有光谱色都在所示的舌形曲线上。曲线上各点的单色光既可用一定的波长来标记，也可用色度坐标来表示，该曲线亦称为光谱色曲线。

舌形曲线下面不是闭合的，用直线连接起来，则自然界中所有实际彩色都包含在这个封闭的曲线之内。

$E_白$ 点的坐标为 $x=1/3$、$y=1/3$，谱色曲线上任意一点与 $E_白$ 点的连线称为等色调线。该线上所有的点都对应同一色调的彩色，线上的点离 $E_白$ 点越近，该点对应的彩色的饱和度就越小。

谱色曲线内任意两点表示了两种不同的彩色，这两种彩色的全部混色都在这两点的连线上。合成光的点离该两点的距离与这两种彩色在合成光中的强度成反比。

在谱色曲线内，任取三点所对应的彩色作基色混合而成的所有彩色都包含在以这三点为顶点的三角形内。三角形外的彩色不能由此三基色混合得到。因此，彩色电视选择的三基色应在色度图上有尽量大的三角形面积。

1.3.4　显像三基色和亮度公式

1. 显像三基色

彩色电视重现图像是靠彩色显像管屏幕上三种荧光粉在电子束轰击下发出红、绿、蓝三种基色光混合而得到的，这三种基色称为显像三基色。我们希望选出的显像三基色在色度图上的三角形面积尽可能大些，这会使混合出来的色彩更丰富，同时还要求荧光粉的发光效率尽可能高。

不同彩色电视制式所选用的显像三基色是不同的，选用标准白光也不一样。NTSC 制和 PAL 制采用的显像三基色和标准白光的色度坐标如表 1-2 所示，在色度图中的位置分别见图 1-8 中的虚线三角形和实线三角形。

表 1-2　显像三基色和标准白光的色度坐标

制　式		NTSC 制				PAL 制			
基色和标准白光		R_{e1}	G_{e1}	B_{e1}	$C_白$	R_{e2}	G_{e2}	B_{e2}	D_{65}
色度坐标	x	0.67	0.21	0.14	0.31	0.64	0.29	0.15	0.313
	y	0.33	0.71	0.08	0.316	0.33	0.6	0.06	0.329

2. 亮度公式

由显像三基色和标准白光的色度坐标经线性矩阵变换可导出 NTSC 制中显像三基色 R_{el}、G_{el}、B_{el} 和 X、Y、Z 之间的关系式为

$$\left.\begin{array}{l} X = 0.607R_{el} + 0.174G_{el} + 0.200B_{el} \\ Y = 0.299R_{el} + 0.587G_{el} + 0.114B_{el} \\ Z = 0.000R_{el} + 0.066G_{el} + 1.116B_{el} \end{array}\right\} \qquad (1-8)$$

式中，Y 代表彩色的亮度，由显像三基色配出的任意彩色光的亮度为

$$Y = 0.299R_{el} + 0.587G_{el} + 0.114B_{el} \qquad (1-9)$$

通常简化为

$$Y = 0.3R + 0.59G + 0.11B \qquad (1-10)$$

式(1-10)称为亮度公式。

由表 1-2 可知，在 PAL 制彩色电视中，选用的显像三基色和标准白光的色度坐标与 NTSC 制不一样，亮度公式中的系数有所不同，但是两者差别不大，所以在 PAL 制中也采用式(1-10)作为亮度公式。

思考题和习题

1. 填空题

(1) 波长在_____nm 范围内的电磁波能够使人眼产生颜色感觉，称为_____。

(2) 由不同光谱混合出相同色光的现象叫_____。

(3) 发光体的颜色由它本身所发出的_____确定。

(4) 不发光体的颜色与_____的光谱和不发光体对照射光的_____、_____特性有关。

(5) 光通量是按人眼的光感觉来度量的辐射功率，用符号_____表示，其单位名称为_____。

(6) 光照度 E 的单位为_____，符号为_____。

(7) 人眼最敏感的光波长为_____nm，颜色是草绿色。

(8) 杆状细胞_____很高，但对彩色不敏感。

(9) 人眼的亮度感觉总是_____于实际亮度的，这一特性称为_____。

(10) 视力正常的人视觉暂留时间约为_____s。

(11) 不引起闪烁感觉的最低重复频率称为_____。

(12) 若照射物体的光强度不变，物体的反射性能越好，则物体越_____。

(13) 描述一种色彩需要用_____、_____和_____三个基本参量。

(14) _____反映彩色光的深浅程度。

(15) 饱和度与彩色光中的_____比例有关，_____比例越大，饱和度越低。

(16) 色饱和度和色调合称为_____。

(17) 当两种颜色混合得到白色时，这两种颜色称为_____。

(18) 谱色曲线上任意一点与 $E_白$ 点的连线称为_____。

(19) 在 XYZ 计色制中，系数_____的数值等于合成彩色光的亮度，合成彩色光的色度由_____的比值决定。

(20) 在 XYZ 计色制中，当_____时，可配出等能白光 E$_白$。

2. 选择题

(1) 下列波长的电磁波不能够使人眼产生颜色感觉的是(　　)。

① 580 nm　　　② 680 nm　　　③ 780 nm　　　④ 880 nm

(2) 在白光下呈绿色的纸在红光下应该呈(　　)。

① 绿色　　　② 红色　　　③ 白色　　　④ 黑色

(3) 光源的色温单位是(　　)。

① 摄氏度　　　② 华氏度　　　③ 开氏度　　　④ 摄氏度或华氏度

(4) 光照度为 10^{-1} 勒相当于(　　)。

① 晴天　　　② 多云　　　③ 月光　　　④ 星光

(5) 彩色三要素是(　　)。

① 红、绿、蓝　　　　　　　　② 亮度、色调和饱和度

③ 色调、色度和色温　　　　　④ 色调、色度和饱和度

(6) 在彩色电视中，选用的三基色是(　　)。

① 红、绿、蓝　　② 紫、青、黄　　③ 紫、绿、蓝　　④ 红、绿、黄

(7) 两种颜色互为补色的是(　　)。

① 红、绿　　　② 紫、青　　　③ 黄、蓝　　　④ 黄、绿

(8) 绿色、紫色、青色相加得到(　　)。

① 浅绿　　　② 浅紫　　　③ 浅青　　　④ 浅黄

(9) 在 XYZ 计色制中，E$_白$ 点的坐标为(　　)。

① $x=1/3$, $y=1/3$　② $x=1/2$, $y=1/2$　③ $x=1$, $y=1$　④ $x=0$, $y=0$

(10) 亮度公式是(　　)。

① $Y=0.3R+0.59G+0.11B$

② $Y=0.59R+0.3G+0.11B$

③ $Y=0.59R+0.11G+0.3B$

④ $Y=0.11R+0.3G+0.59B$

3. 判断题

(1) 可见光谱的波长由 380 nm 向 780 nm 变化时，人眼产生颜色的感觉依次是红、橙、黄、绿、青、蓝、紫等 7 色。

(2) 不发光体的颜色由本身的反射、透射特性决定，与照射光的光谱无关。

(3) PAL 制彩色电视的白光标准光源是温度达 6500 K 的 D$_{65}$ 光源。

(4) E 光源是一种假想光源，实际并不存在。

(5) 临界闪烁频率只与光脉冲亮度有关，与其他因素无关。

(6) 饱和度与彩色光中的白光比例有关，白光比例越大，饱和度越高。

(7) 分辨力的定义是眼睛对被观察物上相邻两点之间能分辨的最小距离所对应的视角 θ 的倒数。

(8) 任一种基色都可以由其他两种基色混合得到。

（9）红、绿、蓝三色相加得到白色，所以它们是互补色。

（10）谱色曲线内任意两点表示了两种不同的彩色，这两种彩色的全部混色都在这两点的连线上。

4. 问答题

（1）不发光体的颜色与哪些因素有关？发光体呢？

（2）红光源照明时白纸、红纸、绿纸各呈什么颜色？带上绿色眼镜再看呢？

（3）若水平方向上可分辨出40根红、绿竖线，对黑白、黑红、绿蓝线的分辨数分别是多少？

（4）彩色三要素是什么？

（5）三基色原理的主要内容是什么？

（6）黄色、青色和红色相加混色后是什么颜色？黄色和紫色呢？

（7）已知三基色信号 R、G、B 的相对电平分别为1、0.5、0.4，求混合后亮度信号的相对电平。

第2章 电视图像的传送原理

2.1 电视传像原理

电视广播用无线电波传送活动图像和伴音。传送伴音要把随时间变化的声能变成电信号并传送出去,接收机再把电信号转换为声音;传送活动图像要在发送端把亮度信息从空间、时间的多维函数变成时间的单变量函数电信号。

人眼的分辨力是有限的,当人眼看图像上两个点构成的视角小于1′时,眼睛已不能将这两点区分开来。根据这一视觉特性,我们可以将一幅空间上连续的黑白图像分解成许多小单元,这些小单元面积相等、分布均匀,明暗程度不同。大量的单元组成了电视图像,这些单元称为像素。报纸上的照片就是这样构成的,在近距离仔细观察时,画面由许多小黑点组成;当离开一定距离观看时,看到的是一幅完整的照片。单位面积上的像素数越多,图像越清晰。一幅标准清晰度电视图像有 720×576 个像素,要用 40 万个传输通道来同时传送图像信号是不可能的。由于人眼的视觉惰性,可以把图像上各像素的亮度信号按从左到右、从上到下的顺序一个一个地传送。电视接收机按发送端的顺序依次将电信号转换成相应亮度的像素,只要在视觉暂留的 0.1 s 时间里完成一幅图像所有像素的电/光转换,那么,人眼感觉到的将是一幅完整的图像。利用视觉惰性,我们同样可以把连续动作分解为一连串稍有差异的静止图像。电影就是每秒放映 24 幅稍有差异的静止画面来得到活动图像的,电视则是采用每秒传送 25 幅稍有差异的电视画面来得到连续动作的效果的。

利用人眼的视觉惰性和有限分辨力,活动图像可分解为一连串的静止图像,静止图像又可分解为像素,只要在 1/25 s 时间里,发送端依次对一幅图像所有像素的亮度信息进行光/电转换,接收端再依次重现相应亮度的像素,就可以完成活动图像的传输。这种将图像分解成像素后顺序传送的方法叫做顺序传送原理。

2.1.1 逐行扫描

在电视发送端用摄像器件实现光/电转换,在接收端用显像管实现电/光转换。涂在玻璃屏上的荧光粉在电子束的轰击下会发光。荧光屏的发光强弱取决于轰击电子的数量与速度,只要用代表图像的电信号去控制电子束的强弱,再按规定的顺序扫描荧光屏,便能完成由电到光的转换,重现电视图像。显像管中的电子束扫描是通过水平偏转线圈和垂直偏转线圈来实现的。在水平偏转线圈所产生的垂直磁场作用下,电子束沿着水平方向扫描,叫做行扫描。同时,在垂直偏转线圈所产生的水平磁场作用下,电子束沿垂直方向扫描,叫做帧扫描。

假定在水平偏转线圈里通过如图 2-1(a)所示的锯齿形电流,$t_1 \sim t_2$ 期间电流线性增长时,电子束在垂直偏转磁场的作用下从左向右作匀速扫描叫做行扫描正程,t_2 时刻正程结束时，电子束扫到屏幕的最右边。$t_2 \sim t_3$ 期间偏转电流快速线性减小，电子束从右向左迅速扫描，叫做行扫描逆程，t_3 时刻逆程结束时，电子束又回扫到屏幕的最左边。电子束在水平方向往返一次所需的时间称为行扫描周期 T_H。行扫描周期 T_H 等于行正程时间 T_{HF} 与行逆程时间 T_{HR} 之和。行扫描周期的倒数就是行扫描频率 f_H。

假定在垂直偏转线圈里通过如图 2-1(b) 所示的锯齿形电流，电子束在水平偏转磁场的作用下将产生自上而下，再自下而上的扫描，这样便形成帧扫描正程和逆程。帧扫描的周期 T_Z 等于帧正程时间 T_{ZF} 与帧逆程时间 T_{ZR} 之和。帧扫描周期的倒数就是帧扫描频率 f_Z。帧扫描频率 f_Z 远低于行扫描频率 f_H。

如果把行偏转电流 i_H 和帧偏转电流 i_Z 同时分别加到水平和垂直偏转线圈里，那么，在垂直偏转磁场和水平偏转磁场共同作用下，电子束同时沿水平方向和垂直方向扫描，在屏幕上就显示出如图 2-1(c) 所示的光栅。由于行扫描时间比帧扫描时间短得多，整个屏幕高度有 600 多条扫描线，因此电视机的扫描线看起来是水平直线。这种扫描方式从图像上端开始，从左到右、从上到下以均匀速度依照顺序一行紧跟一行地扫完全帧画面，称为逐行扫描。

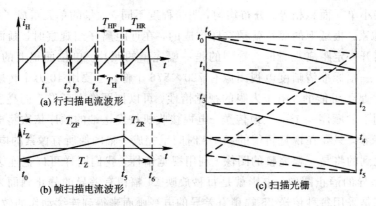

(a) 行扫描电流波形

(b) 帧扫描电流波形

(c) 扫描光栅

图 2-1 逐行扫描电流波形和光栅

逆程扫描线会降低图像质量，故在行、帧逆程期间用消隐脉冲截止扫描电子束，使逆程扫描线消失。为了提高效率，正程扫描时间应占整个扫描周期的大部分，电视标准规定了行逆程系数 α 和帧逆程系数 β：

$$\alpha = \frac{T_{HR}}{T_H} = 18\%, \quad \beta = \frac{T_{ZR}}{T_Z} = 8\%$$

在逐行扫描中，所有帧的光栅都应相互重合，这就要求帧扫描周期 T_Z 是行扫描周期 T_H 的整数倍，也就是说每帧的扫描行数 Z 为整数，$T_Z = ZT_H$，$f_H = Zf_Z$。

2.1.2 隔行扫描

为了保证电视图像有足够的清晰度，扫描行数需在 600 左右；为了保证不产生闪烁感觉，帧扫描频率应在 48 Hz 以上，这样图像信号的频带就会很宽，使设备复杂化。隔行扫描在不增加带宽的前提下，保证有足够清晰度的同时又避免了闪烁现象。

隔行扫描就是把一帧图像分成两场来扫：第一场扫描 1、3、5、…奇数行，称为奇数场；第二场扫描 2、4、6、…偶数行，称为偶数场。每帧图像经过两场扫描，所有像素全部扫完。偶数场扫描线正好嵌在奇数场扫描线的中间，如图 2-2(c)所示。我国电视标准规定，每秒传送 25 帧，每帧图像为 625 行，每场扫描 312.5 行，每秒扫描 50 场。场频为 50 Hz，不会有闪烁现象，一帧由两场复合而成，每帧画面仍为 625 行，图像清晰度没有降低，而频带却压缩了一半。

图 2-2(a)是行扫描电流波形，图 2-2(b)是场扫描电流波形。为了简化，图中未画出行、场扫描的逆程时间。一帧光栅由 9 行组成，图 2-2(c)中奇数场光栅用实线表示，偶数场光栅用虚线表示。奇数场结束时正好扫完第 5 行的前半行，偶数场一开始扫第 5 行的后半行，偶数场第一整行(第 6 行)起始时垂直方向正好扫过半行，插在第 1 行和第 2 行的中间，形成隔行扫描。由此可见，隔行扫描要将偶数场光栅嵌在奇数场光栅中间，每帧的扫描行数必须是奇数。

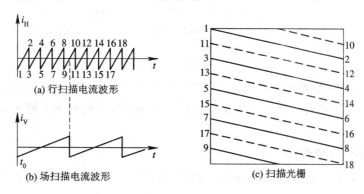

图 2-2 隔行扫描电流波形和光栅

隔行扫描存在下列缺点：

(1) 行间闪烁效应。从电视图像整体来看，隔行扫描后图像场频保持在 50 Hz，高于临界闪烁频率，观看时不会感觉到闪烁。但当图像中有一行亮线时，每秒只出现 25 次，低于临界闪烁频率，就会感到闪烁，这叫行间闪烁。

(2) 并行现象。并行现象有真实并行和视在并行。在隔行扫描中，要求行、场扫描频率保持一定的关系，否则两场光栅不能均匀相嵌。不均匀的极端是奇、偶两场光栅重合，称为真实并行，这时图像清晰度会降低一半。当图像上有一物体垂直方向运动速度恰好是一场时间下移一行的距离时，该物体后一场图像与前一场相同，当观察者的视线随运动物体移动时，看起来是两行并成了一行，图像清晰度下降，这被称为视在并行。

(3) 垂直边沿锯齿化现象。当图像上有物体水平方向运动速度足够大时，因隔行分场传送，相邻两行在时间上相差，结果运动物体图像垂直边缘出现锯齿。锯齿深度就是物体在一场时间内水平方向移动的距离。

2.1.3 CCD 摄像机的光/电转换

20 世纪 80 年代，由电荷耦合器件(Charge Coupled Devices，CCD)制成的固体摄像机已经面世。由于其寿命长、耐震动、工作电压低、体积小、重量轻，而且均匀性好，几乎没有几何失真，使得 CCD 固体摄像机完全代替了真空摄像管摄像机。

1. 势阱

图 2-3 所示的是由 P 型半导体、二氧化硅绝缘层和金属电极组成的 MOS 结构。在电

极上未加电压之前如图 2-3(a)所示，P 型半导体中的空穴均匀分布；当栅极 G 上加正电压 U_G 时，栅极下面的空穴受到排斥，从而形成一个耗尽层（见图 2-3(b)）；当 U_G 数值高于某一临界值 U_{th} 时，在半导体内靠近绝缘层的界面处，将有自由电子出现，形成一层很薄的反型层，反型层中电子密度很高，通常称为沟道，如图 2-3(c)所示。这种 MOS 电极结构与 MOS 场效应管的不同之处是没有源极和漏极，因此即使栅极电压脉冲式突变到高于临界值 U_{th}，反型层也不能立即形成，这时，耗尽层将进一步向半导体深处延伸。

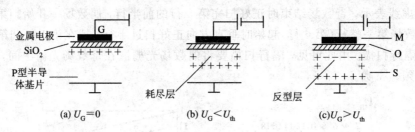

(a) $U_G=0$ (b) $U_G<U_{th}$ (c) $U_G>U_{th}$

图 2-3　MOS 结构与势阱

　　耗尽层的深度可想象成势阱的概念。当注入电子形成反型层时，加在耗尽层上的电压会下降（把耗尽层想象成一个容器（阱）），这种下降可看成向阱内倒入液体，势阱中的电子不能装到边沿。

2. 电荷的转移（耦合）

　　图 2-4 表示了一个四相 CCD 中电荷的转移现象。在图 2-4(a)中，Φ_1 是 2 V，$\Phi_2\sim\Phi_4$ 是 10 V，所以 $\Phi_2\sim\Phi_4$ 下面的势阱很深，电荷存在里面；在图 2-4(b)中，Φ_2 由 10 V 变为 2 V，Φ_2 下面的势阱变浅，所有的电荷转移到 Φ_3、Φ_4 下面的势阱中，结果如图 2-4(c)所示；在图 2-4(d)中，Φ_1 由 2 V 变为 10 V，原来在 Φ_3、Φ_4 下面的势阱中的电荷向右转移分布到 Φ_3、Φ_4、Φ_1 下面的势阱中，结果如图 2-4(e)所示。这个过程使得 $\Phi_2\sim\Phi_4$ 下面的势阱中的电荷转移到了 Φ_3、Φ_4、Φ_1 下面的势阱中。

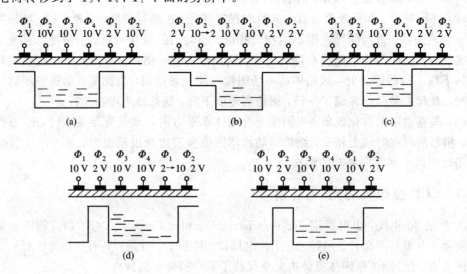

图 2-4　四相 CCD 电荷的转移

　　图 2-5 是三个电荷包在四相时钟 $\Phi_1\sim\Phi_4$ 的驱动下向前转移的示意图。

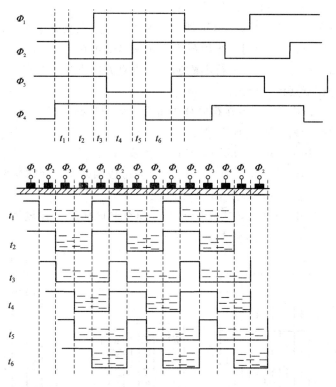

图 2-5　三个电荷包在四相时钟 $\Phi_1 \sim \Phi_4$ 的驱动下向前转移

图 2-5 上部是四相时钟 $\Phi_1 \sim \Phi_4$ 的波形。图 2-5 下部第一行是电极，所有标志为 Φ_1 的电极应全部连在一起接到 Φ_1 波形的驱动线上；所有标志为 Φ_2 的电极应全部连在一起接到 Φ_2 波形的驱动线上；所有标志为 Φ_3 的电极应全部连在一起接到 Φ_3 波形的驱动线上；所有标志为 Φ_4 的电极应全部连在一起接到 Φ_4 波形的驱动线上。第二行是 t_1 时刻三个电荷包的位置，由四相时钟驱动，逐步向右移动，$t_2 \sim t_6$ 各个时刻的电荷包位置如下面各行所示，CCD 中的电荷就这样在四相时钟的驱动下向前转移。

3. 面阵 CCD 的三种基本形式

CCD 作为摄像机中的光电传感器，必须能接受一幅完整的光像，每个像素对应一个 CCD 光敏单元，所以 CCD 必须排列成二维阵列的形式，称为面阵 CCD。每列都是一个如前所述的线阵 CCD 移位寄存器，而列之间有由扩散形成的阻挡信号电荷的势垒，这个势垒叫做沟阻，沟阻可以防止电荷从与转移方向相垂直的方向流走。面阵 CCD 有下面三种基本形式。

1）FT（Frame Transfer，帧转移）型

帧转移型面阵 CCD 如图 2-6（a）所示，摄像器件分为光敏成像区和存储区两部分，场正程期间在光敏成像区每个单元积累信号电荷，在场消隐期间由垂直 CCD 移位寄存器把信号电荷全部高速传送到存储区。存储区的信号在每一行消隐期间向前推进一行，在行正程期间由水平 CCD 移位寄存器逐像素读出。

帧转移型 CCD 在帧转移期间，全部电荷在成像区移动，一列中的每一个像素都被这列中后面的其他像素的光线照射过，因此景物中的亮点就会在图像上产生一条垂直亮带，这个现象称为拖尾。

2）IT(Interline Transfer，行间转移)型

行间转移型面阵 CCD 如图 2-6(b)所示，摄像器件的光敏成像部分和存储部分以垂直列相间的形式组合，场正程期间在光敏成像列积累信号电荷，场消隐期间一次转移到相应的存储列上。存储列的信号在每一行消隐期间沿垂直方向下移一个单元，在行正程期间由水平 CCD 移位寄存器逐像素读出。

行间转移型 CCD 中，电荷包在存储列中每个行周期移动一行距离，经过一场才能将全部电荷移出，虽然存储列采用光屏蔽，但斜射光和多次反射光仍会形成假信号而产生拖尾。

3）FIT(Frame Interline Transfer，帧行间转移)型

帧行间转移型面阵 CCD 如图 2-6(c)所示，光敏成像区与行间转移型 CCD 相似，光敏成像区与存储区的关系与帧转移型 CCD 相似。

帧行间转移型 CCD 中电荷包从光敏成像区向存储区转移是在场消隐期间进行的，而且在光屏蔽和存储列中进行，拖尾基本上不存在。

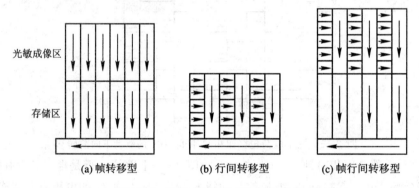

图 2-6　面阵 CCD 的三种基本形式

4. 隔行读出的方式

与显像管中的隔行扫描类似，面阵 CCD 的光生电荷是隔行读出的，但因为沿用真空摄像管的术语，常把隔行读出也说成隔行扫描。隔行读出有帧积累方式和场积累方式两种。

1）帧积累方式

帧积累方式(Frame Integration Mode)的结构如图 2-7 所示，存储在奇数行各像素中的光生电荷在奇数场读出，存储在偶数行各像素中的光生电荷在偶数场读出，每个像素的光生电荷积累时间是一帧时间，即 1/25 s。

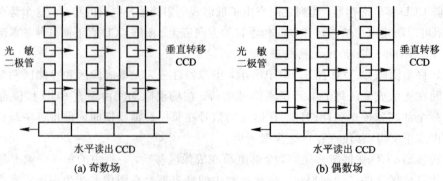

图 2-7　帧积累方式电荷转移

因为帧积累方式的光生电荷的积累时间比较长，上一场的光生电荷保留在光敏成像区，出现在下一场中，所以有一场时间的延迟，这种延迟会引起动态分辨率的下降。

2）场积累方式

场积累方式的结构如图2-8(a)、(b)所示，两个相邻行的电荷加起来同时转移到垂直CCD移位寄存器。隔行读出是由相加电荷的组合方式的不同来实现的。图2-8(a)的组合方式是奇数场，图2-8(b)的组合方式是偶数场。每个像素的光生电荷积累时间是一场时间，即1/50 s。

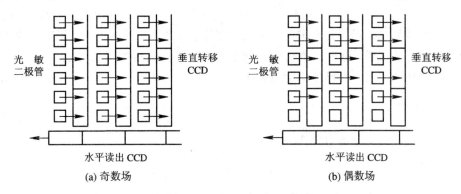

图2-8　场积累方式电荷转移

场积累方式有如下特点：

（1）没有一场时间的延迟；

（2）图像垂直边缘的闪烁减少；

（3）宽的动态范围和抗弥散性好；

（4）垂直方向分辨率略有降低。

2.2　电视图像基本参数

2.2.1　图像宽高比

图像宽高比也称幅型比。根据人眼的视觉特性，视觉最清楚的范围是垂直视角为15°、水平视角为20°的一个矩形视野，因而电视接收机的屏幕通常为矩形，矩形画面的宽高比为4：3。矩形屏幕的大小用对角线长度表示，并习惯用英寸作单位，电视机、监视器等显示器35 cm(14英寸)、46 cm(18英寸)、51 cm(20英寸)、74 cm(29英寸)等都是指屏幕对角线长度。观看电视的最佳距离分别为2 m、2.5 m、3 m、4 m，眼睛应与荧光屏中心处在同一水平线。

为增强临场感与真实感，还可加大幅型比，例如，高清晰度电视或大屏幕高质量电视要求水平视角加大，观看距离约为屏高的三倍，幅型比定为16：9。

2.2.2　场频

选择场扫描频率时主要应考虑不能出现光栅闪烁。人眼的临界闪烁频率与屏幕亮度、图像内容、观看条件以及荧光粉的余辉时间等因素有关，为了不引起人眼的闪烁感觉，场频应高于 48 Hz。随着屏幕亮度的提高，屏幕尺寸的加大，观看距离的变近，场频应相应提高。

场频的选择还要考虑交流电源对电视图像的影响。电视接收机电源滤波不良或因杂散电源磁场的影响，交流电源干扰混入视频信号中，都会使图像产生一种垂直方向的明暗变化，或呈现为一两条水平暗条。当电源频率与场频相同并与电源同步时，这些干扰在图像上是固定不动的，只要不太大，眼睛是感觉不出来的；当电源频率与场频不同时，干扰图形将是移动的，以两个频率的差频向上或向下滚动，俗称"滚道"。交流电源干扰若加在行锯齿波上，会造成光栅扭曲。当场频与电源频率不同时，光栅不但扭曲而且摆动。因此在制定电视标准时都规定场频与本国的电网频率相同。在我国电视标准中，场频选为 50 Hz。随着新型荧光粉的出现，电视屏幕亮度不断提高，一些高亮度的画面常会引起闪烁感觉，而现代接收机生产工艺水平已能消除电源干扰，所以将来会采用比 50 Hz 更高的场频。

2.2.3 行数

在 1.2.3 节中得到分辨力公式

$$\theta = 3438 \frac{d}{L} \quad (')$$

式中，L 表示眼睛与图像之间的距离，d 表示能分辨的两点间最小距离，对于正常视力的人，在中等亮度情况下观看静止图像时，θ 为 $1 \sim 1.5'$。

设 Z 为每帧扫描行数，h 为屏幕高度，则有 $d = \frac{h}{Z}$，代入式（1-2）得 $Z = 3438 \frac{h}{\theta L}$。取标准视距 L 为屏幕高度 h 的 $4 \sim 6$ 倍，并取 θ 为 $1'$ 时，则可算得应该选取的扫描行数在 $860 \sim 570$ 行之间。目前世界上采用的标准扫描行数有 625 行和 525 行，我国采用 625 行。

在 20 世纪 50 年代，电视机以 12 英寸和 14 英寸为主，所以行数选择了 625 行。随着大屏幕电视的发展，625 行的标准明显偏低，在高清晰度电视中，为了获得临场感和真实感，扫描行数已增加到 1200 行以上。

场频已经确定为 $f_V = 50$ Hz，由于采用隔行扫描，则帧频 $f_Z = 25$ Hz，也就是说，一帧扫描时间 $T_Z = 40$ ms。

当扫描行数选定为 $Z = 625$ 后，行扫描时间 $T_H = T_Z/Z = 40$ ms$/625 = 64$ μs，行频 $f_H = f_Z \times Z = 25$ Hz $\times 625 = 15\ 625$ Hz。

2.3 黑白全电视信号的组成

2.3.1 图像信号

CCD 传感器的每个像素的输出波形只在一部分时间内是图像信号，其余时间内是复位电平和干扰。为了取出图像信号并消除干扰，就要采用取样保持电路。每个像素信号被取样后，用一电容把信号保持下来，直到取样下一个像素信号。

图 2-9 是相关双取样（Correlated Double Sampling，CDS）电路。图中，SHP 是复位电平取样脉冲，它对复位电平进行取样，用来消除直流成分；SHD 是信号取样脉冲，它对取

样后的复位电平和信号同时取样。由于取样后的两个信号中有相同的干扰波形，因此将有相同干扰波形的两个信号送到差分放大器中相减，就可得到不带干扰的输出信号。在CCD传感器的输出信号中含有多种热杂波，这些杂波在差分放大器输入的两路信号中基本相同，经过差分放大器后，热杂波将被抑制。

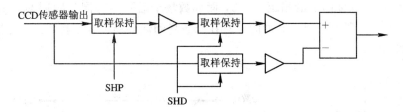

图 2-9 相关双取样电路

经相关双取样后得到的图像信号反映了实际景物的亮度。因为图像内容是随机的，相应的电压波形也是随机的，所以摄取一幅从白到黑10个灰度等级竖条的图像，每行产生的图像信号电压波形就是从低到高的10阶梯。纯白对应的电平最低，全黑对应的电平最高。这种信号电平与图像亮度成反比的图像信号称为负极性图像信号；反之，信号电平与图像亮度成正比的图像信号称为正极性图像信号。

2.3.2 消隐信号和同步信号

显像管电子束在行、场扫描正程期间重现图像信号，在行、场扫描逆程期间形成回扫线。因为摄像机在行、场扫描逆程发出消隐信号令电视接收机显像管电子束截止，所以消除了显像管在行、场扫描逆程期间产生的回扫线。

消隐信号分为行消隐信号和场消隐信号。行消隐信号的宽度为12 μs，场消隐信号的宽度为$25T_H+12$ μs。因为采用隔行扫描，奇数场的场消隐起点与前面的一个行消隐差半行，偶数场的场消隐起点与前面的一个行消隐相差一行，如图2-10所示。行消隐信号和场消隐信号合在一起称为复合消隐信号。

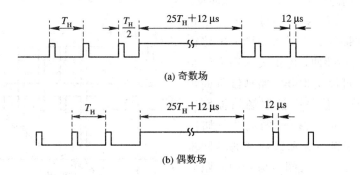

图 2-10 复合消隐信号

电视接收机显像管要正确地重现摄像机摄取的图像，接收机与摄像机的扫描必须同步，即扫描的频率和相位完全相同。摄像机每读出一行图像信号后，送出一个行同步信号，接收机则利用这个行同步信号去控制本机的行扫描逆程起点。行同步脉冲的前沿表示上一行的结束，下一行的开始。行同步信号的脉冲宽度为4.7 μs，行同步脉冲前沿滞后行消隐脉冲前沿 1.5 μs，如图 2-11(a)所示。摄像机每读完一场图像信号后，送出一个场同步信号，接收机就利用该场同步信号去控制本机的场扫描逆程起点。场同步脉冲的前沿表示上一场的结束，下一场的开始。场同步信号的脉冲宽度为 $2.5T_H$，行、场同步信号合在一起称为复合同步信号。复合同步信号的波形如图 2-11(b)所示，奇数场的最后一个行同步脉冲的前沿与场同步脉冲的前沿相距 $T_H/2$，而偶数场最后一个行同步脉冲的前沿与场同步的前沿间距为 T_H，所以行同步脉冲的位置在奇数场和偶数场中有半行之差，这样，就保证了隔行扫描的要求。

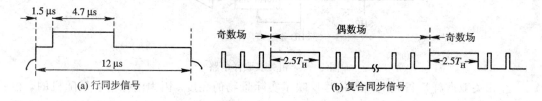

图 2-11　行同步信号和复合同步信号

　　如果接收机的场频稍高或稍低于场同步信号，就会使重现图像向下或向上移动，移动速度取决于接收机与场同步信号场频之差。当接收机的场频为 25 Hz，即电视信号标准场频的一半时，屏幕上出现上、下两个相同的图像，而屏幕中部则是一条水平黑带，是占 25 行的场消隐信号。如果接收机的行频稍高于行同步信号，屏幕上会出现一条条向右下方倾斜的黑白相间的条纹；如果接收机的行频稍低于行同步信号，屏幕上会出现一条条向左下方倾斜的黑白相间的条纹。

2.3.3　开槽脉冲和均衡脉冲

　　在场同步信号期间行同步信号中断，容易造成行不同步。为了保持行同步信号的连续性，保证场同步期间行扫描的稳定，在场同步信号内开了五个小凹槽，形成了五个齿脉冲。利用凹槽的后沿作为行同步信号的前沿。凹槽叫做开槽脉冲，其宽度为 4.7 μs，其间隔等于 $T_H/2$。齿脉冲宽度为 27.3 μs，齿脉冲见图 2-13(a)中的第 1、2 行和图 2-13(b)中的第 314、315 行。由于行、场同步脉冲的宽度相差很大，因此在接收机中可以用微分电路得到行周期的正负尖脉冲，用正尖脉冲去同步行扫描发生器；可以用积分电路抑制行同步信号而取出场同步信号去控制场扫描发生器，实现接收机行、场扫描的同步。如图 2-12 所示，由于奇数场和偶数场的场同步信号的前沿和前面一个行同步信号的间距分别为 T_H 和 $T_H/2$，因此通过积分电路后，奇数场、偶数场同步信号的积分波形不一样，若用此波形的某一电平去同步场扫描电路，

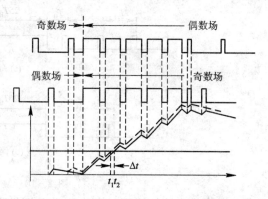

图 2-12　未加均衡时奇数、偶数场的积分波形

则两场的同步会出现时间误差 Δt。偶数场在 t_1 时同步而奇数场在 t_2 时同步，影响了接收机隔行扫描的准确性，导致扫描光栅的并行和垂直分辨力的降低。为了消除奇数、偶数两

场的时间误差，可在场同步信号前后若干行内将行同步脉冲的频率提高一倍。为了使频率提高后的行同步脉冲的平均电平不变，将这些脉冲的宽度减少为原来的一半，在场同步信号的前后各有五个脉冲，分别称为前均衡脉冲和后均衡脉冲。场同步内的开槽脉冲频率提高一倍是由于同样的原因，这样，在奇数场和偶数场的场同步期间，以及前后若干行的同步脉冲波形会完全相同，结果奇数场和偶数场的积分波形也完全相同。

2.3.4 全电视信号

黑白全电视信号由图像信号、消隐信号和同步信号叠加而成，如图 2-13 所示。同步脉冲叠加在消隐脉冲之上，消隐脉冲的作用是关闭电子束，消除回扫线。消隐电平相当于图像信号的黑色电平，同步脉冲电平比消隐电平还高，不会在接收机屏幕上显示出来。利用同步脉冲的高电平，可以把同步脉冲切割出来，去控制扫描振荡器。同步脉冲的前沿是扫描逆程开始的时间，消隐脉冲的前沿比同步脉冲提前一点可以确保逆程被完全消隐掉。

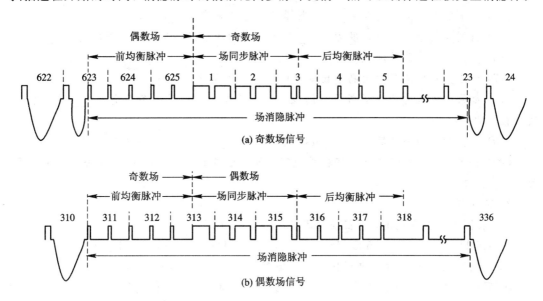

图 2-13 黑白全电视信号

全电视信号的幅度比例按标准规定是：同步信号电平为 100％，黑电平与消隐电平为 75％，白电平为 10％～12.5％。图像信号介于白电平和黑电平之间，统称为灰色电平。

思考题和习题

1. 填空题

(1) 在水平偏转线圈所产生的＿＿＿＿磁场作用下，电子束沿着＿＿＿＿方向扫描，叫做行扫描。

(2) 在垂直偏转线圈所产生的＿＿＿＿磁场作用下，电子束作＿＿＿＿方向扫描，叫做场扫描。

(3) 电子束在水平方向往返一次所需的时间为行扫描周期(T_H)。行扫描周期 T_H 等于＿＿＿＿和＿＿＿＿之和。

(4) 行扫描周期的倒数是_____。

(5) 帧扫描频率 f_Z 远_____于行扫描频率 f_H。

(6) 电子束从图像上端开始，从左到右、从上到下以均匀速度依照顺序一行紧跟一行地扫完全帧画面，称为_____扫描。

(7) 电视标准规定了行逆程系数 $\alpha=$_____，帧逆程系数 $\beta=$_____。

(8) 在逐行扫描中，每帧的扫描行数 Z 为_____。

(9) 我国电视标准规定，每秒传送_____帧，每帧图像为_____行，每场扫描_____行，每秒扫描_____场。

(10) 隔行扫描要求每帧的扫描行数必须是_____。

(11) 隔行扫描存在_____效应、_____现象和_____现象等缺点。

(12) CCD 固体摄像机中 CCD 的含义是_____。

(13) 面阵 CCD 有_____、_____和_____三种基本形式。

(14) 行消隐信号的宽度为_____，场消隐信号的宽度为_____。

(15) 行同步信号的脉冲宽度为_____，行同步脉冲前沿滞后行消隐脉冲前沿_____。

(16) 场同步信号的脉冲宽度为_____T_H。

(17) 如果接收机的场频稍高于场同步信号会使重现图像_____移动。

(18) 如果接收机的行频稍高于行同步信号，屏幕上会出现一条条向_____方倾斜的黑白相间的条纹。

(19) 开槽脉冲凹槽宽度为_____μs，其间隔等于_____，齿脉冲宽度为_____μs。

(20) 全电视信号的幅度比例按标准规定是同步信号电平为100%，黑电平与消隐电平为_____，白电平为_____。

2. 选择题

(1) 我国电视标准规定，行扫描频率 f_H 是(　　)。

① 625 Hz　　② 15 625 Hz　　③ 312.5 Hz　　④ 50 Hz

(2) 在行、场扫描逆程令电视接收机显像管电子束截止的是(　　)。

① 同步脉冲　　② 消隐脉冲　　③ 开槽脉冲　　④ 均衡脉冲

(3) 保证场同步期间行扫描稳定的是(　　)。

① 同步脉冲　　② 消隐脉冲　　③ 开槽脉冲　　④ 均衡脉冲

(4) 一般家用电视机的幅型比定为(　　)。

① 16：9　　② 5：4　　③ 4：3　　④ 5：3

(5) 高清晰度电视或大屏幕高质量电视要求幅型比定为(　　)。

① 16：9　　② 5：4　　③ 4：3　　④ 5：3

(6) 屏幕上出现图像向上缓慢移动是由于电视机(　　)。

① 行频稍低　　② 行频稍高　　③ 场频稍低　　④ 场频稍高

(7) 屏幕上出现一条条向左下方倾斜的黑白相间的条纹是由于电视机(　　)。

① 行频稍低　　② 行频稍高　　③ 场频稍低　　④ 场频稍高

(8) 行同步脉冲的周期是(　　)。

① 4.7 μs　　② 12 μs　　③ 52 μs　　④ 64 μs

(9) 场同步脉冲的周期是(　　)。

① 2 ms　　　　　② 10 ms　　　　　③ 20 ms　　　　　④ 40 ms

(10) 均衡脉冲的脉冲宽度是（　　　　）。

① 1.5 μs　　　　② 2.35 μs　　　　③ 4.7 μs　　　　④ 5.6 μs

3. 判断题

(1) 隔行扫描为了保证有足够的清晰度和避免闪烁现象，不得不增加带宽。

(2) 单位面积上的像素数越多，图像越清晰。

(3) 在高清晰度电视中，扫描行数已增加到 2100 行以上。

(4) CCD 摄像机有寿命长、耐震动、电压低、体积小、均匀性好等优点。

(5) 隔行扫描要求每帧的扫描行数必须是偶数。

(6) 帧积累方式的光生电荷积累时间长，引起动态分辨率下降。

(7) 场积累方式的光生电荷积累时间短，垂直方向分辨率提高。

(8) CCD 传感器的输出信号进行相关双取样是为了数字化。

(9) 场频与交流电源频率一致纯属巧合。

(10) 信号电平与图像亮度成反比的图像信号称为负极性图像信号。

4. 问答题

(1) 图像顺序传送利用了人眼的哪些视觉特性？图像是怎样传送的？

(2) 采用隔行扫描有什么好处？同时又有什么缺点？

(3) 隔行扫描为什么要求每帧的扫描行数是奇数？

(4) 若每帧的扫描行数是 9 行，行逆程系数 α 为 0.2，帧逆程系数 β 为 1/9，画出隔行扫描光栅示意图。

(5) 面阵 CCD 有哪三种基本形式？各有什么特点？

(6) 面阵 CCD 隔行读出有哪两种方式？各有什么特点？

(7) 接收机正常时图像是一个圆，当接收机的场频为 100 Hz 时会变成什么图像？

(8) 均衡脉冲和开槽脉冲各有什么作用？

第3章 彩色电视信号的传输

3.1 彩色电视信号的兼容问题

彩色电视是在黑白电视的基础上发展起来的，彩色电视出现以前黑白电视已经相当普及，彩色电视应该与黑白电视兼容。所谓兼容，就是黑白电视接收机能接收彩色电视信号，重现黑白电视图像；彩色电视接收机能接收黑白电视信号，重现黑白电视图像。

要做到黑白、彩色电视互相兼容，必须满足下列基本的要求：

(1) 在彩色电视的图像信号中，要有代表图像亮度的亮度信号和代表图像色彩的色度信号。

黑白电视机接收彩色节目时，只要将亮度信号取出，就可显示出黑白图像。彩色电视接收机应具有亮度通道和色度通道，当接收彩色节目时，亮度通道和色度通道都工作，重现彩色图像；当接收黑白节目时，色度通道自动关闭，亮度通道相当于黑白电视机，可显示出黑白图像，这样就做到了兼容。

(2) 彩色电视只能占有与黑白电视相同的视频带宽和射频带宽，这就要求彩色电视能将色度信号安插到 6 MHz 的视频带宽中去，采用的方法是频带压缩、频谱交错等。

(3) 彩色电视应与黑白电视有相同的图像载频、伴音载频以及两者之间的间距。

(4) 彩色电视与黑白电视的行、场扫描频率和行、场同步信号的各项标准等都应相同。

目前，世界上彩色电视制式有 NTSC 制、PAL 制和 SECAM 制三种，它们都具有兼容性。

3.1.1 信号选取

要做到兼容，必须对由 CCD 光电传感器输出的 R、G、B 三个基色信号进行处理。首先用一个编码矩阵电路根据 $Y = 0.30R + 0.59G + 0.11B$ 的亮度公式编出一个亮度信号和 $R-Y$、$B-Y$ 两个色差信号。

色差信号是基色信号 R、G、B 与亮度信号 Y 之差：

$$\left.\begin{aligned}
R-Y &= R - (0.30R + 0.59G + 0.11B) = 0.70R - 0.59G - 0.11B \\
G-Y &= G - (0.30R + 0.59G + 0.11B) = -0.30R + 0.41G - 0.11B \\
B-Y &= B - (0.30R + 0.59G + 0.11B) = -0.30R - 0.59G + 0.89B
\end{aligned}\right\} \quad (3-1)$$

三个色差信号中只有两个是独立的，第三个可以由另外两个得到，只要选择两个色差信号就可以代表色度信号。

将 $Y = 0.30R + 0.59G + 0.11B$ 改写为如下形式：

$$0.30Y + 0.59Y + 0.11Y = 0.30R + 0.59G + 0.11B$$

得到

$$0.30(R-Y) + 0.59(G-Y) + 0.11(B-Y) = 0$$

可以化为

$$\left.\begin{aligned} R-Y &= -\frac{0.59}{0.3}(G-Y) - \frac{0.11}{0.3}(B-Y) \\ G-Y &= -\frac{0.3}{0.59}(R-Y) - \frac{0.11}{0.59}(B-Y) \\ B-Y &= -\frac{0.3}{0.11}(R-Y) - \frac{0.59}{0.11}(G-Y) \end{aligned}\right\} \tag{3-2}$$

三大制式均选用 $R-Y$ 和 $B-Y$ 作为色差信号的原因是：

(1) 三个色差信号中，$G-Y$ 信号数值最小，作传输信号时信噪比最低。

(2) 由 $R-Y$ 和 $B-Y$ 求 $G-Y$ 时，系数 $\frac{0.3}{0.59}$ 和 $\frac{0.11}{0.59}$ 小于 1，可用电阻矩阵实现；由 $B-Y$、$G-Y$ 求 $R-Y$ 或用 $R-Y$、$G-Y$ 求 $B-Y$，系数都大于 1，不能用电阻分压来实现，一定要用放大器提供增益，这样会增加系统的复杂性和带来不必要的失真。

用色差信号传送色度信号具有以下优点：

(1) 可减少色度信号对亮度信号的干扰，当传送黑白图像时，$R=G=B$，两个色差信号 $R-Y$ 和 $B-Y$ 均为零，不会对亮度信号产生干扰。

(2) 能够实现亮度恒定原理，即重现图像的亮度只由传送亮度信息的亮度信号决定。

(3) 可节省色度信号的发射功率。在彩色图像中，大部分像素接近于白色或灰色，它们的色差信号为零，小部分彩色像素才有色差信号，因此发射色差信号比发射 R、G、B 信号需要的发射功率小。

3.1.2 频带压缩

人眼对彩色细节的分辨力比较差，所以，在传送彩色图像时，只要传送一幅粗线条、大面积的彩色图像再配上亮度细节就可以了，没有必要传送彩色细节，这称为大面积着色原理。我国电视标准规定，亮度信号带宽为 $0 \sim 6\,\text{MHz}$，色度信号带宽为 $0 \sim 1.3\,\text{MHz}$。

在接收端，为恢复重现图像所需的三基色信号，先按式 (3-2) 由 $R-Y$ 和 $B-Y$ 得到 $G-Y$ 信号，再将三个色差信号与亮度信号相加得到三个基色信号。为了得到带宽为 $0 \sim 6\,\text{MHz}$ 的三个基色信号，用亮度信号中的高频分量来代替基色信号中未被传送的高频分量，这就是所谓的高频混合原理。当色差信号的带宽为 $0 \sim 1.3\,\text{MHz}$，亮度信号的带宽为 $0 \sim 6\,\text{MHz}$ 时，恢复的三个基色信号为：

$$R = (R-Y)_{0\sim1.3} + Y_{0\sim6} = R_{0\sim1.3} + Y_{1.3\sim6}$$
$$G = (G-Y)_{0\sim1.3} + Y_{0\sim6} = G_{0\sim1.3} + Y_{1.3\sim6}$$
$$B = (B-Y)_{0\sim1.3} + Y_{0\sim6} = B_{0\sim1.3} + Y_{1.3\sim6}$$

最后重现彩色的三个基色信号在 $0 \sim 1.3\,\text{MHz}$ 频率范围内含有彩色分量，在 $1.3 \sim 6\,\text{MHz}$ 频率范围内只有亮度信号分量。

3.1.3 频谱交错

彩色电视和黑白电视采用相同的带宽，用三基色信号形成亮度信号和两个色差信号后，都放在 $0\sim6$ MHz 的频带内用一个通道传送。在 $0\sim6$ MHz 频带内先选择一个频率称为彩色副载波，用两个色差信号对彩色副载波进行调制，调制后的信号称为色度信号。将得到的色度信号与亮度信号、同步信号叠加为彩色全电视信号，再去调制图像载波，称为二次调制。二次调制后的射频信号经功率放大后发射出去。

彩色副载波放在 6 MHz 频带的高端以减少彩色干扰和亮度窜色，因为干扰花纹的显眼程度与干扰信号的频率有关，如果色度信号放在低端，干扰显示为粗线条的花纹，十分显眼，而色度信号放在高端，干扰花纹极其细密，不易被人察觉。亮度信号在高频端幅度很小，色度信号放在高端可以减少亮度信号对色度信号的干扰。

因为相邻行图像信号相关性很强和采用周期性扫描，所以黑白电视信号(亮度信号)的频谱结构是线状离散谱。亮度信号虽然占据了 $0\sim6$ MHz 的频带宽度，但并未占满整个 6 MHz 的带宽。

亮度信号的能量只集中在行频 f_H 及其谐波 nf_H 附近很窄的范围内，随谐波次数的升高，能量逐渐下降。在 $(n-1/2)f_H$ 附近没有亮度信号能量，留有较大的空隙，如图 3-1 (a)所示。图 3-1(b)是将 nf_H 附近的一族谱线放大，可以看出在行频主谱线两侧有以帧频、场频为间隔的副谱线。当图像活动加快时，各副谱线之间的空隙被填满，但在 $(n-1/2)f_H$ 附近仍有较大的空隙，慢变化的图像频谱空隙达 93%，较快变化的图像频谱空隙仍有 46%，所以可以将色度信号的频谱插在亮度信号的频谱空隙中间，用一个 6 MHz 带宽的通道同时传送亮度信号和色度信号，这种方法称为频谱交错或频谱间置。

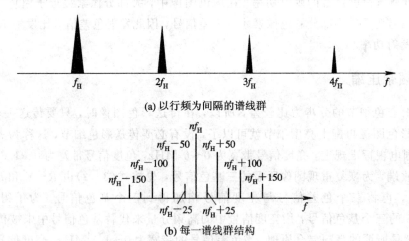

(a) 以行频为间隔的谱线群

(b) 每一谱线群结构

图 3-1 亮度信号频谱图

色差信号有与亮度信号相同的频谱结构，压缩后占据较窄的频带，如图 3-2(a)所示。其表现也是以行频为间隔的谱线群结构。根据副载波平衡调幅形成的色度信号也发生了频谱迁移，各谱线群出现在 $f_{SC}\pm nf_H$ 处，如图 3-2(b)所示。只要选用副载频为半行频的奇数倍，即 $f_{SC}=(n-1/2)f_H$，就能将色度信号正好插在亮度信号频谱的空隙间，如图 3-2 (c)所示。

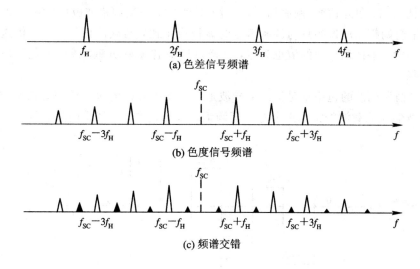

(a) 色差信号频谱

(b) 色度信号频谱

(c) 频谱交错

图 3-2 频谱交错

3.2 NTSC 制

彩色电视广播发展最早的国家是美国,从 1954 年 1 月 1 日就开始用 NTSC(National Television Systems Committee)制播送彩色电视。采用 NTSC 制的还有日本、加拿大、墨西哥等国家。NTSC 制色度信号采用了正交平衡调幅调制方式,因此又称为正交平衡调幅制。

3.2.1 正交平衡调幅

平衡调幅又称为抑制载波调幅。抑制载波调幅可以抑制色度信号对亮度信号的干扰并节省发射功率。

设用色差信号 $u_{R-Y}=(R-Y)\cos\Omega t$ 对载波 $u_{SC}=U_{SC}\cos\omega_{SC}t$ 进行调幅,则调幅后信号的数学表达式为

$$u_{AM} = U_{SC}\left[\cos\omega_{SC}t + \frac{m}{2}\cos(\omega_{SC}-\Omega)t + \frac{m}{2}\cos(\omega_{SC}+\Omega)t\right] \qquad (3-3)$$

式中,$m=(R-Y)/U_{SC}$。

式(3-3)表明调幅波包含了三个频率:载波频率 ω_{SC} 和两个边频频率 $\omega_{SC}\pm\Omega$。因为载频 ω_{SC} 上不带任何信息,所以把载频抑制掉可以节省发射功率。载频抑制后成为平衡调幅波,平衡调幅波的数学表达式为

$$\mu_{BM} = U_{SC}\left[\frac{m}{2}\cos(\omega_{SC}-\Omega)t + \frac{m}{2}\cos(\omega_{SC}+\Omega)t\right]$$

$$= mU_{SC}\cos\Omega t \cdot \cos\omega_{SC}t = (R-Y)\cos\Omega t \cdot \cos\omega_{SC}t \qquad (3-4)$$

上式表明:用一个乘法器将色差信号与载波相乘就可以得到平衡调幅波,如图 3-3 所示。

平衡调幅波有如下特点:

(1) 平衡调幅波不含载波分量。

(2) 平衡调幅波的极性由调制信号和载波的极性共同决定,如两者之一反相,平衡调

幅波的极性反相；色差信号（调制信号）通过 0 值点时，平衡调幅波极性反相180°。

（3）平衡调幅波的振幅只与调制信号的振幅成正比，与载波振幅无关。传送图像的色差信号为零时，平衡调幅波的值也为零，这样可以节省发射功率，减少了色度信号对亮度信号的干扰。

（4）平衡调幅波的包络不是调制信号波形，不能用普通的包络检波方法解调，只能采用同步检波器在原载波的正峰点上对平衡调幅波取样，才能得到原调制信号。

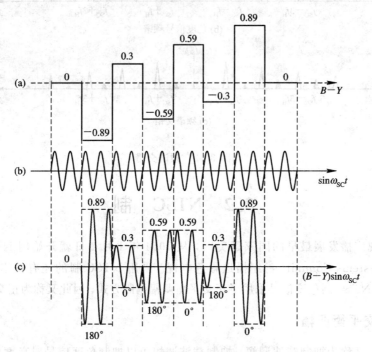

图 3－3　平衡调幅波

（a）色差信号（调制信号）；（b）副载波信号；（c）平衡调幅波

为了在同一频带内传送两个色差信号 $R-Y$ 和 $B-Y$，要将两个色差信号进行正交平衡调幅，这就是用两个色差信号 $R-Y$ 和 $B-Y$ 分别对频率相同、相位相差90°的两个色副载波 $\cos\omega_{SC}t$ 和 $\sin\omega_{SC}t$ 进行平衡调幅，然后相加成色度信号。

图 3－4(a)是正交平衡调幅器方框图，它由两个平衡调幅器、一个副载波90°移相器和一个线性相加器组成。

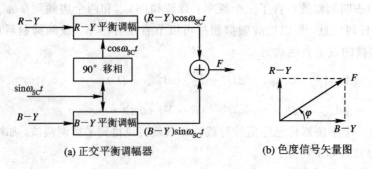

（a）正交平衡调幅器　　　　　（b）色度信号矢量图

图 3－4　正交平衡调幅

设副载波的幅值为 1，色差信号 $B-Y$ 与副载波 $\sin\omega_{SC}t$ 在平衡调幅器中相乘后得到平衡调幅信号 $(B-Y)\sin\omega_{SC}t$。副载波 $\sin\omega_{SC}t$ 经 $90°$ 移相器后，变成 $\cos\omega_{SC}t$，与色差信号 $R-Y$ 在平衡调幅器相乘后得到平衡调幅信号 $(R-Y)\cos\omega_{SC}t$，然后在线性相加器中相加，就得到色度信号：

$$\begin{aligned}
F &= (B-Y)\sin\omega_{SC}t + (R-Y)\cos\omega_{SC}t \\
&= \sqrt{(B-Y)^2+(R-Y)^2}\,\sin(\omega_{SC}t+\varphi) \\
&= F_m\sin(\omega_{SC}t+\varphi)
\end{aligned} \tag{3-5}$$

式中

$$F_m = \sqrt{(B-Y)^2+(R-Y)^2} \tag{3-6}$$

$$\varphi = \arctan\frac{R-Y}{B-Y} \tag{3-7}$$

色度信号的振幅和相角之中包含了彩色图像的全部色度信息，振幅 F_m 取决于色差信号的幅值，决定了所传送彩色的饱和度；而相角 φ 取决于色差信号的相对比值，决定了彩色的色调。也就是说，色度信号是一个既调幅又调相的波形，其幅值传送了图像的色饱和度，其相位传送了图像的色调。

图 3-4(b) 画出了色度信号的矢量图，图中对角线的长度代表色度信号的幅值，而 φ 是 F 的相角。

将色度信号 F 和亮度信号 Y 以及同步、消隐等信号混合，就得到了彩色全电视信号。

3.2.2　彩条信号及色度信号

标准彩条信号是一种彩色电视中常用的测试信号，由彩色电视信号发生器产生，用来对彩色电视系统进行测试与调整。标准彩条信号由三个基色、三个补色加上黑与白共八种颜色的等宽竖条组成，自左至右按亮度递减排列，依次为：白、黄、青、绿、紫、红、蓝、黑。标准彩条信号常用 4 位数码命名，第 1 位和第 2 位数字分别表示组成白条和黑条的基色信号的最大值和最小值，第 3 位和第 4 位数字分别表示各彩色条的相应基色信号的最大值和最小值，如 100-0-100-0。表 3-1 给出了 100-0-100-0 标准彩条信号的亮度信号、色度信号和复合信号的数据。图 3-5(a) 是标准彩条信号的基色信号和色差信号波形图。

表 3-1　100-0-100-0 标准彩条亮度信号、色度信号和复合信号的数据

色调	R	G	B	Y	$B-Y$	$R-Y$	F_m	$Y+F_m$	$Y-F_m$
白	1	1	1	1.000	0.000	0.000	0.000	1.00	1.00
黄	1	1	0	0.886	-0.886	0.114	0.893	1.79	-0.01
青	0	1	1	0.701	0.299	-0.701	0.762	1.46	-0.06
绿	0	1	0	0.587	-0.587	-0.587	0.830	1.42	-0.24
紫	1	0	1	0.413	0.587	0.587	0.830	1.24	-0.42
红	1	0	0	0.299	-0.299	0.701	0.762	1.06	-0.46
蓝	0	0	1	0.114	0.886	-0.114	0.893	1.01	-0.79
黑	0	0	0	0.000	0.000	0.000	0.000	0.00	0.00

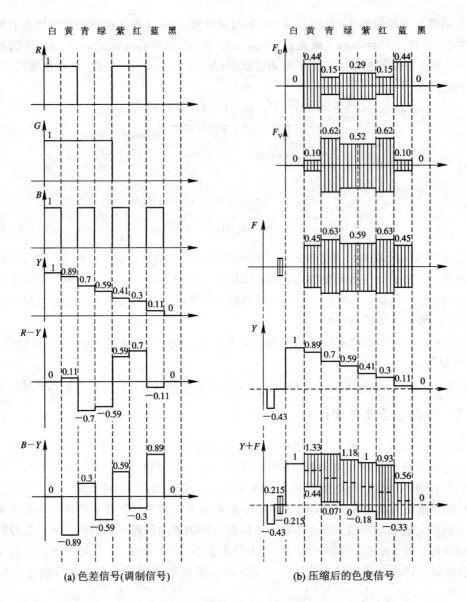

(a) 色差信号(调制信号)　　　　(b) 压缩后的色度信号

图 3-5　标准彩条信号波形

3.2.3　色度信号的幅度压缩

从表 3-1 中可看出，标准彩条信号的电平范围大大超过了黑白电视所规定的范围。对正极性标准黑白电视信号，黑电平为 0，白电平为 1。而在表 3-1 中，黄、青、绿、紫、红、蓝都超过了黑白电平，其中黄色电平最高为 1.79，超过了 79%，而红、蓝条的最小数值又分别比黑电平低 46% 和 79%。当彩条色度信号超过白电平时，将产生过调失真，造成伴音中断；当彩条色度信号低于同步电平，接收机中分离同步信号时，色度信号将会被切割出来，破坏接收机的同步，引起图像不稳。实践证明，在 100-0-100-0 彩条信号的最大电平和最小电平不超过黑白电平的 ±33% 时，信号电平比较合适。

色度信号压缩应在调制前进行,只要在两个色差信号前面分别乘上一个小于1的压缩系数 a 和 b 即可。

设 $R-Y$ 信号的压缩系数为 a,$B-Y$ 信号的压缩系数为 b。用超量最多的黄色和青色来确定 a 和 b。

当传送黄色信号时,

$$
\begin{aligned}
Y_Y + F_{mY} &= 0.89 + \sqrt{b^2(B-Y)^2 + a^2(R-Y)^2} \\
&= 0.89 + \sqrt{(-0.89b)^2 + (0.11a)^2} \\
&= 1.33
\end{aligned}
\tag{3-8}
$$

当传送青色信号时,

$$
\begin{aligned}
Y_C + F_{mC} &= 0.70 + \sqrt{b^2(B-Y)^2 + a^2(R-Y)^2} \\
&= 0.70 + \sqrt{(0.3b)^2 + (-0.7a)^2} \\
&= 1.33
\end{aligned}
\tag{3-9}
$$

联立解式(3-8)、(3-9),求得 $a=0.877$,$b=0.493$。

压缩后的色差信号 $R-Y$ 用 V 表示,压缩后的色差信号 $B-Y$ 用 U 表示:

$$
V = 0.877(R-Y)
\tag{3-10}
$$

$$
U = 0.493(B-Y)
\tag{3-11}
$$

用 U、V 信号去调制副载波,这样彩色电视色度信号表示式为

$$
\begin{aligned}
F = F_U + F_V &= U\sin\omega_{SC}t + V\cos\omega_{SC}t \\
&= \sqrt{U^2 + V^2}\sin(\omega_{SC}t + \varphi) \\
&= F_m\sin(\omega_{SC}t + \varphi)
\end{aligned}
\tag{3-12}
$$

$$
\varphi = \arctan\frac{V}{U}
\tag{3-13}
$$

压缩后的标准彩条信号各色调的色差信号 U、V 和色度信号的振幅 F_m、相角 φ 列于表 3-2。由此可画出压缩后彩条的色度信号波形和全电视信号波形,如图 3-5(b)所示。

表 3-2　压缩后的 100-0-100-0 标准彩条信号值

色调	Y	U	V	F_m	$\varphi/(°)$	$Y+F_m$	$Y-F_m$
白	1.000	0.000	0.000	0.000		1.00	1.00
黄	0.886	−0.437	0.100	0.448	167	1.33	0.44
青	0.701	0.147	−0.615	0.632	283	1.33	0.07
绿	0.587	−0.289	−0.515	0.591	241	1.18	0.00
紫	0.413	0.289	0.515	0.591	61	1.00	−0.18
红	0.299	−0.147	0.615	0.623	103	0.93	−0.33
蓝	0.114	0.437	−0.100	0.448	347	0.56	−0.33
黑	0.000	0.000	0.000	0.000		0.00	0.00

在彩色电视标准中规定,负极性亮度信号以同步电平最高,为 100%,黑色电平(即消

隐电平)为76%，白色电平最低，为20%。

根据表3-2的数据可以画出标准彩条的色度矢量图，如图3-6所示。图中给出了基色及其补色的色度矢量的位置，矢量长度表示该彩色的饱和度，相角表示该彩色的色调。彩色矢量图的横轴称为副载波的相位基轴，它的正方向 $\varphi = 0$，有关副载波或色度信号的相位都是相对于相位基轴而言的。

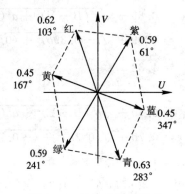

图 3-6　彩条色度矢量图

3.2.4　副载波的半行频间置

亮度信号和色度信号在同一个频带内传送容易产生相互窜扰。精确地选择副载波频率可以减少相互窜扰。

如3.1.3节所述，亮度信号在 $(n-1/2)f_H$ 附近有较大的空隙，因此 NTSC 制副载波频率选择为半行频的倍数，通常称为半行频间置。选择副载波频率还应考虑以下原则：

（1）副载波频率应尽量选择在视频频带高端，因为亮度信号高频能量少，且其谐波落在视频带宽之外。

（2）色度信号的频带宽度为 $f_{SC} \pm 1.3$ MHz，它的上边带不应超过视频信号 6 MHz 的带宽范围。

对于每帧625行、每秒50场的 NTSC 制，$f_H = 15\ 625$ Hz，副载波频率选择为

$$f_{SC} = \left(284 - \frac{1}{2}\right)f_H = 567 \times \frac{f_H}{2} = 4.429\ 687\ 5\ (4.43\ \text{MHz}) \tag{3-14}$$

对于每帧525行、每秒60场的 NTSC 制，$f_H = 15\ 734.264$ Hz，副载波频率选择为

$$f_{SC} = \left(228 - \frac{1}{2}\right)f_H = 3.579\ 545\ 06\ \text{MHz}\ (3.58\ \text{MHz}) \tag{3-15}$$

NTSC 制采用半行频间置，色度信号的频谱正好插在亮度信号频谱的中间，如图3-7所示，这样可将色度信号对亮度信号的干扰降到最小。

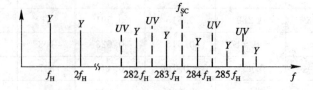

图 3-7　NTSC 制的半行频间置

由于采用半行频间置，副载波的亮、暗光点干扰可以利用人眼的视觉暂留特性相互抵消。由于

$$f_{SC} = 283.5f_H \tag{3-16}$$
$$T_H = 283.5T_{SC} \tag{3-17}$$

一个行周期中有283.5个副载波周期。副载波产生的亮暗光点如图3-8所示。副载波的正半周在屏幕上显示较亮的光点，副载波的负半周则显示较暗的光点。在行扫描过程中，亮点与暗点交替出现，如图3-8(a)所示，第1行开始的一个点是亮点，最后一个点也是亮点，第2行开始的一个点是暗点，最后一个点也是暗点；奇数行开始的一个点是亮点，最后一个点也是亮点，偶数行开始的一个点是暗点，最后一个点也是暗点。第二场中的第一个整行是314行，是偶数行，其光点与第1行的光点亮暗情况相反，而与第2行的光点亮暗情况相同。同理，第315行的光点亮暗与第3行相同，而与第2行相反。经过一帧之后，第二帧的第1行(相当于626行)开始的副载波相位与第一帧第1行相位也是相反的，见图3-8(b)，所以第一帧亮点的地方，第二帧就变成了暗点。结果，相邻两帧的亮暗光点由于人眼的视觉平均而相互抵消了。

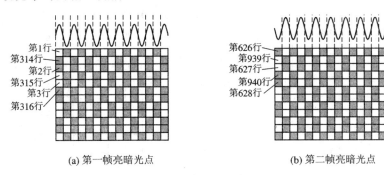

(a) 第一帧亮暗光点　　　　　　　　(b) 第二帧亮暗光点

图 3-8　副载波产生的亮暗光点

3.2.5　色同步信号

色度信号采用了抑制副载波的平衡调幅，接收机解调色度信号不能用普通的幅度检波器来检波，而要用同步检波器。接收机必须恢复被抑制掉的副载波，为了保证恢复的副载波与发送端被抑制掉的副载波同频、同相位，由发射台发送色同步信号作为接收机恢复副载波的频率和相位基准。色同步信号是9个周期左右的、振幅和相位都恒定不变的副载频群，放在行消隐后肩，如图3-9所示，距行同步前沿5.6 μs，幅度为0.30 V±9 mV，宽度为2.25 μs±230 ns，由9±1个副载波频率的正弦波组成，其相位与U轴反相。

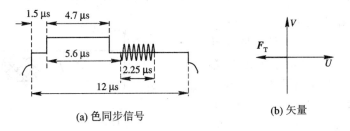

(a) 色同步信号　　　　　　　　　(b) 矢量

图 3-9　NTSC 制色同步信号及其矢量

3.2.6 *I*、*Q* 信号

对人眼视觉特性的研究表明，人眼分辨红、黄之间颜色变化的能力最强，而分辨蓝、紫之间颜色变化的能力最弱。实践证明，*I* 轴(与 *V* 轴夹角为 33°)是人眼最敏感的色轴，可用 0～1.3 MHz 较宽的频带传送；与 *I* 轴正交的 *Q* 轴(与 *U* 轴夹角为 33°)是人眼最不敏感的色轴，可用 0～0.5 MHz 较窄的频带传送。定量地说，*Q*、*I* 正交轴与 *U*、*V* 正交轴有 33° 夹角的关系，如图 3-10 所示。这样，任意一个色度信号可用 *U*、*V* 表示，也可用 *Q*、*I* 表示。通过几何关系可导出两者的关系表达式：

$$\begin{bmatrix} Q \\ I \end{bmatrix} = \begin{bmatrix} \cos 33° & \sin 33° \\ -\sin 33° & \cos 33° \end{bmatrix} \begin{bmatrix} U \\ V \end{bmatrix} \tag{3-18}$$

利用亮度公式和式(3-10)、(3-11)，可由式(3-18)求出 *Q*、*I* 与 *R*、*G*、*B* 的关系，由此可写出线性方程组：

$$\begin{bmatrix} Y \\ Q \\ I \end{bmatrix} = \begin{bmatrix} 0.299 & 0.587 & 0.114 \\ 0.211 & -0.523 & 0.312 \\ 0.596 & -0.275 & -0.322 \end{bmatrix} \begin{bmatrix} R \\ G \\ B \end{bmatrix} \tag{3-19}$$

100-0-100-0 彩条信号形成的 *Q* 和 *I* 信号的波形如图 3-11 所示。

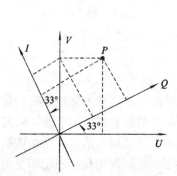

图 3-10 *Q*、*I* 轴和 *U*、*V* 轴的关系

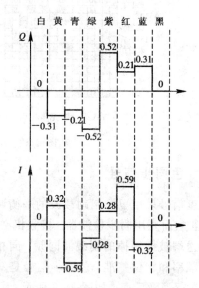

图 3-11 彩条信号波形

由 *U* 和 *V* 的不同线性组合可以构成各种不同的色差信号组，*Q*、*I* 只是其中具有特殊性质的一组。根据人眼视觉特性，*Q* 信号的带宽用 0.5 MHz、*I* 信号的带宽用 1.5 MHz 来传送，就可满足人眼视觉特性的要求了。而且 *I* 信号还可用不对称边带方式传送，如图 3-12 所示。这样既压缩了色度信号的带宽，又不会造成窜色，因为边带不对称部分只有一个分量。

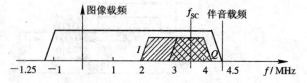

图 3-12 *I*、*Q* 信号在 525 行 NTSC 制的频带分配

图 3-13 是 NTSC 制编码器和解码器的方框图。

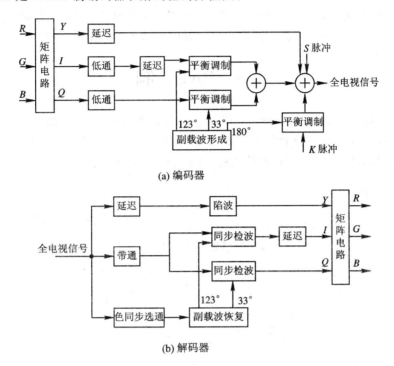

(a) 编码器

(b) 解码器

图 3-13　NTSC 制的编码器和解码器

编码器中,矩阵电路按式(3-19)进行信号 R、G、B 的线性组合,直接形成 Y、I 和 Q 信号。由于 Y、I、Q 三个通道的带宽不同,延迟的时间也就不同,为了最后合成彩色全电视信号时,三者在时间上达到一致,因此在 Y 和 I 通道中要接入不同的延迟线。副载波形成电路分别送出 33°、123° 和 180° 相位的三个副载波,供 Q 平衡调幅、I 平衡调幅和色同步平衡调幅使用。前两个平衡调幅器的输出相加得到色度信号 F,第三个平衡调幅器得到色同步信号 F_T。最后,再将 Y、F、F_T 以及复合同步信号 S 脉冲混合,组成彩色全电视信号。

在接收机中,经图像检波恢复的彩色全电视信号送入解码器中解调。解码器中,Y 和 I 通道中也有不同延时的延迟线,也是为了使它们与 Q 信号在时间上一致。为了抑制色度信号副载波对亮度信号的干扰,在 Y 通道中接入了副载波陷波器。彩色全电视信号通过色同步选通电路得到色同步信号,用来恢复副载波。全电视信号经带通滤波得到色度信号,色度信号同时送入副载波相位分别为 33° 和 123° 的两个同步检波器,检出 Q 和 I 信号。最后,再由矩阵电路把 Y、I、Q 信号变换成 R、G、B 信号。

NTSC 制色度信号的组成方式最简单,解码电路也最简单,容易集成化,容易降低成本,便于接收机生产。NTSC 制亮度信号与色度信号频谱以最大间距错开,兼容性能好,亮度窜色少,容易实现亮度信号和色度信号的分离,为制造高质量接收机和电视信号数字化提供了方便。

NTSC 制有对相位失真比较敏感的缺点,容易产生色调畸变。电视系统会有各种各样的相位失真,其中最主要的是传输系统非线性引起的微分相位失真,即色度信号产生的相移与所叠加的亮度电平有关,这种微分相位失真不能用简单的相位校正网络来校正。色度信号是叠加在亮度信号之上传送的，同一种颜色可能在不同的亮度电平上传递，若传输通道中存在非线性变化，则会导致色调畸变。一般相位失真超过±5°，人眼就会觉察出色调的失真。NTSC制规定相位失真容限为±12°，这时色调失真已相当严重。

3.3 PAL 制

为了克服NTSC制的相位敏感性，1966年前西德开始用PAL制播出彩色电视。PAL是"Phase Alternation Line(逐行倒相)"的缩写。按色度信号的处理特点，PAL制又称逐行倒相正交平衡调幅制。采用PAL制的还有英国、荷兰、瑞士和我国等。

3.3.1 逐行倒相

PAL制又称逐行倒相制。所谓逐行倒相，是将色度信号中的一个分量，即F_V进行逐行倒相(不是色度信号的倒相)。PAL制色度信号数学表达式为

$$F = F_U \pm F_V = U \sin\omega_{SC}t \pm V \cos\omega_{SC}t$$
$$= \sqrt{U^2 + V^2} \sin(\omega_{SC}t \pm \varphi)$$
$$= F_m \sin(\omega_{SC}t \pm \varphi) \qquad (3-20)$$
$$\varphi = \arctan\frac{V}{U} \qquad (3-21)$$

式(3-20)中的±号表示：第n行(因为这一行与NTSC制一样，又称NTSC行)取正号，通常用矢量$\boldsymbol{F}_n$表示；第$n+1$行(又称PAL行)取负号，通常用矢量$\boldsymbol{F}_{n+1}$表示。

假设第n行和第$n+1$行彩色相同，如彩条信号，因为$\boldsymbol{F}_n$和$\boldsymbol{F}_{n+1}$的F_U分量是同相的，仅F_V分量倒了相，所以$\boldsymbol{F}_{n+1}$应是$\boldsymbol{F}_n$以U轴为基准的一个镜像，图3-14(a)以紫色为例画出了这种情况。图3-14(b)则是整个彩条矢量图逐行倒相的情况，其中实线表示NTSC行，虚线表示PAL行。

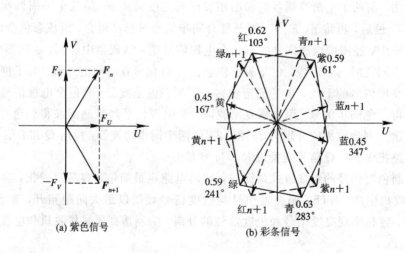

(a) 紫色信号　　　　(b) 彩条信号

图3-14 PAL制色度矢量

接收机为了按色度信号原来的相位正确重现色调，必须将倒相的PAL行色度信号$\boldsymbol{F}_{n+1}$再重新倒回到$\boldsymbol{F}_n$的位置上来。

3.3.2　相位失真的互补

PAL 制中将色度信号的 F_V 分量逐行倒相，可以使相邻两行的相位失真互补，以减少色调畸变。假设第 n 行和第 $n+1$ 行彩色相同，如彩条信号，某位置是紫色，其矢量为 F，设第 n 行（NTSC 行）传送的是 F_n 矢量，它在第一象限，相角 $\varphi=61°$，如图 3-15 所示。第 $n+1$ 行（PAL 行）由于 F_V 分量倒了相，因此所传送的 F_{n+1} 矢量便到了第四象限，相角 $\varphi=-61°$；再下一行传送的色度矢量又回到第一象限 F_n 的位置。就这样色度矢量在第一、四象限来回变动。

在接收机中，PAL 开关要将倒了相的 F_{n+1} 重新倒回到 F_n 的位置，当传输通道中不产生相位失真时，F_n 和 F_{n+1} 矢量的位置不变，所以在接收机的荧光屏上最终显示出原紫色；当传输通道中存在微分相位失真时，第 n 行的矢量 F_n 产生了一个正的相移 $\Delta\varphi$，即变成了 F_n' 矢量，则 F_n' 不再是紫色，而是紫偏红。第 $n+1$ 行为倒相行，由于 $n+1$ 行和 n 行的色度信号是在同一通道中传送的，具有相同的相移，因此 F_{n+1} 矢量也产生一个正的相移 $\Delta\varphi$，变成了 F_{n+1}' 矢量。F_{n+1}' 矢量经接收机中PAL 开关倒回到第一象限为 F_{n+1}'' 矢量，F_{n+1}'' 矢量比 F_n

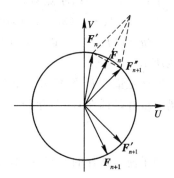

图 3-15　相邻两行的相位失真互补

矢量的相角滞后 $\Delta\varphi$，它的颜色为紫偏蓝，接收机最终获得的色度信号是第 n 行为 F_n' 矢量（紫偏红），第 $n+1$ 行为 F_{n+1}'' 矢量（紫偏蓝）。接收机中再采用一行延时线把前一行的色度信号延迟后与本行的色度信号相加，即将矢量 F_n' 和 F_{n+1}'' 合成、平均，就能使相邻两行有相反方向色调畸变的色度信号相互补偿，得到的将是无色调畸变的紫色。

从图 3-15 可以看出，矢量 F_n' 和 F_{n+1}'' 正好对称地位于 F_n 矢量的两侧，所以合成矢量仍在矢量 F_n 的方向上，色调将准确地重现原色调，只是合成矢量的长度比 F_n 矢量的长度略短，表现为色饱和度略有下降，称为"退饱和度"效应。相位失真越大，退饱和度效应就越大。但由于人眼对饱和度的变化不敏感，因此觉察不到退饱和度效应。

PAL 制没有减小相位失真，只是采用逐行倒相的方法使相邻两行相位失真产生了两种方向相反的色调畸变，它们经相加互相补偿、抵消。

3.3.3　副载波频率的选择

色度信号的频谱结构由于 F_V 分量逐行倒相而发生了变化。

色度信号的 F_U 分量没有倒相，它的谱线群以行频 f_H 为间距，对称地排列在副载波 f_{SC} 两旁，如图 3-16 实线所示。为简单起见，用主谱线代表谱线群，F_U 分量主谱线位置是 $f_{SC}\pm nf_H$，其中 n 是不为零的整数。F_V 分量如果不逐行倒相，主谱线也应占有这些位置，逐行倒相后，主谱线位置发生了变化。

逐行倒相是用半行频方波对 F_V 分量进行平衡调幅，平衡调幅器叫做 PAL 开关。半行频方波是开关信号，因为半行频方波电压的极性是一行为正，一行为负，每两行重复，而平衡调幅又是一个相乘器，所以调幅结果是相邻两行的相位逐行倒转而不改变原来的波形，这就达到了逐行倒相的目的。

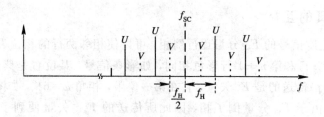

图 3-16 PAL 色度信号频谱

半行频方波是以原点对称的，它的频谱是由半行频的奇数倍频率组成的，即 $f_H/2$、$3f_H/2$、$5f_H/2$、…、$(2n-1)f_H/2$。半行频方波对 F_V 进行平衡调幅后，F_V 的主谱线分布在 $f_{SC}\pm(2n-1)f_H/2$。所以 F_V 的主谱线刚好与 F_U 的主谱线错开了半个行频，如图 3-16 中虚线所示。

既然主谱线 U 和 V 相互错开了 $f_H/2$，为了减小干扰，在实行频谱交错时，亮度信号的谱线最好是插在 U、V 谱线的正中间，即副载频应采用 1/4 行频间置：

$$f_{SC} = \left(n - \frac{1}{4}\right)f_H \tag{3-22}$$

为了使所选择的 PAL 制副载波频率容易变换成 NTSC 制，取 $n=284$，这样，

$$f_{SC} = 283.75f_H \tag{3-23}$$

此时已调副载波 F_U、F_V 的频谱线都要向高端移动 $f_H/4$，即 F_U 谱线比亮度信号谱线低 $f_H/4$，而 F_V 的谱线比亮度信号谱线高 $f_H/4$，使得亮度、F_U、F_V 的谱线都相互错开了，如图 3-17 所示。

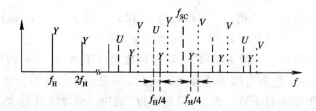

图 3-17 1/4 行频间置后信号频谱

由式(3-23)得

$$T_H = 283.75T_{SC} \tag{3-24}$$

在一行周期内有 283.75 个副载波周期。图像一行内有 284 个干扰亮点。下一行开始是 0.25 个副载波周期，副载波干扰亮点向右移了 1/4 周期距离。同样，干扰亮点逐行向右移了 1/4 周期。人眼能觉察到干扰光点以缓慢速度有规则地作对角线移动。为了消除这种干扰，将副载波频率在式(3-23)的基础上再加上一个帧频(25 Hz)，叫做 25 Hz 偏置。这样，光点干扰移动速度提高到了原来的 3 倍，不易被人眼察觉，所以 PAL 制最后精确选定的副载波频率为

$$f_{SC} = 283.75f_H + 25 \text{ Hz} = 4.433\,618\,75 \text{ MHz} \tag{3-25}$$

3.3.4 色同步信号

PAL 制的色同步信号有两个功能：一是给接收机恢复副载波提供一个基准频率和相

位；二是给接收机提供一个极性切换信息，来识别哪一行是$+F_V$（NTSC 行），哪一行是$-F_V$（PAL 行）。

PAL 制色同步信号和 NTSC 制色同步信号的波形以及它们插入到视频信号中的位置完全相同。它们之间的最大区别在于：PAL 制色同步信号中副载波是逐行倒相的，即 NTSC 行为$+135°$，PAL 行为$-135°（225°）$。

为了不影响场同步脉冲的分离，在场同步脉冲（包括均衡脉冲）期间的 9 行内，要加一个色同步消隐门脉冲，把色同步信号消隐掉。同时，为了保证接收机副载波锁相环路的稳定，应使消隐门脉冲前后两个色同步信号相位相同。这样，色同步消隐门脉冲每场应前移$T_H/2$，每四场一个循环，如图 3-18 所示。图中的色同步消隐门脉冲常称为迂回门。

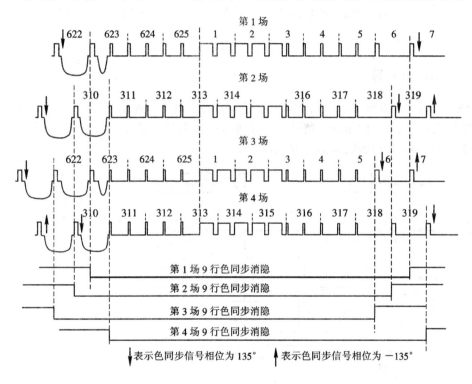

图 3-18　9 行色同步消隐门脉冲

摄像机同步集成电路产生一个行频 K 脉冲，脉冲前沿滞后于行同步前沿$5.6\pm0.1~\mu s$，脉冲的宽度为$2.26\pm0.23~\mu s$。K 脉冲控制一个门电路，放过 10 个副载波，为实现色同步信号有$\pm135°$的相位摆动，将正 K 脉冲加入 V 信号，将负 K 脉冲加入 U 信号，如图 3-19(a)所示。这样，逆程期的 K 脉冲和正程期的色差信号将一起对副载波进行平衡调幅。由于送入 U 平衡调幅器的副载波是零相位副载波，负 K 脉冲和零相位副载波平衡调幅后，在已调 U 信号F_U中 K 脉冲对应的位置上就留下了 10 个相位为$180°$的副载波；而送入 V 平衡调幅器的载波是逐行倒相（$\pm90°$）的副载波，V 信号中的 K 脉冲对相位$\pm90°$副载波平衡调幅后，在已调 V 信号F_V中 K 脉冲对应的位置上就留下了相位$\pm90°$副载波。F_U、F_V分量混合后，两色同步信号也随之而混合，产生了我们所需要的色同步信号，其表达式为

$$F_T = -K~\sin\omega_{SC}t \pm K~\cos\omega_{SC}t \qquad (3-26)$$

式中第 2 项 NTSC 行时取正号，PAL 行时取负号。图 3 – 19(b)所示是色同步信号矢量图。

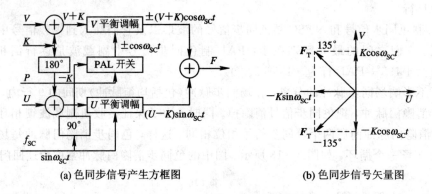

(a) 色同步信号产生方框图　　　　　　(b) 色同步信号矢量图

图 3 – 19　色同步信号产生

3.3.5　PAL 编码器

PAL 编码器在摄像机中将三个基色信号编码成彩色全电视信号。图 3 – 20 是 PAL 编码器的方框图，它所需的副载波信号 f_{SC}、P 脉冲、K 脉冲、复合同步信号和复合消隐信号由同步芯片提供，常用的同步芯片有 HD44007 等。

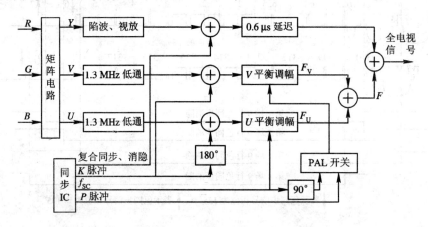

图 3 – 20　PAL 编码器方框图

光电传感器送来的三基色信号 R、G、B 通过矩阵电路产生亮度信号 Y 和压缩了的色差信号 U 和 V。为了压缩色差信号带宽，让 U、V 信号通过低通滤波器，滤除 1.3 MHz 以上的高频信号，然后分别混入不同极性的 K 脉冲，以便在彩色全电视信号中产生色同步信号。

带有 K 脉冲的带宽为 1.3 MHz 的 U、V 信号送入 U 和 V 平衡调幅器，对零相位的副载波和 $\pm 90°$ 的副载波进行平衡调幅，输出的 F_U 和 $\pm F_V$ 分量在线性相加器叠加得到有色同步信号的色度信号 F。

为了减少色度信号对亮度信号的干扰，将 Y 信号通过一个中心频率为 f_{SC}、带宽为 400 kHz 的 -6 dB 陷波器。然后，在亮度信号中混入复合同步和复合消隐信号。

亮度通道的带宽为 6 MHz，色度通道的带宽为 1.3 MHz，由于通道延迟时间与带宽成反比，亮度信号延迟小于色差信号延迟，色度信号落后于亮度信号 0.6 μs，造成彩色镶边，因此将亮度信号延迟 0.6 μs 使亮度信号和色度信号在时间上一致。色度信号 F 与亮度信号 Y 在线性相加器叠加后输出彩色全电视信号。

目前单片编码器集成电路有很多型号，如日立公司的 HA11883MP、Sony 公司的 CX20055 等广播级编码器，Motorola 公司的 MC1377、Philips 公司的 TDA8501 等消费类编码器。这些编码器只要附加少量器件就能组成 PAL 编码器。

3.3.6 PAL 解码器

解码是编码的逆过程，在彩色电视机的解码器中，彩色全电视信号经过 5 步信号处理还原成三基色信号。

图 3-21 是 PAL 解码器的方框图。

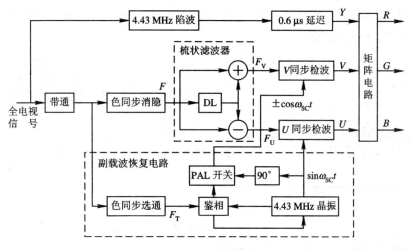

图 3-21 PAL 解码器方框图

1. 亮度信号和色度信号的分离

中、小屏幕彩色电视机用频带分离法把彩色全电视信号分离为亮度信号和色度信号，如图 3-22 所示。

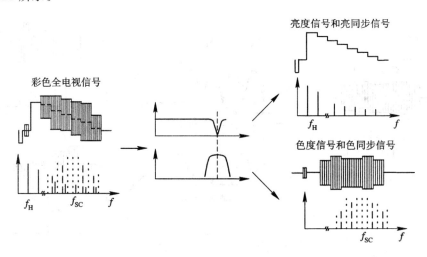

图 3-22 亮度信号和色度信号的分离

彩色全电视信号经 4.43 MHz 陷波器滤去色度信号，得到亮度信号；彩色全电视信号用一个中心频率为 4.43 MHz、带宽为 2.6 MHz 的带通滤波器选出色度信号。图 3-22 中每种信号都用两种形式表示，上面是波形，下面是其频谱。频带分离法简单、成本低，但亮度和色度分离不干净，图像质量易受影响；大屏幕彩色电视机改用频谱分离法，用梳状滤波器实现亮度和色度的分离。

2. 色同步信号和色度信号的分离

可以用时间分离法分开色同步信号和色度信号。行同步脉冲前沿延迟 5.6 μs 产生宽度为 2.26 μs 的门控脉冲，在时间上正好对齐色同步信号；用两个门电路在门控脉冲控制下交替导通来实现时间分离，如图 3-23 所示。门控脉冲无效时，色同步消隐门导通，得到色度信号。门控脉冲有效时，色同步消隐门关断，以阻止色同步信号窜入色度信号；色同步选通门导通，选出色同步信号。

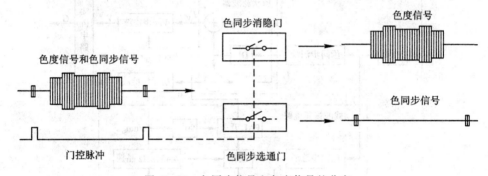

图 3-23 色同步信号和色度信号的分离

3. 色度信号的两个分量 F_U、F_V 的分离

色度信号的两个分量 F_U、F_V 是用频谱分离法分离的。由于 F_V 的逐行倒相，主谱线和 F_U 的主谱线正好错开半个行频，因此可以用梳状滤波器进行行频率分离。

梳状滤波器由一行延迟线、加法器和减法器组成，如图 3-24 所示。

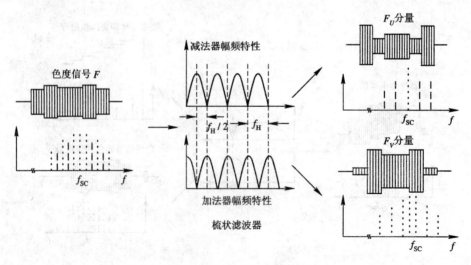

图 3-24 F_U 与 V_V 的分离

当色度信号加到梳状滤波器的输入端后，信号分成两路：一路直接送到加法器和减法器，称为直通信号；另一路通过延时线延迟 $63.943\,\mu s$ 后送到加法器和减法器，称为延时信号。延时信号比直通信号延迟 283.5 个副载波周期，相位滞后 $180°$。当直通信号为 NTSC 行时，是 $F_U + F_V$，延时信号为 PAL 行，是 $-(F_U - F_V)$，负号是因相位滞后 $180°$ 而加上的，加法器输出为 $2F_V$，减法器输出为 $2F_U$；当直通信号为 PAL 行时，是 $F_U - F_V$，延时信号为 NTSC 行，是 $-(F_U + F_V)$，加法器输出为 $-2F_V$，减法器输出为 $2F_U$。所以色度信号一行一行地送到梳状滤波器的输入端，从加法器输出逐行倒相的 F_V 分量，从减法器输出 F_U 分量。

可以证明加法器和减法器的输出幅频特性具有正弦全波整流的波形，在某些频率上信号全通过，在某些频率上信号被阻止，全通过和被阻止的频率以半行频之差在频率轴上以梳齿状交错，如图 3-24 所示。这与 PAL 制色度信号 F_U、F_V 分量的频谱相同，所以梳状滤波器能有效地将 F_U、F_V 信号分离。

4. 同步检波将 F_U、F_V 分量解调为 U、V 信号

F_U、F_V 分量是平衡调幅波，不能用一般幅度检波器解调，只有在原载波的正峰点上对调幅波取样，再用平滑曲线连接各取样点才能得到原调制信号。由于发送端已将副载波抑制，接收机中要利用色同步信号恢复副载波，当恢复副载波与发送端副载波同频同相时，检波输出最大，称为同步检波。同步检波通常用模拟乘法器和低通滤波器来实现，将 F_U 和 $\sin\omega_{\mathrm{SC}}t$ 送入模拟乘法器，输出信号为高频成分

$$F_U \sin\omega_{\mathrm{SC}}t = U \sin\omega_{\mathrm{SC}}t \times \sin\omega_{\mathrm{SC}}t$$
$$= U(1 - \cos 2\omega_{\mathrm{SC}}t) \tag{3-27}$$

经低通滤波器滤除高频成分 $\cos 2\omega_{\mathrm{SC}}t$ 得到 U 信号。将 $\pm F_V$ 和 $\pm\cos\omega_{\mathrm{SC}}t$ 送入模拟乘法器，输出信号为

$$(\pm F_V) \times (\pm\cos\omega_{\mathrm{SC}}t) = (\pm V \cos\omega_{\mathrm{SC}}t) \times (\pm\cos\omega_{\mathrm{SC}}t)$$
$$= V(1 + \cos 2\omega_{\mathrm{SC}}t) \tag{3-28}$$

经低通滤波器滤除高频成分 $\cos 2\omega_{\mathrm{SC}}t$ 得到 V 信号。图 3-25 是同步检波示意图。

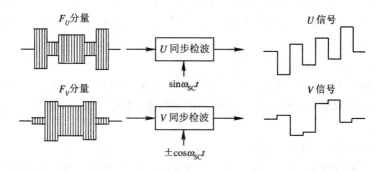

图 3-25　同步检波示意图

5. 解码矩阵将 Y、U、V 信号还原为三基色信号

解码矩阵首先将 U 和 V 信号去压缩，恢复为原色差信号 $R-Y$ 和 $B-Y$，然后将 $R-Y$ 和 $B-Y$ 组合得到 $G-Y$，最后将三个色差信号 $R-Y$、$B-Y$、$G-Y$ 和亮度信号 Y 还原为三基色信号 R、G、B。解码矩阵的输入、输出波形如图 3-26 所示。

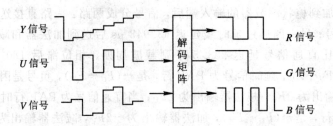

图 3-26 解码矩阵的输入、输出波形

3.3.7 PAL 制彩色电视的性能

1. PAL 制的主要优点

（1）对相位失真不敏感。

传输系统的非线性失真是不可避免的，特别是在传输过程中会产生微分相位失真，引起色调畸变。PAL 制逐行倒相使相邻两行产生的色调畸变互相抵消，利用梳状滤波器的平均作用，微分相位失真不再对色调产生明显的影响，只是饱和度有变化，而人眼对饱和度变化并不敏感。

（2）多径接收影响较小。

多径接收是指接收机天线收到的信号中既有发射台发射的直射波信号，还有多个反射波信号。反射波信号使图像产生重影。在多山地区和高楼集中的城市，重影情况是很严重的，而 PAL 制对接收质量会稍有改善。

（3）梳状滤波器减少亮度信号对彩色的干扰。

梳状滤波器的幅频特性可使亮度窜色的幅度下降 3 dB，彩色信噪比提高 3 dB。

2. PAL 制的主要缺点

（1）有行顺序效应。

由于 PAL 制色度信号是逐行倒相的，因此梳状滤波器中的相位延时误差极易引起大面积行蠕动现象。传输通道的相位误差、通带不对称、梳状滤波器中的群延时误差也会引起边缘行蠕动现象。当传输系统存在相位误差时，在高饱和度的水平彩色边界上还会出现半帧频闪烁现象。

（2）PAL 制设备比 NTSC 制复杂。

由于色度分量 F_V 逐行倒相，色同步信号要兼送识别信息，副载波 1/4 行频间置 25 Hz 偏置等原因，PAL 制编码、解码器都比 NTSC 制复杂，PAL 接收机也比 NTSC 制复杂，价格也要高一些。

（3）彩色清晰度比 NTSC 制低。

PAL 制接收机中采取两行色度信号电平平均，当相邻两行色度信号内容有差别时，平均的结果必然导致两行各自模糊，垂直清晰度下降。

3.4 SECAM 制

SECAM 制是法国工程师亨利·弗朗斯于 1956 年提出的，也是为了克服 NTSC 制的相位敏感性而研制的。SECAM 制根据时分原则，采用逐行顺序传送两个色差信号的办法，在传输通道中无论什么时间只传送一个色差信号，这样就彻底解决了两个色度分量相互窜扰的问题。

SECAM 制的亮度信号是每行都传送，两个色差信号则是逐行顺序传送的。每一行是亮度信号与一个色差信号同时传送，这是一种同时一顺序制。

在 SECAM 制中，色度信号的传送采用调频方式，两个色差信号则分别对两个不同频率的副载波进行频率调制，这样做可使传输中引入的微分相位失真的影响较小。在接收机中，调频信号在鉴频前先进行限幅，所以幅度失真的影响也很小。由于对色差信号可以直接进行鉴频，不像 PAL 制需要恢复色副载波，因此 SECAM 制的色同步信号是一个行顺序识别信号，在场消隐期间后均衡脉冲之后 9 行内传送。

SECAM 制编码对色度信号有两次预加重处理，第一次对视频色差信号进行视频预加重，第二次对已调副载波进行高频预加重。视频预加重使幅度较小的高频分量得到较多的提升，能提高高频分量的信噪比。高频预加重使传送多数浅色图像时副载波幅度减小，从而降低了干扰光点的可见度。

在接收端需要将 Y、$R-Y$、$B-Y$ 三个信号同时加到解码矩阵，以解出 R、G、B 三个基色信号。SECAM 制采取存储复用的办法，将上一行的色差信号用延时线存储一行时间，再与这一行的亮度信号和色差信号一起进行解码；而这一行的色差信号也被存储一行时间，与下一行的亮度信号和色差信号一起进行解码。每一行的色差信号通过存储均被使用了两次，所以称为存储复用。按照色度信号处理的特点，SECAM 制又被称为顺序传送与存储复用调频制。

SECAM 制的特点是传输失真的影响小，大面积彩色几乎不受微分增益和微分相位失真的影响，微分增益容限可达 60%，微分相位容限可达 ±40°。SECAM 制接收机比 NTSC 制复杂，但比 PAL 制简单；兼容性比 NTSC 制和 PAL 制差，因为色差信号为零时仍有副载波，这样会对亮度信号产生干扰；在正确传送彩色方面，SECAM 制比 NTSC 制和 PAL 制都好。法国、前苏联地区和东欧一些国家均采用 SECAM 制。

思考题和习题

1. 填空题

(1) 我国电视标准规定，亮度信号带宽为_____，色度信号带宽为_____。

(2) 传送黑白图像时两个色差信号_____，不会对亮度信号产生干扰。

(3) 用两个色差信号对_____进行调制，调制后的信号称为色度信号。

(4) 将色度信号、亮度信号以及同步、消隐等信号混合，就得_____信号。

(5) 将色度信号的频谱插在亮度信号的频谱空隙中间称为_____。

(6) 色度信号的振幅取决于色差信号的幅值，决定了所传送彩色的_____；而相角取决于色差信号的相对比值，决定了彩色的 _____。

(7) 标准彩条信号由三个_____、三个_____加上黑与白共八种颜色的等宽竖条组成。

(8) NTSC 制副载波频率选择为_____的倍数，通常称为_____。

(9) 对于 525 行、60 场/s 的 NTSC 制，副载波频率选择为_____MHz。

(10) NTSC 制有对相位失真比较敏感的缺点，容易产生_____畸变。

(11) I 轴与 V 轴夹角_____，是人眼最敏感的色轴。

(12) PAL 制副载频采用_____间置，_____偏置。

(13) PAL 制的色同步信号有_____和_____两个功能。

(14) 按照色度信号处理的特点，SECAM 制又被称为_____。

(15) K 脉冲的脉冲前沿滞后于行同步前沿_____μs，脉冲的宽度为_____μs。

(16) 由于通道延迟时间与带宽成反比，色度信号落后于亮度信号，造成_____。

(17) 中、小屏幕彩色电视机用_____法把彩色全电视信号分离为亮度信号和色度信号。

(18) 色同步信号和色度信号的分离采用_____法。

(19) 梳状滤波器由_____、_____和_____组成。

(20) 同步检波通常用_____和_____实现。

2. 选择题

(1) NTSC 制的一个行周期中有副载波周期(　　　)。

① 625 个　　　② 283 个　　　③ 283.5 个　　　④ 312.5 个

(2) 黑白电视信号能量只集中在(　　　)及其谐波附近很窄的范围内，随谐波次数的升高，能量逐渐下降。

① 行频　　　② 场频　　　③ 帧频　　　④ 射频

(3) $R-Y$ 信号的压缩系数为(　　　)。

① 0.877　　　② 0.493　　　③ 0.788　　　④ 0.394

(4) $B-Y$ 信号的压缩系数为(　　　)。

① 0.877　　　② 0.493　　　③ 0.788　　　④ 0.394

(5) PAL 解码器中梳状滤波器的加法器输出信号是(　　　)。

① F_U　　　② F_V　　　③ F　　　④ F_m

(6) PAL 解码器中梳状滤波器的减法器输出信号是(　　　)。

① F_U　　　② F_V　　　③ F　　　④ F_m

(7) PAL 制彩色电视中 NTSC 行色同步信号的相位为(　　　)。

① 180°　　　② 90°　　　③ 135°　　　④ 225°

(8) PAL 制彩色电视中 PAL 行色同步信号的相位为(　　　)。

① 180°　　　② 90°　　　③ 135°　　　④ 225°

(9) PAL 制彩色副载波的频率是(　　　)。

① 4.433 618 75 MHz　　　② 3.579 545 06 MHz

③ 4.429 687 5 MHz　　　④ 4.433 593 75 MHz

(10) PAL 解码器中同步检波器输出的信号是(　　　)。

① F_U、F_V　　②U、V　　③ $R-Y$、$B-Y$　　④ F_n、F_{n+1}

3. 判断题

(1) 三个色差信号都是相互独立的。

(2) 平衡调幅波包含载波分量。

(3) 平衡调幅波的振幅只与调制信号的振幅成正比。

(4) 调制信号通过 0 值点时，平衡调幅波极性反相 180°。

(5) 逐行倒相是将色度信号中的 F_U 分量进行逐行倒相。

(6) 人眼分辨红、黄之间颜色变化的能力最强，而分辨蓝、紫之间颜色变化的能力最弱。

(7) PAL 制减小了相位失真，防止产生色调畸变。

(8) 为了进行频谱交错，亮度信号和色度信号必须采用相同的带宽。

(9) 在场同步脉冲期间的 9 行内，要把色同步信号消隐掉。

(10) 色同步信号和色度信号的分离是采用频率分离法。

4. 问答题

(1) 要做到黑白、彩色电视互相兼容，必须满足哪些基本要求？

(2) 三大制式为何均选用 $R-Y$ 和 $B-Y$ 作为色差信号？

(3) 为什么要用色差信号来传送色度信号？

(4) 什么是大面积着色原理和高频混合原理？

(5) 为什么要将彩色副载波放在 6 MHz 频带的高端？

(6) 已知基色信号 $R=0.7$、$G=0.3$、$B=0$，求 Y、U、V、F_m、φ，说明对应什么色调。

(7) PAL 制是怎么消除相位失真引起的色调畸变的？

(8) 分析三大制式各自的优缺点。

(9) 画出 PAL 制编码器方框图，简述编码过程。

(10) 画出 PAL 制解码器方框图，简述解码过程的 5 步信号处理。

第4章 广播电视

一场席卷世界的新技术革命正在促使人类社会跨入信息化时代，从而使信息成为促进社会进步、生产发展、经济繁荣和国家昌盛的重要战略资源。在人们生活中收集的全部信息中，由视觉获取的信息最多，约占60%，由听觉感受到的信息约占20%。电视广播能扩大人的眼界，把遥远的活动景象传送到眼前来，人们足不出户就可以知悉世界上各个角落发生的事情，所以电视广播已成为现代家庭生活不可缺少的一部分。

电视广播按传送方式分为地面广播、卫星广播和有线电视。

4.1 地面广播

地面广播是相对于卫星广播而言的，地面广播的发射天线常置于广播区域的制高点上，例如山顶或高楼顶上，以扩大电视广播的覆盖区域。

图4-1是地面广播示意图。多台摄像机的全电视信号送到中心控制室进行切换、编辑和处理；处理后的彩色全电视信号送到电视图像发射机，对高频载波进行调幅，形成调幅信号；电视的伴音也同时经过话筒变为相应的音频信号，经过伴音控制台中的增音机放大和处理后，送到电视伴音发射机，对高频载波进行调频，形成伴音的调频信号；电视图像的调幅信号和电视伴音的调频信号分别进行功率放大后，通过双工器一起送到电视发射天线，向外发送带有电视信号的无线电波；电视机从天线接收到无线电波后解调为全电视信号和伴音信号，电视信号经处理后在荧光屏上显示图像；伴音信号经放大后推动扬声器放音。

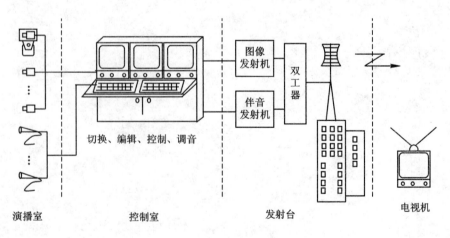

图4-1 地面广播示意图

4.1.1 射频电视信号

图像信号和伴音信号的频率比较低，不能直接向远距离传送，必须将它们分别调制在频率较高的载频上，然后通过天线发射出去。图像信号采用调幅方式，伴音信号采用调频方式，调制后的图像信号和伴音信号统称为射频电视信号。

1. 负极性调制

用负极性的图像信号对载频进行调制，称为负极性调制；用正极性的图像信号对载频进行调制，称为正极性调制，如图 4-2 所示。

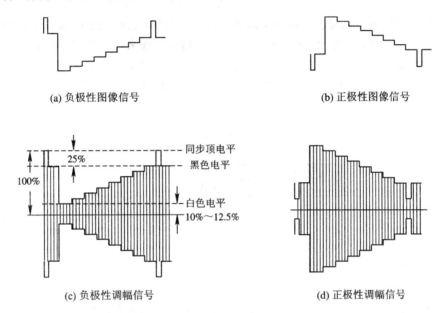

(a) 负极性图像信号　　　　　　　　　　(b) 正极性图像信号

(c) 负极性调幅信号　　　　　　　　　　(d) 正极性调幅信号

图 4-2　电视信号的调制极性

我国电视标准规定，图像信号采用负极性调幅。因为负极性调幅有下列优点：

（1）节省发射功率。一般图像中亮的部分比暗的部分面积大，负极性调幅波的平均电平比正极性调幅波的平均电平低，因此负极性调制的平均功率比正极性调制小。

（2）干扰不易被察觉。干扰信号通常是以脉冲形式叠加在调幅信号上的，结果使调幅波包络电平增高，负极性调制时干扰信号解调后在屏幕上显示为黑点而不易被察觉。

（3）便于实现自动增益控制。负极性调幅波的同步顶电平就是峰值电平，便于用作基准电平进行信号的自动增益控制。

我国电视标准规定彩色全电视信号的辐射电平为：同步脉冲顶为 100% 载波峰值，消隐电平为 72.5%～77.5% 载波峰值，黑电平与消隐电平的差为 0～5% 载波峰值，峰值白电平为 10%～12.5% 载波峰值。

2. 残留边带发射

图像信号的最高频率为 6 MHz，调幅波频谱的宽度为 12 MHz，如图 4-3 所示。频带越宽，电视设备越复杂，在固定频段内电视频道数目越少，所以必须压缩频带宽度。由于载频不含信息，上、下边带携带的信息相等，因此可以考虑单边带发送，但为了便于图像传输,地面广播采用残留边带发送方式,即对 $0\sim0.75$ MHz 图像信号采用双边带发送,$0.75\sim6$ MHz 图像信号采用单边带发送。

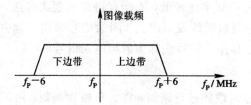

图 4 - 3   调幅波频谱

在发送端是用残留边带滤波器来实现残留边带提取的,接收机中的幅频特性必须与之相对应,接收机是由中频放大器的特殊形状的频率特性曲线来保证图像不失真的。

采用残留边带调制后,射频电视信号的带宽压缩为 8 MHz,如图 4 - 4 所示。$-1.25\sim$ -0.75 MHz 是发射机残留边带滤波器的衰减特性所造成的。

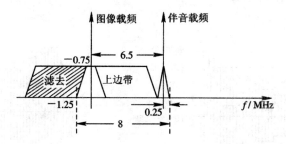

图 4 - 4   残留边带信号频谱

3. 伴音调频

电视伴音采用调频制。调频信号可以用限幅来去掉叠加在调制信号上的干扰,以获得较高的音质,伴音采用调频制还可以减小伴音对图像的干扰。调频波的频谱比较复杂,频带也宽得多。伴音调频信号的频带宽度 $\mathrm{BW_{FM}}$ 可用下式近似计算:

$$\mathrm{BW_{FM}} = 2(\Delta f_{\max} + F_{\max}) \tag{4 - 1}$$

式中,$\Delta f_{\max}$ 为最大频偏,$F_{\max}$ 为伴音信号最高频率。我国电视标准规定,$\Delta f_{\max} = 50$ kHz,若 $F_{\max} = 15$ kHz,$\mathrm{BW_{FM}} = 2 \times (50 + 15) = 130$ kHz。

4.1.2   电视频道的划分

我国电视频道在甚高频(VHF)段共有 12 个频道,在特高频(UHF)段共有 56 个频道,如表 4 - 1 所示。

4.1.3   地面广播电视发射机

广播电视发射机将彩色全电视信号和伴音信号调制在射频载波上,通过天线以高频电磁波方式传播出去。射频载波均采用米波波段(甚高频 VHF 频段)和分米波波段(特高频 UHF 频段)。

表 4-1 我国电视频道表

波段	频道	频率范围/MHz	图像载频/MHz	波段	频道	频率范围/MHz	图像载频/MHz
VHF	DS1	48.5～56.5	49.75	UHF	DS35	686～694	687.25
	DS2	56.5～64.5	57.75		DS36	694～702	695.25
	DS3	64.5～72.5	65.75		DS37	702～710	703.25
	DS4	76～84	77.25		DS38	710～718	711.25
	DS5	84～92	85.25		DS39	718～726	719.25
	DS6	167～175	168.25		DS40	726～734	727.25
	DS7	175～183	176.25		DS41	734～742	735.25
	DS8	183～191	184.25		DS42	742～750	743.25
	DS9	191～199	192.25		DS43	750～758	751.25
	DS10	199～207	200.25		DS44	758～766	759.25
	DS11	207～215	208.25		DS45	766～774	767.25
	DS12	215～223	216.25		DS46	774～782	775.25
UHF	DS13	470～478	471.25		DS47	782～790	783.25
	DS14	478～486	479.25		DS48	790～798	791.25
	DS15	486～494	487.25		DS49	798～806	799.25
	DS16	494～502	495.25		DS50	806～814	807.25
	DS17	502～510	503.25		DS51	814～822	815.25
	DS18	510～518	511.25		DS52	822～830	823.25
	DS19	518～526	519.25		DS53	830～838	831.25
	DS20	526～534	527.25		DS54	838～846	839.25
	DS21	534～542	535.25		DS55	846～854	847.25
	DS22	542～550	543.25		DS56	854～862	855.25
	DS23	550～558	551.25		DS57	862～870	863.25
	DS24	558～566	559.25		DS58	870～878	871.25
	DS25	606～614	607.25		DS59	878～886	879.25
	DS26	614～622	615.25		DS60	886～894	887.25
	DS27	622～630	623.25		DS61	894～902	895.25
	DS28	630～638	631.25		DS62	902～910	903.25
	DS29	638～646	639.25		DS63	910～918	911.25
	DS30	646～654	647.25		DS64	918～926	919.25
	DS31	654～662	655.25		DS65	926～934	927.25
	DS32	662～670	663.25		DS66	934～942	935.25
	DS33	670～678	671.25		DS67	942～950	943.25
	DS34	678～686	679.25		DS68	950～958	951.25

电视发射机是由图像发射机和伴音发射机组成的,称为双通道电视发射机。由图像与伴音共用一部发射机的电视发射机,称为单通道电视发射机。图4-5是它们的组成原理方框图。

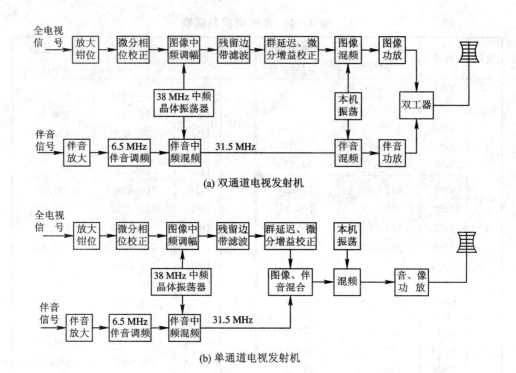

图 4-5　电视发射机组成原理方框图

比较两种组成方框图可以看出，图像信号均在 38 MHz 中频进行调幅，这样有一个较大的优点，就是发射机工作在任何一个频道时，其前端电路都是相同的，便于生产。

中频调幅器的工作电平较低，对信号的处理与校正比较方便，所以残留边带滤波和微分增益校正放在中频进行。不同工作频道的残留边带滤波电路是相同的，残留边带滤波器引入的群时延误差也在中频进行校正，可以获得良好的校正效果。

残留边带滤波后电视信号两个边带不对称，在高频功率放大器中容易引起微分增益失真。在视频校正微分增益失真比较麻烦，所以在中频进行校正。

伴音信号调制在第二伴音中频 6.5 MHz 上，再与 38 MHz 混频，能比较方便地获得 31.5 MHz 的伴音中频信号。

双通道发射机在高频功率放大器之后，采用双工器来防止图像与伴音信号相互窜扰，由于发射机、馈线和天线间的良好匹配，因此能保证高频信号能量高效、优质地传输。单通道发射机的图像、伴音中频信号混合后，一起变频、一起功率放大、一起发射，故设备较简单。

我国电视标准规定伴音载频在同一频道中比图像载频高 6.5 MHz。为了保证图像与伴音能有同样的覆盖面积，图像峰值功率与伴音载频功率之比为 5：1 左右，在单通道发射机中它们的功率比约为 10：1。

4.1.4　地面广播电视接收机

图 4-6 是 PAL 制彩色电视接收机的方框图，主要包括高频调谐器、中放与检波、伴音通道、PAL 解码器、同步与扫描、遥控系统等六部分。

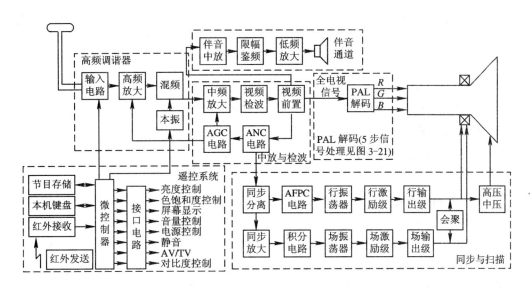

图 4-6 PAL 彩色电视接收机方框图

1. 高频调谐器

高频调谐器又称高频头，它有选择频道、放大信号、变换频率的功能。天线和输入电路的作用是选择所要接收频道的微弱电视信号，由高频放大器进行有选择性的放大，再与本振输出的频率较高的正弦波混频得到中频信号。高频调谐器有良好的选择性，可以抑制镜像(比信号频率高 2 倍的中频)干扰、中频干扰和其他干扰信号。隔离混频器与天线的耦合，可以避免本振信号通过天线辐射出去而干扰其他接收机。混频器把接收下来的不同频道的射频电视信号变换成固定频率的中频信号。我国规定图像中频为 38 MHz，第一伴音中频为 31.5 MHz，后面的中频放大器因频率固定能获得良好的选择性及较高的增益。一般高频调谐器的总增益约为 20 dB。

2. 中放与检波

中频放大器将高频调谐器送来的图像中频信号和第一伴音中频信号进行放大，其主要任务是放大图像中频信号，对伴音中频信号的放大倍数很小，因此经常把中频放大器称为图像中放。中放是整个电视接收机主要的放大单元，要求增益在 60 dB 以上。

为适应残留边带发送，抑制干扰，中放特性曲线是特殊形状的，这由声表面波滤波器(Surface Acoustic Wave Filter，SAWF)一次形成。

视频检波器的第一项任务是从中频图像信号中检出视频图像信号，一般用大信号检波即包络检波。视频检波器的第二项任务是利用二极管的非线性，由图像中频和伴音中频差拍产生 6.5 MHz 的第二伴音中频信号。

检波器的输出信号要提供给 PAL 编码器、同步分离电路、自动增益控制(Automatic Gain Control，AGC)电路和伴音中放电路，所以先进行视频前置放大以增强其负载能力。从天线到视频前置放大称为(图像和伴音的)公共通道。

自动噪声抑制(Automatic Noise Constrain，ANC)电路的功能是自动抑制干扰脉冲，以免影响同步分离电路正常工作。常用方法是把干扰脉冲分离出来，倒相后再叠加到原信号上去，从而抵消干扰脉冲。

自动增益控制(AGC)电路的功能是检出一个随输入信号电平而变化的直流电压,去控制中频放大器和高频放大器的增益,以保持视频检波的输出幅度基本不变。

3. 伴音通道

从视频前置放大取出的 6.5 MHz 第二伴音中频信号被送到伴音中频放大器,经放大、限幅后送至鉴频器进行频率检波,检出音频信号,再进行低放,最后在扬声器得到电视伴音。

4. PAL 解码器

PAL 解码器的原理和作用详见 3.3.6 节 PAL 解码器和图 3-21 所示的 PAL 解码器方框图。

5. 同步与扫描电路

视频图像信号经 ANC 电路消除干扰脉冲后被送到同步分离电路,分离出复合同步信号。复合同步信号放大后经积分电路分离出场同步信号,场同步信号再去控制场振荡器产生的锯齿波信号与发送端同步,场锯齿波信号经场激励级和场输出级的放大,在场偏转线圈中产生场扫描电流。

为了提高行扫描电路的抗干扰性,现代电视接收机都采用自动频率相位控制(Automatic Frequency Phase Control, AFPC)电路。复合同步信号直接加入 AFPC 电路的鉴相器,与行振荡信号比较。如果两者的频率和相位存在差别,则输出与误差成比例的电压来控制行振荡器的频率和相位与发端同步,由于 AFPC 电路中低通滤波器的作用,行同步的抗干扰性增强。

与发送端同步的行振荡信号经行激励级和行输出级放大,在行偏转线圈中产生行偏转电流。行扫描逆程脉冲经升压与整流得到显像管需要的高压、中压以及视频放大电路(与 PAL 解码器基色矩阵合在一起)需要的电压。

彩色显像管的附属电路包括会聚电路、几何畸变校正电路、白平衡调整电路、色纯调整电路、消磁电路等。

6. 遥控系统

遥控系统由本机键盘、节目存储器、红外遥控发射器、红外接收器、微控制器和接口电路等组成。

本机键盘位于电视机面板上,用户通过本机键盘操作,完成对电视机的选台、预置或各种功能控制。

红外遥控发射器上键盘的作用基本上和本机键盘相似,所不同的是它可以远离电视机,通过红外光指令信号控制电视机。当按下红外遥控器的某个键时,遥控器内的编码器输出一组相应的二进制代码,并调制在 38 kHz 载波上,再去调制红外发光二极管,变成红外遥控指令信号发射出去。安装在电视机面板后面的红外接收器中的红外光敏二极管接收到红外遥控指令信号后,经放大、检波、整形得到指令的二进制代码,送至微控制器进行解码,识别出控制的种类和内容,据此发出相应信号,通过接口电路去调整电视机。

节目存储器采用电可擦可编程只读存储器(EEPROM),用来存储若干个频道的调谐电压数据、各种功能控制参数等,也存储最后收看的电视节目信息,包括频道号、TV/AV 状态、音量、亮度、对比度、色饱和度等。

微控制器是遥控系统的核心,由 8 bit 的算术和逻辑运算器、各种寄存器、电压或频率综合器、RAM(数据存储器)、ROM(固化了全部选台、预置和各种功能控制程序)、I/O 端口、指令解码器、总线、主时钟等组成。与外围电路一起执行用户的遥控指令,如选台、预置、音量、亮度等各种功能控制。

接口电路将微控制器送来的各种功能控制指令码,经过解码、D/A 转换为 64 级模拟量控制电压,再去控制音量、亮度、色饱和度、电源等。

4.1.5 电视机质量的提高

1. 频率合成式高频调谐器

以前的电压合成式高频调谐器受温度、电压变化的影响,容易引起频率漂移,调谐器稳定度会下降。要实现高速自动调谐选台,达到可靠性高、频率稳定、切换速度快捷、实现多个调谐器同时进行调谐选台,必须采用频率合成式高频调谐器。

1) MOPLL

频率合成式高频调谐器的关键器件是 MOPLL(Mixer-Oscillator Phase Lock Loop,混频器-振荡器锁相环),常用电路有 TI 公司的 SN761672A。图 4-7 是 SN761672A 的内部结构图。SN761672A 是单片混频器、振荡器和锁相环,包含 VHFL、VHFH 和 UHF 三个波段的本地振荡器和混频器,30 V 输出的调谐放大器和 4 个 NPN 集电极开路型波段开关驱动器,15 位可编程计数器和可编程基准分频器(512、640、1024)受 I²C 总线控制,调谐频率步长可以根据基准分频率选择。SN761672A 是单 5 V 电源,TSSOP(plastic Thin Shrink Small Outline Package)32 封装。

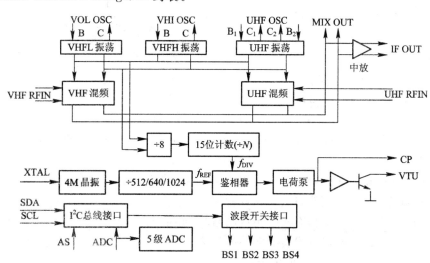

图 4-7 SN761672A 的内部结构图

同类产品 SN761677 在 SN761672A 的基础上增加了 4 个 NPN 射极跟随型波段开关驱动器,增加了片内 DC/DC 转换产生 30 V 调谐放大器电压。

同类产品还有东芝公司的 TA1303BFN、INFINEON 公司的 TUA6034 等。

当接收 DS13 频道信号时,图像载频为 471.25 MHz,本振频率为 471.25＋38＝509.25 MHz,此时经 I²C 总线设定可编程基准分频器分频数为 1024,f_{REF}＝4 MHz/1024＝3.906 25 kHz;509.25 MHz 经 8 分频后再 N 分频,也应为 3.906 25 kHz,509.25 MHz÷

$8 \div N = 3.906\ 25$ kHz，$N = 16\ 296$。15 位可编程计数器应设定为 16 296。

如本振频率未达到准确调谐值时，数字式鉴相器将 f_{DIV}、f_{REF} 两个信号进行相位比较，输出电压是两者相位差的函数，此输出电压通过低通滤波器滤除高频分量后，调整 SN761672A 内部电荷泵源的脉冲输出，去改变本振压控振荡器的频率，直到本振频率比图像载波频率高出 38 MHz 时 $f_{\text{DIV}} = f_{\text{REF}}$，鉴相器输出的低频控制信号为零，压控振荡器的振荡频率不再发生变化，环路数据处于"锁定状态"，并将此时的分频系数 N 寄存在存储器电路中。与此同时，SN761672A 的选台信息情况通过 I^2C 总线返回微处理器，微处理器将修正信息，直到完成调谐选台为止。当传输信号的载频有微小偏移时，微处理器能跟踪锁相，确保稳定接收。

2）频率合成调谐器

频率合成调谐器方框图如图 4-8 所示。VHFL、VHFH 和 UHF 三个波段有各自的输入回路、高频放大级、双调谐选频回路、片内的混频器本地振荡器锁相环和本地振荡器的调谐元件。

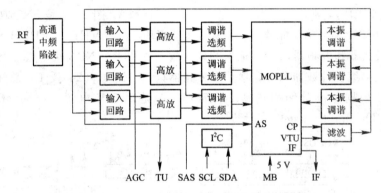

图 4-8　频率合成调谐器方框图

（1）调谐器各引脚的功能：

· AGC：通常设定为当输入信号为 60 dB μV 时，该处电压为 4 V。在输入信号幅度过大时，电视机的中频单元会改变输入的 AGC 电压值，抑制信号幅度，避免由于输入幅度过大而造成失真。

· TU：主要用于高频头生产过程中对 IC 产生的调谐电压值进行监控，也可在非锁相状态下输入调谐电压对高频头进行调试和检测。

· SAS：在 I^2C 总线上挂有多个集成电路时，由 CPU 选择其中之一在某一时段工作，这时输入的 I^2C 数据中指定位代表的电平值与该端子接入电平吻合，高频头开始工作。

· SCL：输入 SN761672A 的串行时钟信号。

· SDA：输入 SN761672A 的串行数据信号。

· MB：提供高频头的工作电压（+5 V）。

· 30 V：提供高频头需要的 30 V 调谐电压，在高频头内部 IC 会将其转换为所需调谐电压值。

· IF：中频输出端子。

（2）调谐器中的信号流程。

由 RF 端子进入高频头的电视信号先通过高通滤波器及中频陷波器，将信号中的中频干扰滤掉，然后分为三路同时进入 VHFL、VHFH、UHF 三个通道。此时，SN761672A 会根据接收到的 I²C 数据指定的频道，打开相对应的通道接收信号。信号进入相应通道后首先进入输入回路，它的目的是对输入信号进行选频及阻抗匹配，令输入信号的反射最小，达到最大输入的目的。输入回路中的变容二极管会根据 SN761672A 给出的调谐电压值 TU 改变为设计预期的电容值，使输入回路在输入信号的频率条件下达到选频及最佳匹配的阻抗值。

高频放大由双栅极场效应管组成，两个栅极中一个作为信号输入端，另一个栅极接入 AGC 直流电压，用以控制场效应管源、漏极之间的 N 型沟道宽窄。AGC 直流电压越高，N 型沟道越宽，高放管电压增益越大。由 SN761672A 通过控制切换各高放管信号输入端供电，可以选择信号通道。

高放之后进入双调谐选频回路，使信号在要求接收的频道位置幅度尽可能达到最大，各方面电性能都尽可能最佳。两个调谐回路都有变容二极管，在调谐电压 TU 变化时其容值会发生变化。当它们的容值为某一个指定的值时，整个双调谐（参差调谐）选频回路会在频段内某一个频点的位置上达到传输性能及矩形系数最佳，并保证一定的频带宽度。这时所需的调谐电压值取决于设计时的设定。这部分电路对电视机的选择性、灵敏度等多项指标有非常大的影响，因此，此处各项参数的搭配非常重要。

信号在通过双调谐选频回路后进入 MOPLL。在 MOPLL 内部会对输入的频率与 I²C 数据所需要的频率进行相位比较。如果比较结果显示输入信号频率、本振频率与数据要求频率相比有偏差，MOPLL 会自动对调谐电压 TU 进行调整，即对本振频率及前级电路频率特性进行调整，直到信号频率满足要求为止。此时 MOPLL 会将输入信号与本振信号进行混频，之后经过中频选频回路输出到 IF 脚。

电压合成式高频调谐器输出的调谐电压是连续变动的，频率合成式高频调谐器输出的调谐电压是跳变的。电压合成调谐时，把高放和本振电路连动调节；频率合成调谐时，先调高放电路，再进行频率监测和锁定控制，然后合成本振调谐电压，调谐本振频率。

2. 准分离式中频放大器

普通的彩色电视机均采用内载波接收方式的中频放大电路，图像信号和伴音信号共用一个通道，利用图像中频信号和伴音中频信号的差拍产生 6.5 MHz 的第二伴音中频信号。因此二者之间的相互干扰是很难避免的，最突出的干扰是色副载波与第二伴音中频形成的差拍干扰图像，即 6.5 MHz－4.43 MHz＝2.07 MHz 的网纹干扰；还有强图像信号时对伴音信号产生过调制形成的蜂音干扰。克服上述干扰的最好办法是图像、伴音中频信号分别由两个独立的通道来处理。

音频准分离（Quasi Split Sound, QSS）中频放大电路实际上是一种变形的内载波接收方式。它采用两个独立的声表面波滤波器进行选频，分别获得图像中频信号和 31.5 MHz 的伴音第一中频信号；图像检波采用性能优良的 PLL（Phase Lock Loop, 锁相环）同步检波器，伴音第二中频信号获得的过程中不再使用调幅的图像中频信号，而是由 PLL 图像检波器中压控振荡器产生的 PLL 同步信号所取代。PLL 同步信号频率被严格锁定在图像中频上，非常稳定且与图像内容无关，减少了图像与伴音之间的相互干扰。另外，由于省去了限幅器，伴音第一中频信号的幅度得以提高，既提高了伴音信号的信噪比，又解决了寄生调幅造成的干扰。

图 4-9 是准分离式中频放大方框图，预中放级能补偿后面声表面波滤波器的插入损耗。经放大的中频信号分两路输出：一路经声表面波带通滤波器衰减 38 MHz 的图像中频信号后，送到伴音中放，放大后经 QSS 混频处理产生包含数字丽音中频信号在内的 6.5 MHz 第二伴音中频信号；另一路经带通声表面波滤波器衰减 31.5 MHz 的伴音中频信号后送到图像中放，图像中频信号放大后进行 PLL 同步锁相检波，输出视频彩色全电视信号 CVBS。

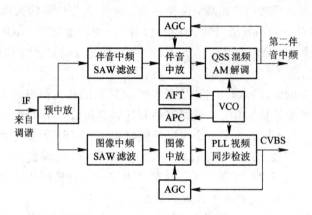

图 4-9 准分离式中频放大方框图

锁相环同步检波方框图如图 4-10 所示。压控振荡器 (Voltage Controlled Oscillator, VCO) 作为同步检波器的开关信号，VCO 与图像载波锁相，完全不受图像内容的影响，检波相位十分稳定，对小信号检波具有良好的线性，可以消除通道中交调失真引起的串色并减弱差拍干扰，改善图像信号的微分增益失真和微分相位失真，消除因图像过调造成的伴音蜂音。

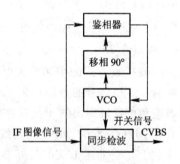

图 4-10 锁相环同步检波方框图

3. 动态梳状滤波器亮色分离电路

在普通的彩色电视机中，亮度信号和色度信号通过带通和带阻滤波器进行分离，用一个 4.43 MHz 陷波器从彩色全电视信号中滤去色度信号，得到亮度信号；用一个中心频率为 4.43 MHz、带宽为 2.6 MHz 的带通滤波器从彩色全电视信号中选出色度信号。由于陷波器对色度信号滤不干净，一些色度信号进入亮度通道，引起"彩色干扰"，而亮度信号的高频分量损失导致图像分辨率下降。为此，在高档大屏幕彩色电视机和专用彩色监视器中采用梳状滤波器对亮、色信号进行分离，既可以减小亮度信号与色度信号之间的串扰，又能够保证亮度高频信息不受损失。

典型产品是飞利浦公司的 TDA9181 双制式动态数字梳状滤波电路，通过外部控制可实现 T_H、$2T_H$、$4T_H$ 等延时，可对 PAL、NTSC 制的视频彩色全电视信号进行梳状滤波，彻底分离出亮度信号和色度信号。

TDA9181 内部电路方框图如图 4-11 所示。TDA9181 允许有两种输入信号：一种是复合视频信号(Composite Vidco Blanking Synchronization，CVBS)，另一种信号是来自 S 端子的亮、色分离信号。两信号分别经钳位后由输入选择信号选取其中一路进行梳状滤波，分离出的亮度信号和色度信号经输出选择开关切换后分别输出。

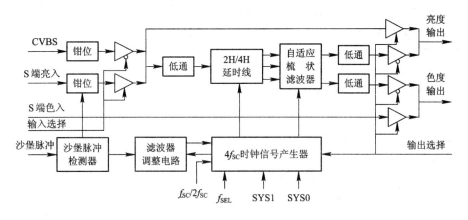

图 4-11　TDA9181 内部电路方框图

为实现数字式梳状滤波，需对输入的视频彩色全电视信号进行数字化处理，其采样频率为 $4f_{SC}$。TDA9181 内部的 PLL 时钟发生器产生的 $4f_{SC}$ 时钟信号，除用作 A/D 变换时的采样时钟外，还供 2H/4H 延迟线、自适应梳状滤波器和低通滤波器调整使用。TDA9181 的 $f_{SC}/2f_{SC}$ 引脚输入 f_{SC} 或 $2f_{SC}$ 同步信号，用以锁定时钟发生器的振荡频率和相位。f_{SEL} 脚为低电平时，输入副载波信号 f_{SC}；为高电平时，输入 $2f_{SC}$ 信号。TDA9181 的 SYS1、SYS0 脚为制式控制端，当其为 00、01、10、11 时，分别控制时钟发生器产生 PAL-M、PAL-D、NTSC-M、PAL-N 的 $4f_{SC}$ 时钟信号。

沙堡脉冲经检测电路检测出色同步信号，以控制钳位电路和滤波调整电路。滤波调整电路对色同步和副载波信号进行相位比较，产生出一个控制电压去自动调整三个低通滤波器的谐振频率，使其工作与彩色信号的制式相对应。

TDA9181 只对标准的 PAL-D(B、G、H、I、M、N) 或 NTSC-M 制式的视频彩色全电视信号进行 Y、C 分离，对 SECAM 制式或黑白信号不作处理，即直接输出。

此外，微科(Micronas，原 ITT)公司的 VPC3230D 是梳状滤波视频处理器，包括高性能自适应梳状滤波器、多标准彩色解码器、高质量模/数转换电路附加 AGC 电路和钳位电路、多标准的同步信号处理和多格式视频输出。东芝公司 TC90A49P 型多制式数字 Y/C 分离电路、索尼公司 SBX-1765-01 型动态数字梳状滤波电路也是常用电路。

4. 格式变换

1) 常用的几种格式变换

① 帧频变换。帧频变换的工作原理并不复杂，以原图像的帧频率写入存储器，而以目

标帧频率读出并处理图像数据。

②隔行扫描到逐行扫描变换。常采用运动自适应隔行到逐行算法，从连续多场信号中计算出运动物体的运动轨迹，从而根据帧画面在这时应达到的位置去重新插入该物体。

③宽高比的变换和图像缩放。把输入视频图像通过行插入、点插入等技术，转换为显示器件能够显示的格式。

④3∶2/2∶2下拉(pull-down)变换。把每秒24幅画面的电影转换为每秒60场的NTSC制电视信号时，要进行3∶2下拉变换。先把第一幅电影画面拆解成3个隔行的场，然后把第二幅画面拆解成2个隔行的场，形成"EOEOE"或"OEOEO"这种模式的场序列(这里的E代表偶场，O代表奇场)。依次对电影画面重复进行这种3∶2下拉变换，就把每秒24幅的电影画面转换成每秒60场的NTSC电视信号。

把电影画面转换为每秒50场的PAL电视信号时，要进行2∶2下拉变换。把每秒拍摄的24张胶片以每秒25张的速度重放，把每幅电影画面重复2次作为电视的2场。依次对电影画面进行这种重复，就把每秒25幅的电影画面转换成每秒50场的PAL电视信号。因为这种转换方式略微加快了胶片的重放速度，所以重放时间会缩短4%，会造成图像和伴音在一定程度上的不同步。

1080/24P(简称24P或24F)是专门为电影/电视相互转换而开发的HDTV信号标准，它采用了与电影帧频完全相同的每秒24帧逐行扫描方式，每帧电视图像与每幅电影画面具有一一对应的关系，不论是从电影转换成电视(胶片转磁带)，还是从电视转换成电影(磁带转胶片)，都不会产生由帧频转换而带来的图像质量损失。由于24P是专门为与电影相关的后期制作而开发的，观看这种信号的图像时，因为帧频比较低，会有比较明显的闪烁感，因此播出时需要对24P的信号进行下拉变换。

⑤彩色空间转换。CSC(Color Space Conversion，彩色空间转换)是进行数字视频数据的格式转换。因为图像处理是针对YCbCr4∶2∶2格式的，所以图像处理前的输入CSC要将输入视频数据转换成YCbCr4∶2∶2格式，图像处理后的输出CSC要将YCbCr4∶2∶2格式转换成所需的视频数据格式。

⑥视频查找表。三个256×10 bit的VLUT(Video Look Up Table，视频查找表)用来进行γ校正、8 bit/10 bit映射和8 bit/6 bit映射。适当地修改查找表可以使图像的色彩更鲜艳。

2) 格式变换常用芯片

国外的芯片有西门子公司的SDA9255、飞利浦公司的SAA4991芯片、美国nDSP公司的NV320P(现为pixelworks公司的PW1210)、genesis公司的gm6010和gm1601、美国泰鼎(Trident)公司DPTV系列等。

国产的芯片有成都威斯达芯片公司的WSC1115、WSC2000，杭州国芯科技有限公司的GX2001等芯片。

3) 格式变换电路

格式变换芯片要求输入数字视频信号，所以在输入端先进行低通滤波和模/数转换，输出端经片内数/模转换后的信号要进行低通滤波，因为此时已变换为逐行扫描信号，频带宽度加倍。格式变换过程中要用到帧存储器，一般需要2M×32b的容量。图4-12是格式变换电路方框图。

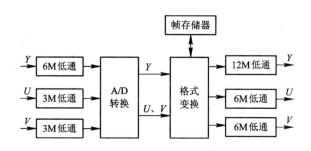

图 4-12　格式变换电路方框图

5．画质改善电路

常用画质改善芯片有松下公司的 AN5342K、东芝公司的 TA1226N、飞利浦公司的 TDA9178。画质改善电路常见的功能有黑电平延伸、直方图处理、轮廓处理、瞬态改善和扫描速度调制等。

1）黑电平延伸

黑电平延伸时是对图像信号的浅黑色部分进行检测，将这些浅黑色部分向黑电平延伸，以增强画面的景深感。

大面积黑电平延伸是在每场正程期间设置一个固定的时间窗口，以该窗口时间内图像背景（直流分量和低频分量）中最黑的部分与在钳位期间测量的黑电平之间的差值作为黑偏置电平，根据此偏置电平的大小，调节整个信号处理过程的直流环路增益。当黑偏置电平小时，就增大直流环路的增益，反之则减小。然后，再由一个幅度延伸电路，把图像的浅黑部分向黑电平延伸放大。但此时的调节增益的变化方向与上述整场直流环路增益的调节方向相反，即黑偏置电平大，幅度延伸电路增益也大；反之，黑偏置电平小，则幅度延伸电路增益也小。大面积黑电平延伸处理技术在整场图像的背景亮度保持稳定的情况下，使暗场附近的背景层次丰富。

2）直方图处理

在每场正程设定一个固定的测量窗口，在窗口期间把亮度信号按幅度分成 5 段。对于每段范围内的信号，在电路内部设有一个相应的电容器，当亮度信号达到那一级数值范围后，则由该段范围内相应的双门限比较器控制一个恒流源对电容器充电。若某段幅度内的信号成分多，持续的时间长，充的电压就高。5 个段电容上所存储的电压在场逆程开始后首先存入相应的存储器，然后再对段电容放电，接着对新的一场又重新开始测量，存储器上的电压在新一场正程期间再控制非线性亮度放大器的增益。存储器上的电压高，增益就大，反之则小。所以，放大器的增益变化呈 5 个阶段状（即直方图状），以获得最佳的对比度，使图像的层次更加分明。对于超过 5 个双门限比较器控制范围内的黑白电平，如图像中的黑白字符不做直方图处理。这种直方图处理利用了场的相关性，对亮度信号前一场进行测量，后一场进行控制，对图像亮度有一个平均作用，因此，可以降低隔行扫描带来的行间闪烁。

3）轮廓处理

轮廓处理即控制亮度信号的前、后沿上冲或下冲的幅度和宽度，提高图像边沿部分的反差（勾边），从而提高图像的主观清晰度。图 4-13 是一种简单的轮廓峰化电路。

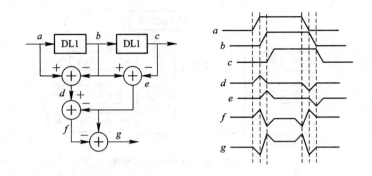

图 4-13　一种简单的轮廓峰化电路

4）瞬态改善

瞬态改善电路也称为过渡特性改善处理或细节处理，该电路有亮度瞬态改善（Luminance Transient Improvement，LTI）和色度瞬态改善（Color Transient Improvement，CTI）两种功能，实际是增加上升沿和下降沿的陡峭程度，使图像边缘清晰、亮暗分明，把倾斜的边沿变成周期相同、峰峰值不变的方波。图 4-14 示出了瞬态改善电路和轮廓处理的区别。

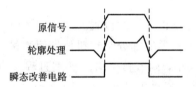

图 4-14　瞬态改善电路和轮廓处理的区别

5）扫描速度调制

扫描速度调制（Velocity Modulation，VM；也称 Scan Modulation，SM）的功能是取出亮度信号中迅速变化的边缘成分去调制电子束水平扫描速度，使亮度有显著变化的图像轮廓更清晰、更鲜明。

VM 的作用原理：当电流一定的电子束轰击 CRT 荧光屏时，在水平扫描速度较快的扫描点上，其亮度比正常速度时要暗；反之，则变亮。故可调节电子束扫描速度来控制图像的明暗，从而起到勾边的作用，以增加图像清晰度并减轻 CRT 在高亮度时的散焦现象。

6. 超级单片集成电路

20 世纪 90 年代初已经可以把除高频调谐器之外的所有 TV 信号处理电路都集成在一块大规模集成电路之中，这种彩色电视机具有线路适应性强、易于实现标准化、整机电路简捷、生产成本低、性能优良、生产调试方便等明显的优势，以单片大规模集成电路为基本电路的彩色电视机已成为彩色电视机的发展方向。

到了 20 世纪末期，出现了很多新型的单片集成电路，这些集成电路有一个共同的特点，即都具有一个 I²C 总线接口，通过 SDA（Serial DAta）、SCL（Serial CLock）两条串行线来完成各种不同的控制，调试、检修极为方便。

21 世纪初期，采用先进的集成电路制造工艺设计和生产出的新一代超级芯片上市。所谓超级单片集成电路，是指把微处理器（CPU）和中频、视频、扫描信号处理等电路集成于一体的超级芯片，其中包括 PAL、NTSC 多制式解码电路以及行、场扫描小信号处理电路，而且内部集成有 8 位微处理器、ROM、RAM、快闪选择电路等，同时在片内设置有视、音频信号处理和增强电路，如画质增强电路、自适应梳状滤波器、OSD（On Screen Display，屏幕显示）电路、音频控制电路及 I²C 总线接口电路等功能电路。这样，电视机中许多功能的传递都可以通过其内部电路的连接与处理来实现，因此大大地节省了微处理器和 TV 处理器的引出脚数目。通常在由 I²C 总线控制的彩色电视机中，微处理器有 42 个引出脚，TV 处理器有 56 个引出脚，合计 98 个引出脚。而采用超级芯片后总的引出脚数目为 64 个，节省了 34 个引出脚，这为电路印制板的设计提供了方便，从而使整机的结构更加合理，省去了许多外围电路与元器件，有效地降低了造成故障的可能性，故产品质量更加可靠。由超级芯片组成的单片彩色电视机反映了彩色电视机发展进程中的一个新高度。

常用的超级单片集成电路有飞利浦公司的 TDA93×× 系列集成电路、微科（Micronas，原 ITT 公司）公司的 VCT3803/01 系列集成电路和东芝公司的 TMPA880× 系列集成电路等。

7. 平板显示器

显像管体积大、质量重，又需要高电压，带来诸多不便，逐渐被平板显示器取代。

平板显示器（Flat Panel Display，FPD）是指显示屏对角线的长度与整机厚度之比大于 4∶1 的显示器件，主要有液晶显示器（Liquid Crystal Display，LCD）、等离子显示器（Plasma Display Panel，PDP）、有机电致发光显示器（Organic Light Emitting Display，OLED）、表面传导电子发射显示器（Surface-conduction Electron-emitter Display，SED）等类型。

LCD 采用 TFT 型的液晶显示面板，主要由背光源、导光板、偏光板、滤光板、玻璃基板、配向膜、液晶材料、薄模晶体管等构成。LCD 必须利用背光源，就是萤光灯管（CCFL）或者 LED 投射出光源。这些光源先经过一个偏光板，再经过液晶，液晶分子的排列方式会改变穿透液晶光线的角度；然后这些光线必须经过彩色的滤光膜与另一块偏光板。只要改变刺激液晶的电压值就可以控制最后出现的光线强度与色彩，并进而能在液晶面板上显示出不同深浅的颜色组合了。

PDP 是利用两块玻璃基板之间的惰性气体电子放电，产生紫外线激发红、绿、蓝萤光粉，呈现各种彩色光点的画面。PDP 适用于 50～100 英寸的中大型显示器，其体积与重量远小于 CRT，其高解析度、不受磁场影响、视角广等又胜于 LCD。

OLED 由玻璃基板、氧化铟锡（ITO）阳极、空穴传输层、有机发光层、电子传输层、金属阴极等组成，在外加电压的驱动下，由电极注入的电子和空穴在有机材料中复合而释放出能量，并将能量传递给有机发光物质的分子，后者受到激发，从基态跃迁到激发态，当受激分子回到基态时辐射跃迁而产生发光现象。不同的有机发光物质发不同的光，有机材料对水蒸气和氧非常敏感，因此密封是必不可少的。OLED 为自发光材料，不需背光源，同时视角广、画质均匀、反应速度快、较易彩色化、用简单驱动电路即可达到发光，而且其制造过程比 LCD、PDP 简单，可制作成挠曲式面板，符合轻、薄、短、小的原则，故常应用于中小尺寸显示器的面板。

SED 屏幕上的每个像素内都有一个属于自己的电子发射阴极，其实就是一个宽度约为 5 nm 的碳纳米间隙。在间隙两端施加 10 V 左右的电压便能产生电子流。如果给金属背板（阳极）施加一个正电压，与阴极之间形成一个电场，电子流便会在电场力的作用下逃离间隙，奔向阳极，轰击荧光粉，发出荧光。

8. 3D 显示

3D(three Dimension，三维)显示也称为立体显示(Stereoscopic)，基本原理是利用左、右眼分别接收不同图像，经过大脑对图像信息进行叠加而生成一个具有立体效果的影像。3D 显示的关键是把两眼的图像分开，一是要把左、右眼的图像分别显示在屏幕上，二是左、右眼要分别接收各自的图像。

3D 显示技术分为裸眼式和眼镜式两大类。

1) 裸眼式 3D

裸眼式 3D 也称为自动立体显示(Autostereoscopic)，不使用眼镜，主要用于商务场合和手机等便携设备。裸眼式 3D 主要有光屏障式、柱状透镜和指向光源三种技术。

(1) 光屏障式(Barrier)技术。

光屏障式技术利用了安置在背光模块及 LCD 面板间的视差障壁，当由左眼看到的图像显示在液晶屏上时，不透明的条纹会遮挡右眼；当由右眼看到的图像显示在液晶屏上时，不透明的条纹会遮挡左眼，造成 3D 影像。典型的有夏普欧洲实验室的产品和 MasterImage 3D 公司的基元矩阵视差屏障(cell-matrix parallax barrier)技术。

(2) 柱状透镜(Lenticular Lens)技术。

柱状透镜技术也被称为双凸透镜或微柱透镜 3D 技术，是在液晶显示屏的前面加上一层柱状透镜，液晶屏的像平面位于透镜的焦平面上，每个柱透镜下面的像素被分成几个子像素，左、右眼观看显示屏的角度不同，就看到不同的子像素，从而产生 3D 影像。典型的有友达光电(auo)的产品，用可切换式透镜技术(Switchable Lens Technology)和脸部追踪系统(Face-tracking System)创造出全视角裸眼 3D 解决方案(Dead-Zone Free 3D Solutions)。

(3) 指向光源(Directional Backlight)3D 技术。

指向光源 3D 技术配置两组 LED，配合快速反应的 LCD 面板和驱动方法，让 3D 内容以排序(Sequential)方式进入观看者的左、右眼，让人感受到 3D 效果。典型的有 3M 公司的产品。

深圳超多维(SuperD)光电子有限公司提供了裸眼式 3D 的整体解决方案。采用 SuperD 裸眼式 3D 解决方案的笔记本电脑不仅可成为 3D 观看和体验工具，更可作为 3D 内容制作工具，制作出更多的 3D 内容并开发更丰富的 3D 应用。SuperD 的"头部追踪"技术也称"双眼追踪"技术，通过对人眼的跟踪定位，动态识别人眼与电脑的位置及双眼视差，实时调整 3D 画面，消除重影，增加观看视野，为用户带来身临其境的 3D 视觉观感。此外，SuperD 公司不但可以实现 2D/3D 全屏切换，更可实现同屏幕任意区域 2D/3D 共融，该技术将实现 3D 在互联网中的广泛应用。东芝公司有采用 SuperD 方案的笔记本电脑。

2) 眼镜式 3D

眼镜式 3D 应用在家用消费领域。眼镜式 3D 有色差式、偏光式和主动快门式三种主要的类型，也称为色分法、光分法和时分法。

(1) 色差(Anaglyphic)式 3D 技术。

色差式 3D 先由旋转的滤光轮进行画面滤光，使得一幅图像能产生出两幅图像，使用被动式红-蓝(红-绿、红-青)滤色 3D 眼镜，人的左、右眼看见不同的图像，产生 3D 影像。色差式 3D 效果较差，且有光通量不足、画面昏暗、图像颜色变异等问题。

（2）偏光（Polarization）式 3D 技术。

偏光式 3D 技术也叫偏振式 3D 技术，先把图像分为垂直偏振光和水平偏振光两幅图像，使用两眼不同偏振方向的偏光镜片眼镜，左、右眼就能接收两幅不同的图像，产生 3D 影像。典型的有 RealD 3D、MasterImage 3D 和杜比 3D。在液晶电视上，应用偏光式 3D 技术要求电视具备 240 Hz 以上刷新率。

LG Display 公司的不闪式（Film-type Patterned Retarder，FPR）技术的 3D 电视面板通过在屏幕前加上一层偏光薄膜，让右眼镜片只能通过右眼图像，左眼镜片只能通过左眼图像。由于左、右眼图像同时显示在屏幕上，因而不会有重影或闪烁问题，画面亮度也比较高。

（3）主动快门（Active Shutter）式 3D 技术。

主动快门式 3D 技术是把图像按帧一分为二，形成对应左眼和右眼的两组图像，连续交错显示出来，同时红外（或蓝牙）信号发射器同步控制快门式 3D 眼镜的镜片开关，使左、右眼能够在正确的时刻看到各自的图像，产生 3D 影像。快门式眼镜带有电池和电路，价格较高。主动快门式 3D 电视屏幕的刷新频率必须达到 120 Hz 以上，使左、右眼均接收到频率 60 Hz 的图像，才能保证用户看到连续而不闪烁的 3D 图像效果。

4.1.6 地面广播接收天线

射频电视信号的载波频率高，跨越障碍物的能力弱，信号主要靠空间波传播，衰减较大，信号覆盖的范围也有限。因此，距离电视台较远的地区要借助于电视接收天线才能获得较好的收看效果。利用天线较强的方向性，可提高电视接收机的抗干扰能力，减少电视图像的重影。

1. 半波振子和折合振子

电视接收天线最基本的形式有两种：一种是半波振子天线，如图 4-15 所示；另一种是折合振子天线，如图 4-16 所示。它们均由直径在 10 mm 以上的金属导体（如铜管、铝管、铝合金管等）制成。

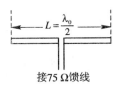

图 4-15　半波振子天线

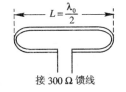

图 4-16　折合振子天线

这两种天线都是谐振式天线，当接收天线的长度 L 等于接收电视频道载波波长 λ_0 的一半，即 $L=\lambda_0/2$ 时，天线呈谐振状态，阻抗为纯电阻，此时的输出功率最大，故称这种天线为半波振子天线。折合振子天线只要长度等于 $\lambda_0/2$，也具有上述特性。接收天线的长度 L 与接收频道的中心频率 f_0 的关系是：

$$L = \frac{\lambda_0}{2} = \frac{c}{2f_0} = \frac{150}{f_0} \qquad (4-2)$$

式中，L 为天线的电气长度，单位为米；c 为电磁波在空间的传播速度，它等于光速，$c=3\times10^8$ m/s；f_0 为所接收频道的中心频率，单位为兆赫兹（MHz）。

例如，5 频道频率范围为 $84\sim92$ MHz，$f_0=88$ MHz，$L=150/88=1.7$ m；12 频道频

率范围为 $215\sim223$ MHz，$f_0=219$ MHz，$L=150/219=0.68$ m。经验证明，长度 L 乘上缩短系数 0.95 后接收效果最好。

2. 方向性与增益

电视接收天线对来自不同方向的电磁波具有不同的接收能力，称为电视接收天线的方向性。只有一个最大接收方向的天线，叫单向接收天线；有两个最大接收方向的天线叫双向接收天线。半波振子天线和折合振子天线都是双向接收天线。在振子天线前面加一根稍短的金属管作引向器，在其后方加一根稍长的金属管作反射器，就能增强正前方的接收能力而削弱后方的接收能力，这种天线叫引向反射天线，它们的方向性如图 4-17 所示。接收时应该使天线接收能力最强的方向对准电视台。

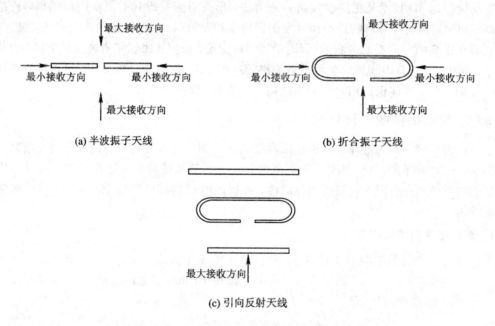

图 4-17 天线的方向性

天线的增益表示天线接收微弱信号的能力。天线在最大接收方向上接收信号所产生的电压 u_1 与半波振子在同一方向上接收同一信号产生的电压 u_2 之比为该天线的增益，以 dB 表示。

$$G = 20 \lg \frac{u_1}{u_2} \quad (\text{dB}) \tag{4-3}$$

三单元引向反射天线的增益是 $5\sim6$ dB；五单元引向反射天线的增益是 $8\sim9$ dB；七单元引向反射天线的增益是 $10\sim11$ dB。

3. 引向反射天线

在电视信号较强的地区只要用室内天线就可以了。羊角天线用于接收 VHF 频段的电视节目，羊角天线的两臂水平放置时就是半波振子天线，适当调节两臂间的张角、长度和方向可以获得最佳的收看效果。环形天线用于接收 UHF 频段的电视节目，一般用拉杆天线作支架，其接收方向可任意调节。市场上带高频放大器的室内天线适用于较远距离的接收，在信号较强的地区使用会增加图像噪波。

在离电视台较远或接收环境较差、干扰较强的地区要安装室外天线。除半波振子天线、折合振子天线外，还有各种引向反射天线。引向反射天线也称八木天线，是日本人八木宇田发明的。

引向反射天线的主振子常用折合振子，在主振子前 $\lambda_0/4$ 的间隔处加一根稍短于 $\lambda_0/2$ 的金属杆作无源振子，由于主振子的感应，在其上面产生感应电流，两者产生的场在空间叠加、干涉，结果使主振子前方的能量增强，相当于这个无源振子把能量引向前方，所以把它叫做引向器。在主振子的后方 $\lambda_0/4$ 处加一根略长于 $\lambda_0/2$ 的金属杆作无源振子，也会由于感应和干涉使主振子前方能量增强，相当于把能量反射到前方，所以把它叫做反射器。通常把一个引向器、一个主振子、一个反射器组成的天线叫做三单元引向反射天线。为了进一步提高天线的增益，可增加引向器的数量，组成 n 单元引向反射天线。五单元引向反射天线的各引向器长度依次缩短 3% 左右，各引向器之间距离也依次缩短，详细数据可参阅有关资料。七单元引向反射天线各引向器长度相同，为 $0.4\lambda_0$，各引向器之间距离也相同，约为 $0.1\lambda_0$。为了提高增益，多单元引向反射天线还可组成多层多列天线，天线之间距离取 $(\lambda_1 + \lambda_2)/4$，馈线结合处离 f_1 天线为 $\lambda_1/4$，离 f_2 天线为 $\lambda_2/4$。

注意，室外天线不能高于避雷针的保护范围，离避雷针的距离应大于 5 m。

4. 天线阻抗与馈线

在高频电磁场的作用下，天线两端的感应电压与感应电流之比，称为天线的输入阻抗。在谐振情况下，半波振子天线的输入阻抗为 75 Ω，折合振子天线的输入阻抗为 300 Ω。这是高频交流阻抗，不是天线的直流电阻，不能用万用表欧姆挡测量。

馈线是天线和电视机输入回路的连接线，要求馈线与天线之间阻抗匹配，否则会使接收到的高频电视信号再次辐射到空中去，还会干扰其他电视机的正常接收。

馈线与天线之间阻抗匹配，一是馈线的特性阻抗要与天线的输入阻抗一致，二是对称性要相符合。常用的馈线有对称的 300 Ω 扁平行线和不对称的 75 Ω 同轴电缆，如图 4-18 所示。常用的天线有对称的 300 Ω 折合振子，对称的 75 Ω 半波振子和羊角天线，不对称的 75 Ω 单鞭拉杆天线。只有 300 Ω 的折合振子天线与 300 Ω 的扁平行馈线能直接连接，不对称的 75 Ω 单鞭拉杆天线与不对称的 75 Ω 同轴电缆能直接连接，其他连接都要经过阻抗匹配器。

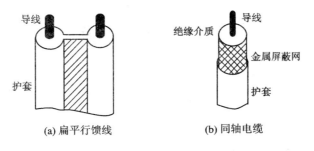

图 4-18 馈线

在 UHF 频段，用微带线实现阻抗匹配和对称—不对称转换；在 VHF 频段，用双孔磁芯匹配器能同时实现阻抗匹配和对称—不对称转换，在磁芯的两个孔内用两种颜色的 0.4 mm 单股导线双线并绕 3~4 匝，如图 4-19(a) 所示，各种匹配接法分别示于图 4-19 (b)、(c)、(d)。

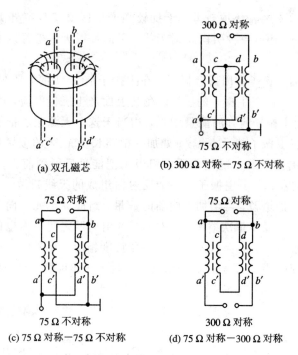

(a) 双孔磁芯

(b) 300 Ω 对称—75 Ω 不对称

(c) 75 Ω 对称—75 Ω 不对称

(d) 75 Ω 对称—300 Ω 对称

图 4-19　双孔磁芯匹配器的应用

图 4-20 是两台电视机合用一副天线的匹配接法。假设天线和电视机阻抗都是对称的 300 Ω。

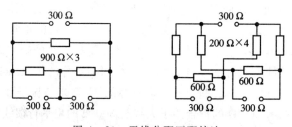

图 4-20　天线分配匹配接法

4.2　卫 星 广 播

卫星电视是利用位于赤道上空 35 800 km 的同步卫星作为电视广播站，对地面居高临下，不受地理条件限制，其传送的图像质量高，没有重影。卫星电视的传送有卫星通信和卫星广播两种工作方式。

卫星通信是指通过卫星把两个或多个地面站连接起来的点到点通信。广义的卫星通信包括广播电视节目的传送，如把中央电视台或各省电视台的电视节目传送到全国。

卫星广播则是直接覆盖，它把来自地面的上行发射站传送来的电视节目转发到地面，供地面数万甚至数十万的个体和集体接收设备接收。卫星覆盖区的用户能直接收看卫星转发的广播电视节目。卫星广播是点对面的单向传输和覆盖，而卫星通信是点对点的单向传输和覆盖，这就是卫星广播与卫星通信的重要区别。

卫星广播的转发器用定向天线将电波聚集成窄束辐射到覆盖区,电波的利用率很高。由于卫星广播采用了宽带调频方式、低噪声接收设备和高增益接收天线,因此降低了对服务场强的要求,采用小口径天线就可以收看卫星广播节目。

国际电信联盟对卫星广播业务使用的频率进行了分配,我国规定使用 11.7～12.2 GHz 的 Ku 频段。C 频段和 Ku 频段卫星电视频道划分见表 4-2 和表 4-3。实际使用的 Ku 频段的频道不止 24 个。

表 4-2 C 频段卫星电视频道划分

频道	中心频率/MHz	频道	中心频率/MHz	频道	中心频率/MHz	频道	中心频率/MHz
1	3720	7	3840	13	3960	19	4080
2	3740	8	3860	14	3980	20	4100
3	3760	9	3880	15	4000	21	4120
4	3780	10	3900	16	4020	22	4140
5	3800	11	3920	17	4040	23	4160
6	3820	12	3940	18	4060	24	4180

表 4-3 Ku 频段卫星电视频道划分

频道	中心频率/MHz	频道	中心频率/MHz	频道	中心频率/MHz	频道	中心频率/MHz
1	11 727.48	7	11 842.56	13	11 957.64	19	12 072.72
2	11 746.66	8	11 861.74	14	11 976.82	20	12 091.90
3	11 765.84	9	11 880.92	15	11 996.00	21	12 111.02
4	11 785.02	10	11 900.10	16	12 015.18	22	12 130.26
5	11 804.20	11	11 919.28	17	12 034.36	23	12 149.44
6	11 823.38	12	11 938.46	18	12 053.54	24	12 168.62

4.2.1 卫星电视广播系统的组成

卫星电视广播系统主要由上行站、卫星、接收站和遥测遥控跟踪站组成,如图 4-21 所示。

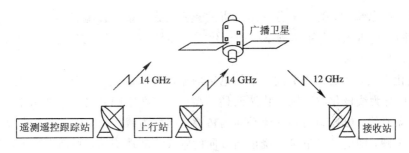

图 4-21 卫星电视广播系统方框图

电视台广播的节目信号,经光纤线路或微波中继线路传送到上行发射站,节目信号经放大和频率调制后,变成 14 GHz(C 波段 6 GHz)的载波发射给卫星,卫星上的转发器接收到上行波束后，将其放大并转换成 12 GHz(C 波段 4 GHz)的载波信号，再通过卫星上的天线转变成覆盖一定地区的下行波束。卫星地面接收站收到 12 GHz 的载波信号后，从中解调出节目信号，经当地转播台或有线电视台播出，供用户接收。也可利用卫星电视广播接收机直接接收卫星上的广播电视节目信号。遥测遥控跟踪站测量卫星的姿态和轨道运行，测量卫星的各种工程参数和环境参数，对卫星进行控制和实施各种功能状态的切换，以保证卫星的正常运转。

在广播电视的地面广播、卫星广播和有线电视等三种传送方式中，最易实现数字电视广播的是卫星电视。我国卫星电视正在由 C 波段向 Ku 波段发展，由模拟卫星电视向卫星数字电视发展，而且发展得非常快，所以本书只介绍卫星数字电视。

1. 卫星数字电视传送的优点

(1) 用数字方式传输节目的质量高，图像质量比较稳定。

(2) 传输一路模拟电视节目的卫星通道可传输 4～8 路数字电视节目，传输节目数量多，可满足观众日益增长的需求，也降低了每套电视节目传送的成本。

(3) 传输方式灵活，有单路单载波(Single Channel Per Carrier，SCPC)方式和多路单载波(Multiple Channel Per Carrier，MCPC)方式。

(4) 可实现多种业务传输，能进行电视广播传输；也能进行声音和数据广播传输。

(5) 容易进行加扰、加密，实现条件接收和对用户的授权管理。

2. 卫星数字电视传送方式

1) 多路单载波(MCPC)方式

MCPC 方式适合于多套节目共用一个卫星电视上行站，它先将多套节目的数据流合成为一个数据流，然后调制载波发至卫星，这种方式能使转发器的功率得到最大限度的发挥。中央电视台、中央教育卫视、内蒙古卫视、新疆卫视等就是采用这种方式。

2) 单路单载波(SCPC)方式

SCPC 方式适合于多套节目共用一个转发器而不共用上行站的情况。每套节目各自调制一个载波而发至卫星，每个载波只传输一套电视节目，这样在一个转发器内同时存在多个载波。该方式的缺点是转发器的功率得不到充分发挥，多个载波的存在就有可能产生交调、互调干扰，所以要求放大器尽可能工作在线性状态。

3) 极化方式

在卫星广播系统中，为了充分利用宝贵的频谱资源，增加传输信道，采用了频率复用技术，即在同一频带内，采用两种不同的极化方式传输两套不同的信号，两者之间存在极化隔离，因此互不干扰。

所谓极化方式，就是无线电波产生的电磁场振动方向的变化方式。按照极化方式的不同，电磁波可分为线极化波和圆极化波两种类型。电波在空间传播时，如果电场矢量的空间轨迹为一条直线，电波始终在一个平面内传播，则称为线极化波；如果电场矢量在空间的轨迹为一个圆，即电场矢量是围绕传播方向的轴线不断地旋转，则称为圆极化波。

线极化波有水平极化和垂直极化两种方式，在卫星电视广播系统中，当卫星上的天线口面电场矢量在赤道平面时称为水平极化，用字母 H 表示；当天线口面电场矢量与上述水平极化方向垂直且与天线口面垂直时称为垂直极化，用字母 V 表示。在圆极化波中，顺着波的传播方向看去,若电场矢量顺时针旋转,称左旋圆极化,用字母 L 表示;若电场矢量逆时针旋转,称右旋圆极化,用字母 R 表示。

4)卫星直播

利用卫星进行点对点(或多点)的节目传输,把电视节目传送给地面广播电视台或有线电视台转播,属于固定卫星业务(Fixed Satellite Service,FSS)。通信使用频段为 C 频段和 Ku 频段。人们常将使用 Ku 频段的 FSS 提供卫星直接到户(Direct To Home,DTH)的广播电视服务称为卫星直播。

5)直播卫星

直播卫星(Direct Broadcasting Satellite,DBS)是通过卫星将图像、声音和图文等节目进行点对面的广播,直接供广大用户接收(个体接收或集体接收)。按照国际电信联盟(ITU)的规定,直播卫星一般属于卫星广播业务(Broadcast Satellite Services,BSS)范围,采用频段是广播专用 Ku 和 Ka 频段,覆盖范围受到国际公约的保护,在本覆盖区内不受其他通信卫星溢出电波干扰。

3. 直播卫星"村村通"系统

我国第一颗直播卫星"中星 9 号"首先用于"村村通"工程。在"中星 9 号"卫星上有四个转发器用于一期"村村通"工程的"盲村"覆盖,它传输中央和省级的 48 套电视和广播节目,直接服务于我国 20 户以上已通电的 71.66 万个自然村。国家也计划投入 30 多亿元资金对中西部贫困县给予补助,集中采购卫星专用接收机,用于"村村通"的卫星电视信号接收。

一期直播卫星"村村通"上行传输使用"中星 9 号"卫星的 3A、4A、5A、6A 转发器,转发器带宽为 36 MHz,下行频率分别为 11 840 MHz、11 880 MHz、11 920 MHz、11 960 MHz,采用左旋圆极化(L),符码率均为 28 800 kS/s。

使用圆极化方式传输,接收用户无须调整极化角,这将极大方便终端用户的使用,有利于直播卫星"村村通"系统的推广应用。同时,鉴于目前覆盖我国的境外 Ku 波段线极化卫星电视节目的传输现状,圆极化接收系统对接收境外非法电视节目内容也有一定的抑制作用。此外,使用圆极化传输更易于实现和将要发射的"鑫诺 4 号"直播卫星双星同轨同频,互为备份。

为使广大农村群众既能方便、快捷地收看感兴趣的节目,又能获得免费的信息服务,直播卫星"村村通"系统提供电子节目指南(EPG)、数据广播功能,该项功能由国家广电总局无线局负责维护及运营。直播卫星"村村通"系统还提供专用机软件空中(Over The Air,OTA)升级服务,即通过空中下载(OTA Loader)的方式在专用机上进行创建和安装更新软件。

接收"中星 9 号"直播卫星"村村通"系统需要 0.3~0.6 m 口径的小型偏馈天线、10 750 MHz 本振频率的圆极化高频头和 ABS-S 直播卫星专用机。各大接收机生产厂家推出了各自的接收套件。

4. 卫星数字电视上行站

图 4-22 是卫星数字电视上行站方框图,主要包括信源编码、多路复用、信道编码、QPSK(Quaternary Phase Shift Keying,四相相移键控)调制、(以上 4 部分详见第 8 章)上变频器和功率放大等部分。

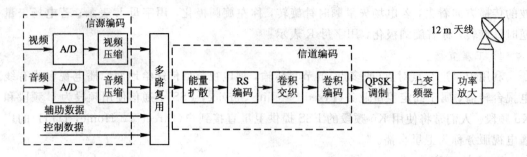

图 4-22　卫星数字电视上行站方框图

视频、音频、数据经压缩编码后在多路复用器打包，每个包有一个包识别信号（Packet IDentifier，PID），并写入一个节目映射表（Program Map Table，PMT）中，将 PMT 和视频、音频、数据包复接起来，形成包长度固定为 188 字节的单路节目传输流（Transport Stream，TS）。

信道编码包括能量扩散、RS 编码、卷积交织器和卷积编码器。能量扩散（Energy Dispersal）是将输入的数据随机化，使数据流中 0 和 1 均匀分布，不出现长串的 1 和 0，以免对其他信道产生干扰，同时使 QPSK 解调器能从数据流中恢复出隐含的数据时钟；对能量扩散后的数据包进行 RS 编码，每 188 字节信息码元添加 16 字节监督码元，能纠正 8 个字节的突发性错误；交织处理可将长突发错误离散为短突发错误；卷积编码主要用来纠正随机错误，它允许使用编码效率是 1/2、2/3、3/4、5/6 和 7/8 的收缩卷积码，这就允许各种业务选择不同的误码校正程度。

收缩卷积码经串/并变换成为同相分量 I 和正交分量 Q 两路信号，经升余弦平方根滤波后分别对同相载波 $cos\omega t$ 和正交载波 $sin\omega t$ 进行二相调制，两个二相调制信号相加得到四相相移（QPSK）键控信号。

上变频器进行从中频到射频的频率变换，射频信号经功率放大后，通过天线发向卫星。

4.2.2　卫星数字电视接收机

1. 卫星数字电视接收系统结构

图 4-23 是卫星数字电视接收系统结构方框图。卫星数字电视接收系统由接收天线（包括馈源）、高频头（Low Noise Block down converter，LNB，也称低噪声下变频器）和卫星数字电视接收机三部分组成。LNB 常与馈源做在一起，称为 LNBF（Low Noise Block Feed，馈源一体化的低噪声放大下变频器），也称为室外单元；卫星数字电视接收机称室内单元，或称综合接收解码器（Integrated Receiver Decoder，IRD）。

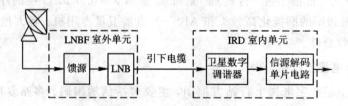

图 4-23　卫星数字电视接收系统结构方框图

IRD 包括卫星数字调谐器和信源解码单片电路两个主要模块和条件接收模块、IC 卡接口、视频及音频输出接口、数据流接口、遥控器和电源等附加功能模块。

2. 天线

接收天线直接关系到卫星广播电视节目的收视质量，它将卫星传送到地面的微弱电波信号捕获。

图 4-24 是一种前馈式抛物面天线的结构，由抛物面反射体、馈源及其支撑杆、天线支架和仰角及方位角调整机构组成。前馈天线将天线部件馈源放置在旋转抛物面的前方焦点处，馈源的主要作用是收集卫星电视信号并馈送到高频头去。天线支架分为上支架和下支架两部分，上支架的主要作用是支撑抛物面，下支架用于把天线安装在地面或建筑物上。仰角和方位角调节机构用于卫星天线的方向选择，以对准轨道上的卫星。前馈式天线安装、拆装高频头不便，因此适合于小于 5 m 的天线。

图 4-24 前馈式抛物面天线的结构

卡塞格伦天线也称后馈式天线，是在抛物面天线的基础上发展起来的，后馈式天线有两个反射面（如图 4-25 所示），以抛物面为主反射面，副反射面为旋转双曲面，它的虚焦点与主反射抛物面焦点重合，它的实焦点与馈源中心重合，它将抛物面反射电波再反射到抛物面后的馈源上。卡塞格伦天线效率高、方向性强、噪声低、增益高，性能比抛物面天线好。大多数收/发双工的地面通信兼电视接收站都采用卡塞格伦天线。

偏馈式天线是由旋转抛物面的一部分截面构成的，天线的馈源中心与抛物面焦点重合，如图 4-26 所示，但与反射面位置错开一个距离，即所谓偏馈，这样馈源不会遮挡反射面接收电波，因而天线效率可得到提高。偏馈式天线适于 Ku 波段口径小于 2 m 的卫星电视接收天线。

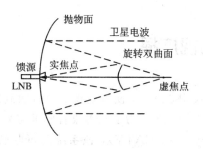

图 4-25 卡塞格伦天线的结构

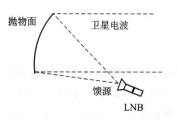

图 4-26 偏馈式天线的结构

天线有板状天线和网状天线，网状天线效率较低，但有结构简单、成本低、安装运输方便、抗风力强等优点。

3. 高频头

高频头在馈源后部与馈源做成一体化结构,图 4-27 是高频头的组成方框图。来自馈源的微弱信号经过宽频带低噪声放大后送到混频级,与本振信号混频后输出宽频带的第一中频信号 0.95~2.150 GHz。高频头要接收卫星电视信号的全部频道,例如,C 波段的频率范围为 3.7~4.2 GHz,有 500 MHz 带宽,24 个频道,高频头就要对 24 个频道都能进行放大和频率变换。高频头对 C 波段采用高本振,本振频率为 5.17 GHz 或者 5.15 GHz,变频后的频道与下行频道的高低顺序是倒置的。Ku 波段的频率范围为 11.7~12.75 GHz,有 1.05 GHz 带宽,高频头就要对整个带宽都能进行放大和频率变换,高频头对 Ku 波段采用低本振,本振频率为 10.75 GHz,变频后的频道与下行频道高低顺序相同。

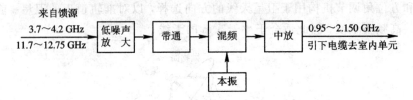

图 4-27 高频头的组成方框图

4. 引下电缆

天线接收到 C 波段或 Ku 波段的卫星下行信号,经 LNB 放大和下变频,形成 950~2150 MHz 第一中频信号,经送到 IRD 的调谐器,引下电缆一般采用 F 型连接器,如图 4-28 所示。

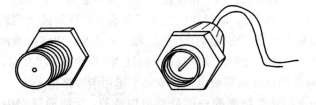

图 4-28 F 型连接器

IRD 的介绍见 8.5.2 小节卫星数字电视调谐器和 8.5.6 小节解复用信源解码单片方案。

4.3 有线电视广播

城市中的高层建筑物会引起射频电视信号的反射、折射,使得电视机会接收到同一频道的有时间差的多路射频电视信号,造成严重的重影现象。为了改善收看质量需采用公用天线电视系统(Community Antenna Television System,CATV),该系统既可收转当地、邻近城市电视台和卫星电视节目,又可制作、播放自办节目,这种电视系统又称有线电视系统。由于用电缆进行输送,因此也称电缆电视系统(Cable Television System,CATV)。

4.3.1 有线电视系统的组成

有线电视系统通常由前端设备、传输系统、信号分配网络三部分组成。

1. 前端设备

图4-29是有线电视系统的组成方框图。混合器左边的设备都属于前端设备。卫星天线接收的信号经馈源和高频头送到功分器，功分器将输入信号功率分成相等的几路信号输出。因为每个卫星要转发多套节目，所以有线电视系统要同时接收这些节目必须使用功率分配器。功分器每一输出可连接一台卫星电视接收机。每台卫星电视接收机分别接收一套节目，各自用调制器调制到有线电视的一个频道上。

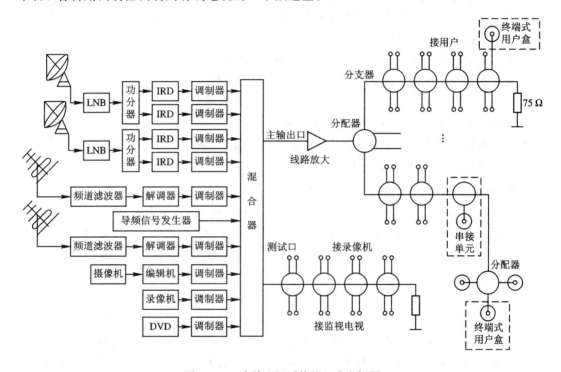

图4-29　有线电视系统的组成方框图

由于邻近城市电视台距离不等、方向不同，为了减少其他频道的干扰，每个台必须专用一副天线来接收。为进一步抑制频道外的干扰，每个通道串接了频道滤波器。接收到的射频信号先解调为视频和音频信号，再调制到有线电视的一个频道上。

导频信号发生器为线路放大器提供了自动增益控制和自动斜率控制的参考电平。由于导频信号和有用信号同时通过同一电缆传送，当电缆因温度变化而衰耗改变时，导频电平的变化可作为放大器自动调节的依据。

从各种途径得到的视频信号与伴音信号，都要经过调制器调制到有线电视的某一个频道上。调制器有射频直接调制器、中频调制器、频道捷变调制器等几种。射频直接调制器由一个对应频道的残留边带滤波器和一个对应频道的调制器组成；中频调制器在中频进行信号处理和滤波，变频前的设备是一样的；频道捷变调制器采用频率相关技术，由8 MHz晶振倍频产生各频道图像载频，稳定度和准确度很高。中频38 MHz先上变频到固定频率

605.75 MHz，经带通滤波去掉其他分量再变频为输出频道频率，输出频道可捷变。

最后，各路信号输出的射频信号都送入混合器，输出一个宽带复合信号，再送入有线电视系统的干线传输网。混合器大多是宽带变压器式的，可以进行任意频道的混合，具有较大的隔离度，缺点是插入损耗大。在上述无源混合器的基础上增加宽带放大器便成为有源混合器。

2. 传输系统

传输系统是一个干线网，它可以用电缆、光缆来实现。目前我国绝大部分有线电视系统都用同轴电缆向用户传输。干线电缆一般选比较粗的同轴电缆，以降低干线过长而引起的损耗。由于电缆对高、低频率衰减不同，因此要用均衡器进行补偿。当温度变化时，传输损耗也不同，冬夏之间会引起放大器的状态变化，因此，隔一段距离要用带自动增益和自动斜率补偿的放大器来补偿电平起伏。

有线电视常用的同轴电缆按绝缘介质来分有纵孔电缆和物理高发泡电缆。SYKV 型纵孔电缆也称藕芯电缆，其高频损耗虽小但防潮和防水性能差，只能在室内使用；SYWV(Y)型物理高发泡电缆绝缘介质中空气占 80%，其高频衰减低，每台放大器能带更多的用户，生产工艺先进，特性阻抗均匀，质量稳定。

光缆传输的优点是容量大、衰减小、不受电磁感应影响、安全可靠等，其缺点是造价高、建设难度大，因此它适合于长距离系统干线使用。

3. 信号分配网络

信号分配网络由分配器、分支器、串接单元、终端盒以及电缆等组成。

分配器是由高频铁氧体磁芯做成的宽带传输线变压器，它将输入射频信号的功率均等地分配给各路输出。分配器有二分配、三分配和四分配等。分配器的接入有一定的插入损耗，其损耗大小与分配端数有关。

分支器也是一种宽带变压器，它可以消除用户电视机之间的相互影响。它有一个主输入端、一个主输出端和若干个分支输出端。分支器有一分支、二分支、三分支和四分支。

分支器从主输入端到主输出端的电平损耗称做插入损耗，从主输入到分支输出端的电平损耗称做分支衰减。插入损耗和分支衰减有着密切的关系，它们是从两个方面说明同一个内容。通常插入损耗越小分支衰减越大，表示分支输出端从干线耦合能量越少；插入损耗越大分支衰减越小，表示分支输出端从干线耦合能量越多。在分支损失相同的情况下，插入损耗与分支数有关，分支数多，插入损耗就大。

一输出带有电视机插座的分支器称串接单元，也称用户盒。用户盒通常装在用户住房内供连接电视机用。还有一种终端式用户盒，它一般连接在分配器或多分支器的输出端。

4.3.2 增补频道

射频信号在同轴电缆中传送时，损耗与信号频率的平方根成正比。为了减少损耗，增大传输距离，充分利用网络的传输带宽，可在地面广播电视没有使用的频段中增设增补频道。

从表 4-1 电视频道表中可以看出，在 DS5 频道和 DS6 频道之间以及 DS12 频道和 DS13 频道之间有相当宽的一段频率没有分配给地面广播电视使用。有线电视可充分利用这一空隙，所增设的 37 个增补频道 z1～z37 如表 4-4 所示。

表 4-4　增补频道 37 个

频道	频率范围/MHz	图像载频/MHz	频道	频率范围/MHz	图像载频/MHz
z1	111～119	112.25	z20	319～327	320.25
z2	119～127	120.25	z21	327～335	328.25
z3	127～135	128.25	z22	335～343	336.25
z4	135～143	136.25	z23	343～351	344.25
z5	143～151	144.25	z24	351～359	352.25
z6	151～159	152.25	z25	359～367	360.25
z7	159～167	160.25	z26	367～375	368.25
			z27	375～383	376.25
z8	223～231	224.25	z28	383～391	384.25
z9	231～239	232.25	z29	391～399	392.25
z10	239～247	240.25	z30	399～407	400.25
z11	247～255	248.25	z31	407～415	408.25
z12	255～263	256.25	z32	415～423	416.25
z13	263～271	264.25	z33	423～431	424.25
z14	271～279	272.25	z34	431～439	432.25
z15	279～287	280.25	z35	439～447	440.25
z16	287～295	288.25	z36	447～455	448.25
z17	295～303	296.25	z37	455～463	456.25
z18	303～311	304.25			
z19	311～319	312.25			

　　有线电视系统频带宽度一般分为 300 MHz、450 MHz、550 MHz、750 MHz 等几挡。要提高系统的频带宽度，必须更换设备和电缆。

　　各种频带宽度的有线电视系统的容量如下：

　　300 MHz 系统包括 DS1～DS12 的 12 个频道，z1～z16 的 16 个频道，一共 28 个频道；

　　450 MHz 系统包括 DS1～DS12 的 12 个频道，z1～z35 的 35 个频道，一共 47 个频道；

　　550 MHz 系统包括 DS1～DS22 的 22 个频道，z1～z37 的 37 个频道，一共 59 个频道；

　　750 MHz 系统包括 DS1～DS43 的 43 个频道，z1～z37 的 37 个频道，一共 80 个频道。

思考题和习题

1. 填空题

（1）广播电视按传送方式分为_____广播、_____广播和_____电视。

（2）调制后的图像信号和伴音信号统称为_____电视信号，图像信号采用_____方式，伴音信号采用_____方式。

（3）地面广播采用_____发送方式，即对_____MHz 图像信号采用双边带发送，对_____MHz 图像信号采用单边带发送。

（4）我国电视频道在_____（VHF）段共有_____个频道，在_____（UHF）段共有

_____个频道。

(5) 我国电视标准规定伴音载频在同一频道中比图像载频高_____MHz。

(6) 我国规定图像中频为_____MHz，第一伴音中频为_____MHz。

(7) 为了提高行扫描电路的抗干扰性，现代电视接收机都采用_____（AFPC）电路。

(8) 电视接收天线最基本的形式一种是_____振子天线，另一种是_____振子天线。

(9) 通常把一个_____、一个_____、一个_____组成的天线叫三单元引向反射天线。

(10) 常用的馈线有对称的_____Ω扁平行线和不对称的_____Ω同轴电缆。

(11) _____天线也称后馈式天线。

(12) 后馈式天线的主反射面为_____面，副反射面为旋转_____面。

(13) 高频头对 C 波段采用_____本振，对 Ku 波段采用_____本振。

(14) 高频头输出宽频带的第一中频信号为_____GHz。

(15) 导频信号发生器为线路放大器提供_____和_____的参考电平。

(16) 频道捷变调制器采用_____，由 8 MHz 晶振倍频产生各频道图像载频，稳定度和准确度很高。

(17) 在_____混合器的基础上增加宽带放大器后成为_____混合器。

(18) 有线电视常用的同轴电缆按绝缘介质分类有_____电缆和_____电缆。

(19) 分配器是_____磁芯做成的宽带传输线变压器。

2. 选择题

(1) 我国电视标准规定，图像信号采用（　　　）。

① 正极性调幅　　② 负极性调幅　　③ 正极性调频　　④ 负极性调频

(2) 我国电视标准规定，射频电视信号的带宽为（　　　）。

① 6 MHz　　② 6.5 MHz　　③ 8 MHz　　④ 12 MHz

(3) 我国电视标准规定，图像中频信号频率为（　　　）。

① 6.5 MHz　　② 31.5 MHz　　③ 33.57 MHz　　④ 38 Hz

(4) 我国电视标准规定，伴音中频信号频率为（　　　）。

① 6.5 MHz　　② 31.5 MHz　　③ 33.57 MHz　　④ 38 Hz

(5) 我国电视标准规定，伴音第二中频信号频率为（　　　）。

① 6.5 MHz　　② 31.5 MHz　　③ 33.57 MHz　　④ 38 MHz

(6) 我国电视标准规定，伴音调频信号频宽为（　　　）。

① 15 kHz　　② 50 kHz　　③ 65 kHz　　④ 130 kHz

(7) 我国电视标准规定，伴音信号的最高频率为（　　　）。

① 15 kHz　　② 50 kHz　　③ 65 kHz　　④ 130 kHz

(8) 我国电视标准规定，伴音调频信号的最大频偏为（　　　）。

① 15 kHz　　② 50 kHz　　③ 65 kHz　　④ 130 kHz

(9) 折合振子天线的阻抗是（　　　）。

① 不对称 75 Ω　　② 对称 75 Ω　　③ 对称 300 Ω　　④ 对称 100 Ω

(10) 羊角天线的阻抗是（　　　）。

① 不对称 75 Ω　　② 对称 75 Ω　　③ 对称 300 Ω　　④ 对称 100 Ω

3. 判断题

(1) 双通道电视发射机由图像发射机和伴音发射机组成。

(2) 高频头有选择频道、放大信号、变换频率的功能。

(3) 特殊形状的中放特性曲线是由声表面波滤波器(SAWF)一次形成的。

(4) 视频检波器利用二极管的非线性产生 6.5 MHz 第二伴音中频信号。

(5) 自动增益控制电路的功能是保持视频检波输出幅度基本不变。

(6) 复合同步信号放大后经积分电路分离出行同步信号。

(7) 场扫描逆程脉冲经升压与整流得到显像管需要的高压、中压。

(8) 当接收天线的长度 L 等于接收电视频道载波波长 λ_0 时,天线呈谐振状态。

(9) 半波振子天线和折合振子天线都是单向接收天线。

(10) 天线阻抗能用万用表欧姆挡来测量。

4. 问答题

(1) 图像信号采用负极性调幅有哪些优点?

(2) 电视伴音采用调频制有哪些优点?

(3) 画出双通道电视发射机的方框图,并说明各部分的作用。

(4) 画出彩色电视机的方框图,并说明各部分的作用。

(5) 卫星数字电视传送有哪些优点?

(6) 画出卫星数字电视上行站方框图,并说明各部分的作用。

(7) 画出卫星数字电视接收系统结构方框图,并说明各部分的作用。

(8) 画出有线电视系统组成方框图,并说明各部分的作用。

(9) 解释下列缩写语:

① IRD, LNB ② SCPC, MCPC ③ PID, PMT, PSI, SI ④ QPSK ⑤ PES, TS
⑥ DBS, BSS, FSS, DTH ⑦ BER ⑧ PCR ⑨ PLL ⑩ PCM

第5章 应用电视

应用电视是广播电视之外所有电视的统称，因此也称为非广播电视。应用电视被银行、超市、商场、宾馆、交通、工矿、学校、医院等各行各业广泛使用。

应用电视与广播电视有许多共同之处，基本设备都是摄像机、传输设备、显示设备，设备的基本原理也是一样的。但由于它们服务的对象，使用的场合，达到的目的均不相同，因此在信息传输方式和对产品的技术要求上有较大的差别。

广播电视的信息传播方式是从一点(电视台)向四面八方(千家万户)广播。应用电视的信息传播具有以下特点：

(1)信息源是多台摄像机，可以是几台、几十台，甚至几百台摄像机。多路信息要求同时传输，同时或轮流显示。

(2)传输距离较短，一般局限于一个单位，从几十米到几千米的范围内，通常不进行调制，基带信息用同轴电缆、不屏蔽双绞线或光缆传送。

(3)信息传输的目的地是控制室，信息由一个较大范围向某一点集中。

(4)信号传送是双向的，控制室除了接收摄像机送来的电视信号，还向摄像机端发送控制信号。

广播电视是高质量电视，要求达到广播的技术标准，以便给传输系统有足够的余量损失，能适应数量极大的用户的各种各样的接收条件。广播电视设备大都在机房内使用，环境适应性方面没有要求。

应用电视是中等质量电视，范围局限，传输距离短，技术要求低于广播标准，但在环境适应性方面要求相当高。

比如对应用电视摄像机有如下要求：

(1)单片CCD结构，信噪比和清晰度要求比广播电视摄像机低，要求体积小、重量轻、隐蔽性好，常做成半球式、针孔式、烟雾报警式。

(2)环境适应性强，温度范围在 $-10\sim50℃$，相对湿度小于 90%，电源波动范围为10%。所以摄像机通常要加各种防护罩和温度控制装置。

(3)多种同步方式，包括内同步、外同步、电源同步等。

(4)能适应多种照明条件，经常要求低照度(高灵敏度)，具有逆光补偿功能，为了能适应室外光照变化的动态范围，经常使用自动光圈镜头。

5.1　摄像机和监视器

5.1.1　摄像机

1. 黑白CCD摄像机

图5-1是黑白CCD摄像机的方框图。

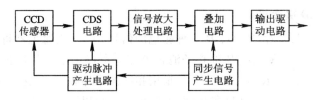

图 5-1　黑白 CCD 摄像机的方框图

（1）CDS 是相关双取样电路，CCD 传感器的每个像素的输出波形只在一部分时间内是图像信号，其余时间内是复位电平和干扰。为了取出图像信号并消除干扰，要采用取样保持电路。每个像素信号被取样后，由一电容把信号保持下来，直到取样下一个像素信号。

（2）驱动脉冲产生电路产生 CCD 传感器所需的垂直 CCD 移位寄存器多相时钟驱动信号、水平 CCD 读出寄存器多相时钟驱动信号等各种脉冲信号，以及视频通道所需的钳位和取样脉冲。

（3）同步信号产生电路产生行推动、场推动、复合消隐、复合同步等各种电视信号脉冲。

（4）信号放大处理电路包括 AGC 放大、γ 校正、白电平限幅、黑电平钳位等电路。

（5）叠加电路将经过处理的视频信号与复合同步、复合消隐信号叠加成全电视信号。

（6）输出驱动电路则将全电视信号进行驱动，适配 75 Ω 电缆。

除上述电路外，黑白摄像机还可能会有自动光圈接口电路、电源同步接口电路、外同步接口电路、亮度控制电路等附加电路。

2. 三片式彩色 CCD 摄像机

广播电视中常用的是三片式彩色 CCD 摄像机，图 5-2 是三片式彩色 CCD 数字摄像机的方框图。三片式彩色 CCD 摄像机的工作原理是：被摄物体的光线从镜头进入摄像机后被分色棱镜分为红、绿、蓝三路光线投射到三片 CCD 传感器上，分别进行光/电转换后变为三路电信号 R、G、B；该信号经预先放大和补偿后送入 A/D 变换器，变换成相应的三路数字信号，再送入数字处理器进行各种校正、补偿等处理，最后输出三路数字信号 Y、$R-Y$、$B-Y$；为了使数字摄像机适应其他模拟设备，经 D/A 变换后输出的三路模拟分量信号，最后经彩色编码后输出一路 PAL 全电视信号。由于每种基色光都有一片 CCD 传感器，因此可以得到较高的分辨率。应用电视中所用的彩色摄像机都是单片式彩色 CCD 摄像机。由于一片 CCD 传感器要对三种基色光感光，因此单片式彩色 CCD 摄像机的分辨率较低，但成本也降低了许多。

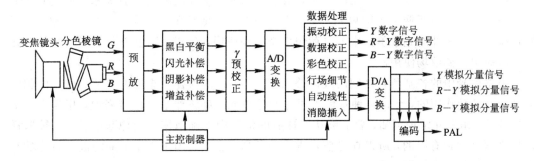

图 5-2　三片式彩色 CCD 数字摄像机方框图

3. 单片彩色 CCD 摄像机

用一个 CCD 传感器产生 R、G、B 三种颜色的信号，必须用滤色器将光进行分色。

从原理上讲，重复的 R、G、B 垂直条滤色器完全可以用于单片彩色 CCD 摄像机，但如果 CCD 传感器对色光的 R、G、B 三个分量用相同的采样频率 f_{ck} 进行采样，那么被采样的三种基色光的上限频率必须限制在相同的数值（$f_{ck}/2$）以下。根据接收机中利用人眼对红色、蓝色分辨率低的特点，对三种基色光使用相同的采样频率显然是不合理的，通常采用 GCFS(Green Checker Field Sequence，一种镶嵌式滤色器)。

图 5 - 3 是 GCFS 滤色器，滤色器的每一个小方块表示一个滤色单元，对应于 CCD 传感器的一个像素。标号为 R、G、B 的小方块分别表示能透过红光、绿光、蓝光。图 5 - 4 是采用 GCFS 滤色器的单片 CCD 彩色摄像机方框图。

R	G	R	G
G	B	G	B
R	G	R	G
G	B	G	B

图 5 - 3　GCFS 滤色器

单片 CCD 传感器输出的信号为红、绿、蓝混合信号，只有通过彩色信号分离电路才能分解出红、绿、蓝基色信号。由于 CCD 传感器的输出信号是由时钟驱动脉冲控制的，与时钟脉冲有严格的对应关系，因此在取样保持电路中采用由时钟驱动脉冲形成的相位与时钟脉冲一致的脉冲取样，才能分离出相应的基色信号。

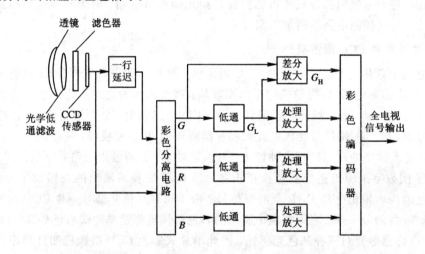

图 5 - 4　采用 GCFS 滤色器的单片 CCD 彩色摄像机方框图

图 5 - 5 是 CCD 传感器的光敏单元与滤色器的滤色单元的相对位置关系。垂直方向上每个滤色单元对应于两个光敏单元，在水平方向上每个滤色单元对应于一个光敏单元。存储在滤色单元上部的光敏单元中的电荷包供奇数场使用，存储在滤色单元下部的光敏单元中的电荷包供偶数场使用。

根据色光中的各基色光之间的线性叠加原理，可以认为各种滤色单元是对色光中相应的光分量单独作用的，允许某种基色光通过滤色单元，对那种基色信号来说，相当于一个取样开关。由取样定理可知，要能够从取样后的信号中准确地恢复出原来的信号，被取样信号必须是频带有限的，所以在光信号进入滤色器之前，必须用光学低通滤波器将光的空间频率成分限制在一定的带宽内。

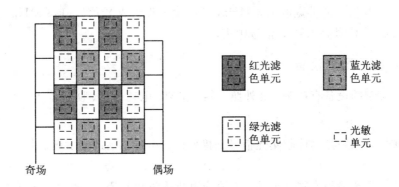

图 5-5 光敏单元与滤色器的相对位置关系

考虑到使用 GCFS 排列滤色器的 CCD 传感器每一行只输出两种基色信号，因而送到彩色分离电路的信号有两路：一路直接来自 CCD 传感器，另一路是延迟一行后的信号。

假如第 n 行的输出信号为 u，如图 5-6(a)所示，以 R、G、R、G、…… 的顺序排列，经过一行延时后，同时到达分离器的则是前一行的信号 u'，以 G'、B'、G'、B'、…… 的顺序排列。在 R 信号分离器的电路中只需从 u 信号中取出 u_R；在 G 信号分离器中，沿着图 5-6(a)中箭头所指的顺序将 u 和 u' 中 G 信号取出并相加得到 u_G；在 B 信号分离器中则从 u' 信号中取出 u_B。

显然，当 n 行以 R、G、R、G、…… 的顺序排列时，第 $n+1$ 行必然以 G、B、G、B、…… 的顺序排列，经过一行延迟同时到达分离器的信号 u' 以 R'、G'、R'、G'、…… 的顺序排列，信号分离的过程与 n 行类似，见图 5-6(b)。

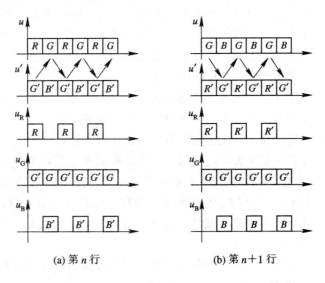

(a) 第 n 行   (b) 第 $n+1$ 行

图 5-6 在第 n 行和第 $n+1$ 行上 u_R、u_G、u_B 信号的分离

CCD 传感器的成像单元数目越多，组成 U_G 信号的相邻信号 G 与 G' 之间的差别越小，G 与 G' 叠加在一起时越接近于被取样的信号。这意味着，当绿色信号的上限频率 f_m 高于 $f_{ck}/2$ 时，存在于被取样的 G 和 G' 信号频谱中的混叠干扰相互抵消得越充分，在电视图像上看不出明显的频谱混叠干扰。

所以 R、G、B 信号的带宽取 1.3 MHz，按亮度方程组成 Y 信号(1.3 MHz)以后，将高于 1.3 MHz 的 G_H 信号叠加到 Y 信号中去。

5.1.2 摄像机的配套设备

与摄像机配套的设备有镜头、红外照明器、支架、电动云台、防护罩等。

1. 镜头

镜头的作用是从被摄物体收集光信号到摄像机光电传感器的光敏区。

1) 透镜和光阑

镜头是由一组透镜和光阑组成的。透镜分为凸透镜和凹透镜。凸透镜对光线有会聚作用，所以也叫会聚透镜、正透镜。常用的凸透镜有双凸、平凸、正弯月三类，图 5-7(a)是三类凸透镜的纵截面示意图。凹透镜对光线有发散作用，所以也叫发散透镜、负透镜。常用的凹透镜有双凹、平凹、负弯月三类，图 5-7(b)是三类凹透镜的纵截面示意图。

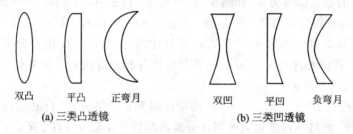

双凸　　平凸　　正弯月　　　　　双凹　　平凹　　负弯月
(a) 三类凸透镜　　　　　　　　(b) 三类凹透镜

图 5-7　透镜

由于正、负透镜有相反的特性，如像差和色散等，因此镜头中常常用负透镜与正透镜一起配合使用，以校正像差和其他各类失真，提高镜头的光学指标。在变焦镜头中，既要使镜头的焦距在很大范围内连续可调，又要保证成像面固定地落在摄像机光电传感器的光敏区，所以变焦镜头通常由多组正、负透镜组成。

能进入镜头成像的光束，其大小是由透镜框和其他金属框决定的。往往这样限制光束还不够，还要在镜头中设置一些带孔的金属薄片来限制光束，称为光阑。光阑的通光孔一般呈圆形，其中心在透镜的中心轴上。镜头的金属框也是一种光阑。

（1）孔径光阑。为了调节镜头的进光量，普通镜头都有光圈调节环，调节环的转动带动镜头内的黑色叶片以光轴为中心作伸缩运动，这一套装置称为可变孔径光阑。

孔径光阑经其前面透镜组在物方空间所成的像称为镜头的入射光瞳，简称入瞳。对一定位置的物体来说，入瞳完全决定了能进入镜头成像的最大光束孔径，并且是物面上各点发出的进入镜头成像光束的公共入口。

（2）视场光阑。物方空间可以被镜头清晰成像的范围称为镜头的视场，镜头中限定成像面大小的光阑叫视场光阑。

（3）渐晕光阑。不在透镜中心轴上的点发出的充满入瞳的光束进入镜头后，有一部分光束被透镜框挡住，只有中间一部分光线可以通过镜头成像。这就使不在中心轴上点的成像光束小于轴上点的成像光束，从而使成像面边缘的光照度降低而变暗，这种现象称为轴外点的渐晕。显然点离开镜头中心轴越远，渐晕越大。对轴外点产生渐晕的光阑称为渐晕光阑。

（4）消除杂光光阑。由非成像物点射入镜头的光束或由折射面和镜头内壁反射产生的光束称为杂光。杂光会使镜头成像面产生明亮的背景，降低了像和背景的对比度，是非常有害的，必须加以限制，一般镜头将镜头内壁加工成螺纹并涂上黑色无光漆以达到消除杂光的目的。

2）镜头的基本参数

镜头的基本参数有焦距、最大相对孔径、视场角、接口形式等。

（1）焦距。由物方射入一束平行且接近光轴的光，经过镜头的多组透镜，出射光线交于光轴 F 点，称为焦点。焦点到镜头中心的距离就是焦距（过入射光线与出射光线的交点作垂直于光轴的平面，平面与光轴的交点是镜头的中心），焦距一般用 f 表示。

焦点到镜头最后一面的距离称为镜头的后截距，见图 5-8。

只有变焦镜头的焦距是连续可变的，手动调焦镜头调节调焦环并不改变焦距。调焦环上标有 0.5、1、2、4、∞ 分别表示物体距离为 0.5 m、1 m、2 m、4 m、∞ 时调焦最好，图像最清晰。

（2）相对孔径。相对孔径是入射光瞳直径 D 与焦距 f 之比。镜头都标出相对孔径最大值，例如一个镜头标有"TV LENS 8 mm 1:1.4"，表示这是一个电视镜头，焦距为 8 mm，最大相对孔径是 1:1.4，也就是说，镜头允许的最大入射光束直径为 5.7 mm。

光圈是相对孔径的倒数，用 F 表示，F16 就是相对孔径 $D/f=1:16$。在镜头的调节环上将字母 F 省略，光圈调节环上常标有 1.4、2、2.8、4、5.6、8……C 是光圈数，因为像面照度与相对孔径的平方成正比，要使像面照度为原来的 $1/2$，入射光瞳就应是原来的 $1/\sqrt{2}$。因此每挡的 F 数相差 $1/\sqrt{2}$ 倍。光圈增大一挡，像场照度提高一倍，这是 1900 年巴黎会议规定的标准。当光瞳直径为零时叫全光闭，用 Close 的词头 C 来表示。

（3）视场角。摄像机的光电传感器是 4:3 的矩形，宽为 w，高为 h，对角线长为 d。镜头的水平视角 ω_w、垂直视角 ω_h、对角线视角 ω_d 分别表示为

$$\omega_w = 2\arctan\frac{w}{2f} \tag{5-1}$$

$$\omega_h = 2\arctan\frac{h}{2f} \tag{5-2}$$

$$\omega_d = 2\arctan\frac{d}{2f} \tag{5-3}$$

例如，摄像机的光电传感器尺寸为 4.8 mm×3.6 mm，对角线尺寸为 6 mm，若用焦距为 8 mm 的 8 mm（1/3 英寸）镜头，则有

$$水平方向视角\ \omega_w = 2\arctan\frac{4.8}{2\times8} = 33.4°$$

$$垂直方向视角\ \omega_h = 2\arctan\frac{3.6}{2\times8} = 25.4°$$

$$对角线视角\ \omega_d = 2\arctan\frac{6}{2\times8} = 41.1°$$

图 5-8 是垂直方向视角的示意图。

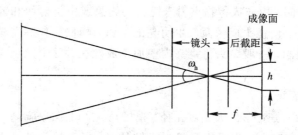

图 5-8　垂直方向视角的示意图

实际的镜头视场角经常偏离理论值，所以若要精确计算仍应查阅镜头的技术指标。12 mm(1/2 英寸)的镜头装在 8 mm(1/3 英寸)的摄像机上，摄像机的视角比镜头标明的视角小，如图 5-9(a)所示；8 mm(1/3 英寸)的镜头装在 12 mm(1/2 英寸)的摄像机上，则摄像机的图像不能充满监视器的全屏幕，如图 5-9(b)所示。

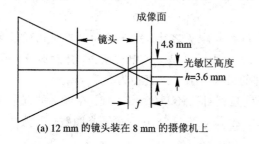

(a) 12 mm 的镜头装在 8 mm 的摄像机上

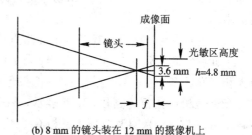

(b) 8 mm 的镜头装在 12 mm 的摄像机上

图 5-9　摄像机与镜头不匹配示意图

一般的手动调焦镜头，调节调焦环时，视场角不变；而变焦镜头，调整变焦环时，视场角跟着改变。

（4）C 和 CS 安装接口。C 和 CS 安装接口是国际标准接口，对螺纹的长度、制造精度、公差都有详细的规定。C 和 CS 安装都是 25.4 mm(1 英寸)—32UN 英制螺纹连接，C 型接口的装座距离（安装基准面至像面的空气光程）为 17.526 mm，CS 型接口的装座距离为 12.5 mm。

C 接口的镜头可以通过一个 C 型接口适配器再安装在 CS 接口的摄像机上，如图 5-10 所示。如果不用适配器而强行安装会损坏摄像机的光电传感器。CS 接口的镜头不能安装在 C 接口的摄像机上。

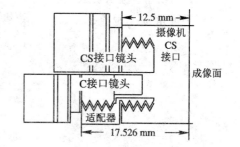

图 5-10　C 接口和 CS 接口镜头的示意图

有的摄像机有后截距调整环，允许使用 C 接口或 CS 接口的镜头。使用 C 接口镜头时，松开侧面紧固螺丝后，面对镜头将后截距调整环顺时针旋转调整，若用力逆时针旋转会损坏摄像机的光电传感器；使用 CS 接口镜头时，将后截距调整环逆时针旋转调整。

3）自动光圈镜头

在室外，环境照度是变化的，其变化范围远大于摄像机的自动增益控制范围，所以摄像机在室外应用时应该采用自动光圈镜头。

自动光圈镜头的控制原理与人眼控制进光的原理是相同的，可变孔径光阑相当于人眼的瞳孔，CCD 光电传感器相当于人眼的视网膜。当人眼感觉到现场光线过强时，大脑控制肌肉动作会使瞳孔收缩，以减少眼球的进光；当人眼感到现场光线太暗时，大脑控制肌肉动作使瞳孔扩张，以增加眼球的进光，这样，视网膜上始终感受到的是合适的光强。

自动光圈镜头的控制原理如图 5-11 所示。来自被摄物体的光经自动光圈镜头成像于摄像机的光电传感器，摄像机输出的视频信号幅度反映了 CCD 光电传感器上的受光情况，视频信号经整流滤波成直流电平与一个基准电平进行比较，若直流电平大于基准电平，驱动器发出使伺服系统关闭光阑叶片的信号以减少进光；若直流电平小于基准电平，驱动器发出使伺服系统开启光阑叶片的信号以增大进光，直至直流电平与基准电平相等，表示镜头进光量合适。调整基准电平使视频信号有恰当的幅度。当环境照度发生变化时，摄像机输出视频信号的幅度变化，驱动器使光阑叶片作相应的动作使输入光变化，保证了 CCD 光电传感器上光照保持恒定，电视图像就能保持合适的亮度。

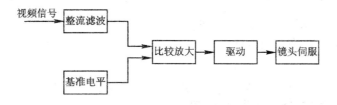

图 5-11　自动光圈镜头的控制原理

因为与人眼控制进光的原理相类似，自动光圈镜头也称电眼（Electric Eye）镜头，即 EE 镜头。

自动改变光阑直径的方法在一般光照条件下能获得较好的效果。在光照强烈的条件下，入射光瞳小到一定程度时会产生光的衍射现象，使镜头分辨率下降，所以在叶片关至 F32 时被限位。在靠近光阑叶片处放置一个中性滤光片（中性是指对不同波长的光波透光率相同），由于圆形滤光片的中心的透光率很小，不到 1%，因此当光阑叶片开大时，滤光片遮光效果不很显著；随着光阑叶片的关闭，滤光片的作用在逐渐增大，采用滤光片后，光圈数可达 F360。

随环境照度的变化，自动改变镜头的光圈以取得稳定的成像面照度，称为自动光补偿，简称为 ALC（Automatic Light Compensation）。

很多自动光圈镜头的光圈范围是 $F = 1.4 \sim 360$，因为照度与光圈的平方成反比，所以自动光补偿的动态范围为 $360^2 / 1.4^2 \approx 66\ 122$，在被摄物体亮度变化 6 万多倍的情况下仍能保持电视图像的亮度稳定。

一般在摄像机的侧面有插座，提供自动光圈镜头用的电源与视频控制信号。有的摄像机有自动光圈镜头选择开关，一端标有 VIDEO，表示输出视频控制信号；另一端标有 DC，表示将视频信号整流滤波为直流控制信号输出。这类摄像机可以使用直流控制型自动光圈镜头，这是一些厂家生产的没有整流与滤波电路的自动光圈镜头，必须在摄像机内将视频信号整流滤波为直流控制信号后提供给镜头。

4）变焦镜头

定焦距镜头由几片透镜组成，其构造简单、便于生产、成本低廉且容易达到高的技术指标。但目标距离不定时，如交通监控、大厅保安监控等，必须采用变焦镜头，根据现场情况调节焦距以摄取清晰的图像。

可以证明，两个焦距分别为 f_1 和 f_2 的相距为 d 的透镜组成的复合透镜的焦距为

$$f = \frac{1}{f_1} + \frac{1}{f_2} - \frac{d}{f_1 f_2} \qquad (5-4)$$

所以，只要通过机械装置改变两个透镜之间的距离 d，就可使镜头焦距 f 连续可调。

图 5-12 是变焦镜头的示意图。调焦组、变焦组、补偿组、固定组都是由若干透镜组成的复合透镜。为了达到焦距连续可调的目的，变焦组的位置是可以轴向移动的，当变焦组前后移动进行焦距调整时，镜头的成像面将随之变化；补偿组随变焦组的移动作某种规律的相应移动，使成像面依旧落在 CCD 光电传感器上，一组很复杂的凸轮机构保证变焦组与补偿组的移动有严格

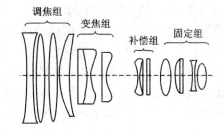

图 5-12　变焦镜头示意图

的对应关系。调焦组能在较小范围内作轴向移动，以实现镜头的聚焦调整。固定组的作用是保证有一定的后截距。

变焦镜头有自动光圈变焦镜头、自动光圈自动聚焦变焦镜头和三可变镜头几种。自动光圈变焦镜头的光圈部分与自动光圈镜头一样，聚焦和变焦两个微电机由外加电压控制；自动光圈自动聚焦变焦镜头的光圈部分与自动光圈镜头一样，聚焦由红外线检测自动控制，变焦微电机由外加电压控制；三可变镜头的光圈、聚焦、变焦等三个微电机都由外加电压控制。

变焦镜头一般都有电机限流电路，当机械机构发生故障使电机电流增大时，可切断电源以保护电机。

5) 镜头的选择

(1) 尽量少用变焦镜头。变焦镜头的光学分辨率、像差、像场亮度均匀性、几何失真、光谱特性(各种波长的光传输系数)等光学指标比固定焦距镜头的差。变焦镜头及其控制电路的可靠性比固定焦距镜头的低得多。少用变焦镜头可提高系统的可靠性。

监控人员应把主要精力放在目标的监视上，不应花费很多时间来调整变焦镜头。所以，除非要监视移动目标，否则尽量少用变焦镜头。

(2) 根据被监视物体的外部轮廓选择镜头的焦距。一般情况是要求看清被监视物体的外部轮廓，可用下面公式分别从被监视物体的高度和宽度来选择镜头的焦距：

$$f_h = \frac{hL}{kH} \qquad (5-5)$$

$$f_w = \frac{wL}{kW} \qquad (5-6)$$

式中：f_h、f_w 分别是根据被监视物体的高度和宽度选择的镜头焦距，单位是 mm；L 是物距，即被摄物体到镜头的距离，单位是 m；H、W 分别是被摄物体的高度和宽度，单位是 m；h、w 分别是摄像机光电传感器光敏区的高与宽，单位是 mm。通常 16 mm(2/3 英寸)摄像机的 h、w 分别是 6.6 mm、8.8 mm，12 mm(1/2 英寸)摄像机的 h、w 分别是 4.8 mm、6.4 mm，8 mm(1/3 英寸)摄像机的 h、w 分别是 3.6 mm、4.8 mm，6 mm(1/4 英寸)摄像机的 h、w 分别是 2.7 mm、3.6 mm。k 是修正系数，电视机、监视器光栅有

10%～15%的过扫描，加入修正系数能消除过扫描的影响，一般取 $k=1.1～1.2$，当监视器处于欠扫描工作方式时，取 $k=0.9$。

例如，在银行营业柜台窗口，柜员与顾客的活动范围是 0.9 m×0.6 m，8 mm(1/3 英寸)摄像机和柜台中央的距离是 2.5 m，若要求用电视机监视整个活动范围，应选用镜头的焦距计算如下：

由式(5-5)、式(5-6)可得

$$f_h = \frac{3.6 \times 2.5}{1.2 \times 0.6} = 12.5$$

$$f_w = \frac{4.8 \times 2.5}{1.2 \times 0.9} = 11.1$$

要看到整个高度要求焦距 $f_h=12.5$，要看到整个宽度要求焦距 $f_w=11.1$。因为焦距越短，能看到的范围越大，为保证被摄取物体的高度与宽度都包括在画面内，取 f_h、f_w 中较小的，f 取值应小于 11.1，故满足要求的镜头可取 $f=8$。

(3) 根据被摄物体的细节尺寸来选择镜头焦距。一些特殊情况下，需要看清物体的细节，应按下面公式来选择镜头焦距：

$$f = \frac{500L}{BR} \tag{5-7}$$

式中：f 为所选镜头焦距，单位是 mm；L 为物距，单位是 m；B 为被摄物体细节尺寸，单位是 mm；R 为镜头光学分辨率，单位是 lp/mm（Line Pair/mm，每毫米内线条对数）。通常，16 mm(2/3 英寸)镜头的光学分辨率为 27 lp/mm，12 mm(1/2 英寸)镜头的光学分辨率为 38 lp/mm，8 mm(1/3 英寸)镜头的光学分辨率为 50 lp/mm。

大部分镜头没有标明成像尺寸是多大，但说明书上注明配各种尺寸摄像机时的镜头视角是多少，那么镜头成像尺寸就是可配摄像机尺寸中最大的规格。比如某镜头说明书标明配 16 mm(2/3 英寸)、12 mm(1/2 英寸)、8 mm(1/3 英寸)摄像机时的视角分别为 69°20′、56°、41°09′，则该镜头的成像尺寸为 16 mm(2/3 英寸)。因为只有大尺寸镜头能被小尺寸摄像机使用，但大尺寸镜头的光学分辨率低。例如，16 mm(2/3 英寸)的镜头装在 8 mm(1/3 英寸)摄像机上，观察景物的外部轮廓时，与 8 mm(1/3 英寸)镜头的效果相差无几，但在观察景物的局部细节时，16 mm(2/3 英寸)镜头光学分辨率只有 8 mm(1/3 英寸)镜头的一半。

例如，银行出纳柜台办公桌离摄像机 2.5 m，12 mm(1/2 英寸)摄像机采用 12 mm(1/2 英寸)镜头，要求看清 10 元以上票面，应选镜头的焦距计算如下：

12 mm(1/2 英寸)镜头的光学分辨率为 38 lp/mm，10 元以上票面的细节尺寸根据票面数字的大小估计为 2 mm，由式(5-7)得

$$f = \frac{500 \times 2.5}{2 \times 38} = 16.4 \text{ mm}$$

可选焦距为 25 mm 的 12 mm(1/2 英寸)镜头。

当观察被摄物体的细节时，摄像效果与被摄物体的照度、被摄物体的对比度、摄像机的灵敏度与分辨率、监视器的分辨率等多种因素有关，按照公式计算的镜头焦距只能作为参考。例如上面的例子，计算结果要求焦距大于 16.4 mm，一般说来实际上应取焦距为 25～35 mm 的镜头，才能在各种外部因素变化的情况下看清票面。

6）镜头的调整

在调整镜头之前，应按摄像机的说明书先调整好摄像机的后截距，即调整光电传感器位置使光敏区恰好位于镜头的成像面上。对于变焦镜头，应在长焦距与短焦距两种状态下分别反复调整后截距，以求兼顾。

镜头调整环的操作规律是：当操作者在摄像机后，面朝目标时，顺时针方向旋转光圈调整环时光圈变小，顺时针方向转动调焦环时距离刻度递减，顺时针方向转动变焦调整环时镜头时焦距变短。

（1）景深。摄像系统在观察一个确定距离目标的同时还可以清楚地观察到目标前后一定空间的景物，更近、更远的地方图像就比较模糊，这一段能清楚聚焦的空间距离叫景深。景深与镜头的焦距、孔径以及摄像机的像素数目等因素有关，当要求被摄图像有一定景深时，应该记住：镜头光圈越小，景深越大；镜头焦距越短，景深越大；被摄物体的距离越远，景深越大。

景深越大，调焦效果越不明显，所以对目标进行精确调焦前，应先把镜头光圈开得较大，如果图像出现饱和可设法降低景物亮度或在镜头前临时加一个灰度滤光片，然后精确调焦，调焦完毕，再取走滤光片，减小光圈使光照度合适。

（2）自动光圈镜头的调整。视频信号幅度的平均值代表电视图像的整体亮度，视频信号幅度的峰值代表电视图像的某些亮点。自动光圈镜头一般有 ALC 测量电位器，一端标有 AV，表示测量视频信号的平均值作为光补偿的依据；另一端标有 PK，表示测量视频信号的峰值作为光补偿的依据。

当图像对比度很大而出现饱和现象时，可将 ALC 测量电位器转向峰值（PK）一端，这样容易看清景物明亮部分的细节，而不出现饱和现象；当图像对比度过小时，可将 ALC 测量电位器转向平均值（AV）一端，这时可以看清景物中较暗的部分，而景物中亮的部分可能出现饱和现象；当调节 ALC 测量电位器不起作用时，景物适用于平均值测量，应将 ALC 电位器旋转向平均值一端，然后调节基准电平调整电位器。

基准电平（LEVEL）调整电位器也称灵敏度调整电位器，一端标有 H，代表基准电平为 $1 V_{p-p}$；另一端标有 L，代表基准电平为 $0.5 V_{p-p}$。图像对比度较高时，旋向 L；图像对比度较低时，旋向 H。同一系统中，可以通过调整基准电平电位器使各摄像机的对比度基本一致。

自动光圈镜头上的这两个调整电位器在出厂时都已调好，系统调试前不要去动它。

7）常用镜头

图 5-13 所示是几种常用镜头的外形。图 5-13(a) 是一种针孔镜头，针孔镜头前端的入口很小，直径在 2 mm 左右，可以安装在隐蔽的位置进行监视而不易被监视者察觉。针孔镜头有直通和 90°转角两种，也有自动光圈针孔镜头和广角针孔镜头，后者几何失真略大。

图 5-13(b) 是一种超级广角固定光圈镜头，体积很小，用在小型摄像机上，但失真较大。图 5-13(c) 是一种手动变焦固定光圈镜头，焦距有 2 倍可调，使用方便。图 5-13(d) 是一种自动光圈镜头。图 5-13(e) 是一种 10 倍电动变焦自动光圈镜头，常在监视远距离移动目标时使用。

(a)针孔镜头　(b)定焦镜头　(c)手动2倍变焦镜头　(d)自动光圈镜头　(e)自动光圈10倍变焦镜头

图 5 - 13　几种常用镜头

2. 红外照明器

CCD 光电传感器对波长为 800～1000 nm 的人眼看不见的红外光仍然敏感，在黑暗中用该段波长的光源来照射被摄物体，虽然对人而言是黑暗的，但黑白 CCD 摄像机却能得到令人满意的图像(单片彩色 CCD 摄像机因为有滤色器挡住红外光，不能成像)，所以电视监控系统中常利用红外照明器在黑暗中进行监视。

红外照明器有大功率(300 W)的红外照明白炽灯，有效范围可达 150 m，也有小功率的(60 W)红外 LED 照明灯，有效范围可达 60 m，专用红外照明灯都配有能手动调整的水平、垂直方向转动支架，以调整角度。

如果用 20 个红外 LED(每个 10 mA 电流)排成阵列定向照明，在黑暗中有效范围能达 10 m 以上。

因为物体对红外光和可见光的反射率是不同的，所以在红外光照射时摄取的图像与在可见光照明时摄取的图像在灰度层次上略有区别。在红外光照射的情况下，图像的对比度较大且景物的细节较清楚。在完全黑暗的情况下进行红外照明，摄像机是红外成像，被摄目标的图像较清楚；当环境稍亮时，因为摄像机对可见光的灵敏度高，摄像机变为可见光成像，红外成像基本上不起作用，被摄目标图像反而不清楚。所以在室内进行红外照射时，应用窗帘等物遮住月光和其他可见的反射光，在室内完全黑暗的条件下，就能取得最佳的图像。

3. 支架

支架又称手动云台，用来安装摄像机或内装摄像机的防护罩，所以支架的摄像机安装座必须能调整水平位置和垂直方位。

图 5 - 14(a)是一种墙壁和天花板安装支架，可以通过基座上四个安装孔固定在墙壁或天花板上，旋松紧固螺丝后可以将摄像机安装座的水平、垂直方位自由调节，调节好合适的方位后再拧紧螺丝固定住。图 5 - 14(b)是一种利用万向球调节水平、垂直方位的壁装支架，摄像机上的螺孔直接与万向球顶端螺丝拧紧，放松中间支撑杆和基座螺纹，万向球可以自由转动，将摄像机调整到合适的方位，拧紧中间支撑杆和基座螺纹，万向球不再能转动，摄像机即被固定。必须注意，万向球与其外部的紧固装置必须有较大的接触面才能保证其长期固定，若万向球靠个别点固定，遇有震动，位置就容易被移动。

图 5 - 14(c)是一种安装云台用的壁装支架，用铸铝制造，有较大的载重能力，尺寸也比摄像机支架大。考虑到云台已具有方位调节功能，云台支架不再能调节。

图 5 - 14(d)是一种可以在室外使用的壁装支架，一般用来吊装摄像机，这种支架用金

属制造，有一定的防潮能力，但仍应尽量安装在屋檐下，以减少雨淋，延长其使用寿命。

图 5 - 14(e)是一种可以在室外使用的载重支架，用钢板制造，有较大的负荷能力，松开螺丝后可以将摄像机安装座方位作一定的调节，调节好合适的方位后，拧紧螺丝以固定方位。常将这种支架固定在自制的基座上。

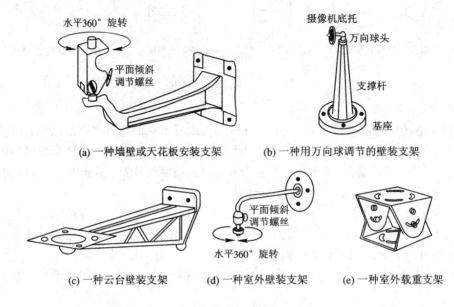

(a) 一种墙壁或天花板安装支架　　　(b) 一种用万向球调节的壁装支架

(c) 一种云台壁装支架　　(d) 一种室外壁装支架　　(e) 一种室外载重支架

图 5 - 14　支架

4. 电动云台

电动云台在电压信号控制下能作水平方向、垂直方向的旋转，摄像机安装在电动云台安装座上后，操作人员通过控制室内按键就能改变摄像机的视角方向和俯仰，以监视位置不固定的目标。

1) 电动云台的组成

(1) 电动机。电动机是电动云台的基本部件，可以是 12 V、24 V 直流伺服电机，但直流电机容易干扰其他设备；也可以是 24 V 或 220 V 交流伺服电机，国产电动云台以 220 V 交流伺服电机为主。

(2) 传动装置。齿轮、蜗轮、蜗杆等传动装置将电动机的高速旋转变为摄像机安装座的缓慢转动，为了使控制电压断开时摄像机安装座能立即停止转动，必须至少采用一对有自锁能力的蜗轮、蜗杆。

(3) 限位开关。为了限制电动云台的旋转角度，电动云台都设有限位开关，当旋转角度到达限位时，压住微动开关，微动开关的常闭触点断开，切断云台电机的工作电压，电动机即停止旋转。电动云台的限位位置是可以调节的，限位位置在云台外部的调节起来比较方便，有些云台的限位位置在云台内部，必须打开云台外壳才能调整，使用时很不方便。

2) 电动云台的技术参数

电动云台的主要技术参数是最大负载(kg)，是指摄像机(包括防护罩)的重心距云台工作面的距离为 50 mm，负载的重心通过云台的回转中心并且与云台的工作面垂直时，云台垂直方向承受负载的能力。在实际使用中如果负载的重心偏离云台的回转中心，云台的负载能力减弱，所以在选择电动云台时最大负载要有足够的余量。

电动云台的回差与噪音也是选择云台时必须考虑的，这些参数的测试都比较麻烦，一般是将云台带负载运行来进行目测。

3）特殊电动云台

（1）水平云台。水平云台的水平方向转动受电压控制，垂直方向相当于支架。

（2）自动扫描云台。自动扫描云台除了上、下、左、右四个动作受控制电压操纵外，还可由控制电压操纵在水平方向作自动往复旋转。每次自扫端电压断开后重新加控制电压，云台总是先向右转一直到限位，再向左转一直到限位……。

这种自动扫描云台内部有继电器，继电器吸合和放开时的感应电势和火花易产生干扰，在使用单片机控制器或单片机解码器时，应在云台继电器线圈和触点的两端接压敏电阻。

普通电动云台可以在软件控制下作自动扫描，但由于各个云台扫描全程时间（云台从一个限位端旋转到另一限位端所需时间）不一样，因此给软件控制带来不便。当输出控制电压时间长于扫描全程时间时，会在限位处停留时间过长；当输出控制电压时间短于扫描全程时间时，易造成扫描角度的移位。硬件自动扫描云台却没有这个缺点。

（3）半球形、球形云台。半球形、球形云台是为了美观和隐蔽而设计的在半球形、球形防护罩内的电动云台。防护罩常采用优质透明的聚丙烯颗粒热铸成形，还有的能进行高速、变速运转，可进行快速目标搜索和精确跟踪，还有的能瞬时反转，运行时平稳、无声。他们通常采用 24 V 交流电压进行控制。

（4）室外云台。室外云台必须有良好的防雨淋性能，云台的垂直输出轴处垫有防水密封圈，装卸时应该注意，室外云台机壳往往用铝合金整体铸造，这样比较轻巧，防雨性能也好，控制电压输入插头座必须采用防水型的。

（5）防爆云台。防爆云台用于煤矿、化工厂、油田等有爆炸性气体的场合，它可与防爆型防护罩配合作用。

4）常用电动云台

图 5-15(a)是一个典型的电动云台，控制信号输入插座在云台的安装基座上，这样输入控制信号线不会随云台转动而转动。图 5-15(b)是一种轻型云台，由于负载设计在侧面，负载在所有倾斜角度上都能保持平衡。图 5-15(c)是一种带壁装支架的小型电动云台。

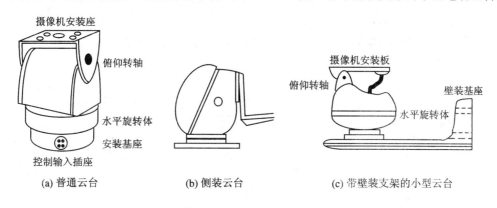

(a) 普通云台　　　　　(b) 侧装云台　　　　　(c) 带壁装支架的小型云台

图 5-15　几种常用电动云台

5. 防护罩

1) 室内防护罩

室内防护罩的主要功能是防灰尘和起隐蔽作用，而外形美观是防护罩的基本要求。目前国内流行铝型材长方形室内防护罩，这种防护罩结构简单、安装方便、价格低廉。

2) 室外防护罩

室外防护罩应能适应各种恶劣的气候，保证摄像机在室外各种自然环境下能正常工作。室外防护罩必须具有防晒、防雨、防尘、防冻、防凝结露水等功能。室外防护罩的散热通常采用风扇强迫对流的自然冷却方式，由温度继电器进行自动控制。温度继电器的温控点在 35℃ 左右，当防护罩的内部温度高于温控点时，继电器动作，触点接通，风扇工作；防护罩内的温度低于温控点时，继电器触点断开，轴流风扇停止工作。室外防护罩往往附有遮阳罩，防止太阳直晒使防护罩内温度提高。

室外防护罩在低温状态下采用电热丝或半导体加热器加热，由温度继电器进行自动控制。温度继电器的温控点在 5℃ 左右，当防护罩内温度低于温控点时，继电器动作，触点接通，加热器通电加热；当防护罩内温度高于温控点时，继电器触点断开，加热器停止加热。

室外防护罩的防护玻璃可采用除霜玻璃，除霜玻璃是在光学玻璃上蒸发镀上一层导电镀膜，导电镀膜通电后产生热量，可以除霜和防凝结露水。室外防护罩通常还有雨刷，下雨时它可除去防护玻璃上的雨珠，也可除去防护玻璃上的尘土。为了防雨淋，在各机械连接处往往采用橡胶带密封，使用前最好能做一次淋雨水模拟试验，淋雨的角度为 45° 和 90°，罩内不能有漏水、渗水现象。

上述室外防护罩在室外自然温度下使用，在特别高的温度时，应采用有风冷、水冷、涡旋致冷或半导体致冷的高温电视。

3) 防爆型防护罩

在化工厂、油田、煤矿进行电视监控时必须使用防爆型防护罩，隔爆外壳的类别为 d。I 类防护罩用于煤矿，Ⅱ 类防护罩用于工厂。防爆型防护罩按最小点燃电流比可分为 A、B、C 三级，T1～T6 为允许的最高表面温度，T1 是 450℃，T2 是 300℃，T3 是 200℃，T4 是 135℃，T5 是 100℃，T6 是 85℃。

4) 常用防护罩

图 5-16 是几种常用防护罩。图 5-16(a)是室内铝合金型材防护罩。图 5-16(b)是室内吸顶安装的楔形防护罩，摄像机的大部分在天花板之上。图 5-16(c)是室外用防护罩，上有可拆卸的遮阳板，内装冷却风扇和加热器，还有除霜器和雨刷，体积较大，可装各种长镜头的摄像机。

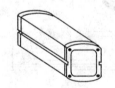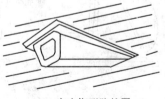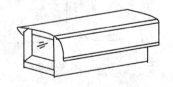

(a) 室内铝合金型材防护罩　　　　(b) 室内楔形防护罩　　　　(c) 室外防护罩

图 5-16　几种常用防护罩

半球形、球形防护罩一般采用优质、透明的聚丙烯颗粒热铸成形，其光学性能好，机械强度大，经日晒雨淋不易变形，外形美观，有多种规格可供选配。图5-17(a)是一种半球形防护罩，宜吸顶安装，上面的柱体藏在天花板内。图5-17(b)是球形防护罩，其体积较大，可装半球形、球形云台，内装风扇和加热器，宜在室外使用。

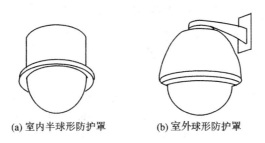

(a) 室内半球形防护罩　　　　　(b) 室外球形防护罩

图 5-17　半球形、球形防护罩

5.1.3　监视器

监视器是应用电视系统中最常用的图像显示设备。与电视摄像机相反，它所完成的基本物理变换是电/光转换，即把图像信号还原为与原景物图像相似的可视图像。

监视器与电视接收机(简称电视机)有许多共同之处，主要的差别在于：监视器的设计目标是尽可能逼真地还原图像，而电视机则主要考虑如何满足人眼的视觉效果。监视器通常还具有外同步、欠扫描、逆程显示、A-B显示以及直流恢复、电缆补偿等功能。

1. 黑白监视器

图5-18为典型黑白监视器的电路原理框图。

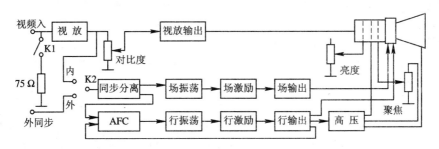

图 5-18　黑白监视器的电路原理方框图

输入的全电视信号经放大后去调制显像管的电子束，并送给同步分离电路以分离出复合同步信号，复合同步信号进一步分离出场和行同步信号。以场同步信号去同步由场振荡、场激励和场输出组成的场扫描电路。而行同步信号变换为 AFC 电压后去同步由行振荡、行激励和行输出组成的行扫描电路。

K2 为同步选择开关，当此开关由内同步转为外同步时，行、场扫描电路被外同步信号所同步。K1 为 75Ω 终接电阻开关，摄像机送来的视频信号由单台监视器显示时，视频输入端连接 75Ω 匹配电阻；而需要多台监视器同时显示时，只有最后一台监视器视频输入端连接 75Ω 匹配电阻，其余桥接的监视器断开终接电阻，变成高阻抗输入。

不同于电视接收机的是，监视器没有高频头、中频通道和伴音部分，但视频通道带宽要求在 8 MHz 以上，并设有钳位电路以恢复背景亮度的缓慢变化。监视器对扫描线性和几何畸变的要求比较高，为了使亮度的变化不影响扫描幅度，设有自动高压控制电路。

1) 视频通道

视频通道电路的功能是把输入监视器的 1 V_{p-p} 左右的视频信号无失真地放大，使之能够送至显像管的调制极（视显像管的调制方式是阴极或是栅极），去调制电子束的强度。对视频通道电路的主要要求是：

(1) 足够的增益。根据不同的调制方式要求有 34～46 dB 的增益。

(2) 足够的带宽。为能良好地显示高分辨率摄像机和高质量信号源的图像，一般要求有 8 MHz 以上的带宽。幅度频率曲线要平坦，以保证良好的相频特性。

(3) 非线性失真要小。由于摄像机已设置校正电路，因此监视器视频通道电路不进行失真处理。要求其非线性失真要尽可能地小。

(4) 调节对比度时只改变视频放大器的增益，不影响放大器的频率响应。

有些监视器的视频通道电路还包括 DC 恢复功能和电缆高频补偿功能。

2) 同步分离

同步分离电路的任务是从全电视信号中将场、行同步信号与视频图像信号分开，再根据场、行同步信号脉宽不同的特点，将它们分成场同步脉冲和行同步脉冲，再分别去控制场、行振荡器。为了增强同步分离电路的抗干扰能力，均设置干扰脉冲抑制电路。

3) 扫描电路

扫描电路的基本功能是向行、场偏转线圈提供锯齿波电流，使之产生偏转磁场。由于行、场偏转线圈的工作频率差别很大，它们呈现的阻抗特性不同，所需的推动功率也不同，因此行、场同步扫描电路差异很大。

(1) 场扫描电路。场偏转线圈工作频率为 50 Hz，表现为纯电阻性，场输出电路向其提供锯齿波电压即可。场输出电路采用多谐振荡器或间歇振荡器产生 50 Hz 锯齿电压，经推动级，供给场偏转线圈。

(2) 行扫描电路。由于行偏转线圈在行频率(15 625 Hz)时呈电感性，必须向其供给脉冲电压，才能使行偏转线圈中流过锯齿电流。行振荡产生 15 625 Hz 的脉冲电压经激励电路整形、放大，由输出级供给行偏转线圈，行偏转线圈中就会有锯齿波电流形成。行输出级工作在开关状态，输出管集电极的电压波形是逆程脉冲。逆程脉冲经高压变压器升压、整流形成显像管所需的高压和中压。同时这里也将行扫描频率采样，反馈至 AFC 电路。

现在大多数监视器都采用专用集成电路来完成行、场扫描功能，如松下的 AN5410、东芝的 TA7609P 等扫描电路，还有松下的 AN5510 场输出电路。这些集成电路再加行激励和行输出电路(由于功率较大，故仍采用分立器件)，就可以构成完整的监视器同步扫描电路，使得整机的可靠性提高，电路设计得以简化。

4) 黑白监视器的测试

国家制定了黑白监视器通用技术条件，对广播级和通用型监视器规定了各项技术指标。许多测试项目要求使用专用的仪器和设备，一般在厂家批量生产过程中进行测试。这里仅介绍几项主要的技术指标的测试方法。

监视器的测试一般在自然环境下进行，电视信号发生器和具有 20 MHz 带宽同步示波器是必须具备的仪器。所有项目的测试都不需要打开机箱或对内部电路作任何调整。

（1）水平分辨率。水平分辨率表示沿水平方向分解图像细节的能力，通常以分辨电视线数表示。进行这项测试要以标准幅度单频率正弦波信号作为监视器的输入信号，电视信号发生器设置为单频率正弦波信号，用示波器观察电视信号发生器的输出波形。

如图 5-19(a)所示，将该信号作为监视器的输入信号，监视器屏幕将显示出垂直条；逐渐升高正弦信号的频率，垂直条逐渐变细、变多；当频率升至恰好不能分辨垂直细条时，读出正弦波的频率，再计算出水平分辨率

$$M = 80Z \tag{5-8}$$

式中：Z 为正弦波的频率，单位为 MHz；M 为水平分辨率，单位为 TVL(电视线)。

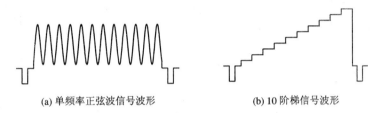

(a) 单频率正弦波信号波形　　　　　(b) 10 阶梯信号波形

图 5-19　电视信号发生器输出信号波形

有时把水平分辨率分为中心水平分辨率和四角水平分辨率两项，在屏幕的不同区域进行观测。通常水平分辨率是指中心水平分辨率。

（2）亮度鉴别等级。亮度鉴别等级是指监视器图像从最黑部分到最白部分之间能够区别的亮度等级，通常又称为灰度等级。它反映了荧光屏亮度变化的范围，也反映了视频通道电路的非线性失真。进行该项测试所需的信号为十阶梯信号，电视信号发生器设置为 10 阶梯信号，用示波器观察电视信号发生器的输出波形。如图 5-19(b)所示，将该信号作为监视器的输入信号，监视器屏幕将显示由最黑部分到最白部分 10 个灰度的竖直条。

在观察图像前，首先调节亮度和对比度，以求取得最好测试效果，使屏幕最亮部分与最黑部分亮度之比为 25：1，然后观察图像可分辨灰度条的级数，即为亮度鉴别等级。如果说水平分辨率是反映监视器显示图像细节的能力，那么灰度等级则反映了监视器显示图像背景层次是否丰富。

（3）光栅的几何失真。光栅的几何失真是由偏转系统的缺陷所造成的，它反映了监视器再现图像的能力。几何失真一般可分为平行四边形失真、梯形失真、枕形失真和桶形失真，如图 5-20 所示。国家标准对它们规定了严格的定义和测试方法，照国标进行测量是准确的。通常人们并不去分别测试和计算这些形式的失真，而是采用一种综合的评价，给出一个监视器图像几何失真的技术指标。具体测试方法是，输入点子或格子信号，然后用测试模板(刻有均匀格子的透明薄膜或玻璃)去与之对比，通过点子与格子交叉点的偏差量来计量几何失真。

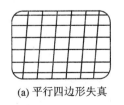　　　　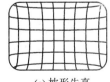

(a) 平行四边形失真　　　　　(b) 桶形失真　　　　　(c) 枕形失真

图 5-20　几何失真

（4）同步范围。同步范围是指输入图像信号的同步信号能够控制监视器扫描电路的频率范围。它反映了监视器能够稳定地显示行（场）频有偏差的图像信号的能力，包括保持范围和引入范围两项指标，其测量方法如图 5-21 所示。测量时，先朝一个方向逐渐地改变电视信号发生器的行（场）频，使监视器

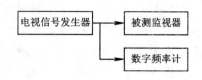

图 5-21　同步范围测量示意图

失去同步，这一频率点即为失步点；再由失步点向同步方向逐点调节信号发生器的行（场）频，每次都将信号断开，再接入，直到图像刚能自行同步时为止，这样可以得到一高一低两个边界状态，其对应的两个频率之间的范围就是行（场）同步的引入范围。分别向高低两端改变输入标准信号的行（场）频率，直至出现同步缺陷（图像出现扭曲或滚动）时为止，这两边界状态对应的两个频率之间的范围就是行（场）同步保持范围。

同步保持范围表示监视器的同步工作范围，而引入范围则反映了在输入信号切换时能够同步锁定的能力。

以上几项测量可以反映监视器的图像显示方面的质量水平。还有一些测试需要打开机箱，对视频通道等电路进行测试，一般情况是不进行的。

采用一台高分辨率的摄像机作为视频信号源，也可以对监视器进行初步测试。具体做法是：利用摄像机摄取综合测试卡的图像，用示波器测试其输出幅度使之符合标准幅度，调整图像大小与扫描光栅重合，即可以通过观察屏幕显示图像来评价监视器的性能，如分辨率（受到摄像机分辨率的限定）、灰度等，通过观察四角圆的形状和方格的均匀性可以初步计算几何失真，调节行（场同步旋钮）可以看出监视器的同步能力。

主观目测不很严格，但在许多场合，利用对比的方法对监视器的质量进行主观评价也是很有效和直观的。如果有一台已知质量很好的监视器，可与它进行图像的主观比较。在大多数应用电视系统的验收时这些办法都是可行的。

2. 彩色监视器

彩色监视器是显示彩色图像的视频设备，彩色图像比黑白图像含有更多的信息量，在应用电视系统中日益受到重视，得到了广泛的应用。通常把彩色监视器分为广播型和通用型。广播型具有良好的图像还原性和色度还原性，主要应用于专业场合。通用型可以作为普通彩色摄像机和家用录像机的显示设备，也为应用电视系统所采用，目前通用型彩色监视器主要是具有视频输入接口的彩色接收、监视两用机。

三基色原理是彩色电视的基本原理，彩色摄像机将景物的图像分解成三个基色分量信号，通过编码形成一个全电视信号。与此相反，彩色监视器将这个全电视信号解码，还原为三个基色分量信号，然后将它们混合（相加混色）生成与原景物图像相似的彩色图像。

1）彩色显像管

彩色显像管是彩色监视器的心脏，它不仅要完成电/光转换，还要完成三路基色分量信号的混合，这就是说相加混色是在显像管的荧光屏实现的。

荫罩式彩色显像管由荧光屏、荫罩板、电子枪、玻璃外壳和管外组件构成。电子枪的作用是发射电子，并使其加速，聚焦成为可以轰击荧光屏的电子束。与黑白显像管不同，彩色显像管要产生三注电子束（对应于三个基色分量）。与此相对应，荧光屏要涂上三种基

色的荧光粉，这三种荧光粉点按一定规律成品字状或成条状，每三个点构成一个基色组。彩色显像管的三注电子束分别受图像信号的三个基色分量信号(R、G、B)调制，然后准确地轰击荧光屏上相应的荧光粉点，产生相应颜色(R、G、B)的光。由于每个基色组三点相距非常近，人的视觉会感受到由三色混合而形成的色彩。荫罩是装在电子枪和屏幕之间的一块布满数十万个小孔的薄钢板，荫罩板的功能是保证每一注电子束都能准确地轰击到相应的荧光粉点上。管外组件主要是色纯度调整和会聚度调整的磁性件。

彩色监视器输入的视频信号通常是将亮度信号 Y 与两个色度信号 U、V 通过频谱交错复合在一起的全电视信号。彩色监视器首先要通过亮、色分离电路将全电视信号分为亮度信号和色度信号，色度信号经解码器解调为两个色差信号 $R-Y$、$B-Y$，再与亮度信号一起通过矩阵电路，形成 R、G、B 信号，去分别调制三个电子束。因此，彩色监视器的视频通道电路要比黑白监视器复杂得多，彩色监视器的同步和扫描电路则基本上与黑白监视器相同。

2）彩色监视器的电路框图

图 5-22 所示为彩色监视器的电路框图。

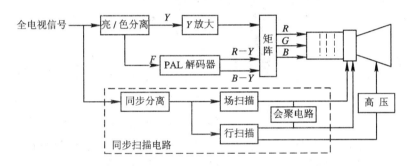

图 5-22 彩色监视器的电路框图

彩色监视器由 PAL 解码器电路、亮色分离电路和同步扫描电路三大部分组成。彩色监视器同步扫描电路特有的部分是会聚电路，它的作用是向行、场会聚线圈提供抛物线会聚电流，使显像管得到良好的动会聚。

3）监视器与电视机的区别

应用电视系统除了需用各种专用仪器进行测试之外，最直观的是用监视器监视图像，并根据图像对某些设备进行一定的调整。专用监视器就是用来调整、检查和监测应用电视系统各个环节的图像质量的终端显示设备，也能作为测量仪器对电视信号进行定性甚至定量测试。

电视机设计的原则是让输入电视信号中存在的各种缺陷不在荧光屏图像中表现出来，因此采用了各种自动控制补偿电路。监视器则相反，它要求真实地反映出输入图像信号中的细节和不足之处。监视器中电路的技术指标要求很高，电路的稳定性和可靠性要好，很少采用自动调整补偿电路(为提高本机电路和器件的稳定而采用的自动补偿电路除外)。电视接收机的功能偏重于调节灵活，控制尽量自动化；监视器则偏重于监测精度，尽可能正确地监测出图像信号的质量状况。

彩色监视器有多种特殊功能：

（1）场延时功能。场延时功能可将场逆程在屏幕上显示出来，以便在监视器的屏幕上能观察到场消隐期间的均衡脉冲、行同步脉冲和场同步脉冲是否正确。录像信号在每一场起始处有一亮脉冲，在场延时图像中能看到它，当录像机转速不正常时亮脉冲位置将发生变动，发生这种现象时可以调节录像机，使其转速正确。

（2）行延时功能。录像机各磁头的机械位置的准确度是至关重要的，矫正磁头的机械位置称为磁头的方位角矫正。该工作若用示波器进行将是一件很麻烦的事，而且也不易矫正好，可利用彩色监视器的行延时功能进行。磁头的方位角矫正的具体方法是：将行逆程在屏幕上扩大显示出来，校正录像机使屏幕显示的同步脉冲呈直线状，就认为已经把磁头的相位校正好了。

利用监视器的行、场延时功能可观察行、场逆程信号的图像，如图 5-23 所示。

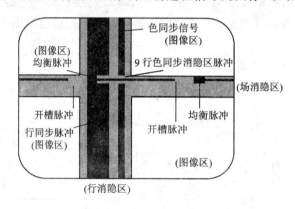

图 5-23　行、场逆程信号的图像

（3）$A-B$ 信号显示。将两个信道的信号（A 信号和 B 信号）输入到监视器，按下 $A-B$ 信号显示开关时，A、B 两信号就同时输入到监视器。监视器内有一个减法电路，可将 A、B 两信号相减，利用行延时功能就能观看到行消隐后肩上的色同步脉冲情况。如果 A、B 两信号的副载频相位完全一致，屏幕上所显示 $A-B$ 信号的色同步脉冲就能互相抵消；如果两信号相位不一致，则屏幕上信号的色同步脉冲就不能互相抵消。只要调节编码器副载频的相位，屏幕上显示的色同步脉冲就会消失，这就说明 A 信号和 B 信号的副载频一致了。利用这个功能也能检查和调整 A 和 B 两个信号的同步脉冲相位是否一致。

（4）色温开关。彩色监视器的色温开关有 6500 K 和 3200 K 两挡。6500 K 相当于室外日光下的色温，卤钨灯的色温是 3200 K，监视器色温开关应配合摄像机在室外和室内摄取图像时的不同环境。而应用电视系统中常用的摄像机一般置于自动白平衡控制模式，色温在 2300～10 000 K 范围时，能自动准确地调整白平衡。

（5）彩色制式转换开关。为了使彩色监视器能适用于世界各种彩色制式的监测，彩色监视器应该具备彩色制式转换功能。

4）彩色监视器的主要技术指标

（1）清晰度。

清晰度（或称分辨力）是彩色监视器的重要指标。从荧光屏显示的清晰度测试卡上看到的清晰度称之为光学清晰度，它是由监视器视频通道的质量指标和显像管本身的质量指标综合得到的。清晰度通常用电视线来表示，规定水平方向一明一暗算两条电视线。垂直方向清晰度是由扫描制式和隔行质量决定的，水平清晰度则是用能分辨出多少电视线来衡量的。

监视器荧光屏上的清晰度可以用专门光电仪器定量地检测出来，但通常是根据人眼主观来确定。根据视觉原理，为了得到最佳的图像质量，要求在单位正方形面积内图像的水平清晰度和垂直清晰度应一致。从这个原理出发，我们可以很简单地近似折算出 1 MHz 视频通道的频带宽度对应于多少条电视线的清晰度。按我国 625/50 的电视标准，光栅垂直方向的扫描线数为 575 线，电视图像的宽高比为 4∶3，行扫描正程时间为 52 μs。当送入一个 1 MHz 正弦信号时，行扫描正程内共有明暗线条 52/0.5＝104 条，为使垂直方向和水平方向的清晰度一致，一个 1 MHz 信号所对应的垂直清晰度线条数应为 104 × 3/4＝78≈80 线，7.5 MHz 的频带宽度相应于 7.5 × 80＝600 电视线清晰度。所以电视系统清晰度的标准是可以确定的，对 625/50 隔行扫描系统来说，1 MHz 视频带宽的清晰度就相应于 80 线电视线。由此可见，视频通道的频带越宽，能显示的图像清晰度越高。

彩色显像管荧光屏上的像素是由红、绿、蓝荧光粉点组成的，彩色像素点距的大小决定了彩色显像管的分辨能力，这就是显像管的极限清晰度。例如，要使 51 cm（20 英寸）彩色监视器具有 600 电视线以上的清晰度，采用点距为 0.43 mm 的彩色显像管能否满足要求呢？51 cm（20 英寸）显像管水平方向的屏面尺寸为 408 mm，因此一行可以排列 408/0.43≈950 组彩色像点，再按 4∶3 折算成显像管最大可能显示的清晰度电视线数为 712 线，可见，0.43 mm 的显像管能满足 600 线清晰度要求。

由此可见，限制彩色监视器清晰度的主要因素有两个：视频通道的频率特性和彩色显像管的质量指标。影响彩色监视器清晰度的其他因素还有会聚误差、亮度、对比度、荧光屏屏面的杂散反射光等。

（2）亮度通道的频幅特性。

彩色全电视信号是由亮度信号和色度信号复合而成的，上面所述的视频通道只是指亮度信号通道，到达显像管输入端的图像清晰度取决于亮度通道的频率特性。频率特性包括振幅特性（频带宽度）和相位特性，一般设备要求在频带宽度内振幅特性平坦，相位呈线性关系。如果振幅特性平坦而相位特性呈非线性，视频通道输出端的图像信号就要产生失真。为了使监视器能真实地反映输入图像，不仅要求在所需的频带宽度范围内视频通道相位特性呈线性，振幅特性平坦，还要求在频带宽度范围外的振幅特性要缓慢下降，以避免在这段范围内的相位特性发生急剧变化，从而引起图像中高频细节信号的失真。相位特性的测试比较困难，而保证在振幅特性范围内的相位特性呈线性又非常重要。由理论可知：线性网络频率特性中振幅特性和相位特性是互相单一对应的，振幅特性中幅度的变化要对应于相位特性的变化，为了做到这一点，可以用限制振幅特性形状的办法来改善控制相位特性。所以，高质量彩色监视器亮度通道的频幅特性往往定得比较宽，如：（15 kHz～7 MHz）≤±0.5 dB，（15 kHz～10 MHz）≤−3 dB。

5.2　视频信号的传送和切换

5.2.1　视频信号的传送

视频信号的传输有多种方式，可以通过不同的介质传输，也可以采用不同的调制方式。表5-1给出了几种视频信号传输方式的特点和适用范围。

表5-1　几种视频信号传输方式的特点和适用范围

传输介质	传输方式	特　　点	适用范围
同轴电缆	基带传输	设备简单、经济、可靠，易受干扰	近距离传输，加补偿可达2 km
	调幅或调频	抗干扰性强，可实现多路传输，设备复杂	主要用于有线电视系统
双绞线	基带传输	平衡传输，抗干扰性强	智能大楼综合布线中传输，近距离
	数字压缩	抗干扰性强，准实时传输	通过计算机局域网传输，灵活
光缆	基带传输	图像质量好，不受电磁干扰	大型应用电视系统，远距离传输
	PFM		更远距离传输
无线	微波调频	灵活、可靠、施工方便，易受干扰和建筑物阻挡	临时性和流动性图像传输(不易敷设电缆时)

无线方式设备成本较高，保密性差，必须取得无线电管理委员会的许可，传输多路信号时必须相互避开所用的频道，若采用微波定向传输，设备架设比较困难，一般较少使用。

视频信号的基带传输(视频传输)是最为常用的传输方式，本节介绍应用电视系统中最普遍使用的同轴电缆、双绞线传输。

1. 同轴电缆视频传送

同轴电缆视频传输可获得稳定的图像质量，其线缆敷设、接续和维护都很方便，是目前大多数应用电视系统采用的传输方式。

图5-24是同轴电缆结构示意图，同轴电缆由中心导体、绝缘介质、屏蔽层和护套等四部分组成。

中心导体是一根圆柱形或由多股导线绞合而成的柱形铜质导体，它位于电缆的中心。绝缘介质充满屏蔽层和中心导体之间，形成一个不导电的空间，其主要材料是聚乙烯。绝缘介质的作用是保证中心导体和屏蔽层之间的几何位置，防止电缆变形，它在很大程度上决定着电缆的传输速度和损耗特性。

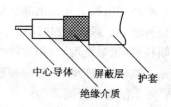

图5-24　同轴电缆结构示意图

屏蔽层是与中心导体同心的环状导体，采用很细的铜导线编织而成。屏蔽层既能将电信号约束在一个封闭的空间中传送，又能阻止外界其他信号窜入电缆，同时对加强电缆的机械强度也有很大的帮助。

护套是塑胶材料，起防水、防潮、抗磨损的作用，保护导体不被锈蚀和磨损。专用电缆还经常在护套外加有铝皮或铅的防护层，这样既加强了机械强度，也增强了抗干扰性。

同轴电缆的主要型号有SYV型和SBYFV型。SYV型的绝缘层为实心的聚乙烯；SBYFV型的绝缘层为发泡聚乙烯。在应用电视工程中，视频信号的传输主要用SYV型和SBYFV型特性阻抗为75 Ω的同轴电缆。单以衰减特性来说，同样直径的这两种电缆，SBYFV型的衰减量比SYV的小。但由于SYV型的机械性能好且接头加工方便，因此工程中应用SYV型同轴电缆较多。为了便于比较，表5-2列出了几种同轴电缆的性能。

表 5 - 2 几种同轴电缆的主要参数

型 号	内导体 根数/直径/mm	绝缘外径 /mm	电缆外径 /mm	特性阻抗 /Ω	电容不大于 /(pF/m)	试验电压 /kV	衰减量/(dB/m) 30 MHz	50 MHz	200 MHz	重量/ (kg/km)
SYV-75-2	7/0.08	1.5±0.10	2.9±0.10	75±5	76	1.5	0.22	0.28	0.597	16
SYV-75-3	7/0.17	3.0±0.15	5.0±0.15	75±5	76	3.0	0.122	0.113	0.308	42
SYV-75-5-1	1/0.72	4.6±0.20	7.1±0.30	75±5	76	5.0	0.0706	0.082	0.190	77
SYV-75-5-2	7/0.26	4.6±0.12	7.1±0.30	75±5	76	5.0	0.0785	0.095	0.211	77
SYV-75-7	7/0.40	7.3±0.30	10.2±0.30	75±5	76	7.5	0.051	0.061	0.140	151
SYV-75-9	7/1.37	9.0±0.30	12.4±0.40	75±5	76	10.0	0.0369	0.048	0.104	213
SBYFV-75-5	1/1.13	5.2±0.20	7.3	75±5	—	—	—	—	0.14	53
SBYFV-75-7	1/1.5	7.3±0.30	10.4	75±5	—	—	—	—	0.27	123
SBYFV-75-9	1/1.9	9.0±0.20	12.5	75±5	—	—	—	—	0.095	190

1）同轴电缆的特性

同轴电缆在视频范围内是一种有损耗的传输线。视频信号的频带一般从 20 Hz～6 MHz，高频端和低频端有不同的衰耗和相位差。

α 表示信号在均匀电缆上每单位长度的衰减值，β 表示信号的相位在均匀电缆上单位长度的变化值，波阻抗 Z 表示信号在没有反射时电缆所呈现的阻抗。α、β、Z 都是 f 的函数，都随频率变化。

（1）衰减常数 α。衰减常数 α 是信号频率 f 的函数，单位为 dB/m 或 dB/km。因为信号在同轴电缆里传输时，除了有导体的电阻损耗外，还有绝缘材料的介质损耗，这两种损耗都随着电缆线的加长和信号频率的增高而增加。图 5 - 25 表示出不同长度的 SYV - 75 - 5 型同轴电缆在传输 0.5 ～7 MHz 信号时的实际衰减情况。

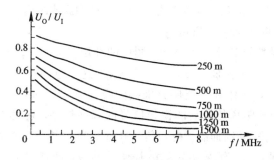

图 5 - 25 不同长度的 SYV - 75 - 5 型同轴电缆在传输信号时的实际衰减情况

衰减常数 α 不但与电缆的长度和频率有关，还与同轴电缆的直径、绝缘体的介电常数有关。金属损耗造成的衰减与 $\sqrt{f}$ 成正比；介质损耗造成的衰减与 f 成正比，但介质损耗造成的衰减在频率为几兆赫时不大于总衰减值的 1%，因此同轴电缆的衰减常数 α 大致与 $\sqrt{f}$ 成正比。

在工程中，应根据要求的衰减量来选择合适的同轴电缆。图 5 - 26 是几种不同规格的 SYV 型同轴电缆的衰减特性。

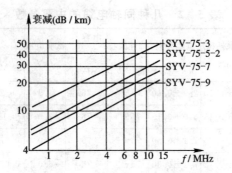

图 5-26 不同规格的 SYV 型同轴电缆的衰减特性

（2）相移常数 β。相移常数 β 随信号频率的增高和电缆的增长而增大。不同结构、材料和直径的电缆也具有不同的相移特性。

（3）波阻抗（特性阻抗）Z。同轴电缆的高频波阻抗可以写成以下形式：

$$Z = \sqrt{\frac{L}{C}} \qquad\qquad (5-9)$$

市售同轴电缆所标的波阻抗就是指高频时的特性阻抗。考虑到视频信号是 20 Hz～6 MHz 的宽频带信号，同轴电缆在低频时和高频时所表现出来的阻抗不相同，所以无法做到完全的匹配。由于图像细节信号都在 1 MHz 以上的频带内，只要高频段阻抗匹配就能够满足传输的要求，即使在低频段有微小的失配，图像也不会有明显的重影失真，因此只要按电缆的高频特性阻抗（即生产厂家的标称特性阻抗）进行阻抗匹配就可以了。

2）同轴电缆损耗补偿器

在应用电视系统中，大多采用同轴电缆基带传输方式来传输信号。传输距离越长，视频信号的衰减越大；信号频率越高，衰减越大。由于相位校正是很难实现的，因此电缆补偿主要对摄像机输出的 1 V_{p-p} 视频信号进行幅频失真的补偿。一般情况下，经过 300 m SYV-75-5 型同轴电缆的传输后，图像还能达到 400 线左右的分辨力，能够满足一般应用的要求。在传输线超过 300 m 后，应该考虑使用电缆补偿器或改用粗一些的如 SYV-75-7、SYV-75-9 型电缆，以保证图像质量。

图 5-27 是电缆补偿器的原理方框图。图中的补偿器有 1000 m 和 2000 m 两种补偿长度，用开关转换，2000 m 时增加一级 RC 补偿电路。这个电缆补偿器的视频输入插座与机箱绝缘，同轴电缆的中心导体和屏蔽层分别接到视频放大器的同相输入端和反相输入端，以平衡的形式输入。经长距离传输后的视频信号的幅度较小，还可能混有干扰信号，调整电位器 R 可以使干扰信号得到抑制。视频信号在放大器中放大后被耦合到由三极管和 RC 补偿电路组成的补偿级，这一级采用发射极补偿的办法，即通过调整 RC 串联电路中电阻

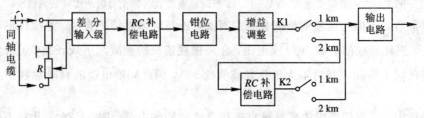

图 5-27 电缆补偿器的原理方框图

或电容的数值，就可以改变补偿曲线的幅度和补偿点。

仔细调整四个并联 RC 电路的参数，就可以得到合适的补偿曲线。具体调整方法是：把需要补偿的电缆的一端接到扫频仪输出端，电缆的另一端与补偿器输入端相接，扫频仪的输入端接到补偿器的输出端，调整 RC 电路，直到扫频仪表示出从 20 Hz～7 MHz 的振幅不平度小于 3 dB 为止。这时表示电缆补偿器的频响曲线已调好。

也可以用电视信号发生器的多波群信号来调整，其方法是：需要补偿的电缆一端接多波群信号，另一端与补偿器输入端相接，补偿器的输出端接示波器，用示波器监视补偿器的输出来调整 RC，直到示波器上多波群信号振幅不平度小于 3 dB 为止。最好是用一种方法调整，用另一种方法验证。

RC 补偿电路后面是钳位级和增益调整级。钳位的目的是为了进一步消除低频交流干扰和恢复视频信号经多级交流耦合而失去的直流电平。增益调整级的目的是使最后输出的视频信号幅度在 $(1～1.2)V_{p-p}$。而且输出级应具有一定的放大倍数、较宽的通频带和 75 Ω 的输出阻抗。

2. 非屏蔽双绞线(UTP)视频传送

非屏蔽双绞线传输是应用电视系统中目前较少采用的一种传输方式，但当智能大楼内已经按标准敷设了大量的双绞线(五类线)并且在各相关房间内均留有相应的信息接口时(RJ-45 接口或 RJ-11 接口)，应用电视系统就不需再重新布线了，视、音频信号及控制数据都将通过已敷设的双绞线来传输。随着智能大楼综合布线在我国的普及，将会有越来越多的系统采用双绞线来传输电视信号。

1) 智能大楼

一栋现代化的大楼不仅要有舒适的环境、豪华的装饰，还必须有话音、数据、图像等基础通信设施来提高工作效率，激发办公人员的创造性。此外，应配置电视监控、安全检测，以及对供电及空调设备的控制，以便对大楼进行有效的管理。智能大楼应具备以下三个系统：

(1) 大楼自动化系统(BA)。该系统主要包括电视监控保安系统、电力及照明管理系统、给水排水管理系统、火灾检测及报警系统、空调管理系统和其他设备监控系统。

(2) 通信自动化系统(CA)。该系统主要有电话自动交换机、广播、传真和其他数据通信自动化系统。

(3) 办公自动化系统(OA)。该系统主要是计算机和网络设备，还包括会议电视、综合管理和辅助决策系统。

由于现代科学技术的交叉和互通，实际上这三个系统是你中有我、我中有你，很难清楚地分开。

2) 综合布线

智能大楼通过综合布线将上述各部分构成一个有机的整体。综合布线系统采用组合压接方式、模块化结构、星型布线方法，并具有开放系统特征，是一套完整的布线系统。

布线系统的网络采用星型连接。星型拓扑结构的优点在于系统中的任意节点发生故障时都可以自动关闭相应的端口，而网络上的其他终端不受影响。

综合布线系统是一种开放式结构，除了能支持电话及多种计算机数据系统，还能满足电视监控等系统的需要。布线系统采用非屏蔽双绞线(Unshielded Twisted Pair，UTP)和光缆。非屏蔽双绞线有三类、四类、五类、超五类、六类等几种，其最高传输频率分别是 16 MHz、20 MHz、100 MHz、100 MHz、200 MHz。或采用光纤直径为 62.5 μm、光纤包层直径为 125 μm 的缓变增强型多模光缆，其标称波长为 850 nm；当长距离传输时也可采用光纤直径为 10 μm、光纤包层直径为 125 μm、标称波长为 1300 nm 的单模光缆。

综合布线系统所有设备之间的连接端子、塑料绝缘的电缆以及导线和电缆的环箍都使用色标。不仅各个双绞线对是用颜色识别的，而且线束组也使用同一图表中的色标。

总之，综合布线系统采用标准化的统一材料，统一的布线设计，统一的安装施工，集中管理维护，使得整个大楼的布线系统成为一个有机的整体，便于管理、维护和设备扩展，提高了系统可靠性。

3）视频信号以模拟信号形式在综合布线中传送

（1）模拟信号传送的特点。

应用电视的视频信号在智能大楼中主要是以模拟信号形式传送的，这种传输方法的特点是对图像质量的影响小、传输设备费用低。

视频信号在摄像机一端用视频适配器将不对称非平衡视频信号转换为对称平衡信号，在信息插座的接线盒接入综合布线系统，由五类非屏蔽双绞线送到控制室，在控制室先经视频适配器将对称平衡信号转换成不对称非平衡信号后，再进入电视监控主控设备进行叠加字符、切换、多画面合成等，最后由主控设备处理后输出，可以在控制室的监视器上显示图像，也可以再经视频适配器和综合布线系统将信号传送到其他地方的监视器上显示图像。

用五类非屏蔽双绞线传送基带彩色视频信号的最长距离为 457 m，传送基带黑白视频信号的最长距离为 762 m。

对云台和变焦镜头的控制信号是从控制室控制设备的 RS-485 接口输出的，经综合布线系统的一对五类非屏蔽双绞线送到各个解码器，解码器再将串行的控制信号解码后由驱动电路输出控制云台、变焦镜头的电压信号。

分控制器将键盘命令转换成串行控制信号，经 RS-485 接口输出，经综合布线系统送到主控，再由主控制器去控制视频切换或经过解码器去控制云台和变焦镜头。分控需要的视频信号由主控制器切换输出，经视频适配器变为对称信号后在综合布线系统中传送到分控所在地，再经视频适配器变为不对称信号后在监视器上显示。

视频模拟信号在综合布线中传送，图像质量主要由摄像机和监视器的性能决定。传送控制信号能实时起到作用，便于快速调整云台、变焦镜头，能对移动目标进行实时跟踪摄像。缺点是每一图像信号都需要有一对双绞线送到控制室，控制信号也需要用一对双绞线从控制室送到解码器（距离不远的几个解码器可共用一对线）。分控所需的图像信号也需一对双绞线从控制室送到分控所在地，分控的控制信号从分控所在地经双绞线送到主控制器。

（2）视频适配器。

视频适配器可以是电感耦合型的无源适配器，如朗讯科技公司的 380B 型无源视频适配器，这种无源视频适配器是无方向性的，即由非平衡信号转换成平衡信号或将平衡信号转换为非平衡信号用的是同一种产品。而国产的视频适配器大部分是有源适配器，是利用视频运算放大器或视频放大器来进行"平衡—非平衡"转换的。

有源视频适配器一般选用宽带、高速、有较大驱动能力的视频运算放大器组成，如

AD813、LM6181、LF357 等，附加少量电阻、电容就可组成有源视频适配器。当买不到上述运算放大器时，也可用通用宽带视频放大器 LM733 加晶体管驱动电路组成有源视频适配器。

　　4）视频信号以数字信号形式在综合布线中传送

　　视频信号以数字信号形式传送的原理是：摄像机的视频信号首先送到计算机的采集压缩卡被转换成数字信号，然后利用视频信号的行间相关性和帧间相关性进行数据压缩；压缩数据打包后通过网卡在网上组播（对一组指定的计算机广播），网上任一台计算机只要被授权且有接收、解压缩软件均可在 CRT 上显示图像。控制信号也在网上传送：网上的任一台计算机只要具备相应的控制软件都可以接收本机键盘、鼠标的控制命令，形成控制数据包后经网络被送到某台指定的计算机；这台计算机接收控制数据包后，在其 RS-232 接口上输出串行控制信号，经 RS-232/485 转换器转换成平衡信号后再经综合布线系统送到各个解码器，由控制数据包指定的解码器接收到控制信号后，再由其驱动电路输出电压信号去控制云台和变焦镜头的电机。

　　视频信号以数字信号形式传送最重要的优点是具有灵活性和移动性，可从计算机网络上任意信息点上获取压缩的数字化的电视信号。数据包经计算机解压缩后在计算机的 CRT 上显示，也可调整摄像机的云台和变焦镜头。

　　视频信号以数字信号形式传送的缺点是：

　　（1）图像质量和清晰度由视频采集压缩卡决定。低档的采集压缩卡采用 CIF 格式，即 352×288 点阵，水平清晰度最高能达 280 电视线。所以，即使摄像机的清晰度高于 280 电视线，经采集压缩后图像信号的清晰度也下降为 280 电视线。若需要更高的清晰度，必须采用较高分辨率的采集压缩卡，常用的是 704×576 点阵，水平清晰度能达 500 电视线。更高分辨率的采集压缩卡价格较高，且存储图像数据需要更大的存储容量，传送图像数据延迟时间更长，需要更宽的信道，当信道带宽一定时就容易产生数据拥塞。

　　（2）传送延迟时间长。图像信号经采集、压缩、打包、传输、拆包、解压缩处理后才能在 CRT 上显示，整个过程需要一定的时间，一般的计算机要延迟 1～2 s。如果只是观察图像，感觉不到这种延迟。值得注意的是，由于这种延迟不能对移动目标进行实时跟踪，因为调整云台、变焦镜头后，调整的效果要经过 1～2 s 后才能看到，因此，云台、变焦镜头只能作粗调，无法进行精细调整。

　　（3）容易产生数据拥塞。当网络中传送的视频信号路数较多时，容易产生数据拥塞，延迟时间变长。

　　视频信号以数字信号形式传送虽然有许多不足之处，但随着计算机速度的加快，千兆网的普及，视频信号以数字信号形式传送将成为主流。

5.2.2　视频分配器和切换器

1. 视频分配器

　　应用电视系统中，一台摄像机输出的视频信号往往要提供给多台监视器或其他视频设备使用，这就存在视频信号的分配问题。

　　视频信号输出采用标准的 BNC 插头座，如图 5-28(a) 所示，有时也采用 RCA 连接器，如图 5-28(b) 所示。输出的标准电平是 $1\ V_{p-p}$，正极性，其中图像信号是 $0.7\ V_{p-p}$，同

步信号是 $0.3\ V_{p-p}$。视频信号配接的标准阻抗是 $75\ \Omega$，这在视频设备的设计和系统设备配置时要注意，否则会引起信号失真、反射、重影等。在视频信号分配时，尤其要遵守信号幅度相适应和阻抗匹配的原则。

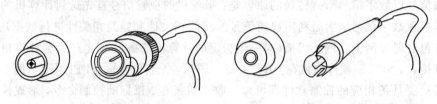

(a) BNC 插头座　　　　　　　　　　　(b) RCA 连接器

图 5-28　视频信号连接器

当一路视频信号送到一个监视器时，可直接把输入视频信号接到监视器的视频输入端子，监视器输入阻抗开关应拨到 $75\ \Omega$。

当一路视频信号送到相距不远的多个监视器时，可以不用视频分配器，把输入视频信号接到第一个监视器的视频输入，并将监视器的输入阻抗开关拨到高阻，第一个监视器的视频输出接到第二个监视器的视频输入，监视器的输入阻抗开关也拨到高阻，第二个监视器的视频输出再接到第三个监视器的视频输入端……如此一直接到最后一个监视器的视频输入，只有最后一个监视器的输入阻抗开关才被拨到 $75\ \Omega$，如图 5-29 所示。用这种桥接方法连接的监视器不能太多，否则会造成图像信号的反射。

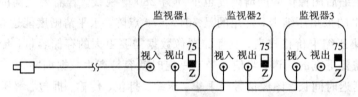

图 5-29　多台监视器桥接

当一路视频信号要送到相距较远的多个监视器时，应该使用视频分配器分配出多路幅度为 $1\ V_{p-p}$、配接阻抗为 $75\ \Omega$ 的视频信号，并接到多个监视器，各个监视器的输入阻抗开关都要拨到 $75\ \Omega$，如图 5-30 所示。

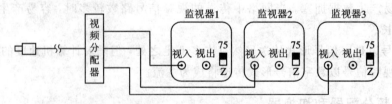

图 5-30　视频分配器连接

这里仅将摄像机、监视器举例作为视频输出设备和视频终端设备来配接，其他视频设备的配接也应该用同样的方法来处理。

分配器可以用几个晶体管组成，也可以由集成视频放大器组成。

2. 视频切换器

在广播电视中，为了防止视频信号切换时图像的瞬时抖动，要求进行切换的各路视频信号的同步信号要同频、同相，即色副载波、行同步、场同步、P脉冲的频率和相位应严格一致，并且在场消隐期间切换。在应用电视中为了简化电路，一般不采用同步切换，常常将相互不同步的视频信号在任意时刻切换。

有些简单的应用场合可用琴键开关来切换视频信号。目前多数应用电视系统中均采用单片微机控制，既能手动切换，又能自动定时切换。

1）继电器切换电路

继电器的驱动电路比较简单，TTL电平输出信号经一个晶体管驱动就可控制继电器的吸合和放开。

采用继电器切换电路使用起来比较方便，隔离性能好，但继电器寿命短，一般切换次数为10^5次。继电器吸合、放开时线包的反电动势易影响同电源的其他电路，继电器触点上电流通、断时也易产生飞弧，会影响微机工作。

2）集成模拟开关切换电路

常用的集成模拟开关有4000系列的CD4051、CD4067、CD4053等。这些集成模拟开关的电气性能都是一样的，只是开关的组合形式不同而已。这些集成模拟开关以其寿命长、功耗低、体积小、无抖动等优点在视频切换电路中已取代了继电器。

图5-31是集成模拟开关切换电路的方框图。进入切换电路的视频信号来自不同的设备，有的直接从摄像机送来，有的从光接收器、电缆补偿器送来，直流电平往往相差较大，因此先用钳位电路将视频信号钳位于电源电压的一半左右，这样，导通电阻随输入电压变化较小。钳位电路要求后级的输入阻抗要高，而模拟开关要求前级电路的输出阻抗要低，所以在钳位电路和模拟开关之间应加入射极跟随器。为了提高输入阻抗，降低输出阻抗，射极跟随器常常采用复合管，特别是采用互补型复合射极跟随器。模拟开关之后是高输入阻抗电路，由于模拟开关的插入损耗，切换后信号电压减小，为了保证输出信号幅度有$1\text{ V}_{\text{p-p}}$，因此用深负反馈宽带放大器将信号放大，再经$75\ \Omega$匹配电路输出。有时为了简化电路，可把高输入阻抗电路、负反馈放大器、$75\ \Omega$输出匹配电路这三部分合为负反馈放大器。

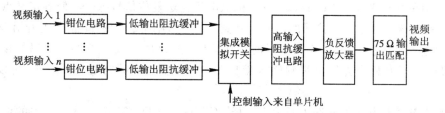

图5-31　集成模拟开关切换电路的方框图

除了上面介绍的4000系列集成模拟开关外，还有一种74HC系列集成模拟开关，典型的产品有74HC4051、74HC4053等。这些产品的电气性能与4000系列集成模拟开关类似，但所用电源电压比较低（5 V），可传输更高频率的信号（100 MHz），导通电阻也更小（5～10 Ω），但价格较高，当隔离度要求高时可以采用。74HC系列集成模拟开关从控制信号输入至模拟开关接通或断开的延迟时间只有65 ns左右，常用作电视信号行内信号切换，如在行图像信号上叠加行同步信号和行消隐信号。

3）矩阵切换电路

近几年来，商业系统、宾馆等行业都将电视监控作为安全防范的主要手段。电视监控系统的规模不断扩大，少则有十几台摄像机，多则达几十台甚至上百台摄像机。为了能够随意、灵活地选取所需的图像，要求视频信号切换器：

(1) 输入、输出的路数多；

(2) 可以进行任意切换，即任意一个输出端可以得到任意一个输入端提供的信号。

具有上述两特点的切换器一般称为矩阵切换器。

在切换规模较大时用 n 选 1 模拟开关很不方便，一般采用交叉点矩阵开关。常用的交叉点矩阵开关是加拿大 MITEL 公司的产品 MT8816。MT8816 原是为模拟程控交换机进行空分交换而研制的 16×8 交叉点矩阵开关，开关导通电阻是 65 Ω，导通时能传输信号的 3 dB 带宽是 45 MHz，路间窜话指标 10 MHz 时还有 45 dB，输入输出电容是 20 pF，开关传输延时是 30 ns，交流特性比用 CMOS 模拟开关好，因此可作视频切换用。

图 5-32 是 MT8816 的方框图。芯片由 7～128 地址解码器、控制锁存器和 16×8 交叉开关组成。CS 是片选信号，高电平有效；ST 是选通脉冲，选通脉冲允许行地址码 AX0～AX3、列地址码 AY0～AY2 经 7～128 解码器解码后的信号 1～128 去控制相对应交叉点上的模拟开关接通或断开，从而实现相应行信号（X0～X15）与列信号（Y0～Y7）的接通或断开。DI 为接通或断开控制数据，DI 为高电平时，被选开关导通；DI 为低电平时，被选开关断开。RES 为复位信号，为高电平时将全部开关断开。

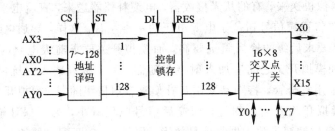

图 5-32　MT8816 的方框图

一般用单片机来控制 MT8816，单片机上电后先送复位信号 RES，使各交叉点开关全部断开，然后逐个接通需要接通的交叉点开关。因为芯片规定：在 ST 信号上升沿前，地址信号必须进入稳定状态；在 ST 下降沿时，数据 DI 输入也应该是稳定的。所以每接通一个交叉点开关，单片机应先发出视频输入编码号、视频输出编码号和 DI 数据，再发送 ST 信号。

交叉点开关与常用的 n 选 1 开关不一样。CD4051、CD4067 等 n 选 1 开关的输出端只能接通 n 路输入信号中的一路，相当于 n 挡的互锁式琴键开关。n 选 1 开关控制出错时切换来的图像不是要求显示的图像，但还是可看的；而交叉点开关相当于一组自锁开关，交叉点开关控制出错有可能将多路输入信号接通输出端，形成杂乱无章的使人厌恶的不可看画面，所以矩阵切换电路要求可靠性高。

市售的矩阵切换机产品有的采用 D 型插头座集中输入视频信号。图 5-33 是 D 型插头座 DB-25 的外形，输入线被捆扎在一起，各路视频信号间容易产生窜扰，从而引起图像质量下降；有的矩阵切换机产品，如 PELCO 和 AD 等公司的矩阵切换机，输入视频信号由 BNC 插座分别接入，信号间相互窜扰小，输出的图像信噪比高，能保证整个系统的图像质量。

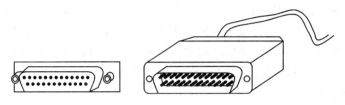

图 5-33 D 型插头座 DB-25 的外形

4）同步切换电路

在应用电视系统中，为了减少费用，一般不要求摄像机同步锁相。来自各个摄像机的视频信号是不同步的，当监视器对某一视频信号同步时，突然切换到另一视频信号，监视器就会出现短暂的场不同步，这是因为行不同步后恢复到正常的同步状态所需的时间很短，不易被察觉，而场不同步后恢复到正常的同步状态所需的时间较长。当两视频信号的场同步相隔时间接近 20 ms 时，图像只是轻微的抖动，当两视频信号的场同步相隔时间与 20 ms 偏差较大时，图像会出现上下翻滚的现象。

在视频切换比较频繁的场合，这种跳动和翻滚会使人感到厌烦和视觉疲劳，这时需将摄像机进行同步锁相，常用的方法有电源同步和外同步。

（1）电源同步。电源同步也称电源锁相（Line Lock，LL），是以交流电源频率作为场扫描频率，主要优点是经济、有效，且窜入视频信号的交流电源噪波在图像上不会出现明显的干扰。当摄像机或其传输线靠近电力变压器和电力线时，视频信号易受电源噪波干扰，在这类场合采用电源同步能取得特别良好的效果。

中等以上质量的摄像机都有电源同步功能，使用时将同步选择开关拨向有"LL"标志一端，用双线示波器可观察到视频输出信号的场同步脉冲前沿与交流电源波形上升过零点一致，若不一致，可将摄像机的两根交流电源线对调或调整相应的电位器使其一致。档次稍高的摄像机在屏幕设置选单上进行调整，如松下 WV-CP460 型摄像机。

当所有的摄像机都使用同一相交流电源供电，且做好上述调整后，各摄像机就完成了电源锁相。此时，摄像机间的图像切换不应产生跳动或翻滚。若能在场消隐期间进行场逆程切换则效果更佳。

（2）外同步。外同步是指摄像机中的同步信号发生器受控于外来视频信号，也称为台从锁相（Gen Lock，GL）。这里，外来的视频信号是指摄像机和其他输出标准视频信号的设备。家用录像机的视频输出信号不能用作锁相的基准源，因为在家用录像机的录入过程中，会形成视频信号时间轴的变动，家用录像机只校正色度信号，而未校正亮度信号。台从锁相时，先从外来全电视信号中分离出行、场同步信号和副载波信号，然后将此副载波与本地副载波进行相位比较，取得一个控制电平加到基准振荡器（常是 4 倍副载波频率）的变容二极管上，以改变基准振荡器的频率。先达到副载波锁相，因为摄像机的同步信号发生器使副载频与行频之间有着确定的关系，所以副载波锁相后，行频就一致了，但可能相位不同，因为外来行同步信号还要与本地行同步进行相位比较后再进行锁相。同样，摄像机的同步信号发生器也保证了行频与场频之间的固定关系，行锁相后，场频也一致了，只有相位可能不同，此时可用外来场同步信号对同步信号发生器的场计数器进行强制复位。因为外来的全电视信号副载频、行频、场频之间有固定的关系，所以台从锁相的摄像机输出的全电视信号是标准的隔行扫描的全电视信号。信号切换后不会引起图像跳动。

当多根视频电缆长距离平行走线或印制板布线不当引起视频间窜扰时，窜入的干扰图像虽然幅度不大，但由于与主图像不同步，可以看出模糊的干扰图像在按差拍滚动，令人讨厌。台从锁相或电源锁相后视频信号同步，窜入的干扰图像幅度还是这样大小，但因为干扰图像不滚动，不易被察觉，主观感觉则要好得多。

5）常用切换方式

前面介绍的切换电路在单片机的控制下能进行各种各样的切换，最常用的切换方式是固定切换、自动定时切换和成组切换三种。

（1）固定切换。固定切换也称手动切换，是将某一路输入视频信号固定连接到某一路视频输出端，也就是指定监视器固定地显示所指定摄像机的图像，直至接到另一键盘命令。

（2）自动定时切换。自动定时切换也称顺序切换或巡视，是将若干路输入视频信号按指定顺序和指定时间（一般为 1~30 s）轮流连接到某一路视频输出端，也就是指定监视器自动定时显示指定的一组摄像机的图像，周而复始，直至接到另一键盘命令。

（3）成组切换。成组切换是将若干路（$m \times n$）输入视频信号按指定顺序、按指定时间（一般为 1~30 s）轮流连接到若干路（n）视频输出端，也就是指定的一组监视器自动定时显示指定的一组摄像机的图像，经 m 次切换后周而复始，直至接到另一键盘命令。一组监视器显示的画面是同时切换的，令人感觉整齐、有条不紊。

5.3 视频附加信息的产生与叠加

在应用电视系统中，如果控制器切换的视频信号较多，操作者很难快速判别某一图像来自何处，这时需要在图像上叠加代表摄像机号的数字或一些字符和图形。对于需存档的录像，图像上除了叠加代表地点的信息，还要叠加上日期和时间，以便将来分辨和查找。先进的设备应具有屏幕选单功能，当设置功能或参数时，在屏幕上显示选单和提示，操作者使用起来非常方便。

5.3.1 字符和图形的显示原理

字符通常是指数字、字母、常用符号等由 ASCII（American Standard Code for Information Interchange，美国信息交换标准代码，现被采用为国际标准）表示的符号。字符是图形中的一个特殊部分，汉字也是图形中的一个特殊部分。

1. 字符发生器

要显示的字符和图形是由点阵组成的。图 5-34 是字符"5K"的点阵，图形的点阵数据一般放在 ROM 中，字符发生器是一种存放字符点阵数据的专用的 ROM，里面存放着最常用字符的点阵数据。字符点阵的格式有 5×7、7×9、12×16 等。这里以 5×7 点阵为例，垂直方向上 7 点，水平方向上 5 点，如图 5-34(a)所示是字符"5K"的点阵。图 5-34(b)是字符"5K"的二进制数据，图 5-34(c)是字符"5K"的十六进制数据。字符发生器用 10 位地址寻址，其中地址的高 7 位应输入字符的 ASCII 码，字符地址的低 3 位应输入字符点阵的行数，输入 10 位地址后便能输出 5 位数据，是指定的 ASCII 字符在指定行的点阵数据。如当字符发生器的高 7 位地址输入 35H（字符"5"的 ASCII 码），低 3 位地址输入 2H，应该输出 1EH，就是字符"5"的第三行数据。又如当字符发生器高 7 位地址输入 4BH（字符"K"的

ASCII 码），低 3 位地址输入 4H，字符发生器应该输出 14H，即字符"K"的第 5 位行数据（参看图 5-34(c)）。

11111B	10001B	1FH 11H
10000B	10010B	10H 12H
11110B	10100B	1EH 14H
10001B	11000B	01H 18H
00001B	10100B	01H 14H
10001B	10010B	11H 12H
01110B	10001B	0EH 11H

(a) 点阵形式　　　(b) 二进制数据　　　(c) 十六进制数据

图 5-34　字符"5K"的点阵形式和数据

2. 用 EPROM 存储字符和图形点阵数据

字符发生器是专用 ROM，使用方便，但其数据是固定的一百多个字符的点阵，在 CRT 终端和国外用得较多。在国内的应用电视系统中，往往主要是显示汉字，常用 EPROM 来存储汉字的点阵数据。EPROM 中的汉字或图形点阵安排由电路设计者自己决定，因而具有更大的灵活性，在电路设计中能为各种形式的汉字和图形提供点阵数据。

常用汉字有 16×16、24×24、32×32 等多种规格，字体有宋体、黑体、楷体、隶书、仿宋体等。图 5-35 是宋体 16×16 汉字"桂电"的点阵形式和数据。

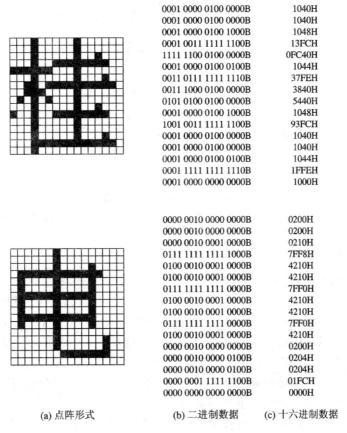

0001 0000 0100 0000B	1040H
0001 0000 0100 0000B	1040H
0001 0000 0100 1000B	1048H
0001 0011 1111 1100B	13FCH
1111 1100 0100 0000B	0FC40H
0001 0000 0100 0100B	1044H
0011 0111 1111 1110B	37FEH
0011 1000 0100 0000B	3840H
0101 0100 0100 0000B	5440H
0001 0000 0100 1000B	1048H
1001 0011 1111 1100B	93FCH
0001 0000 0100 0000B	1040H
0001 0000 0100 0000B	1040H
0001 0000 0100 0100B	1044H
0001 1111 1111 1110B	1FFEH
0001 0000 0000 0000B	1000H

0000 0010 0000 0000B	0200H
0000 0010 0000 0000B	0200H
0000 0010 0001 0000B	0210H
0111 1111 1111 1000B	7FF8H
0100 0010 0001 0000B	4210H
0100 0010 0001 0000B	4210H
0111 1111 1111 0000B	7FF0H
0100 0010 0001 0000B	4210H
0100 0010 0001 0000B	4210H
0111 1111 1111 0000B	7FF0H
0100 0010 0001 0000B	4210H
0000 0010 0000 0000B	0200H
0000 0010 0000 0100B	0204H
0000 0010 0000 0100B	0204H
0000 0001 1111 1100B	01FCH
0000 0000 0000 0000B	0000H

(a) 点阵形式　　　(b) 二进制数据　　　(c) 十六进制数据

图 5-35　宋体 16×16 汉字"桂电"的点阵形式和数据

3. 字符和图形在监视器上的显示

字符发生器或 EPROM 中的点阵数据告诉我们，一些字符和图形是由怎样的点阵组成的，字符和图形要显示在监视器屏幕上，就必须在全电视信号的恰当位置叠加上这些点阵数据脉冲。能将字符和图形点阵脉冲叠加在全电视信号上，使监视器屏幕上产生附加信息的设备叫做字符图形叠加器。字符图形叠加器中总是包含有字符发生器或写有字符、图形点阵数据的 EPROM。

只有当点阵数据脉冲与行同步脉冲相关时，即各行中同一位置的点阵脉冲滞后于该行行同步脉冲一个固定时间时，字符图形显示在监视器上才能稳定。所以字符图形叠加器中常用延迟、调整宽度后的行同步脉冲来控制点阵振荡器。例如要在监视器屏幕右下方产生如图 5-34 所示的字符"5K"，字符叠加器的方框图如图 5-36 所示。

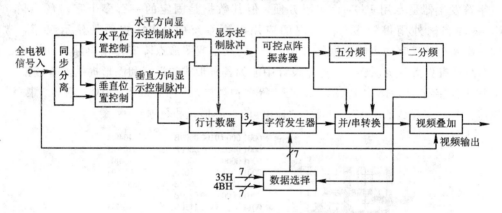

图 5-36　在图像上叠加两个字符的叠加器的方框图

字符点阵脉冲要在监视器上稳定显示，必须以场、行同步信号为基准，首先用同步分离电路从全电视信号中分离出场、行同步信号。

水平位置控制电路决定了字符在监视器上的水平位置与宽度。往往是将行同步信号进行延迟来调整宽度，产生水平方向显示控制脉冲，该脉冲的宽度就是字符点阵水平方向的总长度，等于每一个点的时间 t_0 乘以一行内的总点数。该脉冲对行同步脉冲的延迟时间决定了字符点阵在监视器屏幕上的水平位置，当把字符点阵调到屏幕最右边时，延迟时间正好是行正程时间 52 μs 减去水平方向显示控制脉冲的宽度，是水平方向显示控制脉冲对行同步脉冲延迟时间的最大值。

垂直位置控制电路决定了字符在监视器屏幕上的哪几行出现。这里不能采用把场同步脉冲进行延迟来调整宽度的方法，因为垂直方向延迟时间比较长，延迟电路的误差比较大（比如要延迟 10 ms，误差是千分之五，则误差会达到 50 μs，相当于一行），这样容易引起字符的"跳行"，所以最好的办法是在每一场内对行进行计数，从第 n 行开始到第 $n+7$ 行结束，产生一个正脉冲，作为垂直方向显示控制脉冲。

将水平方向显示控制脉冲和垂直方向显示控制脉冲相"与"得到显示控制脉冲。可在这个显示控制脉冲有效的时间内产生要叠加的字符点阵脉冲。

用显示控制脉冲去控制一个可控振荡器，当显示控制脉冲有效时，振荡器起振；当显示控制脉冲无效时，振荡器停止振荡。振荡器的周期就是点的宽度。

因为字符发生器是并行输出，显示时应将并行信号转换成串行信号，所以要采用一个并/串转换电路，而且，点阵振荡器的输出作为并/串转换的时钟。当并/串转换的并行输入全部是高电平时，串行输出也全部是高电平，将该串行输出信号与原全电视信号叠加后输出到监视器，在监视器屏幕上显示的将是在原有图像上叠加一个白色的矩形；假如并/串转换电路的并行输入来自字符发生器时，监视器上显示的将是在原有图像上叠加指定的字符。

行计数器在垂直方向对显示控制脉冲进行计数，提供字符发生器行地址。五分频器（这里字符点阵规格是 5×7，若字符点阵是 8×16，则应为八分频器）对点阵振荡器的输出（也就是并/串转换电路的时钟计数）每计数到五，向二分频器（这里一行只显示两个字符，若一行显示六个字符，则应为六分频器）发一个脉冲，表示进入下一个字符，该脉冲又被送到并/串转换的并入控制，表示字符发生器又将输出并行信号。二分频器实际上是每行的字符序数计数。每行中的前五个点，二分频器输出低电平，数据选择电路选取 35H 作为字符发生器的 ASCII 码地址，字符发生器输出字符为"5"的数据。在每一行中的后五个点时，二分频器输出高电平，数据选择电路选取 4BH 作为字符发生器的 ASCII 码地址，字符发生器输出字符为"K"的数据。这里 ASCII 码 35H 和 4BH 可由 7 位拨动开关给出，若要显示其他字符，只要重拨开关，使其输出其他字符的 ASCII 码即可。

如要使字符之间具有间隔，上述五分频器可改成六～八分频器（视所需间隔的大小而定），同时，并/串转换的高 3 位并入信号应接到低电平。

显示的过程是这样的：在第 n 行，开始产生显示脉冲，行计数为 0，前五个点阵显示字符"5"的第一行数据 1FH，后五个点阵显示字符"K"的第一行数据 11H。再是第 $n+1$ 行，行计数为 1，前五个点阵显示字符"5"的第二行数据 10H，后五个点阵显示字符"K"的第二行数据 12H⋯⋯ 以此类推，直至显示完七行数据。

上面从原理上介绍了字符叠加器的基本组成，这种字符叠加器只能显示预先指定的字符，在需要根据现场信息显示若干数据的场合，比如日期、时间、车牌号码、温度、一氧化碳的浓度等现场信息的显示时，就要求在字符叠加器中引入单片机。图 5-37 是一种能叠加现场信息的字符叠加器的方框图。

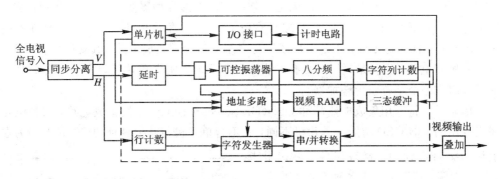

图 5-37 能叠加现场信息的字符叠加器的方框图

输入视频信号经同步分离电路分离出场、行同步脉冲，场同步脉冲接到单片机的中断输入。在场消隐期间，单片机取得附加信息，这里以计时电路中的时间信息为例，也可以是通过 A/D 转换器取得的以电压、电流形式出现的其他现场信息。再将应显示的字符编码，通过地址多路选择器、三态缓冲器送入视频 RAM。字符显示的水平位置控制脉冲由行同步脉冲延迟、调整宽度形成；字符显示的垂直位置控制脉冲由单片机对行同步脉冲计数后输出，两者相"与"后去控制可控振荡器输出点阵脉冲，点阵脉冲八分频后作为字符列的计数（这里假设字符点阵是 8 列）。行同步计数的高位作为字符行的计数。

字符行、字符列的计数值作为地址由地址多路选择器送入视频 RAM，视频 RAM 中相应的数据，即字符编码被送到字符发生器。字符发生器根据字符编码和扫描行数（行同步计数的低位）输出并行字符点阵，并经过并/串转换后送到叠加电路叠加在视频信号的预定位置。

4. 字符图形叠加器的插入方式

在应用电视系统中，字符图形叠加器有两种插入方式。

一种方式是在摄像机和控制器之间插入字符图形叠加器，这时要叠加的地点信息的内容是不变的，电路较简单。如果能将字符图形叠加器做成插卡的形式放在摄像机内部则更好，可以直接利用摄像机内的场、行同步信号，省去了同步分离电路。这种插入方式的缺点是每个摄像机需要一个字符叠加器，叠加器的数目很多。

另一种方式是在控制器和监视器之间插入字符图形叠加器。这时，要求控制器把图像切换的切换控制码同时也送到叠加器，叠加器根据切换的情况，给不同的视频信号叠加上相对应的地点信息。这在电路上并不复杂，但可使字符图形叠加器的数目减少，只需要每个监视器配一个字符图形叠加器就可以了。利用这种插入方式时叠加器需要控制器的切换码，因此常常将字符图形叠加器置于控制器的内部或附近。

例如，10 台摄像机的视频信号，经控制器切换到两台监视器显示，若在摄像机与控制器之间插入字符图形叠加器就需要 10 台叠加器，而在控制器和监视器之间插入仅需 2 台字符图形叠加器。所以在实际应用中经常采用后者。

在这里先假定要叠加的是地点信息，如果需要对摄像机处的现场信息进行数据采集和叠加就另作别论。

5. 屏幕显示字符集成电路及其应用

如前所述，设计一个简单的显示固定点阵的字符图形叠加器要用 6～8 块集成电路。设计一个能显示现场信息的字符图形叠加器要用 12～16 块集成电路。这些字符叠加器电路复杂，影响可靠性与稳定性，于是出现了屏幕显示字符专用集成电路，其功能包括图 5-37 虚线框的所有电路，也就是说，只要有一块这种集成电路加上单片机以及同步分离集成电路就可以组成一个字符图形叠加器。

屏幕显示字符专用集成电路简称 OSD(On Screen Display)专用集成电路。这种电路与电视机专用的具有 OSD 功能的单片机不同，它不含单片机与其他种种功能，是专门为在屏幕上显示字符设计的，容易与各种单片机接口，使用方便，特别适用于各种字符叠加器。

应用电视系统中经常需要录像，录像后为了便于查找，要在图像上叠加上日期时间信息，这可由日期时间叠加器来完成。在 OSD 芯片和单片机的基础上，加上计时电路就组成了日期时间叠加器，如图 5-38 所示。

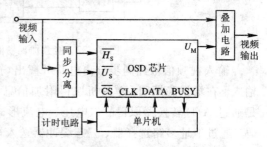

图 5-38 日期时间叠加器的方框图

在应用电视系统中，有时除了要在图像上叠加地点信息、日期、时间外，也可能需要对某事件进行计时或倒计时。在报警系统中，更要叠加上报警信息，包括报警的类型、开始时间和地点。有的工矿企业的现场监控要求叠加诸如温度、湿度、有害气体浓度等各种各样的信息。

为了使人能对图像上显示的多种信息做出快速反应，最好各种信息用不同颜色显示，比如报警信息用红色显示，地点信息用绿色显示，时间用白色显示，温度用黄色显示，湿度用棕色显示，有害气体浓度用紫色显示，使人一目了然。这时就需要用彩色字符叠加器，彩色字符叠加器必须要用 R、G、B 输出型的 OSD 专用集成电路，常用的有 μPD6453 和 M90092，μPD6453 具有 16 个 RAM 字符发生器，可用作汉字点阵的暂存，显示汉字则很方便。

由于使用 OSD 专用芯片，彩色字符叠加器的结构变得简单。图 5-39 是彩色字符叠加器的方框图。输入视频信号先进行同步分离，分离出行、场同步信号作为 OSD 芯片的基准信号，所以 OSD 芯片输出的 U_R、U_G、U_B 信号进行编码后产生的视频信号与输入的视频信号完全同步。两路视频信号进行高速切换，切换的键控脉冲是字符信号 U_M，即只要有字符信号，就切换到由字符信号编码成的视频信号上去。其结果是在输入视频信号的图像上抠像，抠去的图像部分由字符信号取代。黑白字符叠加器与彩色字符叠加器在叠加电路上是完全不同的，黑白字符叠加只要将字符信号与输入视频信号相加就可以了，因为亮度信号大了以后，字符就很明显，输入视频信号在字符位置上的彩色信号可以忽略；彩色字符叠加器要在字符位置显示固定的彩色，必须在输入视频信号与字符视频信号之间进行高速切换，单片机根据输入的现场信息对 OSD 进行编程，决定字符的内容、彩色、位置、闪烁等。

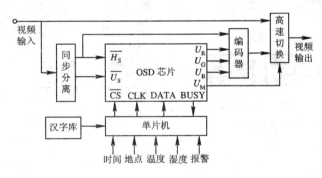

图 5-39　彩色字符叠加器的方框图

5.3.2　画中画电视机

画中画(Picture in Picture，PIP)电视机是具有利用数字技术将另一路电视信号经抽样量化、存储压缩成一个子画面，插入到电视屏幕的一角去显示的功能的电视机。画中画电视机一般接收两套射频电视广播信号，有两套高频调谐器、图像中播放及视频信号处理电路；画中画电视机的方框图如图 5-40 所示。子画面的放大、缩小或者"冻结"，子画面的位置的移动，主画面和子画面的交换显示，子画面显示与否等功能，这些都可以由微处理器根据红外遥控命令来控制。利用这些功能人们在观看某一频道电视节目的同时，能在屏幕的一角监视其他频道的节目或者配小型摄像机监视大门口的安全。

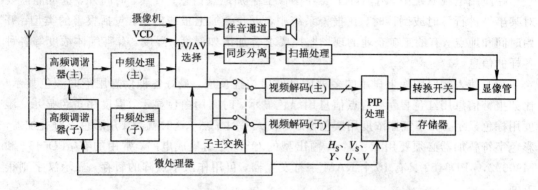

图 5-40 画中画电视机的方框图

常用的画中画处理器有 ITT 公司的 PIP2250 和 PHILIPS 公司的 SAB9077H。SAB9077H 内含模/数转换器(ADCS)、采样抽选电路(Reduction Circuit)、视频动态 RAM 控制接口(VDRAM)、显示控制接口和数/模转换电路(DACS)。SAB9077H 具有完善的画中画功能,两种双画面显示模式,三种多画面显示模式,以及九种主、子画面显示模式,如图 5-41 所示。

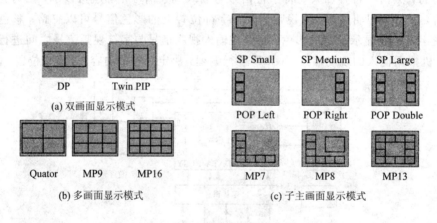

图 5-41 SAB9077H 的画中画功能

模/数转换器 ADCS 包含带钳位电路的 4 路 8 比特分辨率的 A/D 转换器,子、主通道各两路 A/D(各通道的 U、V 分量时分复用一路 A/D);采样时,内部的 $Y:U:V$ 的数据格式为 4:1:1;针对不同的画中画模式,采样数据抽选的比例有 1:1、1:2、1:3 和 1:4 四种,水平和垂直方向是独立设置的,若在水平和垂直方向的抽选比例都为 1:1,则画中画的大小为 672 像素/行、276 行/场。数/模转换电路 DACS 包含 3 个 8 比特的 D/A 转换器,输出信号的 Y、U、V 分量各用一个。

SAB9077H 由两个采样锁相环电路来保证在采样时具有精确的行锁相时钟。

利用 I^2C 总线接口可以设置 SAB9077H 的各种状态、工作模式,主要包括:SP Small 显示模式、满场静止模式(Full-Field-Mode)、数据抽选比例、垂直滤波器形式、活动图像冻结(Frozen of Live Picture)功能。另外,子画面的显示位置可精确定位,垂直和水平方向各自有独立的 8 比特调整分辨率，采样区域可细调，垂直和水平方向的分辨率分别是 8 比特和 4 比特，主框、子框和背景可设置的颜色有 8 种，边框、背景的亮度调整范围可设置为 30%、50%、70% 和 100%。

内部亮色信号格式为 4∶1∶1，输入的 Y 信号的带宽为 4.5 MHz，输入的 U、V 信号的带宽为 1.125 MHz，Y 分量信号的输入被系统时钟（1728×15 625＝27 MHz）采样和滤波后，被 2∶1 抽选（864×15 625＝13.5 MHz）；U、V 分量信号的输入采用一个 A/D 通过分时复用实现，13.5 MHz 的复用采样率对每个分量而言为 6.7 MHz（432×15 625），在内部被 2∶1 抽选（216×15 625＝3.375 MHz）。

采样时的同步以输入信号的 Hsync 和 Vsync 做参考，通过设置寄存器，可以精确地确定采样的开始时间（也即相对于视频信号同步脉冲前沿的延时）。主信道和子信道的信号采集区（Acquisition Area）都是水平方向 672 像素/行、垂直方向 276 行/场。显示时的同步由外接的行、场同步信号 DPHsync 和 DPVsync 提供，由内部的 PLL 电路锁相，器件内部的显示像素率为 864×15 625＝13.5 MHz，这个像素率在输出前通过内插，以 1728×15 625＝27 MHz 的频率送到 DAC。

显示背景区域为水平 696 个像素/行、286 行/场，主要功能包括：

① 通过设置 BGon 位来设置或取消；

② 通过设置 BGHFP 和 BGVFP 寄存器精确地移动背景区域；

③ 通过设置 BGcol 和 BGbrt 位确定背景颜色；

④ 通过设置 PIP MODE 寄存器确定画中画的格式、内容、位置等；

⑤ 由显示抽选因子 OKI 确定画中画的尺寸（1∶1～1∶4）；

⑥ 由 DPAL 位确定制式。

画中画相对于背景的位置可以精确地调整定位，对主画面和子画面的位置及画面大小的控制是相互独立的。两个独立的采样通道在显示时也同样可以被独立地控制。有 7 种常用的画中画模式被预定义。

Y 信号的存储容量为 672×276＝185 472 字节/场，U、V 信号的存储容量为 0.25×672×276＝46 368 字节/场，总的存储容量为 278 208 字节/场，场存储器可用 256 KB 的 DRAM。

由于 SAB9077H 的多功能和灵活的可设置特性，因此被广泛应用于多制式画中画电视机、电视监控系统、可视电话和会议电视。

5.3.3　图文电视

图文电视（Teletext）是一种电视广播的附属业务，它是在普通电视信号的场消隐期间传送文字和简单图案，利用数字编码的方法把多种信息按照一定的格式编辑成"页（Page）"和"杂志（Magazine）"后周期性地进行重复播送。用户利用一种叫图文电视解码器的附加装置就能在普通电视机屏幕上收看这些信息。用户如想知道当天的新闻，只要按一下装置的键盘，选择感兴趣的杂志和页，各种报刊上的最新消息就会出现在电视机屏幕上。

图文电视作为一种无需投递的报纸有"电子报纸"的美称。图文电视使用方便、费用低廉、易于普及，世界各国都在发展。我国已在中央电视台的节目中播出，有的地方电视台也相继播出。

平时在收看电视节目时，电视屏幕上出现一些文字与图文电视广播完全是两回事，这些文字是由前面介绍的字符叠加器类似的装置叠加在图像信号上的，传送速率很低；在图文电视中，将文字和图案编成数字信号代码，利用电视信号消隐期间的某几行来传送这种编码信号，传送速率要高得多。

图文电视在传送正常电视节目的同时，利用电视场消隐期来传送编码信号，不影响正常的电视节目，不必添置发送设备。由于采用编码数据代替文字和图像信息，传送速度很快。由于接收端利用存储设备和控制器，用户在收看图文电视广播时，可选取全部节目中的任意一页，或依据自己的阅读速度进行"翻阅"。

CCIR 推荐的四种图文电视系统是英国的 WST、法国的 Antiope、加拿大和北美的 NABTS 及日本的代码传送方式。

WST 系统采用固定传送格式，数据行与显示位置一一对应。我国的图文电视广播方式参考了 WST 系统，扩充了汉字功能，符合我国彩色电视广播和汉字信息处理的有关标准。

数据行是指用于传送图文电视信息数据的电视行，我国规定是奇数场的第 17、18 行和偶数场的第 330、331 行。数据采用二进制不归零码（NRZ）码型，黑电平为"0"，白电平的 66％为"1"，数据率为 6.937 500 Mb/s（$444f_H$）。每一数据行由 45 字节（360 bit）组成。前两字节为"1"、"0"交替的时钟同步码（CS 和 CR），为接收端恢复时钟提供频率、相位基准。第 3 字节是字节同步（BS 或 FC），供接收端正确划分字节，其余 42 字节构成数据包（DP）。

数据包的前两字节（MP）用来标识杂志号和包地址，杂志号有 3 bit 信息（标识 8 本杂志），包地址有 5 bit 信息。取值为 0、1～24 的数据包分别对应屏幕上相应的显示行，包地址为 25～31 的数据包（为扩展数据包），用于传辅助数据或用于功能扩充。数据包的 3～42 B 为数据，其格式和含义与数据包类型有关。传送时，各字节的 LSB 在前。一页数据总是从 0 号数据包（页头）开始，至同一杂志号的下页页头之前结束。不同杂志的页数据可间置传送，接收端依页头中的杂志号、页号、分页号选收。

屏幕像素数为 480（水平）×250（垂直）。24×24 点阵汉字像素数为 24×30，西文字符像素数为 12×10，这样页头可显示 40 个西文字符（页号、台标、时间、滚动页号），正文可显示 20×8＝160 个汉字或 40×24＝960 个西文字符。字符显示颜色有字符前景色和背景色（白、黄、青、绿、品、红、蓝、黑）。字符显示状态有闪烁、隐匿、固定、下划线、反转（前景色与背景色互换）、倍高、倍宽、倍体（向右、下各扩一倍）、正常（标准字符）、加框和开窗。

在发送图文电视信号之前，先把图文信息按码表编辑成页，再以页编辑成杂志，然后把编辑的页和杂志的数据插入到电视图像信号场消隐期的第 17、18、330、331 行中，最后由发射机发射出去。在电视信号的覆盖范围之内，只要配有图文电视接收机的用户都可以收到这种信号。普通家用电视机不能接收图文电视信号内容，必须配上一个键盘和解码器。键盘供用户选择信息内容，解码器的作用是把从天线接收到的数据信号转换成文字和图形信息并显示在荧光屏上。解码器可以装在机内，也可做成单独的附件置于机外。图 5-42 是图文电视广播系统示意图。

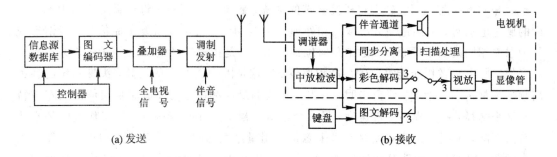

(a) 发送　　　　　　　　　　　　　　　　(b) 接收

图 5-42　图文电视广播系统示意图

5.4　录像技术的发展

录像是应用电视系统的重要环节，录像能保存大量信息的功能是其他应用电视设备所不能替代的。录像技术的不断发展使应用电视在各行各业中发挥着越来越重要的作用。

5.4.1　磁带录像机的原理

磁带录像机是以磁带为介质存储图像信息的设备，它所完成的基本物理变换是电/磁转换，把时间轴上连续变化的电视信号、音频信号转换为磁带上磁迹的几何分布，或相反的过程。磁带录像机有广播级、业务级和家用型，在应用电视系统中，家用型录像机是最为常用的图像记录设备。

铁磁物质的磁滞特性表明磁性材料具有记忆功能，这一功能使得磁记录成为可能。任何一个磁记录必须包括两个基本的部分，一是承载信息的介质，二是向介质传递信息实现电磁转换的器件。录像机的磁记录介质是磁带，电磁转换器件是磁头，通过机械系统来保证形成一定的磁头磁带关系（简称头带关系）。图 5-43 示出了磁性记录和重放原理的头带关系示意图。

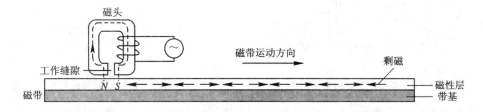

图 5-43　磁性记录的头带关系示意图

磁头是一个绕有一组线圈的环形铁芯，铁芯上有一狭窄的缝隙称为工作缝隙。当被记录信号电流流过线圈时，铁芯中就会产生与电流大小成正比、方向一定的磁通。由于工作缝隙处的磁阻较大，在其附近就会出现漏磁场。当磁带的磁性层（以后简称磁带）与工作缝隙接触时，由于磁带的磁阻较低，铁芯中的磁通就会通过磁带形成闭合磁路，因此磁带被磁化。如果磁带以一定的速度相对磁头运动，就会形成一条磁迹。在这个过程中被记录信号电流随时间的变化就转化为磁带上磁迹的磁化强度变化。

信号的重放过程是上述过程的逆过程。当磁头的工作缝隙与磁带相接触时，便形成与记录时相同的头带关系。磁头将桥接磁带的磁迹，磁迹的表面磁场将在磁头线圈中产生相应的感生电动势，采用适当方法取出和处理这个电动势，就可以恢复出原信号。所谓形成与记录时相同的头带关系，一是指几何位置关系，二是指磁带以记录时相同的速度运动。

但实际上录像机所能重放的最高频率较低，这是因为随着 f 的提高，头带系统的各种高频损失都将明显增大。研究表明，要提高重放的最高频率 f_{max} 以适应视频信号的宽带特性有两个途径：一是提高磁带速度，另一个是减小磁头的工作缝隙。磁头工作缝隙的窄化是有限度的，而提高磁带速度又会带来磁带使用量过大的问题。旋转磁头扫描方式能解决这个问题，这就是使磁头高速地旋转，而磁带仍以很低的速度行走，由于磁头高速地扫过磁带表面，磁头与磁带之间的相对速度很高，就可以实现很高的 f_{max}。

目前应用最多的旋转扫描方式是螺旋扫描方式。盒式磁带录像机大多采用双磁头螺旋扫描方式，图 5-44 是双磁头螺旋扫描示意图。

在这种方式中，两个视频磁头方位彼此相隔 $180°$，安装在一个旋转磁头鼓上，磁带通过进带导柱和出带导柱的调节，卷绕在磁头鼓的半圆周上，形成一定的高度差。由于磁头鼓旋转，两个磁头交替地接触磁带，便扫描出一条条倾斜于磁带边缘一定角度的磁迹。视频信号每秒由 25 帧画面组成，每帧又分为 2 场，因此，若磁头鼓的转数为 25 rad/s，它旋转一周的时间恰好是一帧信号的时间，每个磁头扫描磁带的时间则为一场信号的时间。控制旋转磁头的相位，就可以使每个磁头将一整场信号记录在一根磁迹上。图 5-45 说明了双磁头螺旋扫描与视频信号的关系，为了使磁迹连接不出现信号丢失，磁带对磁头鼓的包角要稍大于 $180°$。

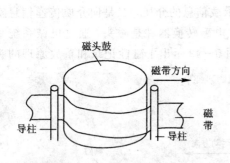
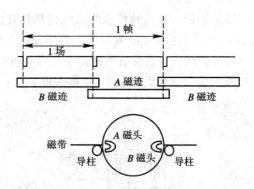

图 5-44　双磁头螺旋扫描示意图　　　图 5-45　双磁头螺旋扫描与视频信号的关系

磁带录像机曾经风行一时，成为电视监控中不可或缺的设备，各种规格、各种档次的磁带录像机得到广泛的应用。直到本世纪初，硬盘容量越来越大，价格不断下降，硬盘录像机比较实用，磁带录像机才逐渐退出历史舞台。目前只有一些高档机仍在生产、使用。

5.4.2　硬盘录像机

在应用电视系统中大量使用磁带录像机有以下缺点：

（1）操作不便。对每台录像机要反复按键操作，要定时换带、倒带。

（2）检索麻烦。检索时先寻找某段时间的录像带，再寻找某台摄像机的带子，最后还要寻找有关片断，要反复进带、倒带查找。

（3）寿命较短。磁头容易磨损，录像带经多次使用后故障率上升，录像机长期使用后易产生机械故障，且很难修复。

（4）重复性差。录像带长期存放后，回放时图像质量会有明显的下降。

（5）管理烦琐。如需录像的图像路数较多时，大量录像带的保存、管理、检索、更换是一项烦琐且差错率大的工作。

随着计算机技术的发展，硬盘容量迅速增大而价格不断下降，电视信息压缩技术逐步成熟，能对电视信号按 MPEG - 4 标准进行压缩的芯片组（甚至单片）已经有多种产品可供选择，硬盘录像机迅速成为代替传统录像机的新技术。

1. 硬盘录像机的优点

硬盘录像机首先把图像信号数字化，然后根据图像的行间相关性和帧间相关性将数字化后的数据进行压缩，压缩后的数据以时间为序，以文件的形式存储在硬盘中。由于硬盘录像机是以数字技术和计算机技术为基础的，因此有较高的智能，是传统录像机不能比拟的。

（1）录像方式灵活。录像方式可选择设定为连续录像、自动定时录像、报警触发录像等多种形式，录像速度在 1～25 帧/秒中任选，回放速度可以是录像速度或选录像速度的 1/2～1/32，也可以作单帧冻结。慢速回放在寻找破案线索时特别有用。

（2）检索方便。可以按日期、摄像机编号或其他信息进行检索，自动、快速地找到相应的录像文件，不必像传统录像机那样先找录像带，再将录像带反复地快进、快退来查阅。

（3）管理简单。由系统管理员对计算机进行设置，计算机按照设置进行管理，通常包括用户权限管理、硬盘管理、文件管理、报警管理、日志管理。

（4）可远程传送。管理硬盘的计算机入网后，网络中任意一台计算机，只要安装相应的软件且有授权的密码，就可通过网络调用数字图像数据，进行远程实时监控或录像回放。

（5）联动反应快。传统录像机在接到报警信号后才启动录像，录像延迟报警数秒钟，而这数秒钟的录像往往是最重要的。硬盘录像机在接到报警信号后立即录像，甚至还能录制报警前规定时间内（1～10 s）的图像信号。

（6）多种附加功能。硬盘录像机以计算机为基础，很容易实现时间和文字的添加、多画面显示、视频丢失报警、视频移动报警等功能。

（7）存储容量扩充容易。主机不插硬盘扩充卡能带 4 块硬盘，加插一块硬盘扩充卡能扩充为带 8 块硬盘，加插两块硬盘扩充卡能扩充为带 12 块硬盘，用 48 cm（19 英寸）加长型 4U 标准工控机箱就能装 12 块硬盘，若硬盘超过 12 块可使用活动硬盘架，所以扩充起来很方便。目前一块硬盘的最大容量是 1 TB，随着硬盘制造工艺的改进和计算机技术的发展，硬盘录像机的容量将不断增加。

2. 硬盘录像机的主要技术指标

（1）图像分辨率。图像分辨率是指在每帧视频信号中采集、处理、显示的像素数。高分辨率（720×576）时显示和回放的图像质量好，但视频信息量太大，虽经压缩，每小时仍有大约 1 GB 的信息量。中分辨率（352×288，CIF 格式）相当于 VCD 的图像质量，水平清晰度有 280 电视线，当压缩为每小时大约 200 MB 的信息量时，图像质量还令人满意。低分辨率（176×144，QCIF 格式）若 16 画面显示，图像尚能接受；全屏幕显示时，图像模糊不清，不宜采用。

（2）视频输入路数。视频输入路数指计算机能处理和存储的视频信号的最多路数。有1、4、8、16 路等几种，应该进一步了解的是录像机能不能同步录入音频，能不能实时多画面显示，录制和回放能否同时进行，是不是 25 帧/秒的图像。有些产品在多路录像时达不到 25 帧/秒，有些厂商为表示其产品能确保每路视频都是 25 帧/秒，用"总资源"来描述产品的性能。比如，总资源为 200 帧/秒，意思就是 8 路视频输入可以同时以 25 帧/秒的方式录制；总资源为 400 帧/秒，意思就是 16 路视频输入可以同时以 25 帧/秒的方式录制。

（3）录像方式。录像方式指产品可供选择的录像方式，至少应该有连续录像、报警触发录像、自动定时录像等几种。自动定时录像可编辑时间表，每天分多个时段，各摄像机能分别设置，工作日和休息日也能分别设置。

（4）检索方式。能提供的检索方式越多越好，至少应该有按日期时间检索、按摄像机编号检索、按报警顺序检索等几种。按日期时间检索时压缩文件的大小值得注意，比如每半小时录像压缩为一个文件，要找 10:15 的录像在 10:00～10:30 的文件中，先在文件表中点击该文件，然后用鼠标将决定回放位置的滑块移到中央，则正巧是 10:15 的录像。文件过小，文件表就会很大，不易寻找；文件过大，滑块一动就是较长的时间，还要点击进、退按钮来调节。有的产品可由用户自己设置文件的大小，则更方便。

（5）报警控制。最普通的是报警输入路数和视频输入路数相等，并且一一对应，报警后触发对应的一路录像。也有报警输入路数和视频输入路数不等的情况，这时要通过选单设定联动表来确定联动关系。报警输出一般是几组继电器触点。

（6）解码器控制。一般通过 RS-232 接口或 RS-485 接口控制解码器，从而可以调整电动云台和变焦镜头。

（7）切换矩阵控制。有的产品在机箱内可以插入切换插板，这种插板当视频输入的路数较多时采用 D 型插头座集中进板，各路视频信息间容易产生窜扰，引起图像质量下降；有的产品能控制外接的矩阵切换机，如 PELCO 和 AD 等公司的矩阵切换机，这些切换机的输入视频信号由 BNC 插座接入，信号间相互窜扰小，输出的图像信噪比高，能保证整个系统的图像质量。

（8）压缩率。硬盘录像机的图像压缩率分为几挡，由用户根据需要自己选择。一般是给出一个视频码率的范围，如 192～1130 kb/s。也有以 100～500 MB/h 的形式、2～10 h/GB 的形式或 1～10 级的形式分挡给出的。在选定挡次后，观察图像显示和回放的质量是否满意，最好与其他产品在相同压缩率的条件下进行图像质量比较，以判断性能优劣。

（9）稳定性。硬盘录像机在应用电视系统中是长期连续使用的产品，稳定性、可靠性十分重要。工控机性能稳定，抗干扰性强，所以硬盘录像机应该采用工控机（要注意的是有一部分产品只有工控机的外壳和电源，没有工控机的 CPU 卡而用普通 PC 机的主板代替，这种产品稳定性就要差一些）。另外，主机的操作系统稳定性也是必须关注的，宜选用稳定性比 Windows 98 更强的 Windows NT 或 Windows XP 系统。

（10）采集压缩卡。大部分硬盘录像机产品采用现成的可编程图像采集压缩卡以加快产品开发的速度。有一类采集压缩卡只输出压缩后的数字视频信息流，如果要在显示器上显示实时图像还要另插显示卡，即视频采集卡，这样多占了 PCI 插槽，显然是不可取的。另一类采集压缩卡在输出未经压缩的数字视频信息流供显示器显示实时图像的同时，输出压缩后的数据供硬盘存储，这种采集压缩卡利用率高，占 PCI 插槽少。压缩方法以 MPEG - 4 和 H.264 为好，MPEG - 2 次之。

硬盘录像机产品种类繁多，良莠不齐，购买时上述各项只能作为参考，重要的还是将各种产品进行操作和图像质量的比较，比一比哪种产品人机界面操作最方便，比一比在相同压缩率的情况下哪种产品图像最清晰。

硬盘录像机利用高新数字技术进行信息压缩，视频信息丢失少，而且利用了计算机技术的智能性、灵活性，使用起来特别方便，必将逐步取代其他录像设备。

5.5　串行传送控制信号

在控制室，除了对视频信号进行切换，在视频信号上叠加地点、日期、时间等附加信息外，还要对摄像机的电动云台和变焦镜头进行控制。

电动云台通常有水平旋转和俯仰旋转两个电机可以进行正、反向旋转，4 个动作分别称为上、下、左、右。电动云台的电机大部分是交流电机，这种电机有两个绕组，两个绕组有一个公共端，当一个绕组接交流电压时，另一绕组经移相电容接入交流电压，当交流电压分别从两个绕组接入时，电机正向、反向旋转。两个电机的公共端接在一起，一共有 5 根控制线。

变焦镜头通常有光圈、聚焦、变焦三个电机，可以正、反向旋转，6 个动作分别称为光圈大、光圈小、聚焦远、聚焦近、变焦进、变焦出。变焦镜头的电机大部分是直流电机，直流电机加正向电压后正转，加反向电压后就会倒转，三个电机共用一个接地端，共有 4 根控制线。

在摄像机离控制室比较近的情况下，可用多芯电缆将 10 个动作的控制电压从控制室传到摄像机处。图 5-46 是用多芯电缆传送电动云台和变焦镜头控制电压的电路图。在控制室利用琴键开关将交、直流电压加到电机的控制线上。电动云台虚线框内的线路中 4 个常闭触点是 4 个限位开关，当云台旋转压到限位开关后，常闭触点断开，云台不再往该方向旋转。

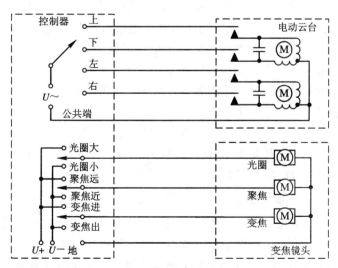

图 5-46　用多芯电缆传送电动云台和变焦镜头控制电压的电路图

这种电路使用很多机械开关,因电机启动时的大电流和电机断开时的高反压,开关容易损坏,目前已很少采用。在控制器大都采用单片机的情况下,要用锁存器输出的 TTL 电平去控制云台和镜头。

单片机用锁存器输出的 TTL 电平来控制电动云台通常有继电器驱动和双向可控硅驱动两种方法。

单片机用锁存器输出的 TTL 电平来控制变焦镜头常有继电器驱动和运算放大器、晶体管驱动两种方法。

驱动电路中,变焦镜头的驱动电压有 4 根控制线,电动云台的驱动电压有 5 根控制线,再加上摄像机电源控制,雨刷控制等,控制线较多。当控制器与摄像机距离较远时,会浪费大量线材,很多能量也会消耗在传输线上,所以常常采用串行控制信号的办法。具体做法是在控制器部分由单片机发出串行的控制信号,在摄像机附近配置一个接收解码器,对接收到的串行命令进行解码,形成云台和变焦镜头的驱动电压。这样控制线改为双芯线,可以节约线材,电机的驱动电压就地供给,避免了驱动电压长距离传送时的能量损失。

下面介绍串行通信中的一些基本概念和标准通信接口。

5.5.1　串行通信的基本概念

1. 并行通信和串行通信

设备之间的通信有并行通信和串行通信两种基本方式。若多位数据,比如 8 位、16 位数据同时传送称为并行通信,若数据一位一位地顺序传送则称为串行通信。显然,串行通信的速度比并行通信慢,但在应用电视系统中设备之间要传送的数据量很少,所以常采用串行通信。

串行通信分异步通信和同步通信。

2. 异步通信和同步通信

异步通信规定了数据的传送格式,即数据以相同的帧格式传送。比如常用的 51 系列单片机的串行通信口,在方式 1 时规定为 8 位异步通信口,传送格式是起始位(0)、8 位数据、停止位(1)。在方式 2 和方式 3 时规定为 9 位异步通信口,传送格式是起始位(0)、8 位数据、第 9 数据位、停止位(1)。由此可见,异步串行通信的帧格式总是由起始位、数据位、停止位组成。在通信线上没有数据传送时处于 1 状态,要发送数据时先送一位 0 作为起始位,接收设备接收到 0 状态后就开始准备接收数据,发送完规定的数据后是停止位,在发送的间隙中,通信线路总是处于 1 状态。

同步通信不像异步通信那样靠起始位在每帧数据开始时使发送和接收同步,而是通过同步码在每个数据块传送开始时使收、发双方同步。常用的编/解码电路 VD5026 和 VD5027 之间的通信采用同步通信方式。

3. 单工、半双工、全双工通信

串行通信中,要把数据从一台设备传送到另一台设备,要使用通信线路,数据在通信线路的两端的设备之间传送。按照通信方式可以有三种通信线路。

(1) 单工(Simplex)方式。单工方式时,通信线路一端连接发送设备,另一端连接接收设备。

（2）半双工（Half Duplex）方式。半双工方式时，通信线路两端的设备都有一个发送器和一个接收器，通过由单片机控制的电子开关接到通信线路上。数据能从这一端传送到那一端，也能从那一端传送到这一端，但是不能同时在两个方向上传送，即每次只能一端发，另一端收。

（3）全双工（Full-Duplex）方式。全双工方式不但两端的设备都有一个发送器和一个接收器，而且还增加了通信线路，不是交替发送和接收，而是可以同时发送和接收，数据可同时在两个方向上传送。

在应用电视系统中，因为数据量少，常采用单工方式和半双工方式通信。

5.5.2 串行通信的标准接口

应用电视系统中常用的异步串行通信接口有三类：RS-232C、RS-485 和 20 mA 电流环。

1. RS-232C 标准接口

RS-232C 是由美国电子工业协会（EIA）正式公布的在异步串行通信中应用最广的标准总线，它包括按位串行传输的电气和机械方面的规定，适合于短距离和带调制解调器的通信场合。

RS-232C 接口有 22 根线，采用标准的 25 芯 D 型插头座，如图 5-33 所示。后改为 9 芯 D 型插头座，每个引脚传送的信号都有规定。RS-232C 接口采用负逻辑，即逻辑 1，−15 V～−5 V；逻辑 0，+5 V～+15 V。RS-232C 电平与 TTL 电平接口时，必须进行电平转换，常用的芯片是传输线驱动器 MC1488 和传输线接收器 MC1489。

RS-232C 接口设备之间的通信距离不大于 15 m，传输速率为 20 kb/s。在实际使用中距离远大于这个标准，当传输速率为 1.2 kb/s 时，传输距离可达 1 km 以上。

2. RS-485 标准接口

RS-485 是一种多发送器的电路标准，是 RS-422A 性能的扩展，允许双绞线上一个发送器驱动 32 个负载设备，负载设备可以是被动发送器、接收器或收发器。RS-485 允许共同电话线通信。电路结构是在平衡连接电缆两端有终端电阻，在平衡电缆上挂发送器、接收器、组合收发器。

RS-485 标准没有规定在何时控制发送器发送或接收器接收数据的规则，但对电缆的选择要求很严格。

因为 RS-485 标准与 RS-422A 兼容，所以所有符合 RS-485 标准的驱动器和接收器都适用于 RS-422A 标准，反之则不然。

在应用电视系统中，进行单工、半双工通信时，只有 2 根信号线，常采用 XS12 型三芯插座，因为在电视监控报警系统中，设备基本上是自成系统，所以没有必要采用标准的 25 芯、37 芯、9 芯 D 型插头座。

3. 20 mA 电流环

20 mA 电流环是一种非标准的串行接口电路，但由于它具有线路简单，对电气噪波不敏感的特点，在电磁干扰较多的场合被广泛采用。20 mA 电流环是一种异步串行接口电路，在每次发送数据时必须以无电流的起始位作为一帧数据的开始，接收端检测到起始位后接收一帧数据。

图 5-47 是一个 20 mA 电流环线路图。在发送端，将 TTL 电平转换成环路电流信号，在接收端又将环路电流转换成 TTL 电平。其最大的优点是低阻传输线对电气噪声不敏感，即使传输线上感应有较高电压也不会损坏器件，解码器接收端光电耦合器件的发光二极管正向工作电流典型值为 15 mA，最大连续正向电流极限值在 60 mA 以上，至于不连续的脉冲正向电流可达数百毫安。瞬时性的感应电流一般不会损坏光电耦合器，所以用 20 mA 电流环接口，故障发生率极低。

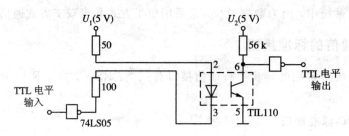

图 5-47　20 mA 电流环线路图

5.5.3　解码器

控制器发出串行的控制信号由解码器接收，解码器对接收到的串行命令进行解码，形成云台和变焦镜头的驱动电压，来控制云台和变焦镜头的电机动作。

解码器可以以单片机为主加上附加电路构成，一般用与控制器相同型号的单片机比较方便；也可以利用专门的编解码电路来发送、接收信号，那么，在控制器里就应该用专门的编码电路发送信号，解码器中用与之配套的解码电路接收信号。下面详细介绍这两种解码器。

1. 单片机解码器的构成

单片机解码器通常由隔离器、单片机、自动复位电路、电动云台驱动电路、变焦镜头驱动电路组成，如图5-48 所示。

1）隔离器

为了防止解码器中的开关元件影响控制器，在电气上完全隔离控制器和解码器，解码器的输入部分要采用隔离电路。

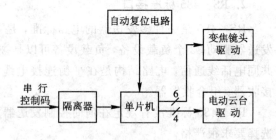

图 5-48　单片机解码器的方框图

为了将基带信号进行较长距离的传送，串行控制码的波特率取得很低，经常取 1200～9600 波特，所以隔离器可采用频率较低的光电耦合器，或者用变压器进行耦合。

2）串行控制码的接收与解码

当控制器和解码器都用 51 系列单片机串行口发送、接收数据时，发送端和接收端的单片机都设置成多机通信方式。发送端的单片机先发 8 位地址码，其第 9 位数据为 1，再发 8 位操作码，第 9 位数据为 0。当接收端单片机设置多机通信方式时，SM2＝1，接收数据的第 9 位进入 RB8，地址字节会中断所有解码器的单片机，解码器单片机查看地址码是否与本机地址相符，相符时单片机清 SM2，准备接收后面发来的操作码；当地址码与本机地址不符时，单片机将保持 SM2 不变，那么后面操作码不会引起中断。在这种情况下可取消校验码，也可以用地址码和操作码的某一位作校验码分别进行校验，因为地址码和操作码都不需要用 8 位。

3）解码器的抗干扰措施

解码器中有继电器、可控硅等开关元件，故闭合、断开时容易对解码器的单片机产生干扰，解码器附近大型设备的启动和停止也易引起对单片机的干扰，结果是解码器的硬件虽然没有损坏，但程序执行出错，且进入死循环，不经复位就回不到正常状态，产生软件故障，俗称程序跑飞。为了防止干扰，常常采取下列预防措施：

（1）交流电源滤波。

（2）直流电源去耦滤波。

（3）单片机及其附加电路的电源线和地线直接接到电源滤波电容，不要与开关元件驱动电路的电源线和地线交叠。

（4）继电器线圈上接反向偏置二极管防止继电器线圈的反电动势。继电器触点两端接 $0.068 \sim 0.1\ \mu F$ 电容，防止继电器触点接通和断开时产生电弧放电而影响到单片机的工作。这里要注意电容器耐压值要大于触点断开时两点电压值的数倍。

（5）用压敏电阻抑制尖峰电压。当加于压敏电阻两端的电压超过压敏电压 U_{ima} 时，压敏电阻上的电流迅速增大，呈短路状态，非常适于吸收瞬间尖峰电压。可以在电源变压器的初、次级加压敏电阻，选取压敏电压 $U_{ima} = 1.56\sqrt{2}\ V$。压敏电阻并联在感性负载两端，可以吸收电感负载接通或断开时产生的自感电动势。

4）解码器的自动复位

无论采取何种抗干扰措施，都只能减少软件故障产生的次数，要完全消除软件故障是不可能的。

解码器在摄像机附近，离控制器很远，无法进行按钮复位，采用关断解码器总电源的方法又往往不易奏效，给使用者带来不便，所以应该设置自动复位电路，万一出现软件故障能进行补救，不致引起不良的后果。自动复位电路通常有硬件自动复位和软件故障诊断自动复位两种。

（1）硬件自动复位有硬件定时自动复位和利用串行控制信号产生复位信号两种方法。前者是利用定时器每隔一段固定时间对 CPU 复位一次，这种方法比较简单，缺点是复位可能会发生在接收串行信号的过程中，使得该次接收失败。后者是利用串行控制信号来产生复位信号，要求两次串行控制信号之间要有一定的时间间隔，复位脉冲宽度要尽量窄，不要影响 CPU 接收串行信号。利用串行控制信号的方法是在每次接收串行控制信号之前复位 CPU，实际效果很好，适用于解码器 CPU 只有接收串行控制信号并解码、驱动这一任务而没有其他附加工作的场合。

（2）软件故障诊断自动复位是当解码器 CPU 还有检测、计算等多种任务时，上述利用串行控制信号产生复位脉冲的方法会使检测、计算工作突然中断而出错，所以要采用软件故障诊断复位。

软件故障诊断要求在程序的各个可能的支路，都要安排两条能使某输出口的某一位输出一个正（或负）脉冲的指令。在程序正常执行时，每隔一定的时间总会执行这条指令，使该位不断地输出正脉冲。当程序执行进入异常状态时，该位没有正脉冲输出，超过一定时间，判别电路就会输出一个复位信号使 CPU 复位，程序执行又恢复正常。

有些单片机如增强型的 51 系列单片机 83C51FA 具有监视跟踪定时器(Watch Dog，俗称看门狗)，就是把软件故障诊断复位电路集成在单片机内，也可以采用单片看门狗电路，如 MAX813 等。

2. 硬件解码器

用单片机的解码器必须采取种种抗干扰措施，增加自动复位电路。而解码器是应用电视系统中用得数量较多的设备，当然是越简单越好。利用专用的编码、解码电路组成的解码器线路简单，抗干扰性能好。表 5-3 是常用的编码、解码芯片的主要性能。

表 5-3　常用的编码、解码芯片

芯　片	MC145026	MC145027	VD5026	VD5027	UM3758-108A
功能	编码	解码	编码	解码	编码、解码
地址位数	5	5	8	8	10
数据位数	4	4	4	4	8
外接元件	R_S、R_{TC}、C_{TC}	R_1、R_2、C_1、C_2	R	R	R、C
工作电压	4.5~18 V	4.5~18 V	2~6 V	2~6 V	3~12 V
静态电流	0.1 μA	50 μA	1 μA	1 μA	
封装	18DIP	18DIP	18DIP	18DIP	24DIP

5.5.4　控制器和解码器的连接

控制器与解码器的连接方式通常有星型和总线型两种。

1. 星型连接

星型连接要求在控制信号的发送端有一个多路输出的串行信号分配驱动装置，它的每一路输出接到一个解码器，如图 5-49 所示。

信号分配可以是控制器的一部分，比如用 RS-485 接口电路。一片 75174 有 4 路输出，4 片 75174 共有 16 路输出，没有必要做成一个专门的设备。

星型连接在一般情况下，控制电缆与视频电缆可以一起敷设，给施工带来方便，所以用得较多。有的电缆厂还生产视频电缆附带两根控制线的一体化电缆，使用起来更加方便。

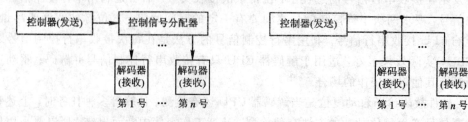

图 5-49　控制器和解码器的星型连接　　　图 5-50　控制器和解码器的总线型连接

2. 总线型连接

总线型连接是一个控制信号发送端连接到多个解码器，如图 5-50 所示，这时最好选用较低的串行信号波特率。最远的一个解码器输入阻抗与线路特性阻抗匹配，其余的各个解码器输入设为高阻。因为这样连接控制电缆与视频电缆会给敷设线缆带来不便，所以较少采用。

实际使用中常采用星型连接与总线型连接相结合的方法。在控制器一端，将串行控制信号分配后多路输出。各个解码器可以分别接一路输出，对相距不远的解码器也可以并联后接到一路输出上。

当采用光纤传送视频信号时，应在光缆中附加两根控制线，这样可使施工方便。

视频信号在场消隐期间不传送有用信息，但可以在场消隐期间利用视频电缆传送控制信号，这时需要在视频电缆两端附加特殊的叠加与分离装置。这种方法在国内很多厂家获得成功，但终因不方便，未被推广使用。

5.5.5 接口电路的保护

当解码器与控制器相距较远，且现场电磁干扰严重时，往往会使接口电路突然损坏。一般可接两个稳压二极管进行保护，另一种更有效的保护器件是 TVP。

瞬变电压抑制器(Transient Voltage supPressor，TVP)，也称 TVS，其外形与普通二极管无异，电路符号与稳压二极管相同，但却能吸收高达数千瓦的浪涌功率，当 TVP 管两端经受瞬间的高能量冲击时，它能以极高的速度变为低阻抗，吸收一个大电流，从而把它两端的电压钳位在一个预定的电压值，保护后面的电路元件不被高电压的冲击所损坏。TVP 的特性由三组电压、电流值决定。

1. 最大转折电压 U_R

最大转折电压 U_R 反映 TVP 管在反向击穿前的临界状态，即 TVP 能承受的最大电压。TVP 管加上 U_R 后，其反向漏电流应该小于或等于最大反向漏电流 I_R。

2. 击穿电压 U_B

击穿电压 U_B 是 TVP 管中流过测试电流 I_T 时(一般为 1 mA)两端的电压。

3. 最大钳位电压 U_C

最大钳位电压 U_C 是当 TVP 管中流过瞬时峰值脉冲电流 I_{p-p} 时，TVP 管两端的电压升到 U_C 后不再上升，从而实现保护，所以 U_C 是最重要的参数。

钳位因子 $C_f = U_C/U_B$。

瞬时脉冲功率 $P_M = U_C I_{p-p}$。

TVP 管所能承受的瞬时脉冲指的是不重复的脉冲，脉冲重复率为 0.01%，如不符合这一条件，脉冲功率的积累有可能损坏 TVP 管。

选用 TVP 管时要注意：

(1) U_C 应低于被保护元件的极限电压。常用的 485 接口接收器件 75173 和 75175 的输入共模电压最大值、输入差动电压最大值都是 ±25 V。常用的 422 接口接收器件 MC3486 的输入共模电压最大值、输入差动电压最大值分别是 ±15 V、±25 V。U_C 应低于这些极限电压。

(2) U_R 应高于被保护元件的工作电压。75173 和 75175 的输入共模电压推荐操作值、输入差动电压推荐操作值都是 ±12 V。MC3486 的输入共模电压推荐操作值、输入差动电压推荐操作值分别是 ±7 V、±6 V。U_R 应高于这些工作电压。

（3）瞬时冲击电压是双极性时用双极性管 TVPC 或用两个单极性管对接。

图 5-51 是用 TVP 管保护 RS-485 接口电路免受大功率瞬时冲击的接法。因为一般大功率瞬时冲击电压加在传输线与大地之间，所以 TVP 管也应该接在传输线与大地之间，两端的电阻是线路阻抗匹配电阻。

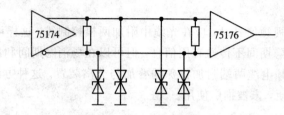

图 5-51　用 TVP 管保护 RS-485 接口电路免受大功率瞬时冲击的接法

几种标准接口的差分输入接收器容易受电磁干扰而被损坏，在这方面 20 mA 电流环有它的优点，即使不加这些保护也不会出故障。

5.6　系　统　控　制

将前面介绍的视频切换电路、信息叠加电路、串行通信电路进行组合，加上单片机灵活的控制，可以组成各种形式的控制器。这里不准备介绍具体的哪一种型号的控制器，而是对控制器的三种基本形式作一介绍。

5.6.1　树型结构

1. 树型控制系统

图 5-52 是多级树型控制系统结构示意图，在层次型管理的单位，摄像机数目较多时应采用树型系统控制。国内的很多大中型企业都是分等级的层次型管理单位，往往占地面积很大，总厂有几个分厂，分厂下属又各有几个车间，每个车间又有若干个监控点。车间调度要观察本车间的各个监控点，控制各个摄像机的电动云台和变焦镜头；分厂调度要观察本分厂所属车间的所有监控点，也要能控制各车间的所有摄像机的电动云台和变焦镜头；总厂调度则要观察各个分厂全部车间的所有的监控点，也要控制各个分厂全部车间所有摄像机的电动云台和变焦镜头，这时采用树型控制系统最合适。树型控制系统的级数随单位的管理层次而定，一般也不宜太多。

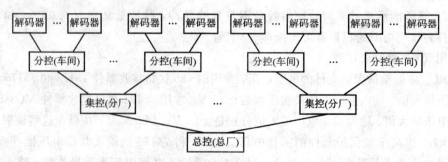

图 5-52　多级树型控制系统结构示意图

图 5-53 是两级树型控制系统结构示意图。图中主机通过 8 个分机进行 128 选 1 手动视频切换和对 128 路视频信号按指定顺序的定时自动切换，主机通过分机和解码器对任意一台摄像机的电动云台和变焦镜头进行控制，主机发出的串行控制码中，共有 7 位地址码，其中高 3 位是分机号，低 4 位是摄像机号。主机的数码管显示手动和自动切换选中的分机号和摄像机号。

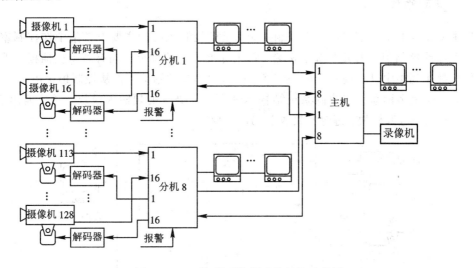

图 5-53 两级树型控制系统结构示意图

分机可以对本机管理的 16 个摄像机的视频信号进行手动切换或自动定时切换，能对主机当时没有在控制的本区摄像机的电动云台和变焦镜头进行控制，分机的数码管显示手动和自动切换选中的摄像机号。当某摄像机已由主机控制时，分机控制不起作用，且当手动切换到该路视频信号时，数码管的显示闪烁提示该路摄像机正受主机控制。分机一方面接收主机发来的串行控制命令，另一方面又向解码器发出串行控制命令。

报警检测器或报警按钮由分机控制管理，由分机将报警信息传到主机。8 台分机的报警信息使主机难于应付，一般采用编解码芯片。每台分机用一块编码芯片发出报警信息，主机有 8 块解码芯片接收解码和锁存报警信息，再由 CPU 来处理就方便了。因为不报警也是一种状态，所以能传送 4 位数据的编解码芯片只能传送 15 个报警通道的信息。

在树型控制系统一般情况下主机的优先权比分机高，如果需要也可以规定某个分机的优先权高于主机，这时需要将该分机的程序略加改动。在分机优先权高的情况下，主机就只能控制该分机当时没有控制的该区摄像机的云台和变焦镜头。

2. 树型控制系统的优点

树型控制系统有如下优点：

（1）特别适合于层次型管理的单位。在我国的工矿企业这种层次型管理的单位很多。

（2）节省视频电缆和控制电缆。各摄像机的视频电缆和控制电缆都在分机集中，一般是企业中的车间，主机与分机之间的连线较少。

（3）扩充容易。一般可先买一台分机和一些摄像机进行试用，满意后再向全单位推广，资金可以逐步投入。

（4）价格低。因为分区管理，分机和主机的结构都较简单，价格不高。

（5）易于分析故障。分机之间相互独立，如果一台分机有故障，不会影响其他部门的管理，主机有故障也不会影响分机的使用。

树型控制系统不适于集中管理、控制的场合，集中管理的单位最好采用星型控制系统。

5.6.2 星型结构

集中型管理的单位应采用星型控制系统。星型控制系统的主要设备集中在控制室，常常是一个标准控制柜插有几个标准机箱，每个标准机箱的母板上插有若干块插板，所有的视频信号都送到柜中进行视频分配和切换，所有的串行控制信号都从控制柜送出去。

图5-54是多键盘星型控制系统结构示意图，主要由视频输入模块、视频输出模块、中央处理模块、电源模块、键盘和接收解码器组成。

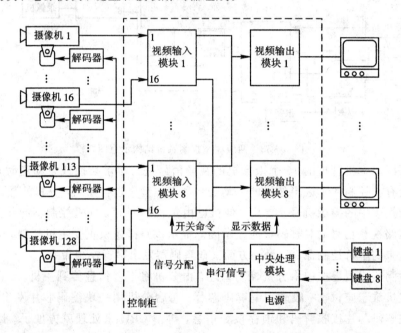

图5-54 多键盘星型控制系统结构示意图

1. 视频输入模块

一个系统可以在系统母板上插1～8(视机型而定，也可能是1～16)块视频输入模块，每个视频输入模块处理16台(视机型而定，也可能是32)摄像机输入的视频信号。模块中的串/并转换电路接收中央处理模块发来的串行切换信号，将串行切换信号中的地址码与模块上由拨动开关决定的模块号码进行比较，如果一致，就将串行切换信号中的操作码经解码后送到矩阵开关的控制脚。

视频输入模块的主要部分是一个16选8(视机型而定，也可能是32选4)矩阵开关，它的输入缓冲部分有钳位电路和高输入阻抗低输出阻抗的互补型射极跟随器。而模拟开关之后只有一个能三态输出的射极跟随器，为的是要便于将几个视频输入模块的输出信号同时接到一个视频输出模块的输入端。

2．视频输出模块

视频输出模块的主要功能是将视频输入模块送来的视频信号进行放大，并根据中央处理模块送来的命令在视频信号上叠加上机号、日期、时间、报警等信息，将处理后的视频信号输出到监视器，每一台监视器配置一个视频输出模块。在接收串行命令时也有模块号与地址码的核对等过程，与视频输入模块的情况相同。

3．中央处理模块

中央处理模块中 CPU、RAM 和一些重要的芯片由一组专用电源供电，这组电源带有可充电电池。当有交流电源时，电源对可充电电池充电，当掉电检测电路检测到交流断电时，由电池对 CPU 和 RAM 等供电。

中央处理模块的一个重要功能是同时能够读取 8 个键盘来的串行键盘请求信号。键盘与中央处理模块间的连接是单芯屏蔽线，该线一方面从中央处理模块传送键盘用的直流电源到键盘，另一方面传送键盘发出的串行键盘请求信号到中央处理模块。

同步信号发生电路产生固定频率、固定宽度的同步脉冲将键盘直流电源拉到低电平。键盘发出的串行键盘请求信号起始位就以同步脉冲的后沿为基准，同步脉冲同时经锁存器与三态缓冲器送 CPU，作为 CPU 通过三态缓冲器读取锁存器上键盘串行请求信号的时间基准。

4．键盘

利用编解码芯片作多键盘管理也是一种可行的方法。键盘状态可以编码为 6 位信息，由编码芯片将这 6 位信息发出，中央处理模块用 8 块解码芯片分别接收 8 个键盘来的信号，并将数据锁存起来。CPU 只要读取这 8 个 6 位信息就知道 8 个键盘所处的状态，就能进行相应的控制与处理。

8 个键盘的优先权有两种处理方式：一种是键盘号优先，1 号键盘优先权最高，8 号键盘优先权最低；另一种是时间优先，哪一个键盘的命令先到，则它的优先权最高。

CPU 根据键盘的串行请求信号发出串行切换命令、字符叠加命令和电动云台、镜头的遥控命令。其中电动云台和镜头的遥控命令经信号分配单元将信号分配与驱动后送到各个解码器。

如有必要，可在摄像机附近安装手动报警按钮和入侵检测器。报警信号由控制线送到中央处理模块，报警时中央处理模块自动控制显示报警地点的有关图像，并进行声、光报警，进行录像、统计，打印机打印出报警日期、时间和地点。

5．星型控制器的优点

这种星型控制系统的优点是：

（1）适用于集中管理的单位，如高层建筑安全警卫、商场宾馆的监控、交通管理等。

（2）系统模块化，扩充容易，维修方便。

（3）主要设备集中在一个控制柜中，管理方便。

上面只是简略地介绍了星型控制系统的主要模块及功能，星型控制系统正向大规模、多功能方向发展。以 AD 公司的 AD2050/AD2052/AD1024 型控制系统为例，由于采用交叉点矩阵开关，能对 448 路视频输入、48 路视频输出进行任意切换的电路可安装在 6 个标准机箱内；据称还能扩展到对 4096 台摄像机和 384 台监视器进行任意切换。多功能则包括顺序显示、成组显示、屏幕选单显示操作、图形化用户界面(图形显示现场平面图操作)、多种报警显示方式、可变速云台控制等。

5.6.3 总线型结构

图 5-55 是总线型控制系统结构示意图,所有的键盘和控制机都挂到总线上,分时利用总线进行串行通信。

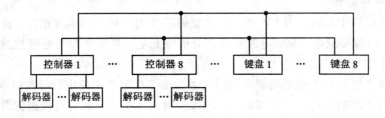

图 5-55 总线型控制系统结构示意图

1. 总线型控制器的硬件基础

单片机的串行口一般有串行发送和串行接收两个端口,如 51 系列单片机的 TXD 和 RXD。多个单片机的通信必须有一台主机的 TXD 连到所有从机的 RXD,主机的 RXD 连到所有从机的 TXD。这样,主机发送的信息可以被各台从机接收,而各台从机发送的信息只能被主机接收,各台从机之间交换信息必须通过主机。这样通信很不方便,而且也不能称为总线型控制。

单片机组成总线型控制系统必须利用收、发两用的芯片,如 75176。如图 5-56 所示,单片机的 TXD 接到 75176 的 D 端,单片机的 RXD 接到 75176 的 R 端,而 75176 的 A、B 两端挂到总线上。75176 的 DE(数据发送允许)和 $\overline{\text{RE}}$(接收允许)由单片机控制,任何时刻只有一台设备的单片机和 75176 处于发送状态,而其他设备的单片机和 75176 处于接收状态。

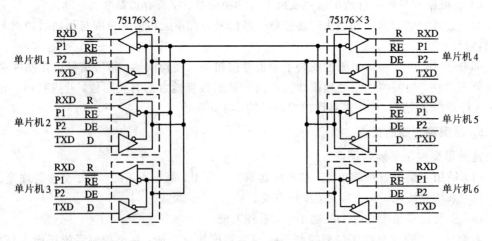

图 5-56 利用 75176 可以组成总线型结构的串行通信

2. 总线型控制器的通信协议

应用电视系统是自成系统,通信协议可参照标准通信协议自行制定,实际上也就是简化，使协议简单有效，执行方便。下面三点是协议的最简单的例子。

（1）设备地址为00H的有发送控制权，上电后将本机设置为发送设备。若将发送权赋予其他设备，必须同时把本机设置为接收设备。其他设备地址为01H～FEH的设备上电后设置本机为接收设备。

（2）发送设备首先发送地址码，接收设备各自将接收到的地址与本机地址相比较，相符时，准备接收数据。发送设备接着发送数据块长度，长度若为00H，则是交来发送权，被寻址设备可以将本机设置为发送设备。若数据长度为01H～FFH，则长度有效，被寻址设备接收该长度字节的数据。

（3）接到发送权的设备将本机设置为发送设备后按（2）发送数据，发送完毕后将发送权交还给00H号设备，再由00H号设备将发送权分配给下一个设备。

3. 总线型控制器的特点

（1）总线型控制系统的串行通信硬件比较简单，控制线的接线也比较方便。

（2）每个区域一台控制器，使视频电缆区域集中，能节省线材。

（3）两条总线上挂很多设备，万一其中一台设备有故障易影响全局。有的总线型控制系统将解码器也挂在总线上，使得总线上挂的设备增多，容易出错。所以在图5-55中，解码器由控制器输出的串行控制信号控制。

思考题和习题

1. 填空题

（1）单片彩色CCD摄像机用一个CCD传感器产生三种颜色的信号，必须用_____将光进行分色。

（2）镜头的作用是从被摄物体收集光信号到摄像机光电传感器的_____。

（3）将镜头内壁加工成螺纹并涂上黑色无光漆是为了达到_____的目的。

（4）12 mm(1/2英寸)的镜头装在8 mm(1/3英寸)的摄像机上，摄像机的视角比镜头标明的视角_____；8 mm(1/3英寸)的镜头装在12 mm(1/2英寸)的摄像机上，则摄像机的图像_____监视器全屏幕。

（5）变焦镜头由_____组、_____组、_____组、_____组四部分组成。

（6）当操作者在摄像机后，面朝目标时，顺时针方向旋转光圈调整环时光圈变_____，顺时针方向转动调焦环时距离刻度_____，顺时针方向转动变焦调整环时镜头焦距变_____。

（7）镜头光圈越小，景深越_____。镜头焦距越短，景深越_____。被摄物体的距离越远，景深越_____。

（8）室外防护罩必须具有_____、_____、_____、_____、_____等功能。

（9）监视器水平分辨率表示沿水平方向分解图像细节的能力，用_____表示。

（10）监视器亮度鉴别等级是指图像从最黑部分到最白部分之间能够区别的亮度等级，通常又称为_____等级。

（11）监视器光栅几何失真可分为_____失真、_____失真、_____失真和_____失真。

(12) 电视机设计的原则是让输入电视信号中存在的各种缺陷不在荧光屏图像中表现出来，因此采用了各种_____电路。监视器则相反，它要求真实地反映出输入图像信号中的_____和_____之处，很少采用_____电路。

(13) 同轴电缆由_____、_____、_____和_____四部分组成。所谓同轴就是指_____与_____之间的这种均匀的同心结构。

(14) 视频适配器可以是_____型的无源适配器，无源视频适配器是无方向性的，即由非平衡信号转换成平衡信号或将平衡信号转换为非平衡信号用的是同一种产品。

(15) 摄像机电源同步是以交流电源频率作为场扫描频率，应将摄像机同步选择开关拨向有_____标志一端。

(16) 若多位数据，比如 8 位、16 位数据同时传送称为_____通信，若数据一位一位地顺序传送则称为_____通信。

(17) 瞬变电压抑制器 TVP，也称 TVS，能吸收高达_____瓦的浪涌功率，当 TVP 管两端经受瞬间的高能量冲击时，它能以极高的速度变为低阻抗，吸收一个大电流，保护后面的电路元件不被高电压的冲击损坏。

2. 选择题

(1) C 接口的镜头如果不用适配器强行安装在 CS 接口的摄像机上，结果会_____。
① 图像质量欠佳　　② 聚焦不良　　③ 无图像　　④ 损坏摄像机的光电传感器

(2) 黑白监视器_____这一技术指标的测试不用电视信号发生器或其他仪器。
① 水平分辨率　　② 亮度鉴别等级　③ 光栅的几何失真　④ 同步范围

(3) 应用电视系统不使用的传输介质是_____。
① 同轴电缆　　② 电话电缆　　③ 双绞线　　④ 光缆

(4) 同轴电缆屏蔽层不能起的作用是_____。
① 防止电信号泄漏　② 防止外界电信号干扰　③ 防止光信号干扰
④ 加强机械强度

(5) 视频信号配接的标准阻抗和标准极性是_____。
① 75 Ω、正极性　　② 75 Ω、负极性　③ 50 Ω、正极性④ 50 Ω、负极性

(6) 下列连接器中不宜连接视频信号的是_____。
① BNC 连接器　　② RCA 连接器　③ S 视频 DIN-4 连接器　　④ D 型连接器

(7) 对 625 行、50 场隔行扫描系统来说，1 MHz 视频带宽的清晰度就相应于_____电视线。
① 200　　　　② 100　　　　③ 80　　　　④ 50

3. 判断题

(1) 手动调焦镜头调节调焦环并不改变焦距。

(2) CCD 光电传感器对波长为 800～1000 mm 的人眼看不见的红外光仍然敏感，所以单片式彩色 CCD 摄像机能在黑暗中进行监视。

(3) 在室内进行红外照射暗中监视时，应用窗帘等物遮住月光和其他可见的反射光，使室内完全黑暗，就能取得最佳的图像。

(4) 限制彩色监视器清晰度的主要因素是视频通道的频宽和监视器像素点距。

(5) 综合布线系统采用非屏蔽双绞线、同轴电缆和光缆。

（6）视频信号以数字信号形式在网络中能实时传送。

（7）电源同步也称电源锁相，是以交流电源频率作为行扫描频率。

（8）家用录像机的视频输出信号不能用作台从锁相的基准源。

（9）图文电视将文字和图案编成数字信号代码，利用电视信号消隐期间奇数场的第17、18行和偶数场的第330、331行来传送这种编码信号。

（10）TVP管所能承受的瞬时脉冲重复率为0.01%。

（11）总线型控制系统任何时刻只有一台设备处于发送状态。

4. 问答题

（1）应用电视的信息传播有什么特点？

（2）在环境适应性方面对应用电视摄像机有什么要求？

（3）用8 mm(1/3英寸)摄像机监视距离3 m远处的高2 m、宽0.5 m的门，要求用电视机监视进出该门的人，应采用多大焦距的8 mm(1/3英寸)镜头？

（4）车辆收费站运用8 mm(1/3英寸)摄像机监视距离4 m远处交费车辆的车号，车号的细节尺寸约为10 mm，应采用多大焦距的8 mm(1/3英寸)镜头？

（5）要使51 cm(20英寸)彩色监视器具有600电视线以上的水平清晰度，采用点距为0.43 mm的彩色显像管能否满足要求呢？

（6）视频信号配接的标准阻抗、标准电平和标准极性是什么？

（7）矩阵切换器有哪些特点？

（8）最常用的切换方式是哪三种？

（9）应用电视系统中常用的异步串行通信接口有哪三类？各有什么特点？

（10）选用TVP管要注意哪些参数？

（11）树型、星型、总线型控制系统各有什么特点？

第6章　视频压缩技术

6.1　视频压缩的基本原理

6.1.1　视频信号压缩的可能性

视频数据中存在着大量的冗余，即图像的各像素数据之间存在极强的相关性。利用这些相关性，一部分像素的数据可以由另一部分像素的数据推导出来，结果视频数据量能极大地压缩，有利于传输和存储。视频数据主要存在以下形式的冗余。

1. 空间冗余

视频图像在水平方向相邻像素之间、垂直方向相邻像素之间的变化一般都很小，存在着极强的空间相关性。特别是同一景物各点的灰度和颜色之间往往存在着空间连贯性，从而产生了空间冗余，常称为帧内相关性。

2. 时间冗余

在相邻场或相邻帧的对应像素之间，亮度和色度信息存在着极强的相关性。当前帧图像往往具有与前、后两帧图像相同的背景和移动物体，只不过移动物体所在的空间位置略有不同，对大多数像素来说，亮度和色度信息是基本相同的，称为帧间相关性或时间相关性。

3. 结构冗余

在有些图像的纹理区，图像的像素值存在着明显的分布模式。如方格状的地板图案等。已知分布模式，可以通过某一过程生成图像，称为结构冗余。

4. 知识冗余

有些图像与某些知识有相当大的相关性。如人脸的图像有固定的结构，嘴的上方有鼻子，鼻子的上方有眼睛，鼻子位于脸部图像的中线上。这类规律性的结构可由先验知识得到，此类冗余称为知识冗余。

5. 视觉冗余

人眼具有视觉非均匀特性，对视觉不敏感的信息可以适当地舍弃。在记录原始的图像数据时，通常假定视觉系统是线性的和均匀的，对视觉敏感和不敏感的部分同等对待，从而产生了比理想编码（即把视觉敏感和不敏感的部分区分开来编码）更多的数据，这就是视觉冗余。人眼对图像细节、幅度变化和图像的运动并非同时具有最高的分辨能力。人眼视觉对图像的空间分解力和时间分解力的要求具有交换性，当对一方要求较高时，对另一方的要求就较低。根据这个特点，可以采用运动检测自适应技术，对静止图像或慢运动图像降低其时间轴抽样频率，例如每两帧传送一帧；对快速运动图像降低其空间抽样频率。另外，人眼视觉对图像的空间、时间分解力的要求与对幅度分解力的要求也具有交换性，对图像的幅度误差存在一个随图像内容而变的可觉察门限，低于门限的幅度误差不被察觉，在图像的空间边缘（轮廓）或时间边缘（景物突变瞬间）附近，可觉察门限比远离边缘处增大3～4倍，这就是视觉掩盖效应。根据这个特点，可以采用边缘检测自适应技术，对于图像的平缓区或正交变换后代表图像低频成分的系数细量化，对图像轮廓附近或正交变换后代表图像高频成分的系数粗量化；当由于景物的快速运动而使帧间预测编码码率高于正常值时进行粗量化，反之则进行细量化。在量化中，尽量使每种情况下所产生的幅度误差刚好处于可觉察门限之下，这样能实现较高的数据压缩率而主观评价不变。

6. 图像区域的相同性冗余

在图像中的两个或多个区域所对应的所有像素值相同或相近，从而产生的数据重复性存储，这就是图像区域的相似性冗余。在这种情况下，记录了一个区域中各像素的颜色值，与其相同或相近的区域就不再记录各像素的值。矢量量化方法就是针对这种冗余图像的压缩方法。

7. 纹理的统计冗余

有些图像纹理尽管不严格服从某一分布规律，但是在统计的意义上服从该规律，利用这种性质也可以减少表示图像的数据量，称为纹理的统计冗余。

电视图像信号数据存在的信息冗余为视频压缩编码提供了可能。

6.1.2 视频信号的数字化和压缩

模拟电视信号（包括视频和音频）通过取样、量化后编码为二进制数字信号的过程称为模/数（A/D）变换或脉冲编码调制（Pulse Coding Modulation，PCM），所得到的信号也称为PCM信号，其过程可用图 6-1(a)表示。若取样频率等于 f_s，用 n 比特量化，则 PCM 信号的码率为 nf_s（比特/s）。PCM 编码既可以对彩色全电视信号直接进行，也可以对亮度信号和两个色差信号分别进行，前者称为全信号编码，后者称为分量编码。

PCM 信号经解码和插入滤波恢复为模拟信号，如图 6-1(b)所示，解码是编码的逆过程，插入滤波是把解码后的信号插补为平滑、连续的模拟信号。这两个步骤合称为数/模（D/A）变换或 PCM 解码。

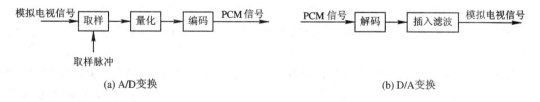

(a) A/D变换   (b) D/A变换

图 6-1 电视信号的数字化和复原

1. 奈奎斯特取样定理

理想取样时，只要取样频率大于或等于模拟信号中最高频率的 2 倍，就可以不失真地恢复模拟信号，称为奈奎斯特取样定理。模拟信号中最高频率的 2 倍称为折叠频率。

2. 亚奈奎斯特取样

按取样定理，若取样频率 f_s 小于模拟信号最高频率 f_{max} 的 2 倍会产生混叠失真，但若巧妙地选择取样频率，令取样后频谱中的混叠分量落在色度分量和亮度分量之间，就可用梳状滤波器去掉混叠成分。

3. 均匀量化和非均匀量化

在输入信号的动态范围内，量化间隔幅度都相等的量化称为均匀量化或线性量化。对于量化间距固定的均匀量化，信噪比随输入信号幅度的增加而增加，在强信号时固然可把噪波淹没掉，在弱信号时，噪波的干扰就十分显著。

为改善弱信号时的信噪比，量化间距应随输入信号幅度而变化，大信号时进行粗量化，小信号时进行细量化，也就是采用非均匀量化(或称非线性量化)。

非均匀量化有两种方法，一是把非线性处理放在编码器前和解码器后的模拟部分，编、解码仍采用均匀量化，在均匀量化编码器之前，对输入信号进行压缩，这样等效于对大信号进行粗量化，对小信号进行细量化；在均匀量化解码器之后，再进行扩张，以恢复原信号。另一种方法是直接采用非均匀量化器，输入信号大时进行粗量化(量化间距大)，输入信号小时进行细量化(量化间距小)。也有采用若干个量化间距不等的均匀量化器，当输入信号超过某一电平时进入粗间距均匀量化器，低于某一电平时进入细间距量化器，称为准瞬时压扩方式。

通常用 Q 表示量化，用 Q^{-1} 表示反量化。量化过程相当于由输入值找到它所在的区间号，反量化过程相当于由量化区间号得到对应的量化电平值。量化区间总数远远少于输入值的总数，所以量化能实现数据压缩。很明显，反量化后并不能保证得到原来的值，因此量化过程是一个不可逆过程，用量化的方法来进行压缩编码是一种非信息保持型编码。通常这两个过程均可用查表方法实现，量化过程在编码端完成，而反量化过程则在解码端完成。

对量化区间标号(量化值)的编码一般采用等长编码方法。当量化分层总数为 K 时，经过量化压缩后的二进制数码率为 lb K 比特/量值。在一些要求较高的场合，可采用可变字长编码如霍夫曼编码或算术编码来进一步提高编码效率。

6.1.3　ITU－R BT.601 分量数字系统

数字视频信号是将模拟视频信号经过取样、量化和编码后形成的。模拟电视有 PAL、NTSC 等制式，必然会形成不同制式的数字视频信号，不便于国际数字视频信号的互通。1982 年 10 月，国际无线电咨询委员会(Consultative Committee for International Radio，CCIR)通过了第一个关于演播室彩色电视信号数字编码的建议，1993 年变更为 ITU－R(International Telecommunications Union－Radio communications sector，国际电联无线电通信部门)BT.601 分量数字系统建议。

BT.601 建议采用了对亮度信号和两个色差信号分别编码的分量编码方式，对不同制式的信号采用相同的取样频率 13.5 MHz，与任何制式的彩色副载波频率无关，对亮度信号 Y 的取样频率为 13.5 MHz。由于色度信号的带宽远比亮度信号的带宽窄，对色度信号 U 和 V 的取样频率为 6.75 MHz。每个数字有效行分别有 720 个亮度取样点和 360×2 个色差信号取样点。对每个分量的取样点都是均匀量化，对每个取样进行 8 比特精度的 PCM 编码。这几个参数对 525 行、60 场/秒和 625 行、50 场/秒的制式都是相同的。有效取样点是指只有行、场扫描正程的样点有效，逆程的样点不在 PCM 编码的范围内。因为在数字化的视频信号中，不再需要行、场同步信号和消隐信号，只要有行、场（帧）的起始位置即可。例如，对于 PAL 制，传输所有的样点数据，大约需要 200 Mb/s 的传输速率，传输有效样点只需要 160 Mb/s 左右的速率。

色度信号的取样率是亮度信号取样率的一半，常称做 4∶2∶2 格式，可以理解为每一行里的 Y、U、V 的样点数之比为 4∶2∶2。

6.1.4　熵编码

熵编码（Entropy Coding）是一类无损编码，因编码后的平均码长接近信源的熵而得名。熵编码多用可变字长编码（Variable Length Coding，VLC）实现。其基本原理是对信源中出现概率大的符号赋以短码，对出现概率小的符号赋以长码，从而在统计上获得较短的平均码长。所编的码应是即时可解码，某一个码不会是另一个码的前缀，各个码之间无需附加信息便可自然分开。

1. 霍夫曼编码

霍夫曼（Huffman）编码是一种可变长编码，编码方法如图 6-2 所示。

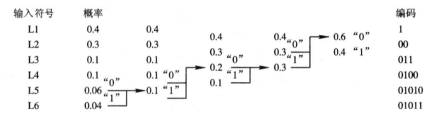

图 6-2　霍夫曼编码

（1）将输入信号符号以出现概率由大至小为序排成一列。

（2）将两处最小概率的符号相加合成为一个新概率，再按出现概率的大小排序。

（3）重复步骤（2），直至最终只剩两个概率。

（4）编码从最后一步出发逐步向前进行，概率大的符号赋予"0"码，另一个概率赋予"1"码，直至到达最初的概率排列为止。

2. 算术编码

霍夫曼编码的每个代码都要使用一个整数位，如果一个符号只需要用 2.5 位就能表示，但在霍夫曼编码中却必须用 3 个符号来表示，因此它的效率较低。与其相比，算术编码并不是为每个符号产生一个单独的代码，而是使整条信息共用一个代码，增加到信息上的每个新符号都递增地修改输出代码。

假设信源由 4 个符号 S1、S2、S3 和 S4 组成，其概率模型如表 6-1 所示。把各符号出现的概率表示在如图 6-3 所示的单位概率区间之中，区间的宽度代表概率值的大小，各符号所对应的子区间的边界值，实际上是从左到右各符号的累积概率。在算术编码中通常采用二进制的小数来表示概率，每个符号所对应的概率区间都是半开区间，如 S1 对应

[0，0.001)，S2 对应[0.001，0.011)。算术编码所产生的码字实际上是一个二进制小数值的指针，该指针指向所编的符号所对应的概率区间。

表 6-1　信源概率模型和算术编码过程

信　　源				算术编码过程		
符号 概率	概率（二进制）	累积概率	区间范围	状态	C_i	A_i
S1　1/8	0.001	0	[0,0.001)	初始值	$C_0=0$	$A_0=1$
S2　1/4	0.01	0.001	[0.001,0.011)	编码 S3	$C_1=0.011$	$A_1=0.1$
S3　1/2	0.1	0.011	[0.011,0.111)	编码 S3	$C_2=0.1001$	$A_2=0.01$
S4　1/8	0.001	0.111	[0.111,1)	编码 S2	$C_3=0.10011$	$A_3=0.0001$
				编码 S4	$C_4=0.1010011$	$A_4=0.0000001$

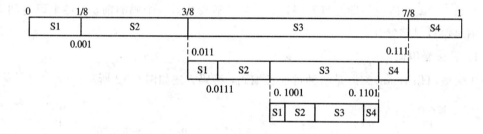

图 6-3　算术编码过程示意图

若将符号序列 S3S3S2S4 进行算术编码，序列的第一个符号为 S3，我们用指向图 6-3 中第 3 个子区间的指针来代表这个符号，由此得到码字 0.011，后续的编码将在前面编码指向的子区间内进行；将[0.011，0.111)区间再按符号的概率值划分成 4 份，对第二个符号 S3，指针指向 0.1001，码字串变为 0.1001；然后 S3 所对应的子区间又被划分为 4 份，开始对第三个符号进行编码……。

算术编码的基本法则如下：

(1) 初始状态：编码点(指针所指处)$C_0=0$，区间宽度 $A_0=1$。

(2) 新编码点：

$$C_i = C_{i-1} + A_{i-1} \times P_i$$

式中，C_{i-1} 是原编码点；A_{i-1} 是原区间宽度；P_i 是所编符号对应的累积概率。

新区间宽度为

$$A_i = A_{i-1} \times p_i$$

式中，p_i 为所编符号对应的概率。

根据上述法则，对序列 S3S3S2S4 进行算术编码的过程如下：

第一个符号 S3：$C_1=C_0+A_0 \times P_1=0+1 \times 0.011=0.011$

　　　　　　　$A_1=A_0 \times p_1=1 \times 0.1=0.1$

　　　　　　　[0.011,0.111]

第二个符号 S3：$C_2=C_1+A_1 \times P_2=0.011+0.1 \times 0.011=0.1001$

$$A_2 = A_1 \times p_2 = 0.1 \times 0.1 = 0.01$$

$$[0.1001, 0.1101]$$

第三个符号 S2：$C_3 = C_2 + A_2 \times P_3 = 0.1001 + 0.01 \times 0.001 = 0.10011$

$$A_3 = A_2 \times p_3 = 0.01 \times 0.01 = 0.0001$$

$$[0.10011, 0.10101]$$

第四个符号 S4：$C_4 = C_3 + A_3 \times P_4 = 0.10011 + 0.0001 \times 0.111 = 0.1010011$

$$A_4 = A_3 \times p_4 = 0.0001 \times 0.001 = 0.0000001$$

$$[0.1010011, 0.10101)$$

3. 游程编码

游程编码(Run Length Coding，RLC)是一种十分简单的压缩方法，它将数据流中连续出现的字符用单一的记号来表示。例如，字符串 5310000000000110000000012000000000000 可以压缩为 5310 - 10110 - 08120 - 12，其中，"-"后面两个数字是"-"前面数字的连续个数。游程编码的压缩率不高，但编码、解码的速度快，仍被得到广泛的应用，特别是在变换编码后再进行游程编码，有很好的效果。

6.1.5 预测编码和变换编码

1. DPCM 原理

基于图像的统计特性进行数据压缩的基本方法就是预测编码。它是利用图像信号的空间或时间相关性，用已传输的像素对当前的像素进行预测，然后对预测值与真实值的差——预测误差进行编码处理和传输。目前用得较多的是线性预测方法，全称为差值脉冲编码调制(Differential Pulse Code Modulation，DPCM)。

利用帧内相关性(像素间、行间的相关)的 DPCM 称为帧内预测编码。如果对亮度信号和两个色差信号分别进行 DPCM 编码，对亮度信号采用较高的取样率和较多位数编码，对色差信号用较低的取样率和较少位数编码，构成时分复合信号后再进行 DPCM 编码，这样做使总码率更低。

利用帧间相关性(邻近帧的时间相关性)的 DPCM 被称为帧间预测编码，因帧间相关性大于帧内相关性，其编码效率更高。

若把这两种 DPCM 组合起来，再配上变字长编码技术，能取得较好的压缩效果。DPCM 是图像编码技术中研究得最早，且应用最广的一种方法，它的一个重要的特点是算法简单，易于硬件实现。图 6-4(a)是 DPCM 原理示意图，编码单元主要包括线性预测器和量化器两部分。编码器的输出不是图像像素的样值 $f(m, n)$，而是该样值与预测值 $g(m, n)$ 之间的差值，即预测误差 $e(m, n)$ 的量化值 $E(m, n)$。根据图像信号统计特性的分析，给出一组恰当的预测系数，使预测误差主要分布在"0"附近，经非均匀量化，采用较少的量化分层，图像数据得到压缩。而量化噪声又不易被人眼所觉察，图像的主观质量并不明显下降。图 6-4(b)是 DPCM 解码器，其原理和编码器刚好相反。

DPCM 编码性能主要取决于预测器的设计，预测器设计要确定预测器的阶数 N 以及各预测系数。图 6-5 是一个四阶预测器的示意图，图 6-5(a)表示预测器所用的输入像素和被预测像素之间的位置关系，图 6-5(b)表示预测器的结构。

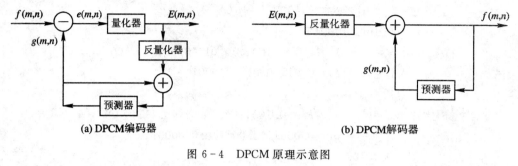

(a) DPCM编码器　　　　　　　　　　　(b) DPCM解码器

图 6-4　DPCM 原理示意图

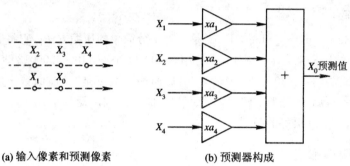

(a) 输入像素和预测像素　　　　　　　(b) 预测器构成

图 6-5　四阶预测器示意图

2. 变换编码原理

图像变换编码是将空间域里描述的图像,经过某种变换(如傅里叶变换、离散余弦变换、沃尔什变换等)在变换域中进行描述。这样,可以将图像能量在空间域的分散分布变为在变换域的相对集中分布,便于用"Z"(zig-zag)字形扫描、自适应量化、变长编码等进一步处理,完成对图像信息的有效压缩。

先从一个实例来看一个域的数据变换到另一个域后其分布是如何改变的。以 1×2 像素构成的子图像,即相邻两个像素组成的子图像为例,每个像素 3 比特编码,取 $0\sim7$ 共 8 个灰度级,两个像素有 64 种可能的灰度组合,由图 6-6(a)中的 64 个坐标点表示。一般图像相邻像素之间存在着很强的相关性,绝大多数的子图像中相邻两像素灰度级相等或很接近,也就是说在 $x_1=x_2$ 直线附近出现的概率大,如图 6-6(a)中的阴影区所示。

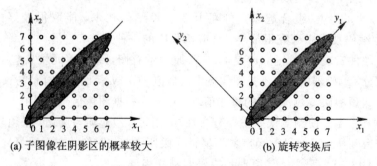

(a) 子图像在阴影区的概率较大　　　　(b) 旋转变换后

图 6-6　变换编码的物理意义

现在将坐标系逆时针旋转 $45°$,如图 6-6(b)所示。在新的坐标系 y_1、y_2 中,概率大的子图像区位于 y_1 轴附近。表明变量 y_1、y_2 之间的联系比变量 x_1、x_2 之间的联系在统计上更加独立,方差也重新分布。在原来坐标系中子图像的两个像素具有较大的相关性,能量的分布也比较分散，两者具有大致相同的方差；而在变换后的坐标系中，子图像的两个像素之间的相关性大大减弱，能量分布向 y_1 轴集中，y_1 的方差也远大于 y_2，这种变换后坐标轴上的方差不均匀分布正是正交变换编码能够实现图像数据压缩的理论根据。若按照人的视觉特性，只保留方差较大的那些变换系数分量，就可以获得更大的数据压缩比，这就是视觉心理编码的方法。

把一个 $n \times n$ 像素的子图像看成 n^2 维坐标系中的一个坐标点，在 n^2 维坐标系中每一个坐标点对应于 n^2 个像素，这个坐标点各维的数值是其对应的 n^2 个像素的灰度组合。图像在 n^2 维变换域中，相关性大大下降。因此用变换后的系数进行编码，比直接用图像数据编码能获得更大的数据压缩。

变换编码将被处理数据按照某种变换规则映射到另一个域中去处理，图像编码采用二维正交变换的方式，若将整个图像作为一个二维矩阵，变换编码的计算量太大。所以，将一幅图像分成一个个小图像块，通常是 8×8 或 16×16 小方块，每个图像块可以看成为一个二维数据矩阵，变换编码以这些小图像块为单位进行，把统计上密切相关的像素构成的矩阵通过线性正交变换，变成统计上较为相互独立，甚至完全独立的变换系数所构成的矩阵。信息论的研究表明，变换前后图像的信息量并无损失，可以通过反变换得到原来的图像值。统计分析表明，正交变换后，数据的分布向新坐标系中的少数坐标集中，集中于少数的直流或低频分量的坐标点。正交变换并不压缩数据量，但它去除了大部分相关性，数据分布相对集中，可以依据人的视觉特性，对变换系数进行量化，允许引入一定量的误差，只要它们在重建图像中造成的图像失真不明显，或者能达到所要求的观赏质量就行。量化可以增加许多不用编码的 0 系数，然后再对量化后的系数进行变长编码。

3. 离散余弦变换(DCT)

在常用的正交变换中，DCT(Discrete Cosine Transform)变换的性能接近最佳，是一种准最佳变换。DCT 变换矩阵与图像内容无关，是因为它构造成对称的数据序列，避免了子图像轮廓处的跳跃和不连续现象。DCT 变换也有快速算法(FDCT)，在图像编码的应用中，大都采用二维 DCT 变换。

对于一般图像，在二维 DCT 的变换域中，幅值较大的系数集中在低频域。图 6-7 是一幅图像上的两个 8×8 像素矩阵及其二维 DCT 系数矩阵。图 6-7(a)是背景区域的一小块图像，它的系数矩阵左上角的 50 为 DCT 系数的直流分量，它标志着该像素块的亮度平均值；其余系数皆为零，说明在变换域中系数的分布是相当集中的。图 6-7(b)为细节较多的区域里的一小块图像，其系数的分布集中的程度要差一些。

像素值								DCT变换系数							
52	51	51	51	51	52	51	51	50	0	0	0	0	0	0	0
50	51	51	51	50	51	52	51	0	0	0	0	0	0	0	0
50	50	50	50	51	52	52	52	0	0	0	0	0	0	0	0
50	50	51	49	50	52	51	51	0	0	0	0	0	0	0	0
50	51	50	50	49	50	49	50	0	0	0	0	0	0	0	0
50	51	51	50	49	49	50	50	0	0	0	0	0	0	0	0
50	50	51	50	48	50	51	50	0	0	0	0	0	0	0	0
50	50	50	49	50	50	50	49	0	0	0	0	0	0	0	0

(a) 背景部分图像块的 DCT

像素值								DCT变换系数							
117	120	109	77	73	64	54	60	102	7	6	0	0	0	0	0
139	123	102	74	75	60	64	87	-15	11	4	0	-1	-2	0	0
109	100	93	85	70	68	97	103	6	-5	-3	-2	0	0	1	0
97	117	117	78	74	94	103	79	-6	8	2	2	3	0	0	0
164	149	88	87	99	91	74	68	4	2	-3	2	-3	-1	0	0
147	94	90	102	84	72	82	102	-2	-5	1	-3	-3	1	0	0
95	92	116	119	114	122	137	150	-1	0	0	0	2	1	0	0
111	112	140	150	157	163	161	157	1	0	0	1	0	-1	1	0

(b) 细节部分图像块的 DCT

图 6-7　图像块的 DCT 变换

对自然景物图像的 DTC 变换进行统计表明，DCT 系数矩阵的能量集中在反映水平和垂直低频分量的左上角；量化以后，DCT 系数矩阵变得稀疏，位于矩阵右下角的高频分量系数大部分被量化为零。游程编码的思想是，用适当的扫描方式将已量化的二维 DCT 系数矩阵变换为一维序列，所用的扫描方式应使序列中连零的数目尽量多，或者说使连零的游程尽量长，对游程的长度进行游程编码（Run Length Coding，RLC）以替代逐个地传送这些零值，就

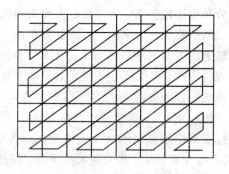

图 6-8 Z 字形扫描

能进一步实现数据压缩。常用的 Z(zig-zag)字形扫描如图 6-8 所示。

游程编码的方法是将扫描得到的一维序列转化为一个由二元数组（run，level）组成的数组序列，其中 run 表示连零的长度，level 表示这串连零之后出现的一个非零值。当剩下的所有系数都为零时，用一个符号 EoB(End of Block)来表示。

4. 混合编码

混合编码是近年来广泛采用的方法，这种方法充分利用各种单一压缩方法的长处，以期在压缩比和效率之间取得最佳的平衡。如广泛流行的 JPEG 和 MPEG 压缩方法都是典型的混合编码方案。

6.2 静止图像压缩

静止图像是指内容不变的图像，也可能是不活动场景图像或活动场景图像在某一瞬时的"冻结"图像。静止图像编码是指对单幅图像的编码。

静止图像用于传送文件、模型、图片和现场的实况监视图像。实况监视每隔一定时间间隔更换一幅新的图像，可以不连续地看到现场的情况，是一种准实时的监视。

静止图像编码有以下要求：

（1）清晰度。静止图像中的细节容易被观察到，要求有更高的清晰度。

（2）逐渐浮现的显示方式。在窄带传输时为了减少等待时间，要求编码能提供逐渐浮现的显示方式，即先传模糊的整幅图像，再逐渐变清晰。

（3）抗干扰。一幅图像的传输时间较长，各种干扰噪声显示时间较长，影响观看，要求编码与调制方式都有较强的抗干扰能力。

图 6-9 是静止图像编码传输系统示意图。摄像机摄取的全电视信号经数据采集卡捕获一帧图像，数字化后存放在帧存储器中。也可用数字摄像机直接得到数字图像。编码器对存放在帧存储器中数字图像进行压缩编码，因时间充裕可采用较复杂的算法提高压缩比，保持较高的清晰度。经调制后送到信道中传输。接收的过程则相反，信号经解调、解码后送帧存储器，然后以一定的方式读出，经 D/A 变换后在显示屏上显示，或被拷贝下来。

静止图像的主要编码方法是 DPCM 和变换编码，由于小波变换编码在静止图像的压缩中取得了重大进展，因此在新标准 JPEG 2000 和 MPEG-4 中均采用小波变换编码。

图 6-9　静止图像编码传输系统示意图

6.2.1　JPEG 标准

JPEG 是由国际标准化组织(International Organization for Standardization，ISO)、国际电工技术委员会(International Electrotechnical Commission，IEC)和 ITU-T 共同组成的联合图片专家小组(Joint Photographic Experts Group)的缩写。1991 年 3 月，JPEG 建议(ISO/IEC10918 号标准)"多灰度静止图像的数字压缩编码(通常简称为 JPEG 标准)"正式通过，这是一个适用于彩色和单色多灰度或连续色调静止数字图像的压缩标准，包括无损压缩及基于离散余弦变换和霍夫曼编码的有损压缩两个部分。

基本 JPEG 算法操作可分成 6 个步骤，如图 6-10 所示。

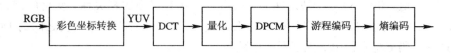

图 6-10　JPEG 算法的步骤

1.　彩色坐标转换

彩色坐标转换是要去掉数据冗余量，不属于 JPEG 算法，JPEG 是独立于彩色坐标的。压缩可采用不同坐标(如 RGB、YUV、YIQ 等)的图像数据。

2.　离散余弦变换(DCT)

JPEG 采用 8×8 子块的二维离散余弦变换算法。在编码器的输入端，把原始图像(U、V 的像素是 Y 的一半)顺序地分割成一系列 8×8 的子块。在 8×8 图像块中，像素值变化缓慢，具有较低的空间频率。进行二维 8×8 离散余弦变换可以将图像块的能量集中在极少数系数上，DCT 的(0，0)元素是块的平均值，其他元素表明在每个空间频率下的谱能为多少。一般地，离原点(0，0)越远，元素衰减得越快。

3.　量化

为了达到压缩数据的目的，对 DCT 系数需作量化处理。量化的作用是在保持一定质量的前提下，丢弃图像中对视觉效果影响不大的信息。量化是多对一映射，是造成 DCT 编码信息损失的根源。JPEG 标准中采用线性均匀量化器，量化过程为对 64 个 DCT 系数除以量化步长并四舍五入取整，量化步长由量化表决定。量化表元素因 DCT 系数位置和彩色分量的不同而取不同的值。量化表为 8×8 矩阵，与 DCT 变换系数一一对应。量化表一般由用户规定(JPGE 标准中给出了参考值)，可根据人类视觉系统和压缩图像类型的特点进行优化，并作为编码器的一个输入。量化表中元素为 1～255 之间的任意整数，其值规定了所对应 DCT 系数的量化步长。DCT 变换系数除以量化表中对应位置的量化步长并舍去小数部分后，多数变为零，从而达到了压缩的目的。表 6-2 和表 6-3 分别给出了 JPEG 标准所推荐的亮度量化表和色度量化步长表。

表 6 - 2　JPEG 亮度量化步长

16	11	10	16	24	40	51	61
12	12	14	19	26	58	60	55
14	13	16	24	40	57	69	56
14	17	22	29	51	87	80	62
18	22	37	56	68	109	103	77
24	35	55	64	81	104	113	92
49	64	78	87	103	121	120	101
72	92	95	98	112	100	103	99

表 6 - 3　JPEG 色度量化步长

17	18	24	47	99	99	99	99
18	21	26	66	99	99	99	99
24	26	56	99	99	99	99	99
47	66	99	99	99	99	99	99
99	99	99	99	99	99	99	99
99	99	99	99	99	99	99	99
99	99	99	99	99	99	99	99
99	99	99	99	99	99	99	99

4. 差分编码

64 个变换数经量化后，DCT 的(0,0)元素是直流分量（DC 系数），即空间域中 64 个图像采样值的均值，相邻 8×8 子块之间的 DC 系数一般有很强的相关性，变化应该较缓慢，JPEG 标准对 DC 系数采用 DPCM 编码（差分编码）方法，即对相邻像素块之间的 DC 系数的差值进行编码能将它们中的大多数数值减小。

5. 游程编码

其余 63 个交流分量（AC 系数）采用游程编码。如果从左到右，从上到下地扫描块，零元素不集中，因此采用从左上角开始沿对角线方向 Z 字形扫描。量化后的 AC 系数通常会有许多零值。

6. 熵编码

为了进一步压缩数据，对 DC 码和 AC 游程编码的码字再作统计特性的熵编码，JPEG 标准建议采用霍夫曼编码和自适应二进制算术编码。

6.2.2　JPEG 2000 标准

JPEG 2000 是 JPEG 工作组制定的最新的静止图像压缩编码的国际标准，标准号为 ISO/IEC15444(ITU - TT.800)，并于 2000 年底公布。

JPEG 2000 主要由六个部分组成：

第一部分为编码的核心部分，提供优秀的压缩性能和压缩灵活性，提供随机访问码流的机制；

第二部分为编码扩展；

第三部分为 Motion JPEG 2000(MJP 2000)；

第四部分为一致性测试；

第五部分为参考软件；

第六部分为复合图像文件格式。

1. JPEG 2000 采用了小波变换(DWT)

JPEG 基本算法中的基于子块的 DCT 被离散小波变换（Discrete Wavelet Transform，DWT)取代。DWT 自身具有多分辨率图像表示性能，它可以在大范围去掉图像的相关性，将图像能量分布更好地集中，使压缩效率得到提高。

一个图像可以被分成若干大小相等的片(Tile)，片的具体尺寸可以由用户根据应用需要来决定，片包括所有的图像分量，假设图像有 3 个分量(Y、U、V)且图像被分成 4 个片，实际上指的是对应的 4 个 Y 片、4 个 U 片和 4 个 V 片，即每个片由 3 个分量片组成。各个分量片独立编、解码，可以从码流中单独提取某个或某些片，解码后重建图像。这种片划分和片独立编码的机制有利于从码流中提取和解码某个图像区域。

对分量片做不同级别的小波变换，小波变换的作用是对图像进行多分辨率分解，即把原始图像分解成不同空间、不同频率的子图像，这些子图像实际上是由小波变换后产生的系数构成，即系数图像。对一个原始图像或分量片进行三级小波分解的例子如图 6-11 所示，每一级分解都把图像分解成 4 个不同空间、不同频带的子图像(也称为子带图像或子带分量)：低频分量 LL(包含图像的低频信息，即图像的主要特征，低频分量可再次分解)、水平分量 LH(包含较多的水平边缘信息)、垂直分量 HL(包含较多的垂直边缘信息)和对角分量 HH(包含水平和垂直边缘信息)。

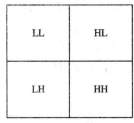 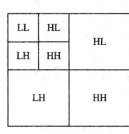 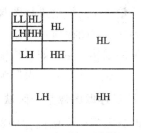

(a) 一级分解示意图　　　　(b) 二级分解示意图　　　　(c) 三级分解示意图

图 6-11　DWT 对静止图像进行三级分解

从图 6-11 可以看出，分解级数越多，图像分辨率等级越多，每一级分解图像的分辨率降为前一级的一半。在解码端，如果只想得到低于原始图像分辨率图像，就只需对部分的子带图像(子带分量)进行解码。

小波变换本身并不具有数据压缩能力，变换前，原始图像的数据量(像素值的个数)与变换后各系数的数据量(系数个数)相等，变换的意义在于使图像的能量分布(频域内的系数分布)发生了改变，图像的主要能量集中在低频区(LL 区)，而水平、垂直、对角线部分的高频能量较少。通过量化，把大量幅值较小的系数抑制为零，从而压缩了数据量。要进一步大幅度压缩数据量，还需进行合适的编码处理(如算术编码)，用更少的比特表示那些量化后不为零的小波系数。

2. JPEG 2000 同时支持有损和无损压缩

小波变换可以使用可逆的 Le Gall(5，3)滤波器，也可以使用不可逆的 Daubechies(9，7)双正交滤波器。可逆滤波器支持无损编码，不可逆滤波器不支持无损编码，但能达到更高的压缩比。

3. JPEG 2000 支持 RoI 处理

在处理图像时，往往对部分感兴趣区域(Region of Interest，RoI)有较高的质量要求，希望是无损压缩。为了得到较高的压缩效率，把图像的其他部分看成是背景，对背景部分进行压缩效率比较高的有损压缩。在传输图像码流时，RoI 区域可先于图像的其他部分被传输，如果压缩码流被截取，则在一定程度上可保证 RoI 的质量。

JPEG 2000 系统为 RoI 区域产生一个 RoI 模板，用来标志 RoI 区域。选择适当的比例因子 s，将位于 RoI 模板区域之外的背景量化系数的幅值除以 2^s，得到的数值小于 RoI 模板中最小的量化系数幅值。这样处理后，位于 RoI 模板内的量化系数所处的位平面就会高于背景系数所处的位平面，在进行位平面算术编码时，先对 RoI 域中的量化系数编码，然后再对背景系数编码。因为 RoI 区域的位平面高于背景区域，RoI 区域的压缩码流位于整个码流的前端，当码流被截断时，RoI 区域中的数据在一定程度上受到保护，保证了 RoI 的重构质量。

在解码器端，将解码后的量化系数与 RoI 阈值相比较，若小于 RoI 阈值，则判定是背景系数，对其进行反向比例放大，即乘以 2^s，进行恢复，得到重构时所需的小波量化系数。

4. 可随机获取部分压缩码流

JPEG 2000 系统将码流分层组织，每一层含有一定的质量信息，在前面层的基础上改善图像质量。在网络上进行图像浏览时，可先传送第一层，给用户一个较粗的图像，然后再传送第二层，图像质量在第一层的基础上得到改善，这样一层一层地传输下去，可得到不同质量的重构图像。如果传输了所有的层，则可获得完整的图像压缩码流。JPEG 2000 由于采用了这种思想，使得压缩生成的码流具有质量可分级性和分辨率可分级性。

5. 随机存取图像某个区域

有时只需得到巨幅图像的部分区域，JPEG 2000 标准利用小波变换的局部特性，可识别部分图像区域在子带上的映射。每个码块是独立进行编码的，通过选取含有此部分图像区域信息的码块压缩码流，进行解码，可以重构出所要的目标区域。RoI 技术在很大程度上为实现随机存取码流提供了一种渠道。

6. 抗误码性能

在 JPEG 2000 标准中，采取了一些措施来提高图像压缩码流的抗误码性能。将量化后的子带系数分成若干个小的编码单元——码块，对每个码块进行独立的编解码。这样，当一个码块的位流发生比特错误时，只会把错误引起的影响限制在本码块中。压缩码流数据采用了称为包(Packet)的结构单元，每个包的数据前面含有再同步信息，允许发生错误后重新恢复同步。

7. 视觉频率加权

在 JPEG 2000 中，可选择使用对不同空间频率有不同敏感度的视觉系统模型。这一模型用对比度敏感函数(Contrast Sensitivity Function，CSF)来衡量。由于 CSF 函数是由变换系数的视觉频率来决定的，因此，给小波变换后的每个子带分配一个 CSF 值。CSF 值的确定依据观察重构图像的视觉条件而定，有两种选取办法：固定的视觉加权编码和视觉累进加权编码。固定的视觉加权仅由视觉条件决定。对分层组织码流，由于码流可以被截断，在不同的截断处，重建图像有不同的质量，因此进行观察的视觉条件是不同的。比如，对于低比特率的情况，缺少细节，压缩图像质量差，适合进行远距离观察；随着比特数的增加，细节越来越多，压缩图像质量逐渐变好，则适合近距离观测。因此，CSF 值在不同的截断处应有不同的值，这便是视觉累进加权编码。在进行视觉累进加权编码时，不需改变系数值或者量化步长，而是根据视觉权值，改变失真矩阵，计算码块对每个层的贡献，通过改变码块编码通道在分层组织位流中的顺序来实现。

JPEG 2000 具有的多种特点使得它具有广泛的应用前景，由于采用小波变换和最新的压缩算法，因此能够获得较好的压缩比，且对压缩码流可进行灵活处理，如随机获取部分压缩码流、累进式传输、实现 RoI 以及压缩码流具有较强的容错性能等。这些特点可应用于因特网、移动通信、打印、扫描、数字摄像、遥感、传真、医疗、数字图书馆以及电子商务等方面的图像压缩。

身份确认方面，将身份证头像照片用高清晰度的数字相机摄制，经 JPEG 2000 压缩存储在数据库中。在需要进行身份验证的场合，验证终端可以根据证件代号通过因特网从数据库里直接获取压缩的图像数据，在本地迅速恢复出大幅高清晰的头像照片。

在医疗方面，JPEG 2000 编码器对医生指定的病变部位予以无损压缩，而对图像中不影响诊断结果的其他部分采用高达 100 倍的压缩率予以视觉可接收压缩。压缩之后的图像完全保存了疾病特征，而数据量非常小。医生可以把它迅速发送到千里之外的医学专家那里，并以最快的速度得到权威的确诊。

许多著名的图形图像公司在新开发的图像工具软件中集成了 JPEG 2000 图像压缩技术。

6.2.3　数码相机

数码相机是利用静止图像压缩的典型例子，它是光学技术、微电子技术与数字信号处理技术相结合的产物。其基本原理是利用普通照相机的光学系统，把被摄图像投射到图像传感器上，传感器把光信号转化成电信号，再经过模/数（A/D）转换、数字图像处理和压缩，最终以数字形式存储到可移动快闪存储卡等数字存储器中。图 6-12 是数码相机结构示意图。

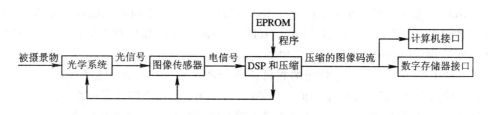

图 6-12　数码相机结构示意图

1. 数码相机的优点

（1）瞬时显示摄影效果。数码相机的液晶显示屏在拍摄照片后立即显示拍摄的效果，对不满意图像可以立即删去重拍。

（2）更宽的曝光控制范围。数码相机的成像器件光电灵敏度很高，在低照度条件下也能够较好地曝光。用 MOS 开关方式控制光电器件的感光时间，控制最小时间可达微秒级，在环境照度很高时，数码相机可以得到合适曝光的图像。

（3）图像逼真。数码相机的数字图像可直接输入计算机，用制造厂商提供的处理软件进行特技处理，也可用 Photoshop 等通用软件处理。对于在拍摄过程中出现的诸如色温、清晰度、像差、曝光量等技术缺陷，可以通过后处理得到一定程度的修正，从而大大提高所拍摄图像的质量。特别是对于光学像差中的畸变，数字图像已经有了很好的补偿修正手段。也可以对图像进行任意的修改、编辑、合成、分解和景物置换等处理。

（4）图像通信便捷。数码相机以数字信号的形式记录影像，以计算机图像文件格式保存图像。这样既可以利用最先进的通信手段快速传输，也可以通过 E-mail 在 Internet 上传输，更可以通过卫星地面工作站做超远距离的图像传输。

（5）准确复制和长期保存。由数码相机得到的数字影像在复制过程中不存在任何信号损失。以计算机文件形式保存的数字图像可以永久保存在硬盘或光盘中。

（6）设备简单，处理速度快。数码成像系统只需要数码相机和通用计算机及其输出设备即可完成整个图像制作过程。

2. 数码相机的技术指标

（1）成像器件像素数。成像器件的像素数对数码相机的图像质量起着决定性的作用。目前一般数码相机 CCD 像素数在 500 万以上。数码相机的成像器件像素数在很大程度上决定了相机图像的最高分辨率。分辨率用于评价数码图像的质量，数码相机摄取数码照片的分辨率是可选择的。数码相机的像素指标只有一个，而所拍摄的数字图像的分辨率指标却可以有许多个，分辨率越高的照片要求有越大的存储空间存储数据。

（2）A/D 转换精度。评价数码照片的图像质量除了分辨率外，还有照片色彩的编码位数。编码位数决定了在 A/D 转换过程中的精确程度，一般来说，24(3×8)位的色彩已经相当丰富，能适应绝大部分的拍摄要求。

（3）光电传感器。电荷耦合器件（CCD）传感器和互补金属氧化物半导体（CMOS）传感器是两类主要的图像传感器。CCD 数码相机经历了较长的发展时期，目前在成像质量、分辨率上优于 CMOS，而 CMOS 数码相机在产品价格、耗电量等方面又有独特的优势。CMOS 器件的最大优点是把信号放大、模/数转换、数字图像处理等电路集成到一块芯片上，形成了片上成像系统（Camera on Chip），这对数码相机的小型化、微型化具有重要意义。

CMOS 成像器件通过开关电路进行像素信号传输，使用者可以控制开关电路有选择地获取图像信息，形成智能像素器件（Active Pixel Sensor），该器件对于工业自动化控制、机器人视觉等领域中的成像系统具有重要的价值。

（4）DSP 能力。DSP 能力较强的相机能够较高水平地完成诸如黑色补偿、光照度补偿、缺陷像素修补、滤色器补偿插值、γ 校正、白平衡、假彩色抑制等操作，补偿了许多由于硬件所造成的图像缺陷，图像质量达到了较为完善的程度。越是高档的数码相机，DSP的处理能力越强。一些数码相机还能显示选单，可以设定一些 DSP 图像处理中的参数，从而获得某些特殊效果。

DSP 还能从图像中提取曝光量信息和对焦信息，以控制镜头和快门，使相机处在最佳工作状态。DSP 还能完成图像压缩的任务，好的图像压缩算法可以在压缩图像存储量的同时很好地保持图像细节的信息，解压缩后显示的图像与原图像比较看不出任何区别。高的压缩比可以节省数码相机的存储空间，在有限的空间中存储更多高质量的图片。快的压缩速度可以在相机完成一次曝光以后迅速回到待机状态，提高相机的连拍速度。

（5）取景器。数码相机的取景方式有光学取景和 LCD 取景。光学取景中有平视取景和通过镜头（Through The Lens，TTL）取景之分。平视取景结构简单，但由于取景器光轴与镜头光轴不重合，眼睛看到的景象与实际拍摄景象存在着位置误差和尺寸误差，近距离拍摄时误差更明显。TTL 取景的取景光轴和成像光轴是重合的，取景误差较小，取景范围可达到实拍画面的 95%。专业级的数码相机采用 TTL 取景方式。

液晶显示(Liquid Crystal Display, LCD)取景是指利用液晶显示屏显示 DSP 预处理后的图像。LCD 取景所见即所得，取景视场精度高。但 LCD 取景显示的像素要远远低于 CCD 和 CMOS 得到的像素。

(6) 图像存储卡。只要有备用的存储卡，数码相机就可以像换胶卷一样换存储卡。常用的存储卡有以下几种：

① CF(Compact Flash)卡。该卡由 SanDisk 在 1994 年推出，柯达、佳能、尼康、卡西欧、奥林巴斯和富士等多种数码相机采用此卡，Ⅰ型尺寸为 42.8 mm×36.4 mm×3.3 mm，Ⅱ型尺寸为 42.8 mm×36.4 mm×5 mm。内置 ATA/IDE 控制器为 50 针接口，有即插即用功能，兼容性较好。

② SM(Smart Media)卡，也称聪明卡，或固态软盘卡(Solid State Floppy Disk Card)。该卡大小为 45 mm×37 mm×0.76 mm，卡内无控制器，要求数码相机内有控制器对其进行控制，故兼容性较差，在部分便携型数码相机中采用此卡。

③ MMC(MultiMedia Card)。该卡由西门子公司和 SanDisk 于 1997 年推出，它的封装技术较为先进，体积为 32 mm×24 mm×1.4 mm，采用 7 针串行接口，兼容性较好。日本松下公司的数码相机和数码摄像机首先采用此卡。

④ SD 卡也称安全数码记忆卡(Secure Digital Memory Card)。该卡由日本松下公司、SanDisk 和东芝公司等于 1999 年 8 月推出，体积为 32 mm×24 mm×2.1 mm，版权保护级别非常高，而且容量非常大，为 9 针串行接口，兼容性较好。

microSD 卡最初叫 TransFlash 卡，简称 TF 卡。该卡是由 SanDisk 公司在 2004 年最先确立的标准，直到 2005 年才正式加入 SD 规范，并更名为 microSD 卡，体积为 11 mm×15 mm×1 mm，可经 SD 卡转换器后，当 SD 卡使用。

⑤ 记忆棒(MemoryStick)。该卡是 Sony 公司独立开发的，它的体积为 50 mm×21.5 mm×2.8 mm 或 20 mm×31 mm×1.6 mm，有 128 MB、256 MB 和 512 MB 等多种容量，具有写保护功能，读写速度快，拔插性能好，工作电压低。记忆棒还广泛地应用在 Sony 公司的其他产品中，如笔记本电脑、数码摄像机和台式机等。MS Pro 是索尼公司开发的新型产品，标准速度是 15 MB/s，可满足连续即时录制高清晰度、大容量动态影像的需求。MS Pro 未来的存储容量最高可达 32 GB，相当于目前普通笔记本电脑硬盘的容量。

⑥ XD(XD - Picture)卡。该卡是由日本富士公司和奥林巴斯共同开发的新一代存储卡，体积为 25 mm×22 mm×1.7 mm，容量为 8 GB，采用 CF 卡的数码相机通过一个适配器能够使用 XD 卡，但售价较高。

3. 数字图像处理(DSP)

DSP 是数码相机的主要部件，所有功能都是由 DSP 来实现的。DSP 控制着 CCD、A/D 转换器件、LCD 和控制面板。

(1) 暗电流补偿。补偿的方法是在器件完全遮光的条件下先测出各像素的暗电流值，从拍摄后图像的像素值中减去相应的暗电流值。

(2) 镜头光照度补偿。由于镜头的渐晕效应，即使拍摄目标是一个受均匀光照的物面，成像器件受到的照度仍是不均匀的，器件边缘所受的光照度较小，对于同一镜头，照度差是有固定规律的，通过 DSP 数字补偿，等效于成像器件得到均匀的照度。

（3）缺陷像素修补。成像器件的几百万个像素中总有一定数量的疵点，在完全遮光条件下数码相机读取像素灰度值时，一些"亮点"就是疵点位置。通常用插值的方法来实现缺陷像素的修补，用周围像素的灰度值推算出缺陷像素的灰度值。

（4）彩色校正。彩色校正就是通过调整三基色光的增益，使成像器件的光谱特性与显示或打印设备的光谱特性一致，使显示或打印图像的色彩更加完美。通常是通过一个变换矩阵来改变红、绿、蓝三基色光的增益，同时保证白平衡。

（5）自动聚焦和自动曝光。聚焦图像比未聚焦图像的轮廓更加分明，纹理细节更加清晰。聚焦图像的高频分量更大一些。用数字高通滤波获取不同焦距时输入图像的高频分量并进行比较，高频分量的最大值对应着最佳聚焦。为了简化计算，只对图像的一部分进行滤波处理就能达到同样的效果。

自动曝光以图像平均亮度为参考，调节光圈和改变图像传感器的曝光参数。为了防止亮的背景引起主要物体曝光不足，暗的背景又使主要物体曝光过度，根据主要物体一般位于照片中央这一特点，将摄取的图像分成中央和周边两部分，分别计算其亮度，并加权不同的经验值。

（6）γ 校正。数字图像的显示和打印设备中，像素的灰度值与所显示图像中对应的亮度值呈非线性关系。通过 γ 校正，显示或打印的图像能够正确反映被摄景物的灰度值。

（7）滤色器补偿插值。光电器件是通过滤色器得到图像的三基色信息的，每个像素只得到了一种基色的信息，即 R、C、B（或 C_y、M_g、Y_e、G）中的一种颜色。像素的其他颜色就必须由其周围像素的颜色信息插值得到。

（8）轮廓增强。滤色器起的是低通滤波的作用，使图像的轮廓变得平滑。DSP 增强图像的轮廓，而图像的噪声不能被放大。先找到灰度变化大的轮廓像素，计算轮廓像素与前一像素的 Y 分量差值，将 Y 分量差值放大并叠加到原像素 Y 值上。噪声造成的假轮廓像素少、灰度变化小，要将差值低于设定阈值的假轮廓信号去掉以保证处理后图像的真实性。

（9）图像压缩。数码相机的存储空间有限，获取的数字图像必须经过压缩，以前的数码相机采用 JPEG 标准，最新的数码相机则采用 JPEG 2000 标准用小波变换进行压缩。

4. 模式控制

数码照相机一般提供照相（Camera）、显示（Display）和计算机（Computer）三种模式。在照相模式时，系统实现拍摄、处理图像信息的功能；在显示模式时，可以观察已拍摄的照片，用编辑功能可修改照片；在计算机模式时，可将数码相机的图像信息传送到计算机之中。

照相模式要实现曝光控制、自动对焦控制、闪光控制、数字图像的获取以及 DSP 处理等操作，有一套完善的控制流程。数码相机在接通电源后首先是对闪光灯系统的主电容进行充电。相机的各种拍摄方式、测光方式、对焦方式、分辨率、白平衡等参数可以进入设置选单进行修改。在待机状态时，光电传感器不断地输出图像，图像经 DSP 预处理后，作为曝光和对焦的依据，对镜头进行曝光和对焦的粗调。同时 DSP 在预处理后将低分辨率的画面实时地输出到 LCD 显示屏上，供摄影者取景。

处于待机状态的数码相机接到拍摄命令后，进入拍摄状态，相机迅速对曝光和聚焦进行细调，并锁定相应的参数，若景物照度不够，打开防红眼灯照明，在快门动作的瞬间进行闪光。当相机处于自拍状态时，快门动作启动自拍延时（其值通常为 8~12 s），在延时阶段给出 LED 闪烁或蜂鸣声提示。在完成一次曝光后，DSP 进一步处理所获得的数字图像，压缩图像信息,将刚拍摄的图像显示在 LCD 上,由摄影者来决定取舍。当摄影者确认之后,将图像存储在相机的存储体中,相机又回到了待机状态。

6.3 活动图像编码

6.3.1 概述

活动图像信号,就是电视信号,数字化后的电视信号称为数字电视信号。活动图像的编码要求实时和高效。图 6-13 为活动图像编码传输系统的方框图。系统中有两个传输缓冲存储器,随着图像内容的变化,活动图像编码输出是不均匀码流,与信道的传输特性不相适应,利用缓冲存储器来存储数据流,保证数据能不间断地匀速输出。

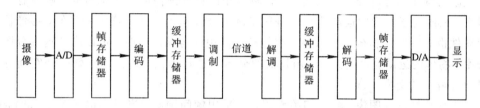

图 6-13 活动图像编码传输系统的方框图

不同应用场合对图像质量要求是不同的,数字电视要播出新闻、体育比赛、文艺节目,对图像的质量要求很高;会议电视画面中人数少、运动少、背景不变,对图像质量的要求降低;而电视电话图像是单人头像,只有脸部表情的变化,对图像质量的要求最低。通常把图像编码分为下面几个应用层次:

(1)标准数字电视:图像分辨率为 720×576 点阵,采用 ISO MPEG-2 标准,约 8 Mb/s 的码率可以达到演播室级的图像质量要求。地面广播时,采用现代数字调制技术,可在一路 8 MHz 信道传送 4 路标准数字电视。

(2)会议电视:图像分辨率为 352×288 点阵,采用 ITU-T H.261 建议,码率为 $P \times 64$ kb/s($P=1 \sim 30$),属中、低速码率的图像压缩。一般认为,码率为 384 kb/s($P=6$)以上时,图像质量才比较满意。

(3)数字影碟机等:图像分辨率为 352×288 点阵,国际标准为 MPEG-1,码率为 1.5 Mb/s,其中约 1.2 Mb/s 用于图像,其余用于声音和同步。可达到 VHS 录像带图像质量。

(4)可视电话:图像分辨率为 176×144 点阵,采用 ITU-T H.263 建议,码率为 64 kb/s 以下,经调制解调后,能在现有的模拟电话线上传送活动的彩色电视电话图像,因此也称为极低码率的图像编码。

(5)高清晰度电视:图像分辨率可高达 1920×1080 点阵,具有两倍于现有标准的水平和垂直清晰度,采用 ISO MPEG-2 标准,码率约为 20 Mb/s。

活动图像的压缩编码利用每幅图像内部的相关性进行帧内压缩编码,有变换编码和预测编码两种基本类型。还利用相邻帧之间的相关性进行帧间压缩编码,主要是运动补偿预测和混合编码。混合编码是变换编码和预测编码相结合的编码方法。H.261、H.263、

MPEG-1、MPEG-2 和 MPEG-4 标准都采用了混合编码方案。

6.3.2 帧间预测编码

帧间预测将画面分为三种区域。

(1) 背景区。相邻的帧背景区的绝大部分数据相同，帧间相关性很强。

(2) 运动物体区。若将物体运动近似看做简单的平移，则相邻帧的运动区的数据也基本相同。假如能采用某种位移估值方法对位移量进行"运动补偿"，那么两帧的运动区之间的相关性也是很强的。

(3) 暴露区。该区域是指物体运动后所暴露出的曾被物体遮盖住的部分。如果存储器将暴露区的数据暂存，则再次遮盖后暴露出来的数据与存储的数据相同。若画面从一个场景切换到另一场景时，就没有帧间相关性了。

人眼对静止图像的分辨力较高，在传输静止图像或图像的静止部分时，则要有较高的分辨率。人眼对于图像中运动物体的分辨率随着物体运动速率的增大而降低，摄像器件和显示器件也有一定的积分模糊效应。在传输图像中的运动部分时，可以降低这部分图像的分辨率，物体的运动速度越高，可用越低的分辨率进行传输，这种方法就叫做空间分辨率和时间分辨率的交换。

对于变化缓慢的图像，帧间相关性强，宜采用帧间预测。当景物的运动增大时，帧间相关性减弱，而由于摄像机的"积分效应"，图像的高频成分减弱，帧内相关性反而有所增加，应采用帧内编码，编码器应进行帧内、帧间自适应编码。

对于运动的物体，估计出物体在相邻帧内的相对位移，用上一帧中物体的图像对当前帧的物体进行预测，将预测的差值部分编码传输，就可以压缩这部分图像的码率。这种考虑了对应区域的位移或运动的预测方式就称为运动补偿预测编码。帧间预测是运动补偿预测在运动矢量为零时的特殊情况。

运动补偿帧间预测编码包括以下四个部分：

(1) 物体的划分：划分静止区域和运动区域。

(2) 运动估计：对每一个运动物体进行位移估计。

(3) 运动补偿：由位移的估值建立同一运动物体在不同帧的空间位置对应关系，从而建立预测关系。

(4) 补偿后的预测信息编码：对运动物体补偿后的位移帧差信号（DFD）以及运动矢量等进行编码传输。

混合编码是将变换编码和预测编码组合在一起，通常用 DCT 等变换进行空间冗余度的压缩，用帧间预测或运动补偿预测进行时间冗余度的压缩，以达到对活动图像的更高的压缩效率。通常把变换部分 DCT 放在预测环内（见图 6-16），预测环本身工作在图像域内，便于使用性能优良、带有运动补偿的帧间预测。这种带有运动补偿的帧间预测与DCT 结合的方案压缩性能高、编码技术成熟、编码延迟较短，现已成为活动图像压缩的主流方案。

6.3.3 ITU-T H.261

在视频压缩的国际标准中，H.261 建议具有特别的意义。它综合了图像编码 40 多年的研究成果，首次采用了 DCT 加帧间运动补偿预测的混合编码模式。它规范的数据格式、编码器模块结构、编码输出码流的层次结构、开放的编码控制与实现策略等技术，对后来制定的视频编码标准产生了深远的影响。H.261 建议为不同生产厂的设备互通创造了条件，与之相对应的 H.320 会议电视系统在 20 世纪 90 年代得到了广泛应用，其结果又进一步推动了视频通信的标准化步伐。在 H.320 之后，ITU 又相继推出了一系列应用于不同场合的视频通信国际标准：

　　H.321 建议，用于 ATM 网络；

　　H.322 建议，用于有质量保证的局域网；

　　H.323 建议，用于 IP 网络；

　　H.324 建议，用于 PSTN 网络；

　　H.263 建议，用于极低码率(小于 64 kb/s)的场合，压缩效率约提高 3 dB。

　　他们结合 ITU－T.120 多媒体会议数据传送协议，构成了功能强大的多媒体通信系统。

　　1990 年 7 月，ITU－T 通过 H.261 建议——"$p \times 64$ kb/s 视听业务的视频编解码器"，其中 $p = 1 \sim 30$。该标准的应用目标是会议电视和可视电话，通常 $p = 1$，2 时适用于可视电话，p 在 6 以上时适用于会议电视业务。

1. 公共中间格式

　　为了便于不同制式彩色电视信号的互连，ITU 提出先把不同制式彩色电视信号都转换成通用中间格式(Common Intermediate Format，CIF)。亮度信号按每行 352 个像素、每帧 288 行进行正交抽样，抽样频率为 6.75 MHz；色差信号按每行 176 个像素、每帧 144 行进行正交抽样，抽样频率为 3.375 MHz，采用 29.97 帧/s 逐行扫描。QCIF(Quarter CIF)格式亮度和色度样点数在水平和垂直方向都减半，亮度信号为 176×144，色差信号为 88×72，还是以 29.97 帧/s 逐行扫描。

　　每帧图像(Picture)分为 12 个块组(Group of Blocks，GoB)，每个 GoB 包括 33 个宏块(Macro Block，MB)，每个宏块有 6 个块(Block，B)，其中 4 个亮度块和 2 个色度块。块由 8×8 像素数据(变换系数 TC)组成，像素是 CIF 格式中最基本的编码单位。CIF 格式图像的层次结构如图 6-14 所示。

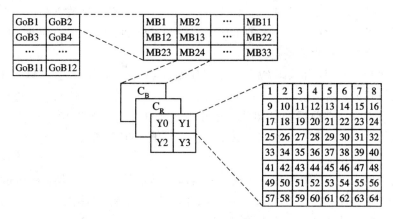

图 6-14　CIF 格式图像的层次结构

2. 数据结构

CIF 和 QCIF 的数据结构分为四个层次。

(1)图像层：由图像头和块组数据组成，图像头由一个 20 比特的图像起始码、视频格式、时间参数(帧数)等标志信息组成。

(2)块组层：由块组头和宏块数据组成。块组头由 16 比特的块组起始码、块组编号、量化步长等组成。

(3)宏块层：由宏块头和块数据组成。宏块头由宏块地址、宏块类型、量化步长等组成。

(4)块层：由变换系数(TC)和块结束符(EoB)等组成。

图 6-15 是 H.261 数据结构示意图。

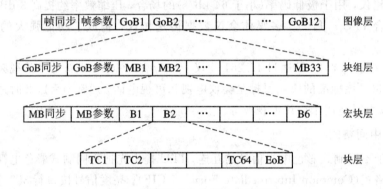

图 6-15 H.261 数据结构示意图

3. 编码器原理框图

H.261 编码器原理框图如图 6-16 所示，两个双向选择开关由编码控制器 CC 控制，当它们同时接到上边时，编码器工作在帧内编码模式，输入信号直接进行 DCT 变换，经过量化处理后再进行变字长编码 VLC，得到最后的编码输出。当双向开关同时接到下方时，编码器利用存储在帧存储器 FM 中的上一帧图像进行帧间预测，将输入信号与预测信号相减后，对预测误差进行 DCT 变换，经过量化处理后再进行变字长编码 VLC，得到最后的编码输出。此时，编码器工作在帧间编码模式，是一个帧间预测与 DCT 组成的混合编码器。根据应用的需要，还可以加入运动估计和补偿处理 MEP，来改善帧间预测的效果。为了使解码器能正确地解码，编码器的工作状态必须及时通知解码端，为此，每个编码模式和控制参数等辅助信息也要进行编码传输。

H.261 采用的是"混合编码"法，即帧间预测(DPCM)与帧内变换(2D-DCT)相结合。若前后两帧很相似，则编码器进行帧间预测，然后对所得的帧间预测误差进行二维离散余弦变换(2D-DCT)；若前后两帧图像不很相似，则对该当前帧图像进行帧内 DCT 编码，即把该帧图像中每一个 8×8 块进行 DCT，再对所得的 DCT 系数进行量化，最后把所得的量化值进行二维变长编码。

为了减少预测误差，提高预测精度，可辅以运动估计、运动补偿，从而达到提高压缩比、改进图像质量的目的。在 H.261 中，运动估计是可选项，但接收端运动补偿是必备项。当接收机接收无运动估计的编码图像时，则自动将运动矢量置零。

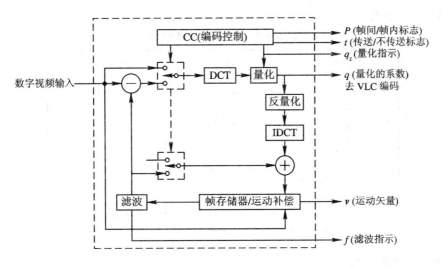

图 6 - 16　H. 261 编码器原理框图

4. BCH 纠错

为了提高信道的抗误码能力，H. 261 采用了一种叫 BCH(511,493) 的纠错编码。该纠错编码发送的比特流分成长度为 493 比特的数据组，对每一组数据进行某种逻辑运算，结果所得 18 比特校验数据放在 493 比特视频数据的后面，共计 511 比特数据为一组送到接收端。如果发生误码，在接收端用校验码经特定的运算查验出错码并纠正。这种 BCH(511,493) 纠错码可在 493 比特数据中自动纠正 2 比特错误。H. 261 中规定，编码器必须进行纠错编码，解码器可选用纠错解码。

5. 编码控制

编码中采用了变长编码技术，经压缩编码后的数据是速率不均匀的码流，为了以恒定速率在通信网中传送，要用缓冲存储器进行数据的平滑。根据缓冲存储器当前已缓存的数据量，控制源编码器中量化器的量化步长等参数，从而得到恒定的速率。H. 261 中没有具体规定码流控制方法。为了防止帧间预测误差的累积，编码器中采用了一种强迫更新的方法，H. 261 中规定宏块至少每传送 132 次，就需要以帧内模式传送一次，但对具体方法未作规定。

6.3.4　ITU - T H. 263

ITU - T 于 1995 年 8 月公布了低于 64 kb/s 的窄带通信信道的视频编码建议，即 H. 263。该标准是 H. 261 的重要发展，可用于可视电话中极低比特率的编解码器上。例如，可视电话信号经过 H. 263 压缩再经 V. 34 调制后可沿 PSTN 传送（码流可以压缩到 28.8 kb/s，其中视频为 20 kb/s 左右），被编码的信号格式可以是 S - QCIF，彩色亚取样为 4 : 2 : 0，也可以是 QCIF、CIF 或更大的输入格式，帧频较低。该编码器提供了与 H. 261 同样的质量，但是比特数减少了一半。

1. 更丰富的图像格式

H. 263 标准中不仅有 H. 261 中的 CIF 和 QCIF 格式，还有 sub - QCIF、4CIF 和

16CIF 等格式，如表 6-4 所示。

表 6-4 H.263 图像格式

图像格式	亮度像素	色度像素
sub - QCIF	128×96	64×48
QCIF	176×144	88×72
CIF	352×288	176×144
4CIF	704×576	352×288
16CIF	1408×1152	704×576

2. 两种运动估值块

H.261 建议中只对 16×16 像素的宏块进行运动估计，而 H.263 建议中不仅可以用 16×16 像素的宏块为单位进行运动估计，还可以根据需要对 8×8 像素的子块进行运动估计，即每个宏块可使用 4 个运动矢量。

3. 更高效的运动矢量编码

在 H.261 中，对运动矢量采用一维预测与 VLC 相结合的方法编码，在 H.263 中则采用更为复杂的二维预测与 VLC 相结合的编码。

4. 半像素运动估计精度

在 H.261 中，运动的估值精度为整数像素，范围为$(-16，+15)$；而在 H.263 中，采用半像素精度，范围为$(-16.0，+15.5)$。H.263 中采用双线性内插来得到运动估计用的半精度像素的预测值，如图 6-17 所示。

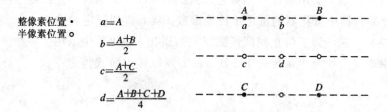

图 6-17 双线性内插预测半精度像素

5. 增加高级选项

除了用半像素精度进行运动估计以外，H.263 的基本编码方法与 H.261 相同，为了能适合极低码率的传输，H.263 增加了 4 个编码的高级选项，进一步提高了编码效率，在极低码率下获得了较好的图像质量。

（1）无限制的运动矢量模式。当某一运动矢量所指向的参考像素超出编码图像区域时，就用其边缘的图像值代替"这个并不存在的像素"，这样做可有效改进边缘有运动物体的图像的质量。

（2）基于语法的算术编码（SAC）。可变长编码、解码过程都用算术编码、解码过程取代，将显著降低所需的码率。

（3）高级预测模式。对 P 帧的亮度分量采用所谓交叠块运动补偿（OBMC）方法，即某一个 8×8 子块的运动补偿由本块和周围 4 个块的运动矢量加权平均得到。对某些宏块（16×16）用 4 个运动矢量，每个子块（8×8）都有一个运动矢量，用它们取代原来一个宏块的运动矢量。本模式减少了方块效应，明显改进了图像质量。

（4）PB 帧模式。PB 帧名称来源于 MPEG 标准。一个 PB 帧包含一个 P 帧和一个 B 帧，P 帧是由前一个 P 帧预测所得，B 帧是由前一个 P 帧和本 PB 帧单元中的 P 帧进行双向预测编码得到，双向预测过程如图 6-18 所示。

根据不同的应用需要，ITU-T 的 H.263 工作组制定了新的版本，例如 H.263+（1998 年）、H.263++（2000 年）等。最新的 H.263++ 的高级选项多达 19 项。

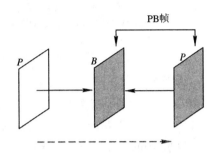

图 6-18　PB 帧双向预测过程示意图

6.3.5　MPEG-1 标准

ISO/IEC 的联合技术委员会自 20 世纪 90 年代以来先后颁布的一系列图像和视频编码的国际标准促进了多媒体与图像业务的发展，其中，MPEG-1 建议用于 VCD 之类的视频家电设备和视频点播（Video on Demand，VoD）系统；MPEG-2 的主要应用范围是数字电视广播和 DVD 系统。ITU 的 H.320 标准把数字视频引入到企业、办公室，ISO 的 MPEG-1、MPEG-2 把数字视频引入到千家万户。

活动图像专家组（Moving Pictures Experts Group，MPEG）的正式名称是 ISO/IEC JTC 1/SC29/WG 11。MPEG-1 是 MPEG 工作组制定的第一个标准（ISO/IEC11172），标题是"信息技术——具有 1.5 Mb/s 数据传输率的数字存储媒体活动图像及其伴音的编码"。它主要包括系统、视频、音频、一致性、参考软件等 5 部分。

1. 图像格式 SIF

MPEG-1 处理逐行扫描的图像时，对隔行扫描的图像源应先转换为逐行扫描格式再编码；输入的视频信号必须是数字化的一个亮度信号和两个色差信号（Y，C_B，C_R），要使码率为 1～1.5 Mb/s，应该选择图像速率为 24 帧/秒、25 帧/秒或 30 帧/秒，水平分辨率为 250～400 像素，垂直分辨率为 200～300 线。对于典型的应用，MPEG-1 定义了 SIF 格式。表 6-5 和图 6-19 分别为由 CCIR601 到 SIF 的格式转换数据和采样模式。

表 6-5　CCIR601 到 SIF 的格式转换数据

图像频率		29.97	25
亮度（Y）	CCIR601	720×484	720×576
	SIF	352×240	352×288
色度（C_R、C_B）	CCIR601	360×484	360×576
	SIF	176×120	176×144

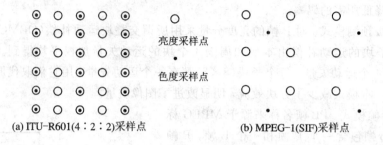

亮度采样点

色度采样点

(a) ITU-R601(4:2:2)采样点　　　　(b) MPEG-1(SIF)采样点

图 6-19　由 CCIR601 到 SIF 的格式转换采样模式

2. 图像组

MPEG-1 提出了图像组(Group of Picture，GoP)的概念，从视频编码算法的角度而言，MPEG-1(以及 MPEG-2)将视频图像帧(Picture)划分为三大类：

(1) I 帧(Intra-coded picture，帧内编码图像帧)：不参考其他图像帧而只利用本帧的信息进行编码。

(2) P 帧(Predictive-coded picture，预测编码图像帧)：由一个过去的 I 帧或 P 帧采用有运动补偿的帧间预测进行更有效的编码；通常用于进一步预测之参考。

(3) B 帧(Bidirectionally predicted picture，双向预测编码图像帧)：提供最高的压缩，它既需要过去的图像帧(I 帧或 P 帧)，也需要后来的图像帧(P 帧)进行有运动补偿的双向预测。

VCD 中常用的图像组结构是：B. B. I. B. B. P. B. B. P. B. B. P. B. B. I. B. B. P，$M=3$，$N=12$(M 为两个参考帧之间的 B 帧数目加 1，N 为一个图像组内的图像帧的总数目)。

B 帧有较高的压缩比，所以视频编码器总编码效率很高；I 帧和 P 帧的压缩比不高，保证了重建图像的质量。

还有一种 D 帧(DC coded picture，直流编码帧)，仅用于快进或退回显示低分辨率图像。实时地进行 MPEG-1 解码有相当的难度，当希望以正常速度的 10 倍播放视频，则要求就更高了，而 D 帧是用来产生低分辨率图像的。每一 D 帧的入口正好是一块的平均值，没有更进一步的编码，这样容易进行实时播放。这一措施很重要，使人们能以高速度扫描影片，搜索特定场面。

3. 固定数码率和可变数码率

视频编码可以采用固定数码率(Constant Bit Rate，CBR)或可变数码率(Variable Bit Rate，VBR)。

视频编码采用固定数码率就是保持每个图像组(GoP)都有相同的平均数码率。当输入的图像内容有可能使输出的平均数码率超出额定值时，不得不瞬时地牺牲图像局部的、瞬时的主观质量(例如，增大量化器的步距，或者瞬时对图像的某些部分"跳过"(Skip)而暂不编码；只要一般观众不容易觉察或者瞬时尚可接受)，以此为代价来维持输出的视频数码率保持不变。另一方面，当图像内容不复杂时，又不得不大量地插入毫无意义的"填充码"(Stuffing Bits)，来维持输出的视频数码率为预定的恒定值。固定数码率的视频编码算法虽简单易行，但编码效率不高。

可变数码率视频编码算法中不同图像组的平均数码率是可变的数值，它可以根据图像的内容而变动，保证解码后的重建图像的质量恒定(没有大的起伏的某种预定值)。其主要优点是显著地减少了"填充比特"，大大提高了传输（或存储媒体）的频谱（或存储容量）之利用率，具有巨大的经济效益。其代价是编码器的技术难度大，成本高，因此，这种技术特别适合广播应用。

4. 算法概述

对 I 帧的编码类似于 JPEG，例如基于人的视觉特性的量化矩阵，对 DC 分量用特定的量化步长并且进行预测编码，对 AC 分量进行 Z 字形扫描和二维 VLC 编码。P 帧编码利用过去的 I 帧或 P 帧进行运动补偿预测，可得到更有效的编码。B 帧编码能提供最大限度的压缩，它需要参考过去和将来的 I 帧、P 帧进行运动补偿，但 B 帧不能用作预测参考。对于 P 帧和 B 帧的处理类似 H.261，例如运动矢量的预测编码、编码模式和宏块类型的 VLC 编码等。此外对于预测误差利用 DCT 可进一步压缩其空间冗余度，用同一个量化器对其进行均匀量化后，再进行 Z 字形扫描和二维 VLC 编码。

5. 编码

编码器与图 6-16 的 H.261 编码器框图类似，只是在对 B 帧编码时，要有两个帧存储器分别存储过去和将来的两个参考帧，以便进行双向运动补偿预测。编码器必须在图像质量、编码速率以及编码效率之间进行综合考虑，选择合适的编码工作模式和控制参数。

6. 音频编码

MPEG-1 用 32 kHz、44.1 kHz 和 48 kHz 的频率对音频波形采样，对数字音频信号实行快速傅里叶变换（Fast Fourier Transformaton，FFT），将它从时域变换到频域，把得到的频谱划分为 32 个频带，每个频带独立处理。当两个立体声道出现时，两个高度重叠的音源间的内部冗余也要被消除。编码结果的 MPEG 音频流的可调节范围为 32～448 kb/s。

7. 视频流和音频流的同步

音频和视频编码器各自独立工作，存在两个数据流在接收方怎样同步的问题。解决这个问题的方法是通过一个 90 kHz 的系统时钟向两个编码器输出当前的时间值。这个值有 33 比特，可以使电影连续放映 24 小时而不绕回。这些时间戳被包含在编码输出中向接收方传送，利用它可以来同步音频流和视频流。

符合 MPEG-1 标准的单片编码芯片有 WINBOND 公司的 W99200。

6.3.6 MPEG-2 标准

MPEG-2 标准是 MPEG 工作组制定的第二个国际标准，标准号是 ISO/IEC 13818，题目是"通用的活动图像及其伴音的编码"。它主要包括系统、视频、音频、一致性、参考软件、数字存储媒体的命令与控制、高级音频编码、10 比特视频编码和实时接口 9 个部分。作为一个通用的编码标准，MPEG-2 的应用范围更广，包括标准数字电视、高清晰度电视和 MPEG-1 的工作范围，其解码器可以对 MPEG-1 码流进行解码。

1. 类和级

为了适应广播、通信、计算机和家电视听产品的各种需求，适应不同的数字电视体系，MPEG-2 有 4 种输入格式，用级（levels）加以划分；有 5 种不同的处理方法，用类（profiles，也译成档次）加以划分。

(1) 低级(Low Level，LL)的图像输入格式以亮度像素(记为 pel)数计，是 352×240×30 pel/s 或 352×288×25 pel/s，最大输出码率是 4 Mb/s。

(2) 主级(Main Level，ML)的图像输入格式完全符合 ITU-R601 标准，即 720×480×30 pel/s 或 720×576×25 pel/s，最大输出码率为 15 Mb/s(高类主级是 20 Mb/s)。

(3) 高 1440 级(High-1440Level，H14L)的图像输入格式是 1440×1152 pel 的高清晰度格式，最大输出码率为 60 Mb/s(高类为 80 Mb/s)。

(4) 高级(High Level，HL)的图像输入格式是 1920×1152 pel 的高清晰度格式，最大输出码率为 80 Mb/s(高类为 100 Mb/s)。

在 MPEG-2 的 5 个类中，每升高一类将提供前一类没使用的附加的码率压缩工具，编码则更为精细。类之间存在向后兼容性，若接收机能解码用高类工具编码的图像，也就能解码用较低类工具编码的图像。

(1) 简单类(Simple Profile，SP)是最低的类。

(2) 主类(Main Profile，MP)，比简单类增加了双向预测压缩工具。主类没有可分级性，但质量要尽量好。

(3) 信噪比可分级类(SNR scalable Profile，SNRP)。

(4) 空间可分级类(Spatially Scalable Profile，SSP)。

SNRP 和 SSP 两个类允许将编码的视频数据分为基本层以及一个以上的上层信号。基本层包含编码图像的基本数据，但相应的图像质量较低，上层信号用来改进信噪比或清晰度。

以上 4 个类是逐行顺序处理色差信号的(例如 4：2：0)。

(5) 高类(High Profile，HP)则支持逐行同时处理色差信号(例如 4：2：2)，并且支持全部可分级性。MPEG-2 的类和级见表 6-6，表中 MPEG-2 格式用类和级的英文缩写词来表示，例如，MP@ML 指的是主类和主级，标准清晰度数字电视采用这种格式；MP@HL 指的是主类和高级，在高清晰度数字电视中采用这种格式。在表 6-6 中只列出了在 20 种可选组合中的 11 种获准通过的组合，这些格式称为 MPEG-2 适用点。

表 6-6 MPEG-2 的类和级

类 \ 级	SP (帧类型 I 和 P 抽样 4：2：0)	MP (帧类型 I、P 和 B 抽样 4：2：0)	SNRP (帧类型 I、P 和 B 抽样 4：2：0)	SSP (帧类型 I、P 和 B 抽样 4：2：0)	HP (帧类型 I、P 和 B 抽样 4：2：0 或 4：2：2)
HL (1920×1152×25 或 1920×1080×30)		MP@HL 80 Mb/s			HP@HL 100 Mb/s
H14L (1440×1152×25 或 1440×1080×30)		MP@H14L 60 Mb/s		SSP@H14L 60 Mb/s	HP@H14L 80 Mb/s
ML (720×576×25 或 720×480×30)	SP@ML 15 Mb/s	MP@ML 15 Mb/s	SNRP@ML 15 Mb/s		HP@ML 20 Mb/s
LL (352×288×25 或 352×240×30)		MP@LL 4 Mb/s	SNRP@LL 4 Mb/s		

4：2：2 标准是为演播室制定的要求较高的分量编码标准，在某些应用场合为压缩数码率可采用较低档次的编码标准，常用的有 4：2：0 和 4：1：1 标准。在 4：2：0 标准中，亮度信号与色差信号的抽样频率与 4：2：2 标准相同，但两个色差信号每两行取一行，即在水平和垂直方向上的分解力均取为亮度信号的一半。在 4：1：1 标准中，Y、U、V 的抽样频率分别为 13.5 MHz、3.375 MHz、3.375 MHz，即两个色差信号在垂直方向上的分解力与亮度信号相同，在水平方向上则为亮度信号的 1/4。以上这些标准的幅型比都是 4：3。

2. MPEG‑2 码流

MPEG‑2 的结构可分为压缩层和系统层。一路节目的视频、音频及其他辅助数据经过数字化后通过压缩层完成信源压缩编码，分别形成视频的基本流（Elementary Stream，ES）、音频的基本流和其他辅助数据的基本流；紧接着系统层将不同的基本流分别加包头打包为 PES(Packetized ES，打包基本流，或分组基本码流)包。

PES 包的结构如图 6‑20 所示。包的头部有：起始码（Packet Start Code），它由前缀（Prefix）和起始码数值组成；包识别（Steam ID），代表这个包码流的性质是视频、音频或数据及包的序号；PES 长度（PES Packet Length），表示这个字段后面有多少字节；PES 头部标志(PES Header Flags)共 14 个比特，包含内容有 SC 为加扰指示，PR 为优先级指示，DA 表示相配合的数据，CR 为有无版权指示，OC 表示原版或拷贝，PD 表示有无 PTS(显示时间标志)或 DTS(解码时间标志)，ESCR 表示 PES 包头部是否有基本码流的时间基准信息，RATE 表示 PES 包头部是否有基本流速率信息，TM 表示是否有 8 个比特的字段说明数字存储媒体(DSM)的模式，AC 表示未定义，CRC 表示是否有 CRC 字段，EXT 表示是否有扩展标志。

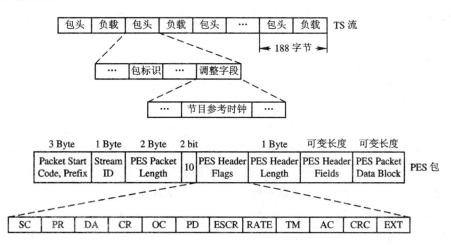

图 6‑20　PES 和 TS 的结构

为了多路数字节目流的复用和有效的传输，将 PES 包作为负载插入传输包（TS 包）中。TS 包固定为 188 字节，其包头有固定的 4 字节的包头和可选的可变长的调整字段，如图 6‑20 所示。

TS 包包头都含有包标识符（Packet IDentifier，PID），用来标识包的类型（如视频、音频、节目指定信息 PSI 等）。当需要插入节目时钟基准（Program Clock Reference，PCR）或其他包头信息时就要加入调整字段。PCR 非常重要，它以固定频率插入包头，表示编码端的时钟，并反映了编码输出码率。收端根据 PCR 可以用来调整解码端的系统时钟，以保证对节目的正确解码。

包含视频 PES 包、音频 PES 包和其他辅助数据的 PES 包的各种 PES 包按一定的比率经过复用后可形成一路节目的 TS 流，如图 6 - 21 所示。

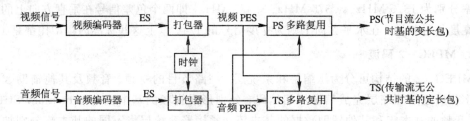

图 6 - 21　MPEG - 2 中视频流和音频流的多路复用

针对不同的应用环境（即信道/存储介质），ISO/IEC 13818 - 1 规定了两种系统编码句法：节目流（Program Stream，PS）和传输流（Transport Stream，TS）。PS 是针对那些不容易发生错误的环境（如光盘存储系统上的多媒体应用）而设计的系统编码方法。这种方法还特别适用于软件处理的环境。TS 是针对那些很容易发生错误（表现为位值错误或组丢失）的环境（如长距离网络或无线广播系统上的应用）而设计的系统编码方法。

为了能对一路节目的 TS 流中所含的各种信息进行标识（如区分音、视频包），在复合的时候需要插入 PSI（Program Specific Information，节目特定信息），PSI 以段（Section）为单位进行组织，Section 可以作为负载插入 TS 包中，然后以一定的比率插入一路节目的 TS 流中，形成完整的一路节目的 TS 流。在实际的通信系统中，一路 6 MHz 的模拟电视带宽中可传送多路数字化节目，即在调制之前要将多路节目（可能具有不同的时基）的 TS 流进行再复用（Remultiplex），以适应传输的需要。

3. MPEG - 2 编码的新功能

MPEG - 2 的编码器方框图与图 6 - 16 中的 H. 261 编码器方框图类似，增加了以下新功能：

（1）基于场或基于帧的 DCT。MPEG - 2 在把宏块数据分割为块的时候有按帧分割和按场分割之分，相应地在帧或场的模式下进行 DCT 编码。适当地利用子块的空间冗余度，能得到最佳的压缩效果。当序列是逐行时，采用的分割方式与 MPEG - 1 相同；对隔行扫描的图像，根据帧、场的行间相关系数的大小来选择分割方式，对于静止或缓变图像和区域，宜采用按帧的 DCT 编码；对于运动区域，宜采用按场的 DCT 编码。

（2）四种图像的运动预测和补偿方式。MPEG - 2 规定了四种图像的运动预测和补偿方式，即基于帧的预测模式、基于场的预测模式、16×8 的运动补偿和双场（Dual Prime）预测模式。

（3）编码的可分级性。MPEG - 2 引入了三种编码的可分级性，即空间可分级性、时间可分级性以及信噪比 SNR 可分级性。可分级编码的特点是整个码率被分为基本码流和增强码流两部分，基本码流可以提供一般质量的重建图像，但如果解码器"叠加"上增强部分的码流，就可以得到很高质量的重建图像。可分级编码的优点是同时提供了不同的编码服务水平，例如可以在一个公共的信道实现 HDTV 和 SDTV 的同播。此外，MPEG - 2 还允许空间分级、时间分级以及 SNR 分级等以各种方式结合形成的多层次的分级扩展。

单片 MPEG - 2 编码芯片有 IBM 公司的 MPEGS422（HP @ ML，4：2：2）和 MPEGS420（MP@ML）。

6.3.7 MPEG - 4 标准

MPEG - 4 是适应多媒体应用的"音频视觉对象编码"标准，国际标准号是 ISO/IEC 14496，包括版本 1 和版本 2。版本 1 由系统、视觉信息、音频、一致性、参考软件、多媒体传送集成框架和工具（视频）优化软件等 7 个部分组成，于 1998 年 10 月通过，其中前 6 个与 MPEG - 2 的相应部分相对应。版本 2 是 MPEG - 4 的扩展部分。

MPEG - 4 规定了各种音频、视频对象的编码，除了包括自然的音频、视频对象，还包括图像、文字、2D 和 3D 图形以及合成话音和音乐等。MPEG - 4 通过描述场景结构信息，即各种对象的空间位置和时间关系等，来建立一个多媒体场景，并将它与编码的对象一起传输。由于对各个对象进行独立的编码，因此可以达到很高的压缩效率，同时也为在接收端根据需要对内容进行操作提供了可能，适应了多媒体应用中人机交互的要求。

MPEG - 4 的视频编码分为合成视频编码和自然视频编码。

1. 合成视频编码

计算机图形和以往的压缩编码都属于合成视频信息，MPEG - 4 把人工合成信息数据算做一种新的数据类型，支持对人工合成 VO（Video Object，视频对象）数据与自然 VO 数据的混合编码，即合成与自然混合编码（SNHC）。SNHC 提供了对人工合成信息的具体描述，定义了有关图形文本的多种表达方式，例如 2D 网格对象、3D 人脸和身体对象、3D 网格对象等都是描述合成信息的。SNHC 文本表达方式设计了合成图形对象的描述框架、通用的数据流结构和灵活的接口。SNHC 支持媒体间更灵活的混合方式，能减少混合媒体的存储空间和带宽，为此提供了一种基于合成的自然视频编码——纹理网格编码。它的核心是基于网格的纹理映射，将要表达的图像区域划分成合成网格，采用映射的方法将实际拍摄的自然纹理图像直接贴到该网格区域上。

2. 自然视频编码

MPEG - 4 自然视频码流的层次化数据结构分为如下 5 层：

（1）视频序列（Video Sequence，VS）。VS 对应于场景的电视图像信号，VS 层由 VS_0，VS_1，…，VS_n 组成，是整个场景在各段时间的图像，VS 由一个或多个 VO 构成。

（2）视频对象（Video Object，VO）。VO 对应于场景中的人、物体或背景，它可以是任意形状。VO 层由 VO_0，VO_1，…，VO_n 组成，是从 VS 中提取的不同视频对象。

（3）视频对象层（Video Object Layer，VOL）。VOL 指 VO 码流中包括的纹理、形状和运动信息层。VOL 用于实现分级编码，由 VOL_0，VOL_1，…，VOL_n 组成，是 VO 的不同分辨率层（一个基本层和多个增强层）。

（4）视频对象平面组（Group of Vop，GoV）。GoV 层是可选的，由多个 VOP 组成。GoV 提供了比特流中独立编码 VOP 的起始点，以便于实现比特流的随机存取。

（5）视频对象平面（Video Object Plane，VOP）。VOP 层由 VOP_0，VOP_1，…，VOP_n 组成，是 VO 在不同分辨率层的时间采样。VOP 可以独立地进行编码（I - VOP），也可以

运用运动补偿编码(P-VOP 和 B-VOP),VOP 可以是任意形状。

MPEG-4 基于对象概念的视频编解码器原理框图如图 6-22 所示。首先,对自然视频流进行 VOP 分割,由编码控制器为不同 VO 的形状、运动、纹理信息分配码率,并由 VO 编码器对各个 VO 分别进行独立编码,然后将编码的基本码流复用成一个输出码流,编码控制和复用(MUX, Multiplex,多路复用)部分可以加入用户的交互控制或智能算法控制。接收端经解复用(DEMUX, Demultiplex,多路信号分离),将各个 VO 分别解码,然后将解码后的 VO 合成场景输出。解复用和 VO 合成时同样可以加入用户交互控制。视频对象(VO)编码器包括三个部分:形状编码部分、运动补偿部分以及纹理编码部分。

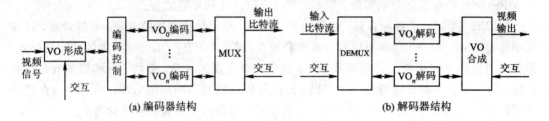

图 6-22 MPEG-4 视频编解码器的原理框图

在电视安全监控中对图像进行数字录像时,常采用 MPEG-4 标准进行压缩,因为电视监控图像背景是固定不变的,人物较少,活动缓慢,基于对象编码能得到较高的数据压缩率。

6.3.8 ITU-T H.264

ITU-T 的 H.264 标准(ITU-T Rec-H.264/ISO/IEC 11496-10 AVC)的工作由 ISO/IEC 下属的运动图像专家组(MPEG)和 ITU 下属的视频编码专家组(Video Coding Experts Group, VCEG)共同成立的联合视频小组(Joint Video Team, JVT)负责完成。由于 H.264 采用了许多不同于以往标准中使用的先进技术,因此相对于以往的标准,在相同的码率下用 H.264 标准编码能够获得更高的图像质量。

1. 按功能进行分层

H.264 将整个编码结构分成网络抽象层(Network Abstraction Layer, NAL)和视频编码层(Video Coding Layer, VCL)。视频编码层进行视频压缩、解压缩操作;而网络抽象层专门为视频编码信息提供文件头信息、安排格式,以有利于网络传输和介质存储,具有更强的网络友好性和错误隐藏能力。

2. 树状结构运动补偿

H.264 为亮度分量提供了 16×16、16×8、8×16 和 8×8 四种宏块划分方式,还能将 8×8 宏块进一步划分成 8×4、4×8 和 4×4 三种子宏块。每个分块都有各自的运动向量,基于上述划分的运动补偿被称为树状结构运动补偿。

3. 1/4 像素运动矢量估计

为了得到更接近于原始图像的重构图像,H.264 将运动矢量的精度提高到 1/4 像素。1/4 像素采样值的获得分为两步:第一步是由多个整数点像素采样值经过 FIR(Finite

Impulse Response，有限脉冲响应)滤波器输出得到部分 1/2 像素精度插值，再用已得到的 1/2 像素值继续通过相同的 FIR 滤波器得到余下的 1/2 像素值；第二步是用 1/2 像素值进行双向线性插值得到 1/4 像素值。

4. 整数变换

为做进一步的压缩处理，从运动估计和补偿出来的结果将被从空间域转化为频率域。这在以前的编码标准中大多都采用了 8×8 的离散余弦变换，而在 H.264 中则采用了 4×4 的整数变换。其变换公式为 $Y = HXH^T$，其中 X 为要被变换的 4×4 像素块，而

$$H = \begin{bmatrix} 1 & 1 & 1 & 1 \\ 2 & 1 & -1 & -2 \\ 1 & -1 & -1 & 1 \\ 1 & -2 & 2 & -1 \end{bmatrix}$$

这种整数变换其实是 DCT 变换的一种近似，但它将 DCT 变换中的浮点运算改为整数运算，可以减少系统的运算量。同时，它用减小量化精度的方法来降低数据量，用对更小的数据块(4×4)进行处理来减小失真，从而进一步提高了图像质量和编码效率。

5. 块间滤波器

视频信息编码重构以后块间亮度落差会变大，图像出现马赛克现象，影响人的视觉感受。H.264 通过在块间使用滤波器来平滑块间的亮度落差，使重构后的图像更加贴近原始图像。H.264 的滤波器同时又是选择性的，对于原本就存在较大变化的边缘部分不采用滤波器，保证了原始信息不受破坏。

6. 熵编码

H.264 使用了两种熵编码方法，即基于上下文的自适应变长编码(Context-based Adaptive Variable Length Coding，CAVLC)与通用的变字长编码(Universal Variable Length Coding，UVLC)相结合的编码和基于上下文的自适应二进制算术编码(Context-based Adaptive Binary Arithmetic Coding，CABAC)。采用 CAVLC 和 CABAC 可以根据上下文的内容自适应地调整符号概率分布，保证在当前编码过程中用较短的码字表示概率较大的符号。

7. 切换帧

H.264 通过使用切换帧来实现不同传输速率、不同图像质量间的切换，这样能最大限度地利用现有资源而不出现因缺少参考帧引起的解码错误。要达到切换的目的就必须实现视频流的过渡，切换帧 SP 的思想是在两股视频流的基础上再引入一股视频流，这股视频流中的帧能够从源视频流的帧预测得到，同时能够预测目标视频流中的帧。

先对切换目标 B2 进行变换和量化，然后对经过运动补偿的被切换帧 A1 进行变换和量化。在变换域中形成参考值与真实值的差，再对其进行变长编码得到切换帧 SPAB2。

在预测视频流 B 的帧 B2 的过程中，只需将切换帧进行变长解码后得到的差值加到视频流 A 的帧 A1 的变换量化结果上，再经过逆量化逆变换就得到了切换目标帧的预测 B2。

H.264 采用上述先进技术后具有更低的传输码率和更高的图像质量，可以预见，H.264 在许多应用场合将取代 MPEG-2 和 MPEG-4。

6.3.9 先进音视频编码(AVS)

AVS(Audio Video coding Standard，中国数字音视频编解码国家标准)的正式名称是

信息技术先进音视频编码（GB/T20090.2），是由我国的"数字音视频编解码技术标准工作组"制定的。AVS 1.0包括：第1部分系统（广播），第2部分视频（高、标清），第3部分音频（双声道）和音频（5.1声道），第4部分一致性测试，第5部分参考软件，第6部分数字版权管理，第7部分移动视频，第8部分在IP网络传输AVS，第9部分AVS文件格式。

1. AVS1-P2视频编码标准

AVS视频编码器框图如图6-23所示，包括帧内预测、帧间预测、环路滤波、变换、量化和熵编码等技术模块。AVS1-P2定义了一个档次，即基本档次。基本档次又分为4个级，分别对应高清晰度与标准清晰度应用。

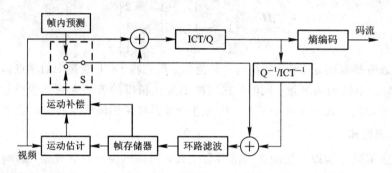

图6-23　AVS视频编码器框图

（1）带预缩放的整数变换。AVS1-P2采用8×8二维整数余弦变换（Integer Cosine Transform，ICT），ICT可用加法和移位直接实现，块尺寸固定为8×8。由于采用ICT，各变换基矢量的模大小不一，因此必须对变换系数进行不同程度的缩放，以达到归一化。采用带预缩放的8×8整数变换（Pre-scaled Integer Transform，PIT）技术，即正向缩放、量化、反向缩放结合在一起，而解码端只进行反量化，不再需要反缩放。由于AVS1-P2中采用总共64级近似8阶非完全周期性的量化，PIT的使用可以使编、解码端节省存储与运算开销，而性能上又不会受影响。

（2）帧内预测。AVS1-P2采用基于8×8块的帧内预测。亮度和色度帧内预测分别有五种和四种模式，相邻已解码块在环路滤波前的重建像素值用来给当前块作参考。

（3）帧间预测。AVS1-P2支持P帧和B帧两种帧间预测图像，P帧至多采用2个前向参考帧，B帧采用前、后各1个参考帧。帧间预测中每个宏块的划分有16×16、16×8、8×16和8×8共四种类型。

P帧有P_Skip（16×16）、P_16×16、P_16×8、P_8×16和P_8×8共五种预测模式。B帧的双向预测有对称模式和直接模式两种。

（4）亚像素插值。AVS1-P2帧间预测与补偿中，亮度和色度的运动矢量精度分别为1/4和1/8像素，因此需要相应的亚像素插值。

（5）环路滤波。基于块的视频编码有一个显著特性就是重建图像存在方块效应，特别是在低码率的情况下。采用环路滤波去除方块效应，可以改善重建图像的主观质量，同时可提高压缩编码效率。

（6）熵编码。AVS1-P2采用基于上下文的2D VLC来编码8×8块变换系数。基于上下文的意思是用已编码的系数来确定VLC码表的切换。对不同类型的变换块分别用不同的 VLC 表编码，例如有帧内块的码表、帧间块的码表等。

2. AVS1－P7 移动视频编码标准

AVS1－P7 也是基于预测、变换和熵编码的混合编码系统，框架与 AVS1－P2 相同。AVS1－P7 的主要目标是以较低的运算和存储代价实现在移动设备上的视频应用。

AVS1－P7 的宏块条是由以扫描顺序连续的若干宏块组成，而并不要求是完整的宏块行，这样便于视频流的打包传输。AVS1－P7 的图像类型只有 I、P 两种。目前，AVS1－P7 已定义了一个档次（即基本档次）和九个级别。

在低分辨率情况下，变换和预测补偿的单元越小，重建图像性能越好。因此，AVS1－P7 采用 4×4 的块作为变换、预测补偿的基本单位，4×4 变换仍然采用 PIT 以降低实现的复杂度。

亮度帧内预测有九种基于 4×4 的模式，色度有三种基于 4×4 的模式。

新引入的工具主要有 I 帧中的直接帧内预测（Direct Intra Prediction，DIP）模式、像素扩展方法以及简化的色度帧内预测。

色度帧内预测只采用三种模式，即 DC 模式、垂直模式和水平模式。U 和 V 分量总共 8 个 4×4 块均采用相同的帧内预测模式。

帧间运动补偿的块大小可以为 16×16、16×8、8×16、8×8、8×4、4×8、4×4。帧间运动补偿的精度最高为 1/4 像素。1/2 像素插值的水平和垂直方向分别采用 8 抽头和 4 抽头滤波器。1/4 像素插值均采用 2 抽头滤波器。

为了便于实现，AVS1－P7 中将运动矢量范围限制在图像边界外 16 个像素以内。竖直方向运动矢量分量的取值范围对通用中间格式（Common Intermediate Format，CIF）是 [－32，31.75]。

滤波采用一种特别简化的环路滤波方法。首先，滤波的强度是在宏块级而非块级确定，即由当前宏块的类型和当前宏块的 QP（Quantization Parameter，量化参数）值确定此宏块的滤波强度，从而大大减少了判断的次数。此外，滤波过程仅涉及边界两边各两个像素点，且滤波最多仅修改边界两边各两个像素点，这样，同一方向每条块边界的滤波不相关，适合于实施并行处理。

AVS1－P7 变换系数也采用基于上下文的 2D－VLC 编码。精心设计的 2D－VLC 码表和码表的切换方法更适应于 4×4 变换块的（Level，Run）分布。

AVS 比其他标准有如下优点：

（1）性能高，编码效率与 H.264 相当，两倍于 MPEG－2，但算法复杂度明显低于 H.264。

（2）拥有主要知识产权，专利授权模式简单，费用低。

（3）AVS 是一套包含系统、视频、音频、媒体版权管理在内的完整标准体系，能够为音、视频产业提供完整的信源编码技术方案。

6.3.10 VC－1 标准

微软公司于 2003 年 9 月向美国电影与电视工程师协会（Society of Motion Picture and Television Engineers，SMPTE）提交了其专有的 WMV9（Windows Media Video 9）视频编码算法，希望成为视频编解码器的行业标准。2006 年 4 月，SMPTE 正式颁布了基于

WMV9 的 VC-1(Video Codec One,视频编解码一号)标准。目前 VC-1 已经被不少公司采用,同时 VC-1 有可能成为下一代 DVD 的编码标准。

VC-1 采用了基于方块的运动补偿预测与 DCT 编码相结合的混合编码框架。标准规定 8×8 块为空间、时间运动补偿和变换处理的基本单元。宏块的预测分为帧间和帧内预测两种。图 6-24 是 VC-1 视频编码器的方框图。VC-1 帧内预测是在 DCT 域中进行的,熵编码采用的是自适应变长编码。

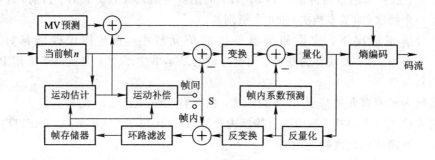

图 6-24　VC-1 视频编码器的方框图

1. 多种运动补偿方式

运动补偿精度的高低会影响编码器的性能。一般来说,运动补偿的精度依赖于亚像素分辨率、预测区域及内插滤波器三个因素。VC-1 允许的最大运动矢量精度为 1/4 像素;缺省状态下,VC-1 只对 16×16 块进行运动估计,最小块变换单元为 8×8 块。VC-1 规定了两组滤波器进行运动补偿,一种为 4 抽头的近似双立方(Bicubic)内插滤波器,另一种为 2 抽头的双线性内插滤波器。将上述三个因素综合起来考虑,VC-1 的运动补偿方式可在下列四种中选用:

(1) 16×16、8×8 两种块,1/4 像素精度,近似双立方内插滤波器;

(2) 16×16 块,1/4 像素精度,近似双立方内插滤波器;

(3) 16×16 块,1/2 像素精度,近似双立方内插滤波器;

(4) 16×16 块,1/2 像素精度,双线性内插滤波器。

VC-1 规定在高码率情况下,运动补偿方式往往选择列表的前几项,反之使用后几项。

2. 自适应块变换

VC-1 规定了 8×8 块作为变换基本块,但 8×8 块可进一步划分为 8×4、4×8、4×4 子块进行变换。对于 I 帧和帧内预测块通常采用 8×8 变换方式。采用自适应块变换技术,VC-1 不仅能有效地提高编码的率失真性能,而且通过对某些细微纹理信息的保留,仍可以显著地提高重建图像的主观质量。

3. 16 位精度变换

VC-1 规定逆变换采用 16 位定点算术运算。与采用 32 位浮点或定点整数运算的逆变换相比,16 位定点运算通过将 32 位运算或 SIMD(Single Instruction Multiple Data,单指令多数据)操作并行化,可大大降低运算复杂度。同时,由于 16 位定点运算近似 DCT 变换,可以有效地保留帧内或帧间预测误差数据的特性。

4. 量化

VC-1 同时允许使用有"死区"的均匀量化器和常规均匀量化器，在大步长情况下，即低码率时，采用有"死区"的均匀量化器；在小步长情况下（高码率时），采用均匀量化器。除此之外，图像中的噪声以及码率控制参数调整也是选择量化器应考虑的因素。这种灵活的量化器选择措施，使得 VC-1 无论在高码率下还是在低码率下均能保持良好的率失真性能。而如何正确选择量化器模式是实现 VC-1 高效率的关键。

5. 环路滤波

由于采用了运动补偿技术，经反变换和反量化后的边缘失真不仅影响到当前帧的重建质量（表现为平坦区域的块失真），而且还会沿运动估计而扩散到后续帧。为减轻这种失真造成的影响，VC-1 采用了环内去方块滤波技术，即在当前重建帧进入帧缓冲区前对其进行滤波处理。

6. 重叠变换

重叠变换是一种降低帧内编码的宏块边缘失真的技术，它能够较好地避免环路滤波的缺陷。VC-1 在空间域中引入了重叠变换，并进行前置和后置处理以增强重叠变换的有效性。

6.3.11 VCD 和 DVD

VCD 和 DVD 是 MPEG 标准的应用典型，它们是由 CD 发展而来的。

1. CD

数字激光唱机简称 CD（Compact Disc Digital Audio）。它是用激光束读取 CD 唱片上数字化音频信号后，再经数/模转换为模拟音频信号输出。

录有数字化音频信号的 CD 唱片又称为光碟、激光唱片或镭射唱片。CD 唱片由透明的多元碳酸树脂（PPM）保护层、铝反射层、信迹刻槽和聚碳酸脂衬底组成。CD 唱片的外径为 120 mm，厚度为 1.2 mm，重量为 14~18 g。唱片有导入区、导出区和声音数据记录区。声音数据以坑、岛形式记录在由内向外的螺旋信迹上。螺旋信迹约有 20 625 圈，总长度约 5300 m。激光束从凹坑反射光的强度比从岛反射光的强度弱，激光束扫过凹坑的前沿或后沿时，反射激光束强度会发生变化。定义凹坑的前沿和后沿代表 1 码，坑和岛的平坦部分代表 0 码。坑、岛的长度越大，则 0 码的个数越多。

CD 唱片录制（光刻）时模拟声音信号先经过 0~20 kHz 低通滤波，再 A/D 转换成 PCM 数字信号，采样频率为 44.1 kHz，每次采样对左右声道各采一个样，进行 16 比特量化，每 6 个采样周期为 1 帧，每帧有 $6 \times 2 \times 16 = 192$ 比特。为便于处理，将 192 比特分为 24 个字，每字 8 比特。为提高解码可靠性，对不同帧的数字信号进行 CIRC（Cross Interleave Reed solomon Code，交叉交织里德-所罗门码）编码和 EFM（Eight to Fourteen Modulation，8-14 比特变换调制）编码后驱动光刻机，刻录 CD 唱片。

里德-所罗门编码（RS 编码）和交织的介绍详见 8.2.3 和 8.2.4 节，交叉交织里德-所罗门码是交织和 RS 编码的组合，其方框图如图 6-25 所示，输入信息每 8 位一组，每 24 组经 RS 编码后加上 4 组奇偶校验组，这 28 组 RS 码在交织电路中分散突发错误，在第二级 RS 编码时再一次加上 4 组奇偶校验组，能检错 8 组纠错 4 组，可以有效纠正因为介质损坏、光头污染或定时抖动造成的突发差错，以保证优质的音响效果。

图 6-25　CIRC 编码的方框图

EFM 编码就是用 14 比特来表示 8 比特数据。14 比特有 $2^{14} = 16\,384$ 种码型，能找到满足"2 个 1 码之间至少有 2 个 0 码且最多不超过 10 个 0 码"条件的 256 种码型来代替原来 8 比特的 PCM 码，限制连"0"码和连"1"码的出现个数，保证从光盘读出的数据流中能正确提取位同步等时钟信息。

2. VCD

VCD(Video CD)是能放电视的 CD 机，又称数字视音光盘。VCD 采用 MPEG-1 标准，存储了经压缩编码的彩色电视信号，VCD 光盘上的数字信号经 MPEG-1 标准解压缩后，可重放清晰、无杂波干扰的彩色电视图像和达到 CD 质量的数字伴音。VCD 重放图像质量达到 VHS 录像机质量水平(NTSC 制 $352 \times 240 \times 30$ pel/s 和 PAL 制 $352 \times 288 \times 25$ pel/s 的电视图像分解力)。VCD 光盘直径为 12 cm，重放时间为 74 min。VCD 光盘可在 CD 生产流水线上批量生产，生产成本低。1996 年以后，我国 VCD 产业迅速发展，年产量大于 1000 万台。

Philips、Sony、JVC 等公司在 1993 年共同制定了 VCD 1.1 标准，又称 White Book。1994 年 7 月又对 VCD 1.1 标准作了改进，增加了重放控制、多画面、交互式等功能，形成了 VCD 2.0 标准。

图 6-26 是 VCD 光盘录制过程的方框图。VCD 信源编码采用 MPEG-1 标准对视、音频数据进行压缩。CD-ROM 格式编码采用 CD-ROM XA 标准，规定 VCD 的数据组织与系统描述应符合 ISO 9660 规范。但 VCD 独特的数据组织须符合 VCD 的 White Book 和 VCD 2.0 版标准。信道编码采用 CIRC 纠错编码和 EFM 调制，以提高数据信号存储、读出的可靠性。

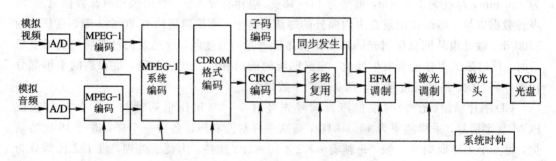

图 6-26　VCD 光盘录制过程的方框图

图 6-27 为 VCD 光盘播放系统的方框图。播放过程是录制的逆过程，激光头用激光束拾取光盘上的坑、岛信迹，变换成信杂比合适的电信号送到 DSP(数字信号处理器)，在 DSP 实现 EFM 解调和 CIRC 解码。VCD 解码集成电路包括 CD-ROM 格式解码、数据分离、音频和视频数据的 MPEG-1 解码等如图 6-27 中虚线框所示，最后音频信号经 D/A 转换成双声道模拟音频信号，视频信号经 D/A 转换后再经 PAL 编码成模拟全视频信号。

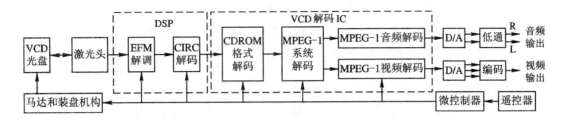

图 6-27　VCD 光盘播放系统的方框图

单片 VCD 解码集成电路型号很多，例如，美国 C-Cube 公司的 CL480、484、680，日本 NEC 公司的 μPD61012，ESS 公司的 ESS3204，Panasonic 公司的 MN89101AM 等。

3. DVD

数字电视光盘简称 DVD(Digital Video Disc)。它能存储和重放广播级质量的电视图像和伴音。实际上 DVD 不仅能用来存放电视节目，还可以存放数据信息，所以 DVD 又称为数字多能光盘(Digital Versatile Disc)。

1) DVD 产品分类

DVD-ROM/RAM(DVD 读写驱动器)采用 BOOK A 标准。

DVD-Video(DVD 放像机)采用 BOOK B 标准。

DVD-Audio(DVD 音响)采用 BOOK C 标准。

DVD-Recordable(DVD 一次写、多次读)采用 BOOK D 标准。

DVD-RAM(DVD 随机读写)采用 BOOK E 标准。

近年来还出现了 PC-DVD，这是指个人计算机领域的 DVD 产品。

2) DVD 的存储容量

DVD 光盘直径和 CD、VCD 一样，为 12 cm，厚度为 1.2 mm，但 DVD 光盘的存储容量高达 4.7～17 GB，而一片 CD-ROM 的存储量只有 650 MB。表 6-7 所列是各种 DVD 的存储容量。

表 6-7　DVD 的存储容量

DVD 盘类型	存储容量/GB	MPEG-2 Video 播放时间/min
单面单层	4.7	133
单面双层	8.5	240
单层双面	9.4	266
双层双面	17	540
单层双面 DVD-Recordable	6.6	215
DVD-RAM	5.2	147

CD、VCD 光盘只使用一个面、单层记录信息。DVD 光盘采用单面双层记录信息，单面双层光盘的表层称为第 0 层，下层称为第 1 层。第 0 层是半透射层，它能让较长波长(650～780 nm)激光透过，并读取第 1 层上的坑、岛信息。当第 1 层面上的信息读完时，接

着由较短波长(635 nm)的激光束聚焦于第0层表面，读取第0层面上的信息。因为635 nm激光束是透不过第0层半透射层的，所以它不能读取下面第1层面上的信息。

3）DVD的图像质量标准

DVD采用MPEG-2 Video标准，NTSC制电视图像分解力为720×480、30帧/s，PAL制电视图像分解力为720×576、25帧/s，压缩编码后的数据传输速率可变范围为1~10 Mb/s，平均数据传输速率为4.69 Mb/s。DVD兼容VCD的MPEG-1标准，VCD的电视图像分解力只有MPEG-2的一半，VCD只有1.5 Mb/s固定数据传送速率。DVD图像信噪比达到115 dB，采用较宽色度带宽能消除彩色位移、图像抖动，且具有真正的彩色广播电视质量。

4）DVD的音响质量标准

DVD的音响标准采用MPEG-2 Audio环绕立体声，或者采用Dolby AC-3 5.1环绕立体声，也有采用线性预测编码LPCM立体声的，音频信噪比达90 dB。

Dolby AC-3 5.1环绕立体声有前左、前右、后左、后右、中五个扬声器，再加一只0.1 kHz以下的超低音扬声器。重放声音频率范围为20 Hz~20 kHz，具有6声道数码音频、三维空间的振撼音响效果。AC-3详见6.4.3。

此外，DVD还具有8种语言、32种文字字幕及多方向视角画面等功能。

5）DVD光盘播放系统

DVD光盘播放系统的方框图如图6-28所示，主要由以下部分组成：

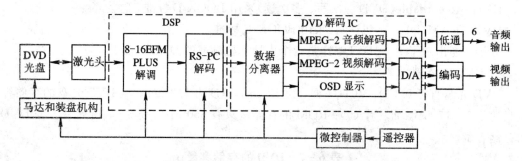

图6-28 DVD光盘播放系统的方框图

DVD光盘读出机构主要由装盘机构、马达、激光拾信头组成。马达以恒定速度运动，激光器采用625 nm红色激光波长，读出信号的分辨率好。

DSP数字信号处理器将激光拾信头读出的脉冲数据转换成解码器适用的数据。其中包括8-16 bit(EFM PLUS)解码和RS-PC(Reed Solomon Product Code)解码。

数据分离器将激光拾信头读出的复合数据流分离为声音、图像及控制数据，然后进行MPEG-2电视图像解压缩、Dolby AC-3或MPEG-2 Audio声音解压缩。解压缩编码后的数字信号经D/A变换为模拟信号，视频模拟分量信号经编码成为NTSC或PAL制的彩色全电视信号。微控制器用来控制、管理播放机的运行。

DVD的单片MPEG-2解码器芯片型号有：美国LSI Logic公司的L64020，C-Cube公司的ZIVA-DS、ZIVA-D6，日本Sony公司的CXD19××、NEC公司的μPD61021、富士通公司的MB86371等。

为防止用录像机从DVD复制节目，在NTSC/PAL编码部分设置APS（Analog

Protection System)模拟防拷贝技术。有一种具有地域代码的 DVD 光盘，只能在具有相同地区代码的 DVD 播放机上播放节目，例如地域管理 6 号是指中国地区。

4. SVCD

1998 年 8 月，SVCD(Super VCD)作为 VCD 更新换代产品的技术标准在北京正式制定完毕。SVCD 标准作为中国产业专利，得到 Philips、Sony、JVC、C-Cube、National 等公司支持，并向 ISO/IEC 申请为国际化标准。

SVCD 产品的基本内容包括：采用双倍速机芯，视频采用 MPEG-2 压缩编码、解码，光盘数据格式采用 $\frac{2}{3}$D1，即图像分解力为 480×480(NTSC 制)或 480×576(PAL 制)，电视图像的水平清晰度提高到 350 线。SVCD 光盘播放时间为 45 min，向下兼容 CD、VCD。SVCD 的数据传输率在 1.15～2.6 Mb/s。SVCD 音响采用两个层次：基本层依然与 VCD 一样采用 MPEG-1 Audio 压缩标准，但有 4 声道立体声；扩展层采取 MPEG-2 Audio 压缩标准，具有 5.1 声道立体声，可以组成家庭影院系统。

SVCD 专用的单片 MPEG-2 解码芯片型号是 SVD1811，是新科公司与美国、日本的一些公司合作开发的产品，包括音、视频的解码，核心是一块可编程多媒体微处理器。改写微型处理器内部寄存器数据，可实现不同的解压缩算法，可用于 SVCD、DVD 和多媒体 PC 等数字视频产品。

5. EVD

EVD(Enhanced Versatile Disc，增强型多能光盘)又称为新一代多媒体高清晰视盘系统，是我国自行研发、拥有自主知识产权的光盘和播放机工业标准，其芯片由北京阜国数字技术有限公司研制成功。EVD 格式属红光 DVD，同属红光 DVD 的还有北京凯诚高清电子技术有限公司开发的 HVD(高清晰度视频光盘)格式和上海化工集团晶晨半导体有限公司开发的 HDV(高清晰度数字播放机)格式。

EVD 图像清晰度可达 207 万像素(1920×1080i(interlacing，隔行扫描)或者 1280×720 p(progressive，逐行扫描))，是 DVD 的 5 倍，完全匹配高清数字电视。EVD 音频系统为 EAC 六声道输出，性能优于 DVD 的双解码，同时实现高保真和环绕声效果。

EVD 兼容 DVD、SVCD、VCD、CD、CD-R、CD-RW、MPEG4、MP3、JPEG 等 9 种碟片格式，其中的 JPEG 照片和 MP3 可同时播放。

2004 年 7 月 8 日，今典集团投入两亿元与阜国公司合资成立今典环球公司。近年来，EVD 的推广主要由今典环球公司进行。

6. BD

2002 年 2 月 19 日，以索尼、飞利浦、松下为核心，联合日立、先锋、三星、LG、夏普和汤姆逊共同发布了蓝光光盘（Blue ray Disc，BD）技术标准，并于 2004 年 5 月成立蓝光光盘协会(Blue ray Disc Association，BDA)，吸收更多的企业加入该技术标准联盟。到 2008 年 2 月，BDA 在全球范围内的正式成员和合作成员已经超过了 250 个。

7. CBHD

2008 年 2 月 22 日由国内外 40 多家企业组建的中国蓝光高清光盘产业联盟推出了 CBHD(China Blue High Definition disc，中国蓝光高清光盘)。表 6-8 是 CBHD 的主要技术指标同 BD 及 DVD 光盘的比较表。表中 AACS(Advanced Access Content System，高级访问内容系统)是一种内容和数字版权管理标准，支持的企业包括迪士尼、英特尔、微软、三菱、松下电器、华纳兄弟、国际商业机器、东芝以及索尼。DRM(Digital Rights Management)是数字版权管理。CSS(Content Scrambling System，内容扰乱系统)是一种防止直接从盘片上复制文件的数据加密方案，CSS 密钥存储在每张 CSS 加密盘片上，是由 400 个密钥组成的母集中取出来的，DVD 播放机在解码和播放前，由 CSS 电路对数据进行解密。

表 6 - 8　CBHD 同 BD 及 DVD 光盘的主要技术指标的比较

光　　盘	CBHD	BD	DVD
采用的激光	蓝激光(λ＝405 nm)	蓝激光(λ＝405 nm)	红激光 (λ＝635 nm 以上)
单层容量	15 GB	25 GB	4.7 GB
双层容量	30 GB	50 GB	8.5 GB
实现双层的成本	低	高	低
视频分辨率(最大)	1920×1080(1080P)	1920×1080(1080P)	720×572
主要视频压缩编码	MPEG - 2/AVC/VC - 1/AVS	MPEG - 2/AVC/VC - 1	MPEG - 2
主要音频压缩编码	Dolby Digital/AVS/DRA	Dolby TrueHD/DTS - HD	Dolby AC - 3/DTS
版权保护技术	AACS＋DRM	AACS	CSS

CBHD 的容量虽然比 BD 小，但用很低的成本就可以达到 30 GB 的容量。在采用 AVC、VC - 1、AVS 等视频编解码时，15 GB 的容量就可以满足 135 min 高清视频播放的要求。CBHD 拥有核心技术专利，符合自主创新的国家知识产权战略。

6.3.12　网络视频监控

网络视频监控用综合布线代替了传统的同轴电缆视频模拟布线，能实现跨区域的远程视频监控。网络摄像机即插即用，系统扩充方便；图像的存储和检索快速、安全。图 6 - 29 是网络视频监控系统示意图。

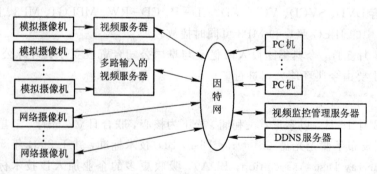

图 6 - 29　网络视频监控系统示意图

1. 视频服务器

视频服务器又称视频编码器，是由一个或多个模拟视频输入口、图像数字处理器、压缩芯片和一个具有网络连接功能的服务器所构成。将输入的模拟视频信号数字化处理后，通过像 LAN、Intranet 或 Internet 这样的 IP 网络发送数字图像，从而实现远程实时监控的目的。

2. 网络摄像机

网络摄像机(WEB CAMERA，IP CAMERA，简称 WEB CAM，或 IP CAM)是将模拟摄像机和视频服务器集成在一起的产品。

视频服务器和网络摄像机采用的图像压缩编码标准主要有 M - JPEG、MPEG - 4、H. 264 等。M - JPEG 把运动的视频序列作为连续的静止图像来处理，单独、完整地压缩每一帧。因为只压缩帧内的空间冗余，不压缩帧间的时间冗余，故压缩效率不高。

3. 动态域名解析系统(Dynamic Domain Name System，DDNS)

有部分网络摄像机和视频服务器采用的是固定 IP 地址，由于在 Internet 上租用固定 IP 地址的费用较昂贵，因此大部分网络摄像机和视频服务器产品采用动态 IP 地址，网络摄像机和视频服务器每次登陆上网时，网络都会分配一个新的 IP 地址，就像 PC 拨号上网一样。但远端用户对网络摄像机或视频服务器的搜索有一定的难度。

在 Internet 中采用在网络上建立 DDNS 服务器的方法来解决动态 IP 地址的问题，每一台网络摄像机或视频服务器都有一个网络二级域名，这个二级域名对应网络摄像机或视频服务器的 MAC 地址，只要网络摄像机或视频服务器在网络上使用，就会自动连接到 DDNS，无论它的 IP 地址如何变化，客户只要在 IE 地址栏键入这个域名，就能通过 DDNS 服务器，将网络摄像机或视频服务器的 IP 地址与远程客户进行连接，达到域名解析的目的。

安讯士(AXIS)是最先生产网络视频监控产品的公司，目前生产网络视频监控产品的还有索尼公司、北京东英创新科技发展有限公司和广州奥欣电子科技有限公司等。

6.4 音频压缩的原理和标准

6.4.1 音频信号压缩的可能性

人耳可以听到的声音是频率在 20 Hz～20 kHz 之间的声波，称为可听声。音频信息就是指这一类声音，可听声有三类：

(1) 语音：由口腔发出的声波，频率大致在 200 Hz～3. 4 kHz 之间，主要用于信息解释说明、叙述、答问，也可以作为命令参数输入语言。

(2) 音乐声：是由各种乐器产生的，音频范围都可以存在，本身可供欣赏，也可用来烘托气氛，是音频信息重要组成部分之一。

(3) 效果声：大自然物理现象产生的，如刮风、下雨、打雷等，还有一些人工产生的，如爆破声、拟音等，对语音和音乐声起补充作用。

与视频信号的压缩一样，只有当音频信号本身具有冗余，才能对其进行压缩。根据统计分析，音频信号中存在着多种时域冗余和频域冗余，考虑人耳的听觉机理，也能对音频信号实行压缩。

1. 时域冗余

音频信号的时域冗余主要表现为：

(1) 幅度分布的非均匀性。统计表明，大多数类型的音频信号中，小幅度样值比大幅度样值出现的概率要高。如语音中的间歇、停顿会出现大量的低电平样值，而实际讲话功率电平也趋向于出现在编码范围的较低电平端。

(2) 样值间的相关性。对语音波形的分析表明，取样数据的最大相关性存在于邻近样值之间，当取样频率为 8 kHz 时，相邻取样值间的相关系数大于 0.85，甚至在相距 10 个样值之间，还可有 0.3 左右的相关系数；如果取样频率提高，样值间的相关性将更强。因而利用 N 阶差分编码技术，可以进行有效的数据压缩。

(3) 周期之间的相关性。虽然音频信号分布于 20 Hz～20 kHz 的频带范围内，但在一定的瞬间，某一声音往往只是该频带内的少数频率成分在起作用，当声音中只存在少数几个频率时，在周期与周期之间，存在着一定的相关性。利用音频信号周期之间信息冗余度的编码器，比只利用邻近样值间的相关性的编码器效果要好，但编码器要复杂得多。

(4) 基音之间的相关性。语音通常分为两种基本类型：第一类称为浊音（Voiced Sound），是由声带振动产生的，每一次振动使一股空气从肺部流进声道，激励声道的各股空气之间的间隔称为音调间隔或基音周期。一般而言，浊音产生于发元音及发某些辅音的后面部分。第二类称为清音（Unvoiced Sound），一般又分成摩擦音和破裂音两种情况：前者用空气通过声道的狭窄部分而产生的湍流作为音源；后者声道在瞬间闭合，然后在气压激迫下迅速地放开而产生了破裂音源，语音从这些音源产生，传过声道再从口鼻送出。清音比浊音（Voiced Sound）具有更大的随机性。

浊音波形不仅显示出上述的周期之间的冗余度，而且还展示了对应于音调间隔的长期重复波形。因此，对语音浊音部分编码的最有效的方法之一是对一个音调间隔波形来编码，并以其作为其他音段的模板。男、女声的基音周期分别为 2～5 ms 和 2.5～10 ms，而典型的浊音约持续 100 ms，一个单音中可能有 20～40 个音调周期。虽然音调周期间隔编码能大大降低码率，但是检测基音有时却十分困难。而如果对音调检测不准，便会产生奇怪的"非人音"。

(5) 长时自相关函数。上述样值、周期间的一些相关性，都是在 20 ms 时间间隔内进行统计的所谓短自相关。如果在较长的时间间隔（如几十秒）进行统计，便得到长时自相关函数。长时统计表明，当取样频率为 8 kHz 时，相邻样值间的平均相关系数高达 0.9。

(6) 静止系数。在讲话的时候，会出现字、词、句之间的停顿。分析表明，语音间隙静止系数为 0.6。显然，语音间隔本身就是一种冗余，若能正确检测出该静止段，便可"插空"传输更多的信息。

2. 频域冗余

音频信号在频域的冗余主要表现在如下两方面：

(1) 长时功率谱密度的非均匀性。在相当长的时间间隔内进行统计平均，可得到长时功率谱密度函数，其功率谱呈现明显的非平坦性。这意味着没有充分利用给定的频段，或者说存在固有冗余度。

(2) 语音特有的短时功率谱密度。语音信号的短时功率谱，在某些频率上出现峰值，而在另一些频率上出现谷值。这些峰值频率，也就是能量较大的频率，通常称为振峰频率，此频率不止一个，最主要的是第一个和第二个，它们决定了不同的语音特征。

与视频信号类似，整个功率谱以基音频率为基础，形成了高次谐波结构，与视频信号的差异在于直流分量较小。

3. 听觉冗余

音频信号最终是给人耳听的，可以利用人耳的听觉特性——人耳的掩蔽效应对音频信号进行压缩。

一个较强的声音的存在掩蔽了另一个较弱声音的存在，这就是人耳掩蔽效应。图 6-30 为掩蔽效应的原理图，a、b、c 为同时存在的 3 个频率相近的声音，a 声音最强，虚线以下表示是由于 a 声音的存在而使人耳听不到的声音区域，因此这条虚线叫做 a 声音的掩蔽曲线，图中的 c 声音在虚线以下，所以听不到。把每个频率的这种掩蔽特性相叠加，就可以求出整个频带的掩蔽曲线。

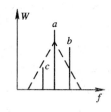

图 6-30　掩蔽效应

例如，当两人正在马路边谈话时，一辆汽车从他们身旁疾驰而过，此时双方均听不到对方在说些什么，原因是相互间的谈话声音被汽车的噪声所掩盖，这就是小声音信号被大声音信号掩蔽掉了。

人耳的掩蔽效应是一个较为复杂的心理学和生理声学现象，主要表现为频谱掩蔽效应和时间掩蔽效应。

（1）频谱掩蔽效应。人对各种频率可听见最小声级叫绝对可听域。在 20 Hz～20 kHz 的可听范围内，人耳对频率 3～4 kHz 附近的声音信号最敏感，对太低和太高频率的声音感觉都很迟钝。

如果有多个频率成分的复杂信号存在，那么绝对可听域曲线取决于各掩蔽音的强度、频率和它们之间的距离。

图 6-31(a)是存在多个声音，只能听到掩蔽曲线以上的情况，图 6-31（b）是人耳对各种频率的绝对可听域曲线，将(a)和(b)结合就成为(c)。低于图 6-31（c）曲线的频率成分人就听不见了，当然就不必传送了。

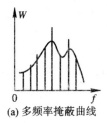 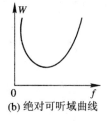 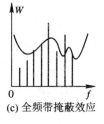

(a) 多频率掩蔽曲线　　**(b) 绝对可听域曲线**　　**(c) 全频带掩蔽效应**

图 6-31　频谱掩蔽效应

（2）时间掩蔽效应。时间掩蔽效应分为前掩蔽、同期掩蔽和后掩蔽。在时域内，听到强音之前的短暂时间内，业已存在的弱音可以被掩蔽而听不到，这种现象称为前掩蔽；当强音和弱音同时存在时，弱音被强音掩蔽，这种现象称为同期掩蔽；当强音消失后，经过较长的持续时间，才能重新听到弱音信号，这种现象称为后掩蔽。三种时域掩蔽效应的时间关系如图 6-32 所示。

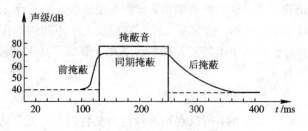

图 6-32　时间掩蔽效应

由图 6-32 可以看到，在前掩蔽期间人耳的听域具有上升的趋势，且持续时间较短，大约只有 10 ms；在后掩蔽期间，人耳的听域具有下降的趋势，且持续时间较长，一般在 100～200 ms 之间，这是由于人耳收集声强的时间大约为 200 ms。在编码时，可将时间上彼此相继的一些取样值归并成块，以降低码率。人耳除具有听觉掩蔽效应外，还对大于 2 kHz 以上的高频率声音信号具有方向特性，即人耳不能分别判断频率接近的高频声音信号的方向，在声音编码中可利用此特性，把多个声道信号的高频部分耦合到一个公共声道，以达到压缩编码的目的。

6.4.2　语音数字编码标准

语音的数字编码发展较早，应用也比较成熟。随着技术的发展，ITU-TS 制定了一系列标准，与语音通信相关的有 G.711、G.721、G.722、G.728、G.729、G.723.1 等。其中 G.711 是最为熟知的 PCM 标准，码率为 64 kb/s。语音信号的 PCM 数据流，除了作为数字电话应用外，还常常被作为其他的语音处理的原始数据。符合该标准的芯片也很便宜。G.721 标准采用 ADPCM（自适应差分 PCM）算法，码率降到 32 kb/s，而语音质量高于电话质量，可达到调幅广播质量。

G.722 标准采用子带编码和 ADPCM 相结合的编码方法，音频带宽拓展到 5～7 kHz，能将 PCM 的 224 kb/s(16 kHz 取样，14 比特量化)码率压缩到 64 kb/s，而语音质量达到广播质量。

低码率的编码技术多数是基于线性预测(LP)模型参数编码。G.728 标准是基于短延时码激励线性预测(Code Excited Linear Prediction，CELP)编码算法，码率为 16 kb/s，语音质量与 G.721 标准相当。标准的 CS-ACELP（使用共轭结构代数码激励线性预测）算法，码率降低到 8 kb/s，而 G.729 语音质量仍与 G.721 标准的质量相当，适用于个人移动通信等。更低码率的 G.723.1 标准是 5.3 kb/s 与 6.3 kb/s 的双速率语音编码标准，为低码率实时多媒体通信所应用。已报道有更低码率的 600 b/s 语音编码算法，不久将会有相应的产品及标准出现。

6.4.3　MUSICAM 和 AC-3

1. MUSICAM 编码

MPEG-1 Audio 是一个或两个声道的高质量音频数据的压缩编码技术，由 Layer Ⅰ、Layer Ⅱ和 Layer Ⅲ三个层次构成。MPEG 专家组在制定标准时确定采用 MUSICAM（Masking pattern adapted Universal Subband Integrated Coding And Multiplexing，掩蔽

型自适应通用子频带综合编码与复用）和 ASPEC（Adaptive Spectral Perceptual Entropy Coding，自适应频谱感知熵编码）两种方案。

Layer Ⅰ 为简化的 MUSICAM，每声道 192 kb/s，每帧 384 个样本，32 个等宽子带，固定分割数据块。子带编码用 DCT（离散余弦变换）和 FFT（快速傅里叶变换）计算子带信号量化比特数。Layer Ⅰ 采用基于频域掩蔽效应的心理声学模型使量化噪声低于掩蔽阈值，量化采用带死区的线性量化器，它主要用于数字盒式磁带（DCC）消费类应用。

Layer Ⅱ 等同 MUSICAM，每声道 128 kb/s，每帧 1152 个样本，32 个子带，属不同分帧方式。Layer Ⅱ 采用共用频域和时域掩蔽效应的心理声学模型，并对高、中、低频段的比特分配进行限制，对比特分配、比例因子、取样进行附加编码，实现低速率和高保真音质。在消费和专业音频中有着无数的应用，如数字音频广播（Digital Audio Broadcasting，DAB）、数字电视、CD-ROM、CD-Ⅰ 和 VCD 等，中央电视台的 SDTV 节目就采用 MPEG-1 Layer Ⅱ 音频编码（常被简称为 MUSICAM）标准播出。

Layer Ⅲ 是结合 ASPEC 算法和 MUSICAM 算法，并对 Layer Ⅰ、Layer Ⅱ 向下兼容的一种算法，每声道 64 kb/s。Layer Ⅲ 用混合滤波器组提高频率分辨率，按信号分辨率分成 6×32 或 18×32 个子带，克服平均分 32 个子带的 Layer Ⅰ、Layer Ⅱ 在中、低频段分辨率偏低的缺点，采用心理声学模型 2，增设不均匀量化器，量化值进行熵编码。Layer Ⅲ 编码效率高，且保持高保真的音质，但编码器和解码器都比较复杂，常用于 ISDN（综合业务数字网）音频编码，是现在最流行的音乐编码格式，俗称 MP3。

MUSICAM 编、解码器原理框图如图 6-33 所示。

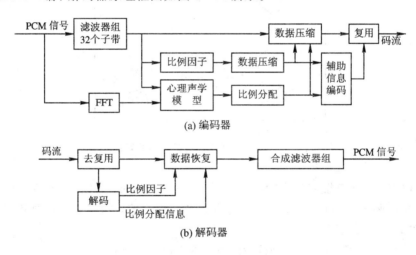

图 6-33　MUSICAM 编、解码器原理框图

编码器的输入信号是每声道为 768 kb/s 的数字化声音信号（PCM 信号），用滤波器组分割成等宽的 32 个子带（取样频率为 48 kHz 时，子带宽度为 750 Hz）信号，将子带信号进行建立在听觉特性基础之上的自适应量化，从而可以完成人耳察觉不到量化噪声的高质量声音编码，输出信号是经过压缩编码的数字音频信号。

解码和编码相反，首先将输入的比特数据进行解压缩，然后经合成滤波器组将 32 个子带取样合成为 32 个音频取样，即由频域变换到时域，形成 PCM 样值。

2. AC-3 编码

美国高级电视制式委员会(ATSC)规定电视伴音压缩标准是杜比实验室开发的 Dolby AC-3 系统,该系统的音响效果为高保真立体环绕声。目前市场流行的称为"家庭影院"的音响系统多数采用此标准,我国中央电视台的 HDTV 节目也用 Dolby AC-3 音频编码标准试播。

Dolby AC-3 规定的取样频率为 48 kHz,它锁定于 27 MHz 的系统时钟。每个音频节目最多可有 6 个音频信道。这 6 个信道是:中心(Center)、左(Left)、右(Right)、左环绕(Left Surround)、右环绕(Right Surround)和低频增强(Low Frequency Enhancement, LFE)。

LFE 信道的带宽限于 20~120 Hz,主信道的带宽为 20 kHz。美国的 HDTV 标准中 AC-3 可以对 1~5.1 信道的音频源编码。所谓 0.1 信道是指用来传送 LFE 的信道,其动态范围可达到 100 dB。

关于立体声的形式,ITU-R、SMPTE、EBU 的专家组建议用一个中心信道 C 和两个环绕声信道 L_s、R_s 加上基本的左和右立体声信道 L 和 R 作为基准的声音格式。这叫"3/2 立体声"(3 向前/2 环绕信道),共需五个信道,如图 6-34 所示,在用作图像的伴音时,三个向前的信道保证足够稳定的方向性和清晰度。

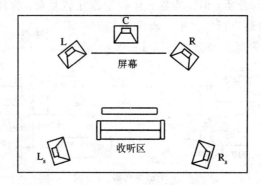

图 6-34 五声道立体声扬声器的安排

1) AC-3 编码原理概述

AC-3 编码系统音频节目有两类:主要业务(Main Service)和辅助业务(Associated Service)。主要业务包含除了对话以外所有音频节目的内容,辅助业务是要和主要业务一起使用的对话和解说词等。

根据不同用途,经 AC-3 压缩以后的数码率有以下四种:

(1) 主要音频业务(Main Audio Service)≤384 kb/s。

(2) 单信道辅助业务(Single Channel Associated Service)≤128 kb/s。

(3) 双信道辅助业务(Two Channel Associated Service)≤192 kb/s。

(4) 主要业务和辅助业务同时解码的组合数码率≤572 kb/s。

这些数码率均远远低于 PCM 数字音频编码系统的数码率,但由于采用了全音域杜比噪声衰减系统,音质并没有什么差别。杜比噪声衰减系统是这样设计的:当没有音频信号时,降低或消除噪声,在其他时间用较强的音频信号掩蔽噪声。在应用人的听觉掩蔽效应时,AC-3 根据人的听觉频率选择性把每个声道的音频频谱也分割成不同带宽的子频带,结果使噪声处在距音频信号频率分量很近的频率上，就很容易被音频信号所遮盖。当没有音频信号掩蔽时，系统就集中力量降低或消除编码的噪声。

除了降低噪声以保证音质外，Dolby AC-3系统为降低数码率，对各频带采用不同的取样率，根据频谱或节目的动态特性来分配各频带的比特数。AC-3通过一个共享比特池（类似缓冲存储器）来决定不同声道的比特数分配，含频率多的声道分配比特数多，频率稀疏的声道分配比特数少，这样可以用一个声道的强信号遮盖其他声道的噪声。在每一声道中，必须保证每一频带所分配的比特数都足够多，以全部掩蔽声道内噪声。这一功能通过听觉掩蔽模型使编码器改变它的频率选择性（以便动态地划分窄频带）来实现。可见，Dolby AC-3的高级掩蔽模型和共享比特池是实现高效编码的关键因素。

AC-3将多声道作为一个整体进行编码，比单声道编码效率高；同时，对各个声道和每个声音内的各频带信号用不同的取样率进行量化，对噪声进行衰减或掩蔽，结果使系统的数码率降低而音质损害很小。AC-3至少可以处理20 b动态范围的数字音频信号，频率范围为20 Hz～20 kHz(0.5 dB)，3 Hz和20.3 kHz处为-3 dB。重低音声道频率范围为20～120 Hz(0.5 dB)，AC-3还支持32 kHz、44.1 kHz、48 kHz的取样频率。AC-3的数字音频数据经加误码纠错后数码率仅为384 kb/s，因此ITU-R在1992年正式接受AC-3的5.1声道格式。

需要指出的是：AC-3和MPEG/Audio是不同的编码格式，故不能实现对MPEG/Audio的后向兼容，不过它们的其他功能大体相同。如就同步来说，因为AC-3含有MPEG系统的时间标志(Time Stamp)，故可与MPEG视频同步。而在数码率压缩性能方面，两者难以直接比较，这是因为压缩性能取决于编码器的能力和输入信号。

2）AC-3系统的方框图

AC-3编码器接受声音PCM数据，最后产生压缩数据流。AC-3算法通过对声音信号频域表示的粗略量化，可以达到很高的编码增益，其编码过程如图6-35(a)所示。编码器首先把时间域内的PCM数据值变换为频域内成块的一系列变换系数。每个块有512个数据值，其中256个数据值在连续的两块中是重叠的，重叠的块被一个时间窗相乘，以提高频率选择性，然后被变换到频域内。由于前后两块重叠，每一个输入数据值出现在连续两个变换块内。因此，变换后的变换系数可以去掉一半而变成每个块包含256个变换系数，每个变换系数以二进制指数形式表示，即一个二进制指数和一个尾数。指数集反映了信号的频谱包络，对其进行编码后，可以粗略地代表信号的频谱。同时，用此频谱包络决定分配给每个尾数多少比特数。如果最终信道传输码率很低会导致AC-3编码器溢出，故此时要采用高频系数耦合技术，以进一步减少数码率。最后把6块(1536个声音数据值)频谱包络、粗量化的尾数以及相应的参数组成AC-3数据帧格式，连续的帧组成了码流传输出去。

AC-3解码器基本上是编码的反过程，图6-35(b)是其原理方框图。AC-3解码器首先必须与编码数据流同步，经误码纠错后再从码流中分离出各种类型的数据，如控制参数、系数配置参数、编码后的频谱包络和量化后的尾数等。然后根据声音的频谱包络产生比特分配信息，对尾数部分进行反量化，恢复变换系数的指标和尾数，再经过合成滤波器组由频域表示变换到时域表示，最后输出重建的PCM数据值信号。

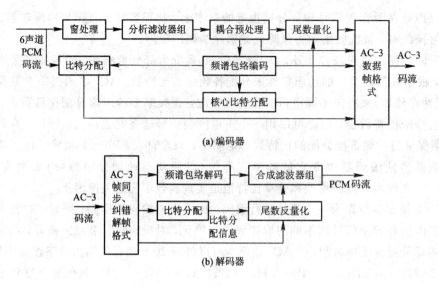

(a) 编码器

(b) 解码器

图 6-35 AC-3 编、解码器原理方框图

6.4.4 MP3 标准

MP3 是 MPEG-1 Audio LayerⅢ的简称，图 6-36 是 MP3 编码器方框图，包括时频映射、心理声学模型、量化编码和比特流形成等四大部分。

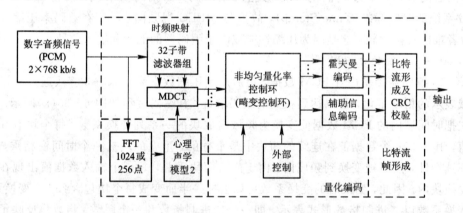

图 6-36 MP3 编码器方框图

LayerⅢ算法是由高质量音频自适应频域感知熵编码（Adaptive Spectral Perceptual Entropy Coding of high quality music signals，ASPEC)算法发展而来的精细编码方法。尽管基于与 LayerⅠ和 LayerⅡ同样的滤波器，通过对滤波器输出进行修正离散余弦变换（Modified Discrete Cosine Transform，MDCT)可补偿滤波器组的缺陷。

MDCT 是一种利用时域折叠对消（Time Domain Aliasing Cancellation，TDAC)技术来降低边界效应的线性正交变换，它是离散余弦变换（DCT)的一种修正型。DCT 是一种正交变换，与离散傅里叶变换相比，它处理实信号时变换结果仍是实信号，避免了复数运算。DCT 是分块进行的，而且对每一块系数的编码也是独立进行的，所以相邻各块的量化误差也是不相同的。由于 DCT 存在固有的不连续性，这些分组边界处就有可能产生很大的噪声。MDCT 减少了各分块间的边界效应，但没有降低编码效率。

除了 MDCT 处理以外，Layer Ⅲ 在 Layer Ⅰ 和 Layer Ⅱ 基础上的增强功能还有：

（1）非归一化量化。通过控制环，对非均匀量化率进行迭代分配，以保持相对恒定的信噪比。

（2）采用不定长熵编码。对量化后的各子带信号进行霍夫曼编码，可以获得更好的数据压缩比。Layer Ⅲ 规定了两种 DCT 块长度：18 个数据值的长块和 6 个数据值的短块。这两种块在相邻的变换窗之间有 50% 的重叠，窗的大小分别为 36 和 12。长块长度可提供更大的频率分辨率，可用于具有稳定特性的音频信号；而短块长度可对瞬态信号提供更好的时间分辨率。霍夫曼编码对 576 个量化的 DCT 系数（32 子带×18DCT 系数/子带）按预先设定的顺序进行排序。由于大的数据倾向于在低频出现，长的零游程和接近零的数值则倾向于在高频出现，故编码器将排序后的系数分为三个不同的区域，并根据各区域统计特性进行调整的霍夫曼码表进行编码。

（3）比特缓冲区的使用：由于各帧的信息量存在差别，按每帧 1152 数据值处理音频数据时，表示这些数据值的编码数据并不一定形成固定长度的帧，通过比特缓冲区可以保持编码量，提高帧的质量。所以 Layer Ⅲ 编码能更好地适应编码比特随时间变化的情况。

6.4.5 MPEG‑2 AAC 标准

1. MPEG‑2 Audio

MPEG‑2 标准的第 3 部分（ISO/IEC 13818‑3）为数字音频编码标准。MPEG‑2 音频编码标准是在 MPEG‑1 音频编码的基础上发展起来的多声道编码系统，除兼容 MPEG‑1 标准第 3 部分（ISO/IEC 11172‑3）的双声道模式外，还支持 5.1 多声道编码模式。这种 5.1 多声道编码也称 3/2 立体声，由前中置 C、前左 L、前右 R、环绕左 L_s 和环绕右 R_s 构成，".1"是指低频增强（LFE）声道，其频率范围是 20～120 Hz。图 6‑37 是 MPEG‑2 多声道音频编解码系统工作原理示意图。图中，x=y=0.71，图中所示各声道信号的线性组合方式，使得 MPEG‑2 的 L_0 和 R_0 信号即为兼容 MPEG‑1 的左、右声道信号，而且其中含有来自中置 C 和左、右环绕（L_s、R_s）声道的声音成分。

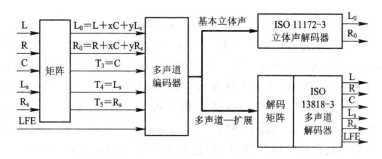

图 6‑37　MPEG‑2 多声道音频编解码系统工作原理示意图

MPEG‑2 较 MPEG‑1 音频编码增加了 16 kHz、22.05 kHz 和 24 kHz 取样频率，称为低取样频率算法。输出码率范围由 32～384 kb/s 扩展到 8～640 kb/s；不仅支持双声道，而且支持 5.1 声道和 7.1 声道环绕声。7.1 声道环绕声是在 5.1 声道的基础上，又增加了左中置和右中置声道，不过在家庭环境下很少用到。

2. MPEG - 2 AAC

1997 年 4 月批准的 ISO/IEC 13818 - 7 高级音频编码（Advanced Audio Coding，AAC）部分，即 MPEG - 2 AAC，发展了 ISO/IEC 13818 - 3 音频编码，其 64 kb/s 声道的质量明显优于相同码率的 MPEG - 1 LayerⅢ和 Dolby AC - 3。MPEG - 2 AAC 与 MPEG - 1 音频（ISO/IEC 11172 - 3）不兼容。ISO/IEC 13818 - 7 已纳入 MPEG - 4 的第 3 部分（ISO/IEC14496 - 3），并对其进行了扩展，成为 MPEG - 4 AAC 标准的一部分。MPEG - 4 AAC 解码器可解码 MPEG - 2 AAC 码流，MPEG - 2 AAC 解码器能解不含扩展的 MPEG - 4 AAC。MPEG - 2 AAC 主要用于 DAB(数字声广播)、Internet Audio、多媒体通信等，日本数字电视广播系统的音频信号编码也采用了 MPEG - 2 AAC 标准。

MPEG - 2 AAC 支持 8~96 kHz 的取样频率，音源可以是单声道、立体声和多声道，支持多达 48 个多语言声道（Multilingual Channel）和 16 个数据流。MPEG - 2 AAC 在压缩比约 11：1、每个声道数据率约(44.1×16)/11＝64 kb/s、5 个声道总数据率为 320 kb/s的情况下，很难区分还原后的声音与原始声音的差别。与 MPEG - 1 Layer Ⅱ 相比，MPEG - 2 AAC 的压缩率提高了一倍，而质量更高；与 MPEG - 1 LayerⅢ相比，质量相同条件下数据率下降为 70%。

图 6 - 38 是 MPEG - 2 AAC 编码器方框图。图中的增益控制模块用于取样率可分级档次，它把输入信号分成 4 个等带宽子带，解码器也设增益控制模块，通过忽略高子带信号取得低取样率输出信号。

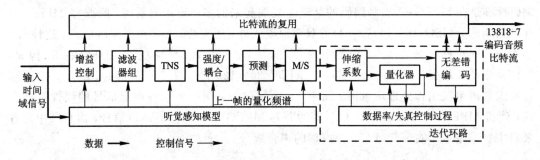

图 6 - 38　MPEG - 2 AAC 编码器方框图

如图 6 - 38 所示，编码器可引入一系列工具。滤波器组通过加窗处理改善频率选择性；TNS(Time-domain Noise Shaping，时域噪声整形)调节瞬时和冲激信号的量化误差功率谱，以适应信号功率谱；强度/耦合传输强度立体声模式的左声道信号，而右声道数据为"强度立体声位置"信息，解码时用其乘左声道值得右声道值，以去除空间冗余信息的传输；M/S(中间/两侧)在立体声模式下传输左声道和右声道的和、差信号，以去除空间冗余信息；预测是对每帧数据进行帧间预测，以提高平稳信号的编码效率；无差错（Noiseless）编码将每帧谱线分区，分别由 Huffman 码本编码，可加快解码速度；伸缩系数是将频谱分成若干伸缩带，各有对应的伸缩系数，伸缩系数先差分编码，再用 Huffman 码本 1 进行熵编码，其中第一个系数(全局增益)直接进行 8 bit PCM 编码；量化器使用非均匀量化器，按听觉模型，通过控制量化噪声电平大小及其分布，来控制编码比特总量，这是压缩数据量的核心。

MPEG - 2 AAC 定义了三种类(档次)：主类、低复杂度类和取样率可分级类。

- 主类(Main Profile)：除"增益控制"模块外，包括图6-38中的所有模块，在三种类中声音质量最好。主类AAC解码器可解码低复杂度类编码的声音流，但对存储量和处理能力的要求比低复杂度类高。

- 低复杂度类(Low Complexity profile，LC)：不采用图6-38中的预测处理模块，TNS(时域噪声整形)阶数也较低。LC类的声音质量比主类低，但对存储量和处理能力的要求较少。

- 取样率可分级类(Scalable Sampling Rate profile，SSR)：含图6-38中的增益控制，但不用预测模块，支持不同取样率，复杂度更低。

如上所述，MPEG-2 AAC编码处理是在频域进行，压缩数据量主要依据心理声学模型去除听觉冗余度，借助熵编码去除编码数据流统计冗余度，一系列编码工具的引入则得以更好地利用声音信号特性，以此提高编码效率，改善编码质量，或扩大编码码流适用范围。

MPEG-2 AAC解码是编码的逆过程，图6-39是MPEG-2 AAC解码器方框图。解码器首先过滤比特流中的音频频谱数据，解码已量化的数据和其他重建信息，恢复量化的频谱，再经比特流中有效的工具进行一次或多次修改，最后把频域数据转换为时域数据。

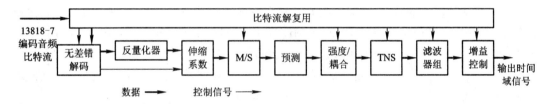

图6-39　MPEG-2 AAC解码器方框图

6.4.6　多声道数字音频编解码技术规范DRA

2007年1月4日，信息产业部颁布了我国电子行业标准《多声道数字音频编解码技术规范》(SJ/T 11368—2006)，该标准又称DRA(Dynamic Resolution Adaptation，动态分辨率自适应)数字音频编解码技术。DRA技术用很低的编解码复杂度实现了国际先进水平的压缩效率。DRA编解码技术采用了自适应时频分块(Adaptive Time Frequency Tiling，ATFT)、游程长度编码(Run Length Coding)、码书(所有可能码字的集合)选择等技术。图6-40是DRA编码器主要组成部分示意图，图中实线代表音频数据，虚线代表控制/辅助信息，虚线框为可选的功能模块。

瞬态检测器检测当前音频信号数据帧的动态特征，为后续的多分辨率分析滤波组选择长或短MDCT(Modified Discrete Cosine Transform，修正离散余弦变换)块及MDCT的长或短窗口函数提供依据。稳态帧选择长MDCT块，检测到瞬态帧则选择短MDCT块。1个长和短MDCT块分别含1024个和128个新的PCM音频样本。长和短窗口函数分别指长度为2048个和256个样本的MDCT的窗口函数。检测到瞬态帧时，该模块还要判断瞬态发生位置，确定瞬态段长度，从而确定量化单元，进行子带样本的交叉重组及其他编码处理。

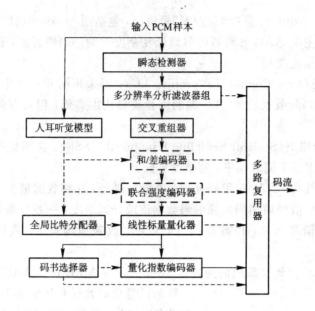

图 6-40　DRA 编码器主要组成部分示意图

　　为了两种长度的 MDCT 块间能相互轮换,采用的数种窗口函数均为 sine 函数,在瞬态发生位置用暂窗口函数来进一步提高 MDCT 的时间分辨率。暂窗口函数总长为 256 个样本,但却只用其中 160 个样本的 MDCT 的窗口函数。规范文本中给出了这些窗口函数。

　　图 6-40 中的多分辨率分析滤波器组把各声道音频信号 PCM 样本分解成子带信号,其分辨率由瞬态检测结果确定。

　　当音频数据帧存在瞬态时(短 MDCT 块),交叉重组器交叉重组子带样本,以期减少传送它们所需的总比特数。

　　人耳听觉模型即听觉心理声学模型反映听觉系统的阈值特性和掩蔽效应,是赖以压缩数字音频信号数据量的依据。依据这种模型,可将听觉对声音的分辨机能近似为一组子带滤波器所起的作用,它们的带宽随频率上升近似成指数关系,与滤波器组相联系的一个子带称为一个临界频带。规范允许使用包括 MPEG 心理声学模型在内的不同模型,但模型需为各量化单元提供掩蔽阈值。量化单元是一组子带样本,它们处于临界频带在频域和瞬态段在时域联合界定的一个矩形内。

　　和/差编码器为可选功能块。和差编码基于量化单元进行,传送左、右声道对子带样本的和与差,去除空间冗余信息。

$$和 = \frac{左 + 右}{2}, \quad 差 = \frac{左 - 右}{2}$$

　　联合强度编码器也是可选功能块。听觉特性表明,声音中的低频成分对定位声像空间位置的作用远不如高频成分,而高频成分对定位声像位置的作用又主要取决于左、右声道高频成分的相对强度。据此,将反映左、右声道高频成分强度之比的比例因子编码并传送给接收端,即可高效实现声像的空间定位。规范中量化联合强度编码的比例因子与量化步长用同一个量化步长表。

　　全局比特分配器用来把 1 个音频数据帧可用的比特数统筹分配给各量化单元,通过调整各量化单元的量化步长,使它们产生的量化噪声均低于按人耳听觉模型设定的各自的掩蔽阈值。一个量化单元内的所有子带样本均为同一量化步长。

线性标量量化器依据全局比特分配器提供的量化步长来量化各量化单元内的子带样本，并生成量化指数。

码书选择器基于量化指数的局部统计特征对量化指数分组，并把最佳的码书从码书库中选出来分配给各组量化指数。

量化指数编码器用码书选择器选定的码书及其应用范围对量化指数进行 Huffman 编码。

多路复用器把所有量化指数的 Huffman 码和辅助数据打包成一个完整的比特流。辅助数据虽不是音频信号，但又与其有关，例如时间码等。

图 6-41 是 DRA 解码器主要组成部分示意图，图中实线代表音频数据，虚线代表控制/辅助信息，虚线框为可选的功能模块。

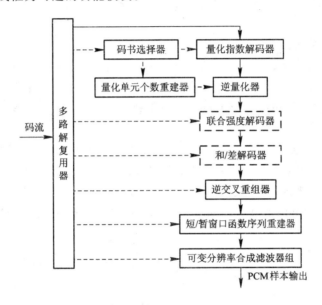

图 6-41　DRA 解码器主要组成部分示意图

解码为编码的逆过程。图 6-41 中的多路解复用器从比特流中解出包括 Huffman 码在内的码字。这些码字是编码器产生的音频数据最小语义单元。码书选择器从比特流中解出用于解码量化指数的各 Huffman 码书及其应用范围。量化指数解码器从比特流中解出量化指数。因量化单元个数不在比特流中传送，需由量化单元个数重建器由码书应用范围重建各瞬态段的量化单元个数。逆量化器从码流中解出各量化单元的量化步长，并用来由量化指数重建子带样本：

$$子带样本＝量化步长×量化指数$$

图中可选的联合强度解码器用联合强度比例因子，由源声道的子带样本来重建联合声道的子带样本：

$$联合声道样本＝比例因子×源声道样本$$

可选的和/差解码器由和、差声道的子带样本重建左、右声道的子带样本：

$$左＝和＋差，\quad 右＝和－差$$

逆交叉重组器还原编码端对瞬态帧子带样本进行的交叉重组。短/暂窗口函数序列重建器对瞬态帧根据瞬态位置和完美重建 MDCT 块的条件重建所需的短/暂窗口函数序列。可变分辨率合成滤波器组由子带样本重建 PCM 音频样本。

CMMB(China Mobile Multimedia Broadcasting，中国移动多媒体广播)支持 DRA。

思考题和习题

1. 填空题

(1) 运动检测自适应技术对静止图像或慢运动图像降低其_____轴抽样频率，例如每两帧传送一帧；对快速运动图像降低其_____抽样频率。

(2) 边缘检测自适应技术对于图像的平缓区或正交变换后代表图像低频成分的系数_____量化，对图像轮廓附近或正交变换后代表图像高频成分的系数_____量化。

(3) 奈奎斯特取样定理表明只要取样频率大于或等于模拟信号中最高频率的_____倍，就可以不失真地恢复模拟信号。

(4) 因为量化区间总数远远少于输入值的总数，所以量化能实现数据_____。

(5) 节目流(Program Stream，PS)是针对那些_____容易发生错误的环境而设计的系统编码方法。传输流(Transport Stream，TS)是针对那些_____容易发生错误的环境而设计的系统编码方法。

(6) DVD 光盘表层是_____层，它能让较长波长(650～780 nm)激光透过，并读取下层上的坑、岛信息。当下层的信息读完时，接着由透不过表层的较短波长(635 nm)的激光束聚焦于表层，读取表层的信息。

(7) EFM 编码(Eight to Fourteen Modulation，8-14 比特变换调制)就是用_____比特来表示_____比特数据。

(8) 时间掩蔽效应分为_____掩蔽、_____掩蔽和_____掩蔽。

(9) Dolby AC-3 规定的 6 个信道是_____、_____、_____、_____、_____和_____。

(10) 数码相机的像素指标只有_____个，而所拍摄的数字图像的分辨率指标却可以有_____个。

(11) AVS 的编码效率与 H.264_____，2 倍于 MPEG-2，但算法复杂度明显_____H.264。

(12) 视频服务器和网络摄像机采用的图像压缩编码标准主要有_____、_____和_____等。

(13) MDCT 是利用时域折叠对消技术来_____边界效应的线性正交变换。

(14) MPEG-2 AAC 定义了三种类(档次)：_____、_____和_____。

(15) DRA 编解码技术采用了_____、_____和_____等技术。

2. 选择题

(1) 下列编码中不属于熵编码的是_____。

① 霍夫曼编码　　　② 算术编码　　　③ 游程编码　　　④ 变换编码

(2) 下列编码中可压缩数据量的是_____。

① DCT	② DWT	③ FFT	④ VLC

（3）小波变换使图像的能量分布发生了改变，图像的主要能量集中在_____区。

① HH	② HL	③ LH	④ LL

（4）下列应用场合对图像质量要求最低的是_____。

① 数字电视	② 会议电视	③ VCD	④ 可视电话

（5）下列标准中适合于数字电视的是_____。

① JPEG	② JPEG 2000	③ H. 263	④ MPEG - 2

（6）下列标准中适合于远程医疗的是_____。

① JPEG	② JPEG 2000	③ H. 263	④ MPEG - 2

（7）下列标准中适合于可视电话的是_____。

① JPEG	② JPEG 2000	③ H. 263	④ MPEG - 2

（8）下列光盘中采用单面双层记录信息的是_____。

① CD	② VCD	③ SVCD	④ DVD

（9）下列方法中 H. 264 标准不采用的方法是_____。

① 感兴趣区域处理	② 树状结构运动补偿
③ 1/4 像素运动矢量估计	④ 整数变换

（10）H. 264 标准新采用的图像帧是_____。

① SP 帧	② I 帧	③ P 帧	④ B 帧

（11）网络摄像机不恰当的译名是_____。

① NET CAMERA	② IP CAMERA	③ WEBCAM	④ IP CAM

（12）网络摄像机采用的图像压缩编码标准是_____。

① MPEG - 1	② MPEG - 2	③ MPEG - 4	④ MPEG - 7

3. 判断题

（1）在相邻场或相邻帧的对应像素之间存在极强的相关性，称为时间相关性。

（2）对彩色全电视信号直接进行 PCM 编码称为全信号编码。

（3）BT. 601 建议对不同制式的信号采用相同的取样频率，即 13.5 MHz。

（4）霍夫曼编码是一种可变长编码。

（5）正交变换编码实现了数据量压缩。

（6）人眼对于图像中运动物体的分辨率随着物体运动速率的增大而降低。

（7）在 H. 263 中运动的估值精度为整数像素，在 H. 264 中采用 1/4 像素精度。

（8）MPEG - 2 的解码器不能对 MPEG - 1 码流进行解码。

（9）H. 264 的块间滤波器用来平滑块间的亮度落差，重构后的图像更加贴近原始图像。

（10）欧洲的数字声广播及高清晰度电视都采用 MUSICAM 标准。

（11）MPEG - 4 AAC 解码器可解码 MPEG - 2 AAC 码流。

（12）数码相机可以像换胶卷一样换存储卡。

4. 问答题

（1）什么是分量编码？BT. 601 建议为何采用分量编码？

（2）信源符号 S1、S2、S3、S4、S5 的出现概率分别为 1/3、1/4、1/5、1/6、1/20，对 S1～S5 进行霍夫曼（Huffman）编码。

（3）信源符号 S1、S2、S3、S4、S5 的出现概率分别为 1/3、1/4、1/5、1/6、1/20，对符号序列 S1 S3 S5 S3 进行算术编码。

（4）游程编码是如何实现数据压缩的？

（5）小波变换的作用是什么？小波变换压缩数据量吗？

（6）简述 JPEG 2000 标准的特点，并举例说明其应用前景。

（7）数字相机的主要技术指标有哪些？

（8）数码相机常用的图像存储卡有哪几种？

（9）什么是公共中间格式？CIF 与 QCIF、sub - QCIF、4CIF 和 16CIF 是什么关系？

（10）什么是空间分辨率和时间分辨率的交换？

（11）MPEG - 2 标准分为哪些类和级？

（12）VCD、SVCD、DVD 之间有什么差别？

第7章 多媒体技术及其应用

7.1 多媒体信号和多媒体技术

随着计算机技术、数字图像压缩技术和超大规模集成电路技术的发展,多媒体技术越来越受到人们的关注。

多媒体是指携带两种或两种以上的信息的载体,这些信息通常包括图像、声音、数据、文字、符号、图形、动画、图片等。多媒体携带的信息是相互联系、相互协调的。计算机交互地处理这些媒体的技术即是多媒体技术。

多媒体信号应具有以下三个特征:

(1) 综合性。多媒体信号应是相互有关的多种媒体的信号的综合。

(2) 交互性。通信双方能充分地进行信息传送或交流,能获取、处理、编辑、存储、展示这些信息媒体。

(3) 同步性。多种媒体能同步地、协调地传送信息。

广播电视中图像、声音、时间、字幕同步地传送,具有综合性和同步性,但没有交互性,所以广播电视不属于多媒体;而视频点播(Video on Demand,VoD)观众可以选择节目,可以控制节目的暂停和播放功能,能够选择观看影片的多种结局之一,所以视频点播属于多媒体。通常认为会议电视、可视电话、安全监视、远程医疗、电子商务、远程教学等均属于多媒体范畴。如多媒体远程教学,与一般的广播电视教学(教师讲学生听)的模式不同,教师讲课时可向学生提问,学生除了听课和回答问题之外也可以向教师提问。师生之间频繁采用图像、语音、文字、符号、图形、动画、CAI(计算机辅助教学)课件等媒体交流信息。这种多媒体远程教学因为生动、直观、交互性强,能充分调动学生的积极性,所以取得了良好的教学效果。

7.2 多媒体信号的传输

图像信号要求实时传输,视频信号不压缩时传送速率在 140 Mb/s 左右,而高清晰度电视(HDTV)传输速率可高达 1000 Mb/s。为了在网络中传送更多的多媒体信息,要对视频信息进行各种压缩。按照 H.261、H.263、MPEG-1、MPEG-2 等视频压缩的国际标准,HDTV 压缩后的速率也只有 20 Mb/s。至于可视电话,在公用电话网(PSTN)上传送时,可压缩为 20 kb/s 左右。语音信号也要求实时传输,语音信号如不压缩则需要 64 kb/s 的速率,经过压缩后可降到 32 kb/s、16 kb/s、8 kb/s,甚至 5～6 kb/s。为了提高信道的利用率,视频与音频压缩编码是多媒体信号传输的关键技术。

通信服务质量(Quality of Service,QoS)用来描述通信双方的传输质量,是衡量通信网络性能的重要参数，也是网络效果的主要表示参数。QoS 基本参数包括系统吞吐率及网络传输的稳定性、可用性、可靠性、传输延迟、传输码率、出错率、传输失败率、安全性等，传输码率只是其中的主要参数之一。不同的系统强调的参数往往不同，而且 QoS 参数的设置一般采用分层方式，不同层的参数有不同的表现形式。用户层中，针对音频、视频信息的采集和重建，QoS 参数表现为采样率和每秒帧数。在网络层中，QoS 表现为传输码率、传输延迟等表示传输质量的参数。描述网络管理的 QoS 时，应主要考虑网络资源的共享、参数的动态管理和重组等。

7.2.1　PSTN

公用电话交换网（Public Switched Telephone Network，PSTN）是公共通信网中规模最大、历史最长的基础网络。电话网的主要用途是传输语音信号，用户的语音信息可通过传输线路和交换设备进行互传。该网络的终端设备主要是普通模拟电话机，要求所传输的信号带宽在 300 Hz～3.4 kHz 之间。

目前，电话网以模拟设备为主的情况已经发生了根本性的变化，数字传输设备和数字交换设备不断地引入电话网，如数字光纤时分复用设备、数字程控交换设备，所有这些数字化设备都使公用电话网已经成为一个以数字设备为主体的网络。但在用户线路上传输的信号中，模拟语音信号的比例仍然最大，这给在公用电话网上传输数字信息带来了困难。用户要在公用电话网上传输数字信号的主要手段仍然是要依靠调制解调器（Modem），为此，ITU－T 提出了 V 系列建议，如描述接口电气特性的 V.28、V.35、V.10、V.11 等建议，描述接口间各条接口线路功能及其动作的 V.24 建议等。还有一些建议是用于描述 Modem 本身的，如 V.21、V.22、V.32 等。

在 PSTN 网上可传输符合 H.324 标准的传输码速率低于 64 kb/s 的可视电话，采用 V.34 调制解调器，V.34 是有关 28.8 kb/s 速率的调制解调器的建议。QoS 参数为 S－QCIF 或 QCIF 格式，7.5 帧/s，Y∶U∶V 为 4∶1∶1，12 比特/像素。

7.2.2　ISDN 和 STM

在模拟电话网中，一对电话线只能传送一路模拟电话信号。随着通信技术的发展，出现了综合业务数字网（Integrated Services Digital Network，ISDN），该网可以支持语音、数据和图像等几种媒体的传输业务，其基本传输速率为 160 kb/s(2B＋D)。它利用一对电话线，可同时传送 2 路数字电话信号(B 通路，每路可传送速率低于 64 kb/s 的数字电话或数字数据)。根据 CCITT 建议，电信的传输、交换、复用统称为转移模式，简称为 STM。STM 在 ISDN 中的复用方式如图 7－1 所示。以 125 μs 为一帧，共传送 20 bit，时间上分 3 个信道(2B＋D)，每个 B 信道传送数字电话信号 8 bit，一个 D 信道传送信令信号(电话号码等，速率为 16 kb/s)2 bit，还有供同步、控制等传输开销用的 2 bit。各子信道的信息占用了固定的时隙。各子信道的时隙以 125 μs 为周期出现，根据信号所占用的时隙位置就可判定是哪个子信道的信号，这就是同步转移模式(Synchronous Transfer Mode，STM)。

在 STM 模式中，一个固定的时隙一旦分配给了一个信道，只能传输该信道上的数据，不能传输其他数据。如果该信道上没有数据要传输，则相应的时隙只能空闲，空闲时隙多时会造成带宽的极大浪费。

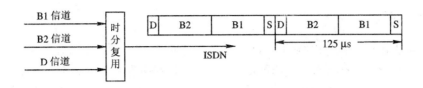

图 7-1 STM 的时分复用

综合业务数字网可传输会议电视和可视电话。当上述 2B+D 的基本接入(Basic Access)速率不够时,可使用 23B+D、30B+D 的基群接入(Primary Access)取得 1.544 Mb/s 或 2 Mb/s 的传输速率。QoS 参数为 CIF 格式,30 帧/s,Y∶U∶V 为 4∶1∶1,12 比特/像素。

7.2.3 B-ISDN 和 ATM

宽带综合业务数字网(Broad-band ISDN,B-ISDN)与 ISDN 类似,可利用同一线路在同一时间内传送多个电信业务信号,其码率在 155 Mb/s 以上,采用异步时分复用,或称为异步转移模式(Asynchronous Transfer Mode,ATM)。其传送的信息以信元为单位,信元长度是固定的 53 个字节,信头为 5 个字节,有用信息为 48 个字节。

在 ATM 模式中,各子信道的信号不是按一定时间间隔周期性出现的,不能再按固定的时隙位置来判断其属于哪个子信道。ATM 要在信头中的固定位置加一种标志信息,来表明该信元属于哪个子信道,即准备送到对方哪个用户。这样在信道上的时隙划分就不必采用固定位置的方式了。

ATM 采用统计时分复用的方式来进行数据传输。统计复用就是根据各信道业务的统计特性,在保证业务质量要求的前提下,在各个业务之间动态地分配网络带宽,以达到最佳的资源利用率。这种方式可以解决 STM 中出现的带宽浪费的问题。多个子信道根据它们不同的传输特性复用到一条链路上。与同步时分复用 STM 不同,在 ATM 中,时隙只分配给有数据要传输的子信道,没有数据要传输的子信道不占用带宽。因此,ATM 在处理实时传输时能达到非常好的性能,在一般的复用机制中,各个输入带宽的总和应小于传输线路的总带宽;利用统计复用的 ATM 可使输入带宽的总和大于总带宽。

常用的交换方式有电路交换和分组交换。电话程控交换是电路交换方式,通信期间始终有一条电路被建立,也属于 STM 模式,它是以固定时隙为基础的交换。其优点是实时性,没有交换引起的时延,但线路的利用率低。分组交换是把整个信息分成若干较短的分组,各分组均有一定的目的地址,采用"存储转发"的方式,其优点是线路利用率高,但分组长度是可变的,两个用户的一次通信中各分组可能经由不同的路径。由于分组转发引入了较大的时延,不宜用作实时通信。ATM 交换把信息分成一个一个固定长度的信元,信元长度比分组交换时的分组小得多,利用硬件连接进行信息交换,交换的速度非常快。ATM 交换既有分组交换线路利用率高的优点,又有电路交换快速交换的优点(信元很短,几乎没有时延),它是分组交换与电路交换的一种结合。因此 ITU 已规定在 B-ISDN 中应采用 ATM 方式的复用和交换。这样的以信元为基本单位的高速 ATM 信号,必须在宽带网络中(例如光纤网络)才能传输。B-ISDN 的传输速率在 155 Mb/s 以上,可以传送各种多媒体的新业务。

7.2.4　IP 网络

IP 网络包括 Internet(因特网)、Intranet(企业网)、WAN(Wide Area Network,广域网)以及 LAN(Local Area Network,局域网)等。IP 网络发展非常迅速,它利用 TCP/IP(Transmission Control Protocol/Internet Protocol)协议,只需给出对方的 IP 地址,就可十分方便地把信息送到对方终端。但目前 IP 网络带宽较窄,许多用户要共享这样的通信网络,不能保证多媒体通信业务所需的服务质量(QoS)。对视频和音频传输,丢掉几个分组不会造成很大的问题,但带宽较窄会导致视频画面被破坏,有时清晰,有时模糊;导致音频信息的中断,有时噪声很小,有时噪声很严重。因此,要采用效率更高的压缩编码和协议来改善 Internet 中实时通信的质量。

网络资源预留协议(ReSource reserVation Protocol,RSVP)对于用 IP 有限的带宽传送视频和音频以及其他实时多媒体信息非常重要。采用 RSVP 这项技术,通信双方在建立传输信息之前预留了足够的带宽,服务质量会得到较好的保证。

分类服务技术是解决 IP 网 QoS 问题的一种十分有效的方法,不同类别的信息对网络传输资源的要求是不同的,分类服务是按业务类别来分给能充分保证其服务质量的网络传输资源。

而解决质量问题的根本办法是拓宽网络带宽。美国正在积极研制下一代 Internet,即 NGI,就是要拓宽网络带宽。

7.3　多媒体技术的应用

7.3.1　会议电视

1. 概述

会议电视是利用通信网召开会议的通信方式。会议电视要传递与会者的图像和声音,与会者对话时可以通过电视看到对方,会议电视还要传递文件、图片、图表、会议室气氛等各种静止的和活动的图像信息,使与会者有一种亲临会场的感觉。

会议电视减少了旅途时间,节约了大量的出差费用;一些紧急场合如防汛、防灾等需要迅速作出决策的会议利用会议电视可以争取时间、及时决策;会议电视的收费与使用时间成正比,促使发言人充分准备,压缩发言时间,从而提高了效率;会议电视可以增加与会人数,更好地集思广益。

1995 年,我国公用会议电视骨干网已经建成,从北京到各省省会和直辖市共 30 个城市已经联网。湖南、湖北、江苏、辽宁、安徽、广东、山东、福建等省已建成省会到地市的省会议电视网。浙江省已建成了各地市到县的全省性的地市级会议电视网。这些会议电视大部分引进美国 CLI、英国 GPT 等国外公司的设备。

国内江苏省扬州市的全源公司、深圳市的华为公司和中兴公司等很多单位已经成功研制了国产化设备。

2. 会议电视系统的组成

会议电视系统由终端设备、传输设备、传输信道以及多点控制设备(Multi-point

Control Unit，MCU)等组成。

1) 终端设备

会议电视终端设备有摄像机、话筒、计算机、传真机、监视器、会议电视编/解码器，如图 7-2 所示。

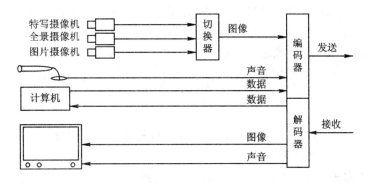

图 7-2 会议电视终端设备配置

摄像机一般有特写摄像机、全景摄像机、文字和图片摄像机等。图像切换器按会议进程选用不同摄像机的图像送出。话筒要选用方向性强的并应有平坦的频率特性，室内墙壁应进行吸音处理，避免声音反射引入的回音。喇叭与话筒之间的声音来回传递会引起啸叫，应设置回波消除器并调整喇叭与话筒的相对位置予以消除。监视器应选用大屏幕电视或投影电视，图像与实物之比为 1∶1 时能获得临场感。

会议电视编码器和解码器是终端设备中的关键设备，图 7-3 是会议电视编、解码器方框图。来自切换器的模拟电视信号经亮色分离后由模/数(A/D)转换电路转换为数字信号，再经公共中间格式(CIF)转换把电视信号转换成统一的中间格式(352×288)，采用统一的 H.261 算法进行压缩。由于编码中采用了变长编码 VLC 技术，经压缩编码后的数据为不均匀的数据流，需要缓冲存储器对数据速率进行平滑，从缓存中读出的数据经过信道编码

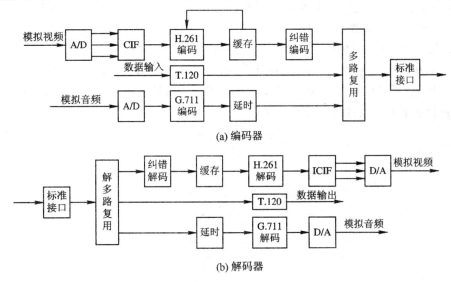

(a) 编码器

(b) 解码器

图 7-3 会议电视编、解码器方框图

(纠错编码)增强其抗干扰能力,然后被送入时分多路复用模块,并与经编码的语音以及来自其他数字设备(如计算机、传真机等)的数据信号,按照指定的时隙合成一路数字信号,再经接口电路形成标准的传输码形(如 HDB3 码)被送入信道发送。

解码器的工作过程与编码器相反,输入的信号经接口电路被恢复成非归零的时分多路信号以及供解码用的基本时钟信号,经时分解码之后,分为 3 个信号流供进一步处理用。其中数据信号被送往专用的数字接收设备(计算机、传真机、电子黑板等);声音信号被送往声音解码电路经 D/A、功放送往音响设备;而图像信号则经纠错电路后,被送入缓存,转换成与编码器相同的数据流形式,经解码、格式转换、D/A 后,在彩色监视器上显示出来。

2) 多点控制方式

会议电视的分会场一般相隔较远,分会场数目较多,这就构成了多点会议电视系统。多点会议电视系统的连接、控制方式有以下几种:

(1) 全耦合方式。所有各分会场之间相互用线路连接,这种方式当点数很多时,需要大量线路,很不经济。

(2) 图像合成方式。把所有会场图像汇集在一起合成为一幅图像传送到各终端,在各终端监视器上多画面显示所有会场图像。

(3) 图像请求方式。把所有图像集中于一个网络节点,根据多点的请求,切换出所希望显示的图像,国外的会议电视多点控制常采取这种方式。

(4) 图文分配方式。通过卫星把某一发送点的图像分配到所有各点,利用卫星召开电视会议,由于采用面辐射方式,因此最节省线路。

(5) 主席控制方式。不改变原来通信网络结构,线路连接、图像和声音的流向都由会议主席进行控制。这种方式不增加任何线路,但不够灵活。

3) 多点会议电视网

多点会议电视网中都需设置一个或多个 MCU 来完成各个会议点之间的信息交换和汇接。ITU-T 有关多点会议电视的标准只允许采用两层级联的组网模型,这样可以满足传输延时、话音图像同步以及网络控制的要求。图 7-4 就是一个二级星型会议电视网示意图,处在最上面一层的 MCU1 是主 MCU,在它下面一层的 MCU2、MCU3 和 MCU4 是和它相连接的从 MCU,它们都受控于 MCU1。根据需要,网络内的会议电视终端可以连接在从 MCU 上,也可以连接在主 MCU 上。图中的终端是直接连接到 MCU 上的,实际上它们是通过各种通信网络连接到 MCU 上的。

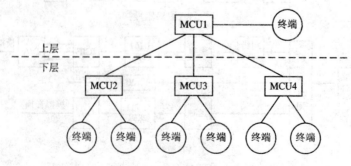

图 7-4 二级星型会议电视网示意图

3. 我国公用会议电视骨干网

我国的公用会议电视骨干网采用二级星型结构，以北京为全网一级枢纽中心，以星型辐射形式与二级枢纽中心（即各大区中心沈阳、上海、南京、武汉、广州、西安、成都等地）的多点控制单元(MCU)相连接，各大区中心的 MCU 与本区内各省中心（即省会会场）相连，这样就构成了一个以北京为中心的全国会议电视骨干网。会议电视骨干网的传输手段可以是现有的光缆、数字微波、数字卫星等。

按我国开会的惯例，采取主席控制模式，即主席所在的主会场可同时向所有分会场传递主会场的图像和声音，并通过 MCU 与任一分会场对话，指挥汇接设备切换图像和声音。分会场发言需向主席申请，一旦被主席认可，该分会场的图像、语音便可以广播方式传送到其他各个会场。这种模式符合 ITU－T 的 H.243 标准。

全国性会议电视网管中心设在一级枢纽中心，由中央多点管理系统(CMMS)及工作站组成。网管中心的主要功能是：① 显示各 MCU 状态；② 对 MCU 进行故障诊断；③ 对每个 MCU 的计费进行统计；④ 统计与会会场、会议时间、码速率；⑤ 记录会议的有关事件。

国家骨干网全部采用美国视讯公司(CLI)的 Radiance9075 型会议电视终端设备，该设备有一套 CLI 专有的 CTX、CTX Plus 的编码算法，其图像清晰度高于 H.261 算法，同时还具备符合 H.261 建议的 CIF、QCIF 图像格式。国家骨干网的多点控制采用 CLI 公司的 MCU Ⅱ，它具有 12 个 2 Mb/s 端口，符合 H.200 系列建议，具有全网的主席控制模式以及远端摄像的互控功能。

4. 三种实用会议电视系统

符合 H.320 标准的 ISDN 网的会议电视业务已开始应用。为了在计算机网以及 PSTN 网上组建会议电视系统，ITU－T 于 1995 年推出了在 LAN 网上组建视听系统的 H.323 系列建议，在 ATM 网组建视听系统的 H.310 系列建议，在 PSTN 网上进行视听通信的 H.324 系列建议。目前，H.320 会议电视系统已占有相当大的比例，为了将 H.320 系统引入计算机网和 ATM 网，ITU－T 又推出了 H.321 系列标准，在 H.320 的设备外增加了一个 ATM 适配器连接到 ATM 网上。与此类似，可采用 H.322 建议将 H.320 系统适配入计算机 LAN 中。H.321 和 H.322 实质上是将 H.320 系统的码流重新组装为 ATM 和 LAN 可接收的码流，起着一种网间适配的作用，本质上仍然是 H.320 系统。由于有关 ATM 的协议迟迟不能出台，因此基于 ATM 的 H.310 系统至今也未得到推广使用，真正有发展前景的会议电视系统为基于 ISDN 的 H.320、基于 PSTN 的 H.324 和基于 IP 的 H.323 三套，它们各自所包括的有关国际标准如表 7－1 所示。

表 7－1　三套实用的会议电视标准

标准	H.320	H.324	H.323
应用网络	ISDN	PSTN	LAN
视频编码	H.261	H.261/H.263	H.261/H.263
音频编码	G.711/722/728	G.723/729	G.711/722/728/723/729
多路复用	H.221	H.223	H.225
通信控制	H.245	H.245	H.245
数据传输	T.120	T.120	T.120

7.3.2 可视电话

可视电话的通信包括语音信号和图像信号，通话双方在对话过程中可以看到对方的图像，丰富了通信的内容。通话过程传送的是双方的图像，图像很少活动，可取得较大的压缩，码率较低。

目前，发展可视电话的条件已经具备，国际标准 ITU - T H.324 描述了低比特率的多媒体通信终端，采用 V.34 调制解调器，码率通常为 28.8 kb/s，可通过公共电话交换网（PSTN）进行传送。我国现在的电话普及率为可视电话的普及、互通创造了条件。

1. H.324 可视电话

H.324 可视电话系统的终端结构示意图如图 7 - 5 所示。

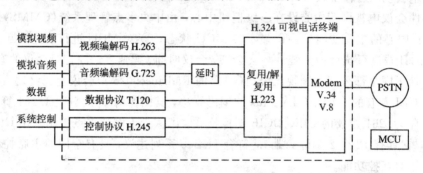

图 7 - 5 H.324 可视电话系统的终端结构示意图

H.324 是一个框架型的建议，它包含一系列的建议，称之为 H.324 协议族。它全面规范了视频和音频的压缩编解码、多种媒体信息的复用、信道接口、控制信令等多项技术指标。

（1）G.723.1 低速语音编解码建议。提供高效语音压缩编解码，其速率为 5.3 kb/s 和 6.3 kb/s 两挡。

（2）G.729/G.729A 低速语音编解码建议。电话网质量的语音编码，8 kb/s 编码速率，原来设计用于无线移动网络，G.729A 是 G.729 的简化版，和 G.729 兼容。

（3）H.263/或 H.261 视频编解码建议。提供高效的活动图像压缩编码技术。

（4）H.245 通信控制协议。多媒体通信中，控制部分是整个系统的"司令部"，音频、视频、数据和复用部分都需要由它来统一协调。从通信的开始、呼叫、建立物理通路、建立逻辑通路、交换通信能力、判决主从关系、通信过程的控制、结束通信等操作都由它来控制完成。为了保证不同厂商产品的互通，有必要统一这种通信标准。ITU - T 在 1995 年专门发布了用于多媒体通信的控制协议 H.245，规定了终端信息消息的句法和语义，以及通信开始时进行协商的操作过程。这些消息包括终端发送和接收的通信能力，接收端的优先模式，逻辑信道的通知、控制和指示。

（5）H.223 信道复用协议。多媒体信息由多种不同媒体信息组成，多种媒体信息（视频、音频、数据和控制流）要同时传输，在发送端把它们复用成一个统一的码流；在接收端，又要同步地实时地把它解复用，即分解为多种媒体信息。H.223 建议对低比特率多媒体通信中信息的帧结构、字结构、分组复用等作了明确规定，它适用于低比特率多媒体终端之间，低比特率多媒体终端与 MCU 之间的通信。这个复用协议还能对图像序列进行编号、误差检测和校正。

（6）V.34 调制解调器全双工通信协议。通信速率可达 28.8 kb/s 或 33.6 kb/s。

（7）V.8 建议。规范在 PSTN 上的数据通信的起始呼叫过程，以及可视电话和普通电话工作模式的转换。

（8）T.120 系列数据通道建议。这种极低比特率的视听系统的潜在应用十分广泛，除可视电话外，还可用于远程监控、远程医疗、移动可视电话、多媒体电子邮件、视频游戏等。

2. H.323 可视电话

ITU-T 的 H.323"基于分组交换的多媒体通信系统"是一个框架性的建议，包括终端设备、视频、音频和数据的传输、通信控制、网络接口等内容，还包括多点控制单元（MCU）、多点控制器（MC）、多点处理器（MP）、网关（GateWay，GW）和网闸（Gate Keeper，GK）设备。

H.323 系统的信息传播可以采用单播（Unicast）、多路单播（Multi-unicast）、多播（Multicast）的形式。

H.323 可视电话系统的终端结构如图 7-6 所示。

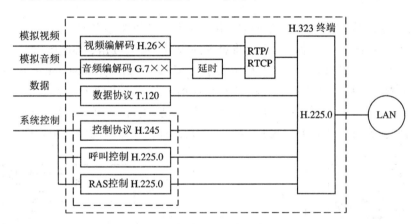

图 7-6　H.323 可视电话系统的终端结构示意图

H.323 系统使用实时传输协议（Real-time Transport Protocol，RTP）和实时传输控制协议（Real-time Transport Control Protocol，RTCP）。RTP 提供同步和排序服务，适于传送如音频、视频等连续性的数据，对网络引起的时延和差错有一定的自适应性。RTCP 用于管理质量控制信息，例如监视延时和带宽。RTP 不能确保数据的完整性，但能很好地处理定时的问题。在通信过程中，RTP 对所传的每个分组盖上时间戳（Timestamp）。在接收端，解码器可根据时间戳重新建立定时关系。H.323 中资源预留协议（RSVP）可以防止网络超载，不能传递信息的情况下保证 H.323 终端有一定的带宽，从而保证传输质量。在 H.323 中，与 RSVP 有关的是网闸机制，用来防止视频业务量占用所有的有效带宽。网闸执行三项功能：第一，接入控制，由于网络资源有限，网络上同时接入的用户数也是有限的，GK 根据授权情况和网络资源情况确定是否允许用户接入；第二，能够为终端提供带宽管理和网关定位等服务，如为用户保留所需的带宽；第三，具有呼叫路由的功能，所有终端的呼叫可以汇集到这里，然后再转发给其他终端，以便和其他网络终端通信。

多点控制单元(MCU)为 3 个或 3 个以上的终端或网关参加多点通信提供服务。MCU 包括必备的 MC 和可选的 MP，多点控制器(MC)是 H.323 中的实体，它为多点通信提供控制，并控制资源。MC 通过 H.245 与各终端进行协商，为当前的通信确定一个共同的通信模式，但不负责音频、视频和数据的混合或交换。MP 负责完成视频和音频的编解码、格式转换、语音的混合、视频的合成或切换等功能。

网关(GW)是 H.323 中的端点设备，通过它的实时双向通信服务，提供局域网和其他类型网络之间的连接。

H.323 的系统控制分为三个部分：一是 H.245 通信控制协议，完成通信的初始过程的建立、逻辑信道的建立、终端之间能力的交换、通信结束等功能，例如通过能力交换，发送端采用接收端能解码的模式发送；二是 RAS (Registration, Administration and Status, 注册、允许和状态)控制，用于传送有关 RAS 的信息；三是呼叫信令(Call Signaling)控制，用于建立呼叫、请求改变呼叫的带宽、获得呼叫中端点设备的状态、拆除呼叫等的消息过程。呼叫过程使用 H.225.0 所定义的消息。

H.323 终端常用于可视电话、会议电视、远程医疗、远程教学等。

7.3.3 远程医疗

远程医疗系统是一种利用现代通信网络实现远距离的医疗咨询、会诊、手术示范的交互式多媒体信息系统。边远地区的医生将患者的病历、检查数据、心电图以及 B 超、X 线、CT(Computed Tomography, 计算机断层成像)、MRI(Magnetic Resonance Imaging, 核磁共振成像)等影像资料通过信息处理设备和相应的通信线路传送给大城市的专家们会诊。专家们可以向对方医生或病人提问以进一步了解病情，最后做出诊断和治疗方案，边远地区的病人因此得到高质量的医疗服务。图 7-7 是远程医疗系统的结构示意图。

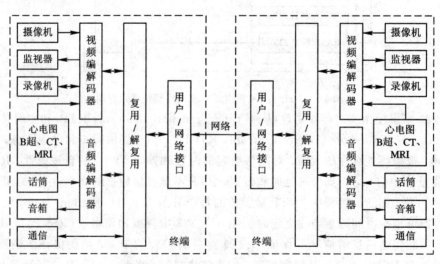

图 7-7 远程医疗系统的结构示意图

1. 输入和输出设备

视频输入和输出设备有摄像机、监视器和录像机，还有心电图机、B 超成像系统、CT

成像系统、MRI成像系统；音频输入和输出设备有话筒、扬声器等。信息通信设备有书写电话、传真机等。书写电话为书本大小的电子写字板，供与会人员将要说的话写在此板上，变换成电信号输入到视频编码器上，再传送给对方并显示在监视器上。

2. 视频编解码器

视频编解码器用来压缩医疗视频信息。在医用图像中，病变部位的图像对保真度要求是非常高的，任何细节上的损伤都是不允许的，它的模糊有可能导致误诊，以致于把病人推向危险的边缘。当然需要无损恢复的病变部位图像只占整个医用图像的一小部分，所以对于图像的其他部分应适当调整质量以减小图像数据率。这样压缩后的图像完全保存了疾病特征，而数据量非常小。医生可以把它迅速发送到千里之外的医学专家那里并以最快的速度得到权威的确诊。

3. 复用/解复用设备和用户/网络接口

复用/解复用设备是将视频、音频、控制信号等各种数字信号组合为64～1920 kb/s的数字码流，成为与用户/网络接口兼容的信号格式。该信号格式应符合国际规定的H.221建议的要求。最好采用B-ISDN的网络，接口是B-ISDN的网络接口。

武警总医院自2004年通过全军远程医学信息网开展远程医学工作，体现了武警总医院"姓军为兵"的服务宗旨。2005年～2010年武警总医院与武警部队各站点远程会诊例数为25、92、162、327、609、696。

武警总医院与地方医疗机构之间利用因特网等远程通信技术实现远程医疗会诊，以满足人民群众日益增长的卫生服务需求，提供高质量、快捷、便利的医疗咨询服务。现与武警总医院开展远程医疗合作的外协作单位有山东省庆云县人民医院、陕西省府谷县中医院、河北省讯兴隆县人民医院等百余家医院。

7.3.4 多媒体电视监控报警系统

多媒体电视监控技术打破了传统的电视监控结构，依靠计算机技术、数字视频压缩编解码技术、网络技术和通信技术，对各种媒体信息的应用趋向综合化、交互化。

多媒体电视监控系统由现场多媒体电视监控终端、多媒体监控中心和传输网络构成，如图7-8所示。多媒体电视监控终端由摄像机、报警探头、切换控制器和多媒体计算机构成，多媒体计算机内插视音频采集压缩卡，内装大容量硬盘，对输入的视频和音频信号进行实时捕获、实时压缩后存入硬盘。

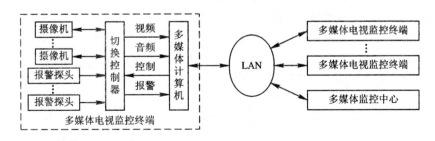

图7-8 多媒体电视监视系统的结构示意图

摄像机、报警探头的输出信号通过各自的传输线传送到切换控制器。切换控制器是以单片机为核心的，它接收多媒体计算机通过 RS - 232 串口发出的各种命令，包括切换命令、信息叠加命令、云台和镜头控制命令、报警控制命令等所有专用键盘能发出的命令，实现视/音频的切换，控制电动云台作上、下、左、右等动作，调整变焦镜头的光圈、聚焦和变焦等。切换控制器还将报警信息统计后发送给多媒体计算机。

多媒体电视监控终端实际是一个小型监控系统，利用计算机的图形显示功能，可以在 CRT 上显示与实物完全一样的原来的控制键盘，用鼠标器拖动光标到按键上，单击鼠标左键，将产生与原键盘按键一样的功效。也可以在 CRT 上显示报警统计图表，或对其他数据进行统计，生成直方图、折线图、饼图等多种统计图表，这些图表可以在打印机上打印出来。还可以在 CRT 上显示整个电视监控报警系统的配置示意图，示意图中应有所有摄像机与入侵检测器的状态，示意图应与系统的实际地理位置相接近，以便操作人员辨认。在每一台摄像机与入侵检测器上安排一个作用钮，用鼠标器拖动光标到作用钮上，单击鼠标左键将打开相应的视频窗口，窗口内显示摄像机的实时图像或入侵检测器上一次报警时记录的一帧冻结图像和报警日期、时间。多媒体计算机可以以多画面形式显示多路视频信号的活动图像，可将某图像放大到全屏或缩小，可以将重要的图像存入硬盘或从硬盘中取出某段录像显示在 CRT 上，或在打印机上打印出来。

多媒体监控中心可以通过网络向多媒体电视监控终端调取实时图像或录像，调取统计报表或报警信息，可以对一帧图像进行数字图像处理。如果现场录下的画面不够清晰，可以处理得清晰、突出、明确。常用的数字处理有：

（1）对图像的各种参数，如亮度、对比度、饱和度及 R、G、B 三基色的相对取值进行调整。

（2）对图像进行均衡处理，如灰度分布不均匀的图像可处理成灰度均匀分布的图像。

（3）对图像进行平滑处理，比如噪波点太多的图像处理后噪波点减少。

（4）对图像进行锐化处理，比如边缘不清晰的图像处理后可突出景物的边缘。

多媒体电视监控报警系统的最大特点是：可以对图像、声音、数据等由多种媒体传来的现场信息进行总体混编，组成多媒体数据库。比如需要某年某月某日报警时的现场信息，多媒体数据库中的图像、声音、数据等就能同时展现在你面前，使你做出合理的分析，采取恰当的对策。

7.3.5 交互式电视

数字电视的首要目标是提高传送图像的质量。由于传输的是数字信号，在传输过程中会引入噪波，这些噪波只要幅度不超过一定的门限都可以被清除掉，万一有误码，可利用纠错技术纠正过来，因此数字电视接收的图像质量很高。数字电视采用了高效的压缩编码技术，在原来只能传一套模拟电视节目的频带内可以传送多套数字电视节目，电视节目数量将迅速增多。所以在采用了前面介绍的各种技术后，提高传送图像质量的目的已经基本达到。

数字电视的第二个目标是实现多功能的 ITV(Interactive Television，交互式电视)，就是按照观众的要求在数字电视节目中加入各种各样的增值服务。用户可以随时收看自己喜爱的节目，即视频点播(Video on Demand，VoD)；在收看的过程中，可以利用遥控器调出主要演员或运动员的资料，可以查看剧情简介或者查看以往的比赛成绩，甚至可以选择剧情的多种结局之一。用户可以随时直接点播希望收看的节目，从根本上改变了被动收看电视的方式。

交互式电视和视频点播两个名称经常混用。交互式电视的范围要比较广一些，除了视频点播还包括网上购物、会议电视、远程教育、交互广告和交互游戏等功能。

1. 电话视频点播

目前电话视频点播是指电视台开辟某个频道或利用某个频道的空闲时段，自动播放用户通过电话点播的视频节目。下行信号是电视台的视频信号，上行信号是通过 PSTN 传送。电话视频点播利用现有的有线电视频道和 PSTN，只需少量投入便可运行，已被数量众多的有线电视台采用。电视台可以将 MTV、曲艺、小品和相声等节目预先以数字方式存储在硬盘上作为节目源。由于点播系统的节目进行了数字压缩，所以一块 500 G 的硬盘可以存储数十小时的节目，相当于百余首歌曲的 MTV。电视台可根据自己的节目量随意增加硬盘块数。VCD、DVD 的节目本来就是数字压缩信号，可以直接拷贝到硬盘上。

当用户打进的专线电话接通后，自动点播系统进行语音提示或播出屏幕选单，用户用电话机的数字按钮输入要点播的节目编号，自动播出系统立刻播出用户点播的节目。用户还可以预定播出时间和指定播出时显示的字幕，当用户操作失误时，系统会用语音提示用户的错误并自动返回，让用户重新输入，用户输入完毕后，所输入的信息会自动形成控制文件记录在计算机中，当到达用户点播的时刻，系统先播出用户所留祝词，然后播出用户点播的节目。当没有节目播出时，播出系统将自动循环播出节目单。以上全过程都是自动完成，无人值守。

点播频道播出的是由观众主动点播的文艺节目，具有很高的收视率，是插播广告的最佳时段。用户点播费用可以由电话局代收。全国的各级电话局都开办了专线电话服务，如168、268 信息服务台等，只需向电话局申请电话专线，当用户打进电话时，系统自动将点播费记录在电话费中。电话局的此项业务是国家法律规定的一项营业项目，同时系统也配有精确的收费计算功能，避免了经济纠纷。目前许多地区的电话局也参与投资，共同创利。

电话视频点播产品具有以下特点：

（1）点播线路畅通。用户可以在任意时间预先点播节目，避开高峰期线路繁忙状态；节目点播有多条外线，彻底解决了电话打不通的问题。

（2）便利、快捷。屏幕显示简洁，全中文界面，整个点播过程不到 1 分钟。

（3）主动亲切。简易的点播设备在用户点完节目后马上直接播出，不能反映出点播者和被点播者的信息；较好的点播系统，用户可通过电话留言，播出字幕，可满足消费者表达情感的要求。

（4）广告自动播出功能。可定时播出用户的电视广告。

（5）稳定可靠。硬盘冗余备份，专业设备配制。

（6）主动性。电视台对视频点播的管理功能，如对用户留言的检查。

数字电视使有线电视网络能传送的节目数成倍增加，为电话视频点播带来新的生机，增加视频服务器的存储容量与条件接收相结合能使一部分观众享受到新的电话视频点播服务。

2. 存储释放终端交互方式

中央电视台就是采用存储释放终端交互方式，由若干视频通道和一个图文/数据通道组成一个传输流，并在用户机顶盒上实现交互操作，如图7-9所示。用户的命令由红外遥控器传送到机顶盒，电视机可以快速切换到不同通道的图像，同时可以将图文信息融入画面或单独显示。

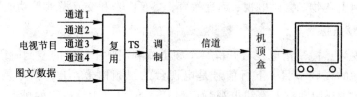

图7-9　存储释放终端的交互式电视

中央电视台和四川电视台采用NDS公司的交互式电视系统Value@TV，图7-10是该系统组成方框图。

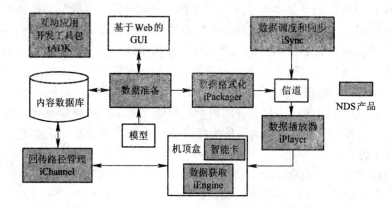

图7-10　NDS公司交互式电视系统方框图

① 互动应用开发工具包(iADK)：用来创建互动应用的工具，有友好的用户界面和丰富的功能。使用iADK可以轻松地对应用进行个性化设置，以适应不同的赛事和格式。

② 数据准备：提供一组工具，用直观的图形用户接口(Graphical User Interface，GUI)生产互动电视内容。

③ 数据格式化组件(iPackager)：将内容数据以符合Value@TV的方式进行格式化，为了尽可能利用带宽，需将广播参数优化。

④ 数据播放器组件(iPlayer)：用复杂的算法使所用的带宽最小，周期性地产生数据流，通过传输系统传输到用户端。

⑤ 数据获取组件(iEngine)：位于用户机顶盒内，从传送流中滤出请求的交互事件。

⑥ 数据调度和同步组件(iSync)：确定何时广播交互内容，保证音、视频节目与数据同步。

⑦ 回传路径管理组件(iChannel)：是机顶盒和应用服务器之间的接口。上行用户点播信息，因双向网改造费用昂贵，目前以广播方式为主。

中央电视台的交互式电视系统配置了iPackager、iPlayer、iSync和iEngine组件和iADK互动应用开发工具包。

四川省广播电视网络有限公司实施了NDS端到端解决方案——Open Video Guard条件接收系统、NDS Core中间件、Stream Server和NDS互动电视前端。目前四川省广播电视网络数字节目服务超过 60 个频道，基本组合包括 43 个频道和一个互动节目指南，高级组合可以提供更多的频道、互动节目指南和互动股票信息服务。2002 年 6 月，四川有线数字电视网成为首家将中央电视台互动体育服务作为自己的收费电视服务的一部分提供给观众的省级网络。

观众可以通过互动节目指南的节目单对基本、高级和互动电视服务进行搜索。互动股票信息服务向观众提供深圳和上海证券交易所 1400 家 A、B 股的实时信息，观众可以设置显示自己关心的股票，可以同时显示 20 种股票信息，可以随时调用任一股票的实时走势曲线图。

3. 数码视讯的 StreamGuard CA 系统

数码视讯(Sumavision)科技股份有限公司的 StreamGuard CA 系统是一个具有成熟商用案例的双向 CA 系统，能够为双向网络提供安全保障，还能支持多种单/双向互动增值业务，如 VoD、在线教育、在线支付、电视商城、电视银行和收视率统计等。

2009 年 StreamGuard CA 已经在 14 个省份中标，并且在 10 个整合省网中成功应用，市场占有率达到 70%(含同密)，最大单点发卡量突破 200 万张，总发卡量已突破 1000 万张。

1）Stream Guard 双向 CAS 的构架

图 7-11 是数码视讯的 StreamGuard CA 双向系统示意图。

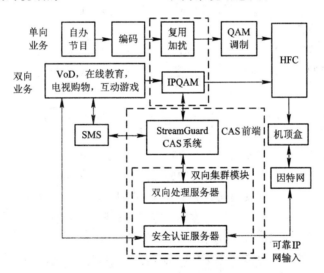

图 7-11 StreamGuard CA 双向系统示意图

双向 CAS 除了能支持传统的单向业务之外，还为双向互动增值业务提供了安全、可靠的信息传送平台。它可以充分保证两条通道的安全性：信息广播下行通道和 IP/CABLE 互动通道。根据接入网的不同，互动通道可以包括 IP(EPON＋LAN)和 CABLE(CMTS＋CM)两种方式，如西宁双向数字电视平台采用 CABLE(原有小区)为主、IP(新建小区)为辅的回传方式，采用双向 Stream Guard CAS 为互动增值业务提供安全保障。EPON(Ethernet over Passive Optical Network)是以太无源光网络，CMTS(Cable Modem Termination System)是电缆调制解调器终端系统。

图 7-11 中双向 CAS 前端部分包括 Stream Guard CAS、双向处理服务器、安全认证服务器 3 个子系统。Stream Guard CAS 不仅包含单向 CAS 的所有功能，还增加了对双向数据的处理功能。双向处理服务器负责处理回传数据，完成 CAS 和安全认证服务器之间的通信。安全认证服务器验证用户回传信息的合法性，保证前端系统的安全和信息的可靠。

核心产品 IPQAM 处于各网络节点，实现全节目路由，将节目流重新复用在指定的多业务传输流中。通过 IPQAM 实现多种基于双向网络的互动业务，各项新互动业务可进行平滑扩展，能够与现有数字电视广播系统无缝结合；全面支持前端 IP 组网解决方案，系统搭建更为方便。

2）双向网络对 CAS 的安全性要求

在双向网络中，用户的各种数据在网上实时传输，因此 CA 技术需实现以下的安全性：

（1）身份真实性。网上增值业务系统必须有一套安全、可靠的身份认证机制，以保证交易中各方身份的真实性。

（2）数据机密性。用户资金、账号、密码、交易行为等都属于用户的私密信息，同时网上的 SP(Service Provider，服务提供商)也有各自的商业秘密，这些信息都要防止被侦听和窃取。

（3）信息完整性。SP 和用户之间在双向网络上传递的信息必须有完整的保障机制，否则就会被黑客非法篡改。

（4）交易行为不可抵赖性。利用网上增值业务系统进行各种交易时，要确保用户和 SP 对已经完成的交易行为都不能抵赖。

这些安全性在单向网中是不可能保证的，因为单向网的集中式 CAS 的结构是单一的，盗版者有足够的时间研究破解方案。更换密钥、备份算法等辅助措施，弥补不了这个根本缺陷。

3）CA 技术保证实现安全性

双向网通过下述的 CA 技术就可能实现安全性的保证。

（1）建立在双向点到点通信方式上的安全认证技术。流行的安全认证有两种方式：一种是在网络上通过安全协议鉴定和交换密钥的方法，如 DASS 协议(Distributed Authentication Security Service，分布式鉴别安全协议)，它同时使用了公开密钥和对称密码；另一种是一次性密码(One Time Password，OTP)方案，客户端和服务器通过其他通道(非网络)协助，约定双方使用的密码本，保证通过网络的密码只使用一次。

一般的应用系统主要采用第一种方式。虽然在数字广播电视网络上实施这类认证存在困难，但可以在一定程度上借用，如前面提及的 DASS 协议，可以事先将通信双方的公钥保存起来，这样就不用在协议中交换了，也可以让双方直接通信去鉴别、交换会话密钥，不用每次都借助于 CA(Certificate Authority，证书认证)中心。

通过此项技术，可以使双方建立起互相信任的数据通道，交换会话密钥，为下一步的数据加密技术做好准备。

（2）数据加密技术。该技术就是用某种方法将明文的内容隐藏起来，以保证数据传输和存放过程的安全。Stream Guard CAS 系统共采用了五级的密钥。

（3）数字水印技术。在信息通过安全的数据通道传送给了接收者后，要做进一步的保护，因为数字化作品侵权使用或篡改非常方便。保护数字化版权主要使用数字水印技术，基本原理就是将有关版权或控制的机密信息通过嵌入算法隐藏于公开的载体信息中，非授权的监测者难以从公开信息中识别和修改；合法监测者则可以抽样监测和解码水印信息，以判定数字信号使用的合法性。

Stream Guard 双向 CAS 正是运用了以上方法，对双向增值业务提供安全保证。

4）双向 CAS 成为统一安全认证中心

双向 CAS 在整个数字电视系统中起到了统一安全认证中心的作用。具体流程如下：

在前端，系统的增值业务调度模块根据增值业务处理系统的需要组织数据，并送给双向 CAS 的加密认证中心，加密认证中心对数据加密后下发到终端，终端机顶盒收到数据后，送给加密及安全认证模块进行数据解密处理，解密结果送给机顶盒进行处理。例如收视率统计、卡内信息查询等功能都可以基于上述过程实现。

在终端，机顶盒提供菜单或其他动作触发方式。机顶盒被触发时，负责组织数据并通过加密及安全认证模块提供的接口进行加密，加密后的数据通过回传通道上传给前端双向 CAS，加密认证中心将数据解密得到明文数据，相应的增值业务调度模块收到明文数据并进行处理。如用户消费历史查询、节目点播、电视购物等功能都可基于上述过程实现。

思考题和习题

1. 填空题

(1) 多媒体信号应具有_____性、_____性、_____性三个特征。

(2) 综合业务数字网(ISDN)的基本接入是_____，基群接入是_____、_____。

(3) 异步转移模式(ATM)的信元长度是固定的_____个字节，信头为_____个字节，有用信息为_____个字节。

(4) 常用的交换方式有_____交换和_____交换。

(5) 在公用电话网上传输数字信号要依靠_____。

(6) 电话视频点播的上行信号是通过_____传送的。

(7) 存储释放终端交互方式在_____实现交互操作。

(8) 双向网络对 CAS 的安全性要求_____性、_____性、_____性和_____性。

2. 选择题

(1) 下列标准中适用于 ISDN 网络的是_____。

① H. 320   ② H. 321   ③ H. 323   ④ H. 324

(2) 下列标准中适用于 ATM 网络的是_____。

① H. 320   ②H. 321   ③ H. 323   ④ H. 324

(3) 下列标准中适用于 LAN 网络的是_____。

① H. 320   ② H. 321   ③ H. 323   ④ H. 324

(4) 下列标准中适用于 PSTN 网络的是_____。

① H. 320   ② H. 321   ③ H. 323   ④ H. 324

3. 判断题

(1) 广播电视中图像、声音、字幕多种媒体同时传送，所以属于多媒体。

（2）在 PSTN 网上传输数字信号的主要手段是依靠调制解调器。

（3）在 STM 模式中，一个固定的时隙分配给了一个信道就只能传输该信道上的数据，不能传输其他数据。

（4）在 ATM 中，各个输入的带宽总和小于传输线路的总带宽。

（5）ITU – T 中有关多点会议电视的标准允许采用多层级联的组网模型。

（6）中央电视台的交互式电视系统未配置 iChannel 回传路径管理，不是真正的交互式电视。

4. 问答题

（1）多媒体信号有哪三个特征？举例说明。

（2）PSTN、ISDN、B-ISDN、IP 网络各有什么特点？

（3）会议电视系统由哪几部分组成？

（4）多点会议电视系统有几种控制方式？各有什么特点？

（5）H.320、H.324 和 H.323 三套建议分别应用于什么网络？

（6）H.324 规范了低比特率多媒体通信终端的哪些技术指标？

（7）远程医疗的视频编解码器采用什么标准好？

（8）视频录像分散存于多媒体电视监控终端好，还是集中存于多媒体监控中心好？

第8章 数字电视

模拟电视最明显的缺点是在传输过程中图像质量的损伤是积累的，信号的非线性积累使图像对比度产生越来越大的畸变，长距离传输后图像的信噪比下降，图像清晰度越来越低，相位失真的累积使图像产生彩色失真、镶边和重影。模拟电视容易产生亮度信号与色度信号互串、行蠕动、半帧频闪烁等现象。模拟电视还有稳定度差、可靠性低、调整不便、集成及自动控制困难等缺点。

数字电视是从节目采集、编辑制作到信号的发送、传输和接收全部采用数字处理的全新电视系统，其中利用先进的数字图像压缩技术、数字信号纠错编码技术、高效的数字信号调制技术等，在处理、传输过程中引入的噪波只要幅度不超过一定的门限都可以被清除掉，即使有误码，也可利用纠错技术纠正过来，所以数字电视接收的图像质量较高。数字电视采用压缩编码技术，在只能传送一套模拟电视节目的频带内传送多套数字电视节目。数字电视便于开展多种数字信息服务如数据广播、文字广播等，数字电视容易实现加密、加扰，便于开展各类收费业务。

图 8-1 是数字电视广播系统方框图，系统由信源编码、多路复用、信道编码、调制、信道和接收机等六部分组成。

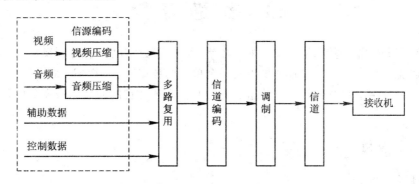

图 8-1　数字电视广播系统方框图

信源编码是对视频、音频、数据进行编码，第 6 章中的图像压缩编码都属于信源编码，数字电视按照 MPEG-2 标准(详见 6.3.6 节)进行信源编码，辅助数据可以是独立的数据业务，也可以是和视频、音频有关的数据，如字幕等。信源编码是为了提高数字通信传输效率而采取的措施，是通过各种编码尽可能地去除信号中的冗余信息，以降低传输速率和减小传输频带宽度。

多路复用是将视频、音频和数据等各种媒体流按照一定的方法复接成一个单一的数据流。

信道编码是指纠错编码，是为提高数字通信传输的可靠性而采取的措施。为了能在接收端检测和纠正传输中出现的错误，在发送的信号中增加一部分冗余码，使得信道编码增加了发送信号的冗余度，它以牺牲信息传输的效率来换取可靠性的提高。数字通信系统为了达到高效率和可靠性的最佳折衷，信源编码和信道编码都是必不可少的处理步骤。

调制是为了提高频谱利用率把宽带的基带数字信号变换成窄带的高频载波信号的过程，应根据传输信道的特点采用效率较高的信号调制方式，常用的方式有 QAM、QPSK、TCM、COFDM 和 VSB。

信道有卫星信道、有线电视信道和地面广播信道等。卫星广播着重于解决大面积覆盖。有线电视广播着重于解决城镇等人口居住稠密地区"信息到户"。而地面无线广播由于其所独具的简单接收和移动接收的能力，能够满足现代信息化社会"信息到人"的基本需求。

接收机包括解调、信道解码、解复用、视/音频解压缩、显示格式转换等。

数字电视分为标准清晰度电视和高清晰度电视。

标准清晰度电视（Standard Definition Television，SDTV）是指质量相当于目前模拟彩色电视系统（PAL、NTSC、SECAM）的数字电视系统，也称为常规电视系统。其来源是 ITU－R 601 标准的 4：2：2 的视频，经过某些数据压缩处理后所能达到的图像质量，清晰度约为 500 电视线。

高清晰度电视（High Definition Television，HDTV）是指水平清晰度和垂直清晰度大约为目前模拟彩色电视系统的 2 倍，宽高比为 16：9 的数字电视系统。根据 ITU 的定义，一个具有正常视觉的观众在距离高清晰度电视机大约是显示屏高度 3 倍的地方所看到的图像质量应与观看原景象或表演时所得到的印象相同。清晰度应在 800 电视线以上。

8.1 多 路 复 用

多路复用分为节目复用和系统复用。前者是将一路数字电视节目的视频、音频和数据等各种媒体流按照一定的方法时分复用成一个单一的数据流，MPEG－2 编码芯片能完成；后者是将各路数字电视节目的数据流进行再复用，实现节目间的动态带宽分配，提供各种增值业务。

8.1.1 节目复用

1. 节目特定信息

为了能对一路节目的 TS 流中所含的各种信息进行标识（如区分音、视频包），MPEG－2 规定在复合的时候需要插入以下几种节目特定信息（Program Specific Information，PSI）：

（1）节目关联表（Program Association Table，PAT）：本身的 PID 为 0x0000，它给出每一个节目对应的 PMT 的 PID，还给出 NIT 的 PID。

（2）条件接收表（Conditional Access Table，CAT）：给出条件接收系统的有关信息，PID 为 0x0001。

（3）节目映射表（Program Map Table，PMT）：给出一个节目内各种媒体流的 PID 及该节目的时钟基准（PCR）。

（4）网络信息表（Network Information Table，NIT）：给出物理传输网络的有关信息。有 Actual 和 Other 之分，分别表示当前值和其他值。

（5）传送流描述表（Transport Stream Description Table，TSDT）：PID 为 0x0002，提供传送流的一些主要参数。

PSI 信息以段（SECTION）为单位进行组织，段可以作为负载插入 TS 包中，然后以一定的比率插入一路节目的 TS 流中，形成完整的一路节目的 TS 流。

2. PSI 和 TS 流的关系

图 8-2 表示了 4 种 PSI 和 TS 流之间的基本关系。每个 TS 流必须有一个完整、有效的节目关联表（PAT），节目关联表中给出了节目号（Program Number）和此节目的节目映射表（PMT）位置（PMT_PID）之间的对应关系。在映射为一个 TS 包之前，PAT 可能被分为 255 个分段，每个分段包含有整个 PAT 的一部分。这种分法在出错时使数据丢失最少，也就是包丢失或位错误可定位于更小的 PAT 分段，这样就允许其他分段被接收和正确解码。节目号 0 规定用于网络信息表 PID。节目关联表在传送过程中不加密。

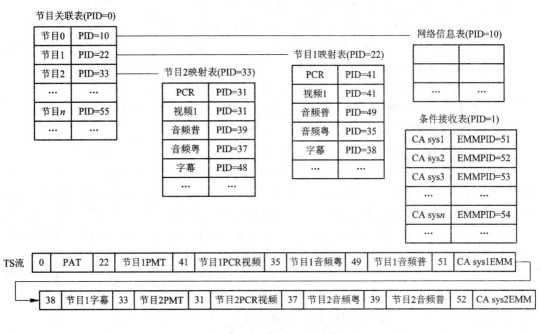

图 8-2　PSI 和 TS 流的关系

节目映射表（PMT）完整地描述了一路节目是由哪些 PES 组成的，它们的 PID 分别是什么等。单路节目的 TS 流是由具有相同时基（PCR）的多种媒体 PES 流复用构成的，典型的构成包括一路视频 PES、多路音频 PES（多声道、普通话、粤语、英语等）以及一路或多路辅助数据。各路 PES 被分配了唯一 PID，MPEG-2 要求至少有节目号、PCR_PID、原始流类型和原始流 PID。带有节目映射表的 TS 包不加密。

条件接收表（CAT）给出一个或多个 CA 之间的关系，并带有 EMM 流和所有特殊的参数。

网络信息表（NIT）内容为专用，MPEG-2 标准没有规定。通常包含用户选择的服务和传送流标识符、通道频率、调制特性等。

3. 业务信息

节目特定信息(PSI)只规定了解码所需的最基本的信息，主要用于接收机对正在播放节目的过滤。为了适应实际应用和业务发展的需求，需要专门制定一个数字电视广播的业务信息(Service Information，SI)标准。

SI 数据是数字电视广播码流的组成部分，主要由节目特定信息(PSI)给出，附加数据包括帮助 IRD(Integrated Receiver Decoder，综合接收解码器)自动调谐的数据和为用户显示的辅助信息。IRD 从码流中选择业务和事件的信息，自动设置可供选择的业务。电子节目指南(EPG)将成为数字电视传输的一种特色。业务信息中包含的数据可以作为电子节目指南的基础。

DVB 的标准有 DVB – SI《DVB 系统业务信息(SI)规范》，编号为 ETS300 468；《业务信息(SI)实现和使用指导》，编号为 ETR211；《DVB 系统业务信息(SI)码的配置》，编号为 ETR162。我国相应的标准是《数字电视广播业务信息规范》(GY/Z174—2001)。

标准中对事件、节目、业务、业务群等术语作了定义：

事件是一组给定了起始时间和结束时间，属于同一业务的基本广播数据流。例如一场足球赛的半场、新闻快报或娱乐表演的一部分。

节目是由广播者提供的一个或多个连续的事件。例如新闻广播、娱乐广播。

业务是在广播者的控制下，可以按照时间表分步广播的一系列节目。

业务群是同一实体在市场中提供的业务集合。

标准中对各种 SI 都作了详细的规范描述：

(1) 业务描述表(Service Description Table，SDT)：PID 值 0x0011，table_id 值 0x42(现行)、0x42(其他)。SDT 描述系统中业务的数据，例如业务名称、类型、业务提供者、可以接收的国家、实现 NVOD 的指导信息、实现多画面的控制信息、使用的加密系统等。SDT 中的 service_id 和 PMT 中的 program_number 取同一值，这样可以使播放的节目和业务标识符关联起来，实现通过业务名称选择观看节目内容的功能。

(2) 业务群关联表(Bouquet Association Table，BAT)：PID 值 0x0011，table_id 值 0x4A。BAT 提供了业务群相关的信息，给出了业务群的名称、每个业务群中的业务列表、可以接收的国家代码等。BAT 用作 IRD 向观众显示一些可获得的业务的一个途径。

(3) 事件信息表(Event Information Table，EIT)：按时间顺序提供每一个业务包含的事件信息，是对某一路节目的进一步描述，PID 值 0x0012，包含了与事件或节目相关的数据，例如事件或节目的名称、开始时间、持续时间、播放状态、是否加密、基本码流类型、节目类型、限定年龄级别等。分为 present、following 和 schedule，分别包含当前事件和下一个事件的信息以及在一个较长时间段内所安排的所有事件的信息。EIT 有可能加密。

(4) 运行状态表(Running Status Table，RST)：PID 值 0x0013，给出事件的状态(运行/未运行)，指示节目提前或延迟播出。

(5) 时间日期表(Time and Date Table，TDT)：PID 值 0x0014，table_id 值 0x70，给出了以 UTC(Universal Time Co-ordinated，世界协调时)和 MJD(Modified Julian Date，修正的儒略日期)形式表示的当前时间和日期的信息，该信息是频繁更新的。

(6) 时间偏移表(Time Offset Table，TOT)：PID 值 0x0014，table_id 值 0x73，给出了以 UTC 和 MJD 形式表示的与当前时间、日期和本地时间的偏移相关的信息，该信息是频繁更新的。

（7）填充表（Stuffing Table，ST）。

（8）选择信息表（Selection Information Table，SIT）：PID 值 0x001F，仅用于码流片段中，包含描述该码流片段的业务信息的概要数据。

（9）间断信息表（Discontinuity Information Table，DIT）：PID 值 0x001E，仅用于码流片段中，它将插入到码流片段业务信息间断的地方。

包标识符 PID 特别重要，它是识别码流信息性质的关键，是节目信息的标识，不同的电视节目和业务信息（SI）对应有不同的 PID 值。表 8-1 是业务信息中的 PID 分配表。

表 8-1　业务信息中的 PID 分配表

PID 值	用途	PID 值	用途
0x0000	PAT	0x0014	TDT，TOT，ST
0x0001	CAT	0x0015	网络同步
0x0002	TSDT	0x0016～0x001B	预留使用
0x0003～0x000F	预留	0x001C	带内信令
0x0010	NIT，ST	0x001D	测量
0x0011	SDT，BAT，S	0x001E	DIT
0x0012	EIT，ST	0x001F	SIT
0x0013	RST，STT	0x0FFF	空包

对于接收机中的解码器来说，为了找到它所要接收的电视节目，首先通过 PID 码找到 PSI 和 SI 所对应的不同内容。借助 PID，用户可以将自己感兴趣的 TS 包从 TS 流中挑选出来，对不感兴趣的 TS 包可置之不理。这种机制保证了数字电视系统的可扩展性，或者说是后向兼容性。因为在引入新业务时，只需赋予该业务一个新的 PID 号。未经授权的接收机不能识别该 PID 号，经授权的接收机则可将该 PID 号"过滤"出来，进行相应的处理。因此数字电视系统中引入新业务非常方便，这对数字电视的发展具有深远的影响。

4. 描述符

DVB 在 EN300 468 业务信息标准中定义了各种描述符（Descriptor），给出了描述符标签值（descriptor_tag）和在 SI 表中最有可能出现的位置。

这些描述符提供有关流内容、节目内容、FEC 方案、调制方式、传送方式、链接类型、时区、语种等大量信息，这些信息对系统运行、参数设定、确定接收机的工作状态起了决定性的作用。

在各种 SI 表的语法结构中出现 descriptor（），表示会存在指定标签值的描述符。EN300 468 业务信息标准中定义了各种描述符。

5. 电子节目指南

电子节目指南（Electronic Program Guide，EPG）为用户收看电视节目和享受信息服务提供了一个良好的导航机制，使用户能够方便、快捷地找到自己关心的节目，查看节目的附加信息。

1) EPG 的功能

EPG 的基本功能有两个：

(1) 节目预告：提供一段时间(如一个星期)内的所有电视节目信息，用户可以选择不同的方式进行浏览。例如沿时间轴和频道两个方向浏览节目信息，也可以通过分类选择对节目信息进行过滤，系统显示过滤后的时间表，例如体育节目列表等。

(2) 当前播出节目浏览：可按频道列出当前节目或按分类划分出当前节目。

EPG 还可包含以下高级功能(可选)：

(1) 节目附加信息：给出节目的附加信息，如节目情节介绍、演员名单、年度排名等。

(2) 节目分类：按节目内容进行分类，如体育、影视等。

(3) 节目预订：在节目单上预约一段时间之内将要播放的节目，届时会自动播放。

(4) 家长分级控制：对节目内容进行分级控制。

SI 中必须包含 EPG 的基本功能和高级功能(如果提供高级功能)所需要的全部信息。EPG 基本信息必须使用 SI 传送，以保证 IRD 获取 EPG 基本信息的兼容性。对于个性化 EPG 所需的额外信息可根据具体情况通过专用描述符加以补充。

2) EPG 系统的构成

接收机中 EPG 系统进行 SI 数据的接收、解析，形成 SI 数据库，显示 EPG 界面。从接收的 TS 流中解析出 SI 数据，并在机内 RAM 中建立 SI 数据库，用户通过 EPG 界面与 SI 数据库进行交互。为了方便用户的随机接入，SI 数据是重复发送的，接收机不停地接收、解析来自发送端的 SI 数据，当发端的 SI 数据改变时，SI 数据库更新。

EPG 系统主要有以下几个关键技术：SI 数据的接收和解析、SI 数据库的建立、EPG 界面的显示等。其中 SI 数据的接收和解析一般是用硬件实现的，SI 数据库的建立和 EPG 界面的显示一般用软件实现。SI 数据必须按照一定的数据结构进行存储，这样才能方便、快捷地对其进行检索和数据的提取。EPG 界面显示程序运行于接收机的实时操作系统中，需要对用户的交互进行实时的动作。SI 数据库建立的好坏对其性能有重要的影响。电视节目和 EPG 应用同时启动时，用户看到的可能是节目画面和 EPG 界面的叠加，用户所看到的电视画面从前到后可以分为三层，依次为图形层、视频层和背景层。图形层就是 OSD (On Screen Display，屏幕显示)层，OSD 界面显示技术可在图像画面上叠加文字显示，为用户提供更多的附加信息；视频层为当前正在收看的电视节目(解码出来的活动图像)；背景层是没有播放电视节目和启动 EPG 选单时的屏幕图像。

8.1.2 系统复用

在实际的通信系统中，一路常规的模拟电视信道中可传送多路数字电视节目，在调制之前要将多路节目(可能具有不同的节目时钟基准)的 TS 流进行再复用(Remultiplex)，实现节目间的动态带宽分配，提供各种增值业务，以适合传输的需要。这种多路节目的复用常称为系统复用或传送复用。

图 8-3 是节目复用和系统复用的示意图。系统复用时，最主要的工作是进行 PSI 信息的重构和 PCR 修正。

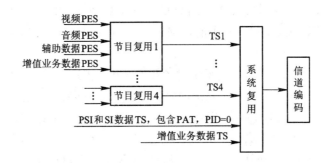

图 8-3　节目复用和系统复用的示意图

1. PSI 信息的重构

编码器输出的 TS 流为单节目 TS 流(SPTS),而卫星接收机解调输出的 TS 流则为多节目 TS 流(MPTS)。在再复用的过程中,通常需要从多个多节目 TS 流中各抽出一路或多路节目参与复用,复用生成的 TS 流仍然应当符合 MPEG-2 标准系统层的定义。整个再复用的过程实际上是一个节目特定信息分析、解复用、节目特定信息重组、复用的过程。同时为了适应传输码率的需要,再复用过程中还应包含码率调整、PCR 调整等过程。

PSI 被分成节目关联表、节目映射表、网络信息表及条件接收表等,这些表中包含了进行多路解调和显示程序的必要和足够的信息。每个表可以被分成一段或多段置于 TS 流中。

系统层解复用,首先要获取节目关联表(PAT),PAT 的 PID 值为 0x0000,找到 PID=0 的 TS 包就能找到 PAT 表,PAT 表中包含了该 TS 流中所有节目的一个清单。通过 PAT 表,就可获取该 TS 流中所包含每个节目映射表(PMT)。

在每个节目的 PMT 中,含有该节目的各个 TS 包的信息,包括 PID、TS 包类型,以及该节目含有效 PCR 字段 TS 包的 PID 值。

条件接收表(CAT)只有当 TS 流中有一个或几个 TS 包被加扰时才出现。

每路 TS 流都有一个 PAT 和多个 PMT,但是最后合成的 TS 流中只有一个 PAT 和与之相对应的多个 PMT;而且在不同的 TS 流中可能定义了相同的 PID,例如,TS1 的视频 TS 包的 PID 有可能与 TS2 的音频 TS 包的 PID 相同。所以,在对各路 TS 流进行复用时,首先必须提取出各节目中 TS 包的 PID,通常称为 TS 包过滤;然后重新标识 PID,再对所有 TS 流中的 PAT 和 PMT 进行分析、整理,生成总的 PAT 和 PMT,作为合成 TS 流的 PSI。

2. 节目时钟基准(PCR)修正

PCR 是编码端系统时钟的采样值,一般情况下,一路节目只有一个 PCR 时间基点与之关联。在 PSI 的 PMT 中,指出了每路节目中带有 PCR 字段的 TS 包的 PID 值,该 PID 值也称为 PCR_PID。时间标签一般以 90 kHz 为单位,但 PCR 可以达到 27 MHz。PCR 时序信息是将系统时间频率 27 MHz 的 1/300(27 MHz/300=90 kHz)编成 33 位码并加上 9 位(2^8<300<2^9)余数。PCR 字段被编码在 TS 包的调整字段,其中以系统时钟频率 27 MHz 的 1/300(90 kHz)为单位的称为 PCR_base(式(8-1)),另一个以系统时钟 27 MHz 为单位的称为 PCR_ext(式(8-2))。

MPEG-2 标准中用 TS 流系统目标解码器(T-STD)这个概念来定义字节到达、解码事件以及它们发生的时间。数据从 TS 流进入 T-STD 的速率是一个分段常数,第 i 个字

节在时间 $t(i)$ 进入，这个字节进入 T-STD 的时间可以通过对输入流的 PCR 的字段解码而恢复，编码在 PCR(i)(式(8-3))中的数据代表了 $t(i)$，i 指包含 PCR_base 字段的最后一位的字节。

$$PCR\_base(i) = \{[系统时钟频率 \times t(i)]DIV300\}\%2^{33} \qquad (8-1)$$

$$PCR\_ext(i) = \{[系统时钟频率 \times t(i)]DIV1\}\%300 \qquad (8-2)$$

$$PCR(i) = PCR\ base(i) \times 300 + PER\_ext(i) \qquad (8-3)$$

式中：DIV 代表除，%代表模除，a%b 代表 b 除 a 后的余数。因此，PCR 指 PCR_base 的最后一个字节预定到达目标解码器的时间。通过 PCR 值不但可以获得正确的解码时间，还可以计算传送速率等与时间有关的指标。

PCR 的正确传送将直接关系到解码端系统时钟的恢复，进而影响音、视频的同步回放。对于多路 TS 流的 PCR 修正，由于每路 TS 流都有各自的时钟，对每路时钟都要进行PCR 修正，以消除抖动。RCR 修正的基本原理是用本地 27 MHz 时钟计数值代替原有的 PCR值，同时保存它们之间的差值，再用这个差值调整 PTS 和 DTS 值。详见参考文献[23]。

8.1.3　数据增值业务

在信息化的世界，人们不再满足于只收看电视节目，希望通过电视机能获得更多的信息，比如浏览因特网网页、查看股市信息、随时了解天气等。把这些信息与数字电视节目一起在数字电视传输网(卫星，有线，地面广播)上传输，就是数字电视数据增值业务。

1. 数据增值业务的加入方式

从上节介绍的节目复用和系统复用的过程来看，如果想在数字电视中开展增值业务，有两种加入的方法。

一种方法是从节目复用中加入，在一路正常的电视信号中，在节目复用时加入一些数据，与音频、视频 PES 一起形成 TS 流在电视系统中传输，接收端再把附加的数据从电视数据中分离出来。这种方法的特点是方便、简单，不需要专门的信道，只要在收、发端的复用和解复用中作相应的改动就行。它的缺点是数据量不能太大，否则会影响数字电视节目的传输。此方法适合于数据量相对较少，实时性要求也不高的场合。如天气预报广播、商品信息广告、股市行情等。

另一种方法就是从系统复用中加入。当数据量比较大时，如远程教学、图文新闻广播、数据广播等，可以开辟一个专门的 TS 流，与其他数字电视节目 TS 流无关。

2. MPEG-2 对数据增值业务的支持

在 MPEG-2 标准的系统层，除了规定音、视频数据的传输外，还充分考虑了非音、视频数据的传输，为在数字电视中实现数据增值业务提供了方便。

(1) 在 MPEG-2 的 TS 流中，所有数据都被打成固定长度的包，并且规定了 13 位长的 PID 以区别携带不同数据的 TS 包。支持数据增值业务的第一种方式就是为数据分配专用的 PID，把要广播的数据直接放在 TS 包的净荷(信息负载)里。MPEG-2 的各种 PSI 表的广播就是通过这种方式来实现的。

(2) 在 MPEG-2 的 PMT 中规定了 8 位的 stream_type 域，它指出了基本流的类型。同时在 PES 包的结构中，规定了 8 位的 stream_id 域，它描述的也是基本流的类型。在

stream_type 和 stream_id 的分配表中可以看到，除了为用户保留的区域以外，还直接为数据广播分配了一些值，例如 stream_type 等于 8、10～13 表示基本流携带的是DSM－CC 规定的数据等。这就使得把要广播的数据组织成基本流成为可能。

（3）MPEG－2 中的节目特定信息（PSI）表是按段（Section）传输的，在段的语法结构中，第一个域是 8 位的 table_id，它最多可以区别 256 个表。数字电视广播业务信息规范（GY/Z174—2001）中规定了 table_id 值的分配。

（4）MPEG－2 为支持多媒体应用制定了数字存储媒体命令和控制扩展协议（Digital Storage Media Command and Control，DSM－CC），包括对数据广播的支持。

8.2 信 道 编 码

信道编码是指纠错编码，是为提高数字通信传输的可靠性而采取的措施。为了能在接收端检测和纠正传输中出现的错误，在发送的信号中增加了一部分冗余码，这些冗余比特与信息比特之间存在着特定的相关性。个别信息比特在传输过程中遭受损伤，可以利用相关性从其他未受损的冗余比特中推测出受损比特的原貌，保证了信息的可靠性。信道编码增加了发送信号的冗余度，它以牺牲信息传输的效率来换取可靠性的提高。数字通信系统为了达到高效率和可靠性的最佳折衷，信源编码和信道编码都是必不可少的处理步骤。

8.2.1 信道编码基础

1. 基本定义

1）随机差错和突发差错

随机差错信道中，码元出现差错与其前、后码元是否出现差错无关，每个码元独立地按一定的概率产生差错。从统计规律看，可以认为这种随机差错是由加性高斯白噪声（Additive White Gaussian Noise，AWGN）引起的，主要的描述参数是误码率 p_e。

突发差错信道中，差错成片出现，一片差错称为一个突发差错。突发差错总是以差错码元开头、以差错码元结尾，中间码元差错概率超过某个标准值。通信系统中的突发差错是由雷电、强脉冲、时变信道的衰落等突发噪声引起的。存储系统中，磁带、磁盘物理介质的缺陷或读写头的接触不良等造成的差错均为突发差错。

实际信道中往往既存在随机差错又有突发差错。

2）分组码和卷积码

在分组码中，编码后的码元序列每 n 位为一组，其中信息码元 k 位，附加的监督码元 r 位，$r=n-k$，通常记为 (n,k)。分组码的监督码元只与本码组的信息码元有关。卷积码的监督码元不仅与本码组的信息码元有关，还与前面几个码组有约束关系。

3）线性码和非线性码

若信息码元与监督码元之间的关系是线性的，即满足一组线性方程，则称为线性码；反之，若两者不满足线性关系，则称为非线性码。数字电视技术中应用的全部是线性码。

4）系统码和非系统码

在编码后的码组中，信息码元和监督码元通常都有确定的位置，一般信息码元集中在码组的前 k 位，而监督码元位于后 $r=n-k$ 位。如果编码后信息码元保持原样不变，则称为系统码；反之，称为非系统码。

5）码长和码重

码组或码字中编码的总位数称为码组的长度，简称码长；码组中非零码元的数目称为码组的重量，简称码重。例如"11010"的码长为 5，码重为 3。

6）码距和最小汉明距离

两个等长码组中对应码位上具有不同码元的位数称为汉明（Hamming）距离，简称码距。例如，"11010"和"01101"有 4 个码位上的码元不同，它们之间的汉明距离是 4。在由多个等长码组构成的码组集合中，定义任意两个码组之间距离的最小值为最小码距或最小汉明距离，通常记作 d_{min}，它是衡量一种编码方案纠错和检错能力的重要依据。以 3 位二进制码组为例，在由 8 种可能组合构成的码组集合中，两码组间的最小距离是 1，例如"000"和"001"之间，因此 $d_{min}=1$；如果只取"000"和"111"为准用码组，则这种编码方式的最小码距为 $d_{min}=3$。

对于分组码，最小码距 d_{min} 与码的检错纠错能力之间具有如下关系：

（1）在一个码组集合中，如果码组间的最小码距满足 $d_{min} \geqslant e+1$，则码组可以检知 e 位误码。

（2）如果满足 $d_{min} \geqslant 2t+1$，则可以纠正 t 位误码。

（3）如果满足 $d_{min} \geqslant t+e+1(e>t)$，则可以纠正 t 位误码，同时具有检知 e 位误码的能力。

7）线性分组码

线性分组码是指信息码元和监督码元之间的关系可以用一组线性方程来表示的分组码。线性方程的运算法则是以模 2 加为基础，线性分组码的主要性质有：

（1）封闭性：任意两个准用码组之和（逐位模 2 加）仍为一个准用码组。

（2）两个码组之间的距离必定是另一码组的重量，因此码的最小距离等于非零码的最小重量。

（3）线性码中的单位元素是 $A=0$，即全零码组，因此全零码组一定是线性码中的一个元素。

（4）线性码中一个元素的逆元素就是该元素本身，因为 $A+A=0$。

8）硬判决解码与软判决解码

在解码理论的研究中，根据对接收信号处理方式的不同，分为硬判决解码和软判决解码。硬判决解码利用码的代数结构进行解码，比较简单，易于工程实现。软判决解码充分利用了信道输出波形信息，比硬判决解码具有更大编码增益。对二进制来说，解调器输出供给硬判决解码器用的码元仅限定于两个值：0 和 1。损失了波形信号中所包含的有关信道干扰的统计特性信息，解码器不能充分利用解调器匹配滤波器的输出，从而影响了解码器的错误概率。

解码器为了充分利用接收信号波形中的信息，使解码器能以更大的正确概率来判决码字，需要把解调器输出的抽样电压进行量化。这时供给解码器的值就不止两个，而有 Q 个（通常 $Q=2^m$），然后解码器利用 Q 进制序列解码。这时的解码信道叫做二进制输入 Q 进制输出离散信道。如果信道中的噪声仅为高斯白噪声，则称为离散无记忆信道（DMC）。解码器利用 Q 进制序列或者模拟序列进行解码，使其性能达到或者接近最佳解码的算法称为软判决解码。

2. 循环码的多项式表示

循环码是一种系统码，它除了具有线性分组码的一般性质以外，还具有循环性，循环码中的任一码组循环移动一位以后，所得码组仍为该循环码的一个准用码组。

数码用多项式来表示是一种比较直观的方法，如 5 位二进制数字序列 11010 可表示为

$$1 \times 2^4 + 1 \times 2^3 + 0 \times 2^2 + 1 \times 2^1 + 0 \times 2^0 = 11010 \qquad (8-4)$$

以 x 表示系数只取 0 或 1 的多项式的基，则上述 5 位二进制序列可表示为

$$1 \times x^4 + 1 \times x^3 + 0 \times x^2 + 1 \times x^1 + 0 \times x^0 = x^4 + x^3 + x \qquad (8-5)$$

这种以多项式表示二进制序列的方法给编码处理带来了方便，一个 (n, k) 循环码的 k 位信息码可以用 x 的 $k-1$ 次多项式来表示，即

$$A(x) = a_{k-1}x^{k-1} + a_{k-2}x^{k-2} + \cdots + a_2 x^2 + a_1 x + a_0 \qquad (8-6)$$

式中，$a_{n-1} \sim a_0$ 为多项式的系数值(0 或 1)；x 表示多项式的基，x 的次数 $k-1 \sim 0$ 表示了该位在码中的位置。

循环码编码时把 k 位信息码左移 r 位后被规定的多项式除，将所得余数作校验位加到信息码后面。规定的多项式称为生成多项式，用 $G(x)$ 表示。

要将 $A(x)$ 左移 r 位，只要乘上 x^r，得到 $x^r A(x)$。用生成多项式 $G(x)$ 除 $x^r A(x)$ 便可得到商 $Q(x)$ 和余数 $R(x)$，即

$$x^r A(x) = G(x) \times Q(x) + R(x) \qquad (8-7)$$

两边加上 $R(x)$，得

$$x^r A(x) + R(x) = G(x) \times Q(x) + R(x) + R(x)$$

因为 $R(x) + R(x) = 0$，有

$$x^r A(x) + R(x) = G(x) \times Q(x) \qquad (8-8)$$

上式表明 $x^r A(x) + R(x)$ 可被生成多项式 $G(x)$ 除尽。

用这种编码方法能产生出有检错能力的循环码 (n, k)。在发送端发出信号 $U(x) = x^r A(x) + R(x)$，如果传送未发生错误，收到的信号必能被 $G(x)$ 除尽，否则表明有错。

3. 级联码

在实际通信信道中出现的误码是随机性误码和突发性误码的混合。纠正这类混合误码，要设计一种既能纠随机性误码又能纠突发性误码的码。交错码、乘积码、级联码均属于这类纠错码。而性能最好、最有效、最常采用的是级联码。

级联码是一种由短码构造长码的特殊的、有效的方法。通常采用一个二进制的 (n_1, k_1) 码 c_1 为内编码，另一个非二进制的 (n_2, k_2) 码 c_2 为外编码，就能组成一个简单的级联码。DVB 中外编码 c_2 采用 RS 码，内编码 c_1 采用分组码或卷积码。图 8-4 是级联码编解码方框图。

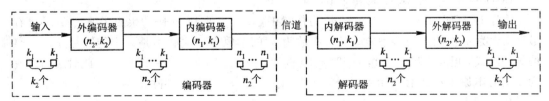

图 8-4　级连码编解码方框图

在编码时，首先将 $k_1 \times k_2$ 个二进制信息元（码元）划分为 k_2 个码字，每码字有 k_1 个码元，把码字看成是多进制码中的一个符号。k_2 个码字编码成 (n_2, k_2) RS 码（详见 8.2.3）的外码 c_2，它有 k_2 个信息符号，$n_2 - k_2$ 个监督符号。每一个码字内的 k_1 个码元按照二进制分组码或卷积码编成 (n_1, k_1) 的内码 c_1，它有 k_1 个信息码元，$n_1 - k_1$ 个监督码元。这样便构成了总共有 $n_1 \times n_2$ 码元的编码 $(n_1 \times n_2, k_1 \times k_2)$。若内码与外码的最小距离分别为 d_1 和 d_2，则它们级联后的级联码最小距离至少为 $d_1 \times d_2$。级联码编、解码也可分为两步进行，其设备仅是 c_1 与 c_2 直接组合，显然，它比直接采用一个长码构成时设备要简单得多。

4. 乘积码

图 8-5 所示是一个典型的乘积码码阵图。整个码阵可分割成 4 块：信息块、行校验块、列校验块、校验之校验块。左上方是乘积码的信息块，有 $k_x \times k_y$ 个信息元；右上方是行校验块，是按照 (n_x, k_x) 码的编码规则得到的监督元；左下方是列校验块，是按照 (n_y, k_y) 码的编码规则得到的监督元；右下方是校验之校验块，可以按照 (n_x, k_x) 码的编码规则得到，也可以按照 (n_y, k_y) 码的编码规则得到。

$m_{1,1}$	$m_{1,2}$	$\cdots$	$m_{1,kx}$	$Cx_{1,kx+1}$	$Cx_{1,kx+2}$	$\cdots$	$Cx_{1,nx}$
$m_{2,1}$	$m_{2,2}$	$\cdots$	$m_{2,kx}$	$Cx_{2,kx+1}$	$Cx_{2,kx+2}$	$\cdots$	$Cx_{2,nx}$
$\cdots$	$\cdots$	$\cdots$	$\cdots$	$\cdots$	$\cdots$	$\cdots$	$\cdots$
$m_{ky,1}$	$m_{ky,2}$	$\cdots$	$m_{ky,kx}$	$Cx_{ky,kx+1}$	$Cx_{ky,kx+2}$	$\cdots$	$Cx_{ky,nx}$
$Cy_{ky+1,1}$	$Cy_{ky+1,2}$	$\cdots$	$Cy_{ky+1,kx}$	$p_{ky+1,kx+1}$	$p_{ky+1,kx+2}$	$\cdots$	$p_{ky+1,nx}$
$Cy_{ky+2,1}$	$Cy_{ky+2,2}$	$\cdots$	$Cy_{ky+2,kx}$	$p_{ky+2,kx+1}$	$p_{ky+2,kx+2}$	$\cdots$	$p_{ky+2,nx}$
$\cdots$	$\cdots$	$\cdots$	$\cdots$	$\cdots$	$\cdots$	$\cdots$	$\cdots$
$Cy_{ny,1}$	$Cy_{ny,2}$	$\cdots$	$Cy_{ny,kx}$	$p_{ny,kx+1}$	$p_{ny,kx+2}$	$\cdots$	$p_{ny,nx}$

图 8-5　乘积码码阵图

乘积码有两种传输和处理数据的方法，一种是按行（或列）的次序逐行（或逐列）自左至右传送，另一种是按码阵的对角线次序传送数据。这两种方法所得的码是不一样的。但是，对于按行或按列传输的乘积码，只要行、列采用同样的线性码来编码，那么无论是先对 k_y 个行编码再对 n_x 个列编码，还是先对 k_x 个列编码再对 n_y 个行编码，右下角 $(n_x - k_x) \times (n_y - k_y)$ 的校验之校验（checks on checks）位所得的数据是一样的。

5. BCH 码

BCH 码是根据 3 个码的发明人 Bose、Chaudhuri 和 Hocquenghem 命名的。BCH 码解决了生成多项式与最小码距之间的关系问题，根据所要求的纠错能力，可以很容易地构造出 BCH 码。它们的解码也比较简单，因此是线性分组码中应用最为普遍的一类码。

BCH 码分为本原 BCH 码和非本原 BCH 码。

本原 BCH 码的码长 $n = 2^m - 1$，m 为任意正整数，本原 BCH 码的生成多项式 $G(x)$ 含有最高次数为 m 次的本原多项式，最高次数为 m 的本原多项式必须是一个能除尽 $x^{2^m - 1} - 1$ 的既约因式，但除不尽 $x^r - 1$，$r < 2^m - 1$。例如，当 $m = 3$，$2^m - 1 = 8 - 1 = 7$，此时最高次数为 3 次的本原多项式有两个：$x^3 + x^2 + 1$ 和 $x^3 + x + 1$，它们都除得尽 $x^7 - 1$，但除不尽 $x^6 - 1$、$x^5 - 1 \cdots$ 等。

非本原 BCH 码的码长 n 是 $2^m - 1$ 的一个因子，即码长 n 一定除得尽 $2^m - 1$，且非本原

BCH 码的生成多项式中不含本原多项式。

BCH 码的码长 n 与监督位、纠错能力之间的关系如下：对任一正整数 m 和 t，$t<m/2$，必存在一个码长 $n=2^m-1$，监督位不多于 mt 位，能纠正所有小于或等于 t 位随机错误的二进制本原 BCH 码。若码长 $n=(2^m-1)/i(i>1$，且除得尽 $2^m-1)$，则为非本原 BCH 码。

6. 前向纠错

信道编码常用的差错控制方式有前向纠错（Forward Error Correction，FEC）、检错重发（Automatic Repeat Request，ARQ）和混合纠错（Hybrid Error Correction，HEC）。ARQ 方式接收端发现误码后通过反馈信道请求发送端重发数据；HEC 方式发送端发出的信息内包含有检错、纠错能力的监督码元，误码量少时接收端检知后能自动纠错，误码量超过纠错能力时接收端能通过反馈信道请求发送端重发有关信息。这两种方式都要求有反馈信道和发送端重发数据，数字电视中不能采用。

数字电视中的差错控制采用前向纠错方式，发送端发送的数据内包括信息码元和供接收端自动发现错误和纠正误码的监督码元，不需要反馈信道就能进行单点对多点的同步通信，解码实时性较好。为获得较低的接收误码率，设计中必须按最差的信道情况附加较多的监督码元，从而使编码效率降低。然而，随着编码理论的发展和编解码电路所需大规模集成电路性能的改善及价格的降低，FEC 在实际的信道编码中得到了极广泛的应用。DVB－S 中的前向纠错包括四个部分，即能量扩散（Energy Dispersal）、RS 编码、交织（Interleaving）和卷积编码（Convolutional Coding）。

任何纠错编码的纠错能力都是有限的，当信道中的干扰较严重，在传输信号中造成的误码超出纠错能力时，纠错编码将无法纠正错误。采用两级纠错的级联编码能进一步提高纠错能力。如果把包括传输信道的整个通信系统看成一个传输链路的话，那么，处于外层的纠错编码被称为外编码，而处于内层的纠错编码被称为内编码。在接收端，内纠错解码首先对传输误码进行纠正，对纠正不了的误码，外纠错解码将进一步进行纠正。内、外两层纠错解码大大提高了纠正误码的能力，DVB－S 中外层纠错编码采用 RS 码，内层纠错编码采用卷积码。在接收端，内层的卷积纠错解码虽然具有很强的纠错能力，但一旦发生无法纠正的误码时，这种误码常常呈现突发的形式，也就是说，经卷积解码器纠错后，输出的码流中的误码常呈突发的形式。此外，信道中还存在着诸如火花放电等强烈的冲激噪声，也会在卷积解码后的码流中造成连续的误码。这些连续误码落在一组外层 RS 码中，就可能超出 RS 码的纠错能力而无法纠错。为避免这种情况，在两层纠错编码之间加入了数据交织环节。数据交织改变了符号的传输顺序，将连续发生的误码分散到多组 RS 码中，这样，落在每组 RS 码中的误码数量大大减少，不会超出 RS 码的纠错能力，RS 码能够将其纠正过来。实践证明，应用交织技术可在保持原有纠错码纠正随机错误能力的同时，提供抗突发错误的能力，其能够纠正的突发错误的长度远大于原有纠错码可纠错的符号数，因此在现代通信、广播系统中广泛应用交织技术。

8.2.2 能量扩散

1. 能量扩散的作用

能量扩散也称为随机化、加扰或扰码。

电视信号在暗场景或亮场景时，可能会出现连"0"或连"1"的数据。

在接收端进行信道解码前首先要提取比特时钟，比特时钟的提取是利用传输码流中"0"与"1"之间的波形跳变实现的，而连续的"0"或连续的"1"会给比特时钟的提取带来困难。

当数字基带信号某一时刻"1"过于集中，发射功率能量集中在一个与调制方式相对应的频率上；另一时刻"0"过于集中，发射功率能量集中在另一个与调制方式相对应的频率上；当码流中断时，更会导致发射未经调制的载波信号，结果都会对处于同一频段的其他通信设备的干扰超过规定。

为消除上述两种情况，将基带信号在随机化电路中进行能量扩散，信号扩散后具有伪随机性质，其已调波的频谱将分散开来，从而降低了对其他系统的干扰；同时，连"0"码或连"1"码的长度也得以缩短，便于接收端提取比特定时信息。

2. 能量扩散的实现

实现能量扩散的是随机化电路，也称为伪随机码发生器，或 M 序列发生器，它由带有若干反馈线的 m 级移位寄存器组成。M 序列有下列基本特性：

(1) 由 m 级移位寄存器产生的 M 序列，其周期为 2^m-1。

(2) 除全 0 状态外，m 级移位寄存器可能出现的各种不同状态都在 M 序列的一个周期内出现一次；M 序列中，"0"、"1"码的出现概率基本相同，在一个周期内，"1"码只比"0"码多一个。

(3) 若将连续出现的"0"或"1"称为游程，则 M 序列的一个周期中共有 2^{m-1} 个游程，其中长度为 1 的游程占 1/2，长度为 2 的游程占 1/4，长度为 3 的游程占 1/8，…还有一个长度为 m 的连"1"码游程和一个长度为 $m-1$ 的连"0"码游程。

DVB 规定的伪随机码生成多项式为

$$G(x) = 1 + x^{14} + x^{15} \tag{8-9}$$

由它生成的伪随机二进制序列(Pseudo Random Binary Sequence，PRBS)与输入 TS 流进行模 2 加，TS 流数据就随机化了。来自 MPEG-2 传送复用器的 TS 流包长固定为 188 字节，最前面的同步字节是"01000111"(47H)。TS 流在如图 8-6 所示的随机化电路中进行能量扩散。接收端的去随机化电路将 PRBS 与接收到的已随机化数据进行模 2 加，便恢复随机化以前的数据。所以，随机化电路和去随机化电路是完全一样的。

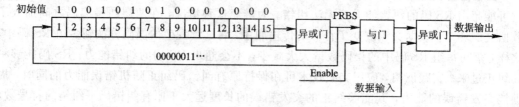

图 8-6 DVB 随机化电路

为了同步发送端的随机化电路与接收端的去随机化电路，在 DVB 中，每 8 个 TS 数据包将移位寄存器初始化一次，初始值设置为 00A9H，即 100101010000000。为了标志这个初始化时刻，每 8 个 TS 包的第一个 TS 数据包的同步字节进行比特翻转，从 47H 翻转到 B8H。在其他 7 个数据包的同步字节期间，PRBS 继续产生，但"使能"信号无效，使输出关断，同步字节保持 47H 不变。因此，PRBS 周期为 $8 \times 188 - 1 = 1503$ 字节。PRBS 序列周期的第 1 个比特加到翻转同步字节 B8H 后的第 1 个比特。当调制器的输入码流断路或者码流格式不符合 MPEG－2 传送流结构时，随机化电路应继续工作，以避免调制器发射未经调制的载波信号。

8.2.3 RS 编码

RS 码是里德-所罗门(Reed-Solomon)码的简称，是一种性能优良的分组线性码，在同样编码冗余度下具有很强的纠错能力。以前由于解码电路复杂、难以实现，较少使用。近年来，随着超大规模集成电路技术的发展，RS 码的编解码器芯片商品化，目前国际上各种数字电视传输方案大部分采用 RS 码。以 RS 码作为外码，卷积编码作为内码的级联码，加上完全的数据交织，为数字电视传输提供了强有力的前向纠错能力。

1. RS 码基础

在 (n, k) RS 码中，输入信号每 $k \cdot m$ 比特为一码字，每个码元由 m 比特组成，因此一个码字共包括 k 个码元。一个能纠正 t 个码元错误的 RS 码的主要参数如下：

(1) 字长 $n = 2^m - 1$ 码元，或 $m(2^m - 1)$ 比特；

(2) 监督码元数 $n - k = 2t$ 码元，或 $m \cdot 2t$ 比特；

(3) 最小码距 $d_{\min} = 2t + 1$ 码元，或 $m \cdot (2t + 1)$ 比特。

伽罗华域(Galois Field，GF)是由 2^m 个符号及相应的加法和乘法运算所组成的域，记为 GF(2^m)。例如，两个符号"0"和"1"，与模 2 加法和乘法一起组成二元域 GF(2)。

为了定义 GF(2^m) 中的所有元素，从两个符号("0"和"1")及一个 m 次多项式 $P(x)$ 开始。现在引入一个新符号 α，并设 $P(\alpha) = 0$。如果适当选择 $P(x)$，可使 α 从 $0 \sim 2^m - 2$ 次幂各不相同，且 $\alpha^{2^m - 1} = 1$。这样，$0, 1, \alpha, \alpha^2, \cdots, \alpha^{2^m - 2}$ 就构成了 GF(2^m) 中的全部元素，而且每一元素还可以用其他元素之和表示。

一般来说，如果 GF(2^m) 中一个元素的幂可以生成 GF(2^m) 的全部非零元素，我们就把该元素称为本原元素。

2. 由纠错能力确定 RS 码

对于一个长度为 $2^m - 1$ 的 RS 码组，其中每个码元都可以看成是伽罗华域 GF(2^m) 中的一个元素。最小码距为 $d_{\min}$ 的 RS 码生成多项式具有如下形式：

$$g(x) = (x + \alpha)(x + \alpha^2) \cdots (x + \alpha^{d_{\min} - 1}) \tag{8-10}$$

其中，α 就是 GF(2^m) 的本原元素。例如，要构造一个能纠正 3 个错误码元，码长 $n = 15$、$m = 4$ 的 RS 码，则可以求出，该码的最小码距为 7 个码元，监督码元数为 6，因此是一个 $(15, 9)$ RS 码，其生成多项式为

$$\begin{aligned}
g(x) &= (x + \alpha)(x + \alpha^2)(x + \alpha^3)(x + \alpha^4)(x + \alpha^5)(x + \alpha^6) \\
&= x^6 + \alpha^{10} x^5 + \alpha^{14} x^4 + \alpha^4 x^3 + \alpha^6 x^2 + \alpha^9 x + \alpha^6
\end{aligned} \tag{8-11}$$

从二进制码的角度来看，这是一个 $(60, 36)$ 码。

RS 码能够纠正 t 个 m 位二进制错误码组。至于一个 m 位二进制码组中到底有 1 位错误，还是 m 位全错了，并不会影响到它的纠错能力。从这一点来说，RS 码特别适合于纠正突发错误，如果与交织技术相结合，它纠正突发错误的能力则会更强。因此，RS 码广泛被

应用在既存在随机错误又存在突发错误的信道上。

3. 数字电视中的 RS 码

在数字电视中，一个符号是一个 8 比特的字节，因此总共有 $2^8 = 256$ 种符号，这 256 种符号组成伽罗华域 GF(2^8)。用 8 次本原多项式 $P(x) = x^8 + x^4 + x^3 + x^2 + 1$ 来定义 GF(2^8)，GF(2^8)的非 0 元素可用 $P(x)$ 的一个根 α 的幂 α^0、α、α^2、$\cdots$、α^{254} 表示。

定义在伽罗华域 GF(2^8)上的 RS 码是码长 $n = 2^8 - 1 = 255$ 的一种具有生成多项式的循环码。对于能纠正 $t = 8$ 个字节错误的 RS(255,239)码，码间的最小距离为 $2t+1 = 17$，其生成多项式 $g(x)$ 为：

$$g(x) = (x + \alpha)(x + \alpha^2) \cdots (x + \alpha^{16}) \tag{8-12}$$

对于每一个 RS 码 $c = (c_{254}, c_{253}, \cdots, c_1, c_0)$ 可用如下码字多项式表示：

$$c(x) = c_{254} x^{254} + c_{253} x^{253} + \cdots + c_1 x + c_0 \tag{8-13}$$

每一个码字多项式 $c(x)$ 都是 $g(x)$ 的倍式：

$$c(x) = m(x) \cdot g(x) \tag{8-14}$$

其中，$m(x)$ 是最高为 238 次的多项式。要生成 RS(255,239)，由(8-8)式可得

$$x^{16} m(x) + r(x) = g(x) \times q(x) \tag{8-15}$$

式中：$q(x)$ 是用 $g(x)$ 除 $x^{16} m(x)$ 所得的商式；$r(x)$ 是余式，其次数不大于 15。上式的左边是 $g(x)$ 的倍式，可以作为码字多项式：

$$c(x) = x^{16} m(x) + r(x) \tag{8-16}$$

若将 $m(x)$ 作为由 239 个信息字节组成的信息多项式，将 $r(x)$ 作为由 16 个校验字节组成的校验多项式，则由式(8-15)可见，信息字节和校验字节在 RS(255,239)码中前后分开，不相混淆，形成系统 RS 码。

常用的 RS(204,188)是由原始的 RS(255,239)截短得到的。编码时在数据包 204 字节前添加 51 个全"0"字节，产生 RS 码后丢弃前面 51 个空字节，形成截短的(204,188)RS码。实际上 RS 编、解码都用硬件来实现。

8.2.4 交织

为了增强 RS 码纠正突发错误的能力，常常使用交织(Interleaving)技术，交织的作用是减小信道中错误的相关性，把长突发错误离散成为短突发错误或随机错误。交织深度越大，则离散程度越高。

1. 分组交织

交织也称交错，是对付突发差错的有效措施。突发噪声使信道中传送的码流产生集中的、不可纠的差错。如果先对编码器的输出码流做顺序上的变换，然后作为信道上的符号流，则信道噪声造成的符号流中的突发差错有可能被均匀化，转换为码流中随机的、可纠正的差错。

交织分为分组交织和卷积交织，分组交织比较简单，设分组长度 $L = M \times N$，即由 M 列 N 行的矩阵构成，按行写入随机存储器(RAM)，再按列读出送至传输信道。在收端将接收到的信号按列顺序写入 RAM，再按行读出。假设传输过程中的突发错误使整列数据错误，但在收端，纠错是以行为基础的，被分配到每行只有 1 个错误。这样，把连续的突发

错误分散为单个随机错误，有利于纠错。

这类分组周期性交织器具有如下性质：

(1) 任何长度 $i \leqslant M$ 的突发差错，经交织后成为至少被 $N-1$ 位隔开后的一些单个独立差错。

(2) 任何长度 $i > M$ 的突发差错，经去交织后，可将长突发差错变换成长度为 $j = i/M$ 的短突发差错。

(3) 完成交织与去交织在不计信道时延的条件下，将产生 $2MN$ 个符号的时延，其中发、收端各占一半。

(4) 在很特殊的情况下，周期为 M 的 k 个单个随机独立差错序列，经去交织后会产生长度为 k 的突发差错。

2. 卷积交织

卷积交织比分组交织要复杂，DVB 采用的是卷积交织，DVB 的卷积交织器和卷积去交织器如图 8-7 所示。交织器由 $I = 12$ 个分支组成，在第 $j(j = 0，1，\cdots I-1)$ 分支上设有容量为 jM 个字节的先进先出(FIFO)移位寄存器。图中的 $M = 17$，交织器的输入与输出开关同步工作，以 1 字节/位置的速度进行从分支 0 到分支 $I-1$ 的周期性切换。每个分支每次输入一个字节，交织后的数据按相同的顺序从各分支中输出，每个分支每次输出一个字节。接收端在去交织时，应使各个字节的延时相同，因此采用与交织器结构类似但分支排列次序相反的去交织器。为了使交织与去交织开关同步工作，在交织器中使数据帧的同步字节总是由分支 0 发送出去，这由下述关系可以得到保证：

$$N = IM = 12 \times 17 = 204 \tag{8-17}$$

即 17 个切换周期正好是纠错编码包的长度，所以交织后同步字节的位置不变。去交织器的同步可以通过从分支 0 识别出同步字节来完成。

卷积交织器用参数 (N, I) 来描述，图 8-7 所示的是 $(204, 12)$ 交织器。很容易证明，在交织器输出的任何长度为 N 的数据串中，不包含交织前序列中距离小于 I 的任何两个数据。I 称为交织深度。对于 $(204, 188)$ RS 码，能纠正连续 8 个字节的错误，与交织深度 $I = 12$ 相结合，可具有最多纠正 $12 \times 8 = 96$ 个字节长的突发错误的能力。I 越大，纠错能力越强，但交织器与去交织器总的存储容量 S 和数据延时 D 与 I 有关：

$$S = D = I(I-1)M \tag{8-18}$$

在 DVB 中，交织位于 RS 编码与卷积编码之间，这是因为卷积码的维特比解码会出现差错扩散，引起突发差错。

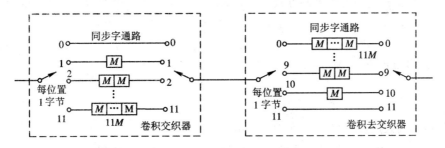

图 8-7 DVB 的卷积交织器和卷积去交织器

8.2.5 收缩卷积码

分组码在编解码时要把整个码组存储起来，故处理时会产生较长的延时。卷积码的码长 n 和信息码元个数 k 通常较小，故延时小，特别适合于以串行形式传输信息的场合。卷积编码(Convolutional Coding)在任何一个码组中的监督码元不仅与本组的 k 个信息码元有关，而且与前面 $N-1$ 段的信息码元有关。卷积码在 N 段内的若干码字之间加进了相关性，解码时不是根据单个码字，而是根据一串码字来做判决。如果采用适当的编、解码方法，就能够使噪声分摊到码字序列而不是一个码字上，达到噪声均化的目的。随着 N 的增加，卷积码的纠错能力增强，误码率则呈指数下降。卷积码分不清信息位和监督位，是一种非系统码。

1. 编码器

卷积码编码器由移位寄存器和加法器组成。输入移位寄存器有 N 段，每段有 k 级，共 Nk 位寄存器，负责存储每段的 k 个信息码元；各信息码元通过 n 个模 2 加法器相加，产生每个输出码组的 n 个码元，并寄存在一个 n 级的移位寄存器中移位输出。编码过程是输入信息序列与由移位寄存器和模 2 加法器之间连接所决定的另一个序列的卷积，因此称为卷积码。通常 N 称为卷积码的约束长度(Constraint Length)，卷积码用 (n,k,N) 表示，其中 n 为码长，k 为码组中信息码元的个数，编码器每输入 k 比特，输出 n 比特，编码率为 $R=k/n$。

约束长度不以码元数为单位而以分组为单位是因为编码和解码时分组数一定，而相关码元数不同，编码时相关码元数是 Nk，解码时相关码元数是 Nn。显然，以分组为单位来定义约束长度更方便。

图 8-8(a)为 $(2,1,3)$ 卷积编码器的结构，图中用转换开关代替了输出移位寄存器。

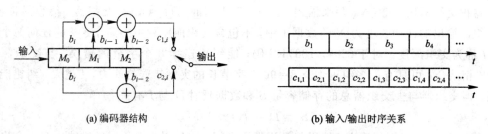

(a) 编码器结构   (b) 输入/输出时序关系

图 8-8 $(2,1,3)$ 卷积编码器

$(2,1,3)$ 卷积编码器的编码方法是：输入序列依次送入一个两级移位寄存器，编码器每输入一位信息 b_i，输出端的开关就在 c_1、c_2 之间切换一次，输出 $c_{1,i}$ 和 $c_{2,i}$。其中：

$$c_{1,i} = b_i + b_{i-1} + b_{i-2} \tag{8-19}$$

即 c_1 的生成多项式为 $g_1(x) = x^2 + x + 1$。

$$c_{2,i} = b_i + b_{i-2} \tag{8-20}$$

即 c_2 的生成多项式为 $g_2(x) = x^2 + 1$。

编码器的输入/输出时序关系见图 8-8(b)。

注意，在有些资料中把 $N-1$ 称为卷积码的约束长度，卷积码则记为 $(n,k,N-1)$，本节介绍的 $(2,1,3)$ 卷积码被称为 $(2,1,2)$ 卷积码，数字电视中的常用的 $(2,1,7)$ 收缩卷积码被称为(2，1，6)收缩卷积码。本书为了与国家标准 GB/T17700—1999（卫星数字电视广播信道编码和调制）中的收缩卷积码(2，1，7)表示一致，把卷积码的约束长度定义为 N。

2. 维特比解码

卷积码的解码方法分为代数解码和概率解码两大类。前者硬件实现简单，但性能较差。后者利用了信道的统计特性，解码性能好，但硬件复杂，常用的有维特比（Viterbi）解码。维特比解码比较接收序列与所有可能的发送序列，选择与接收序列汉明距离最小的发送序列作为解码输出。通常把可能的发送序列与接收序列之间的汉明距离称为量度。如果发送序列长度为 L，就会有 2^L 种可能序列，需要计算 2^L 次量度并对其进行比较，从中选取量度最小的一个序列作为输出。因此，解码过程的计算量将随着 L 的增加呈指数增长。

3. 收缩卷积码

维特比解码器的复杂性随 $2^{k(N-1)}$ 指数增长，为降低解码器的复杂性，常采用(2，1，N)卷积码，其编码比率（也称为编码率、码率）为 1/2。在数字图像通信这种传输速率较高的场合，又希望编码比率比较高，有效的解决办法就是引入收缩卷积码。

收缩卷积码（Punctured Convolutional Codes）也译为删除卷积码，通过周期性地删除低效率卷积编码器，如(2，1，N)编码器输出序列中某些符号，实现高效率编码。在接收端解码时，再用特定的码元在这些位置进行填充，然后送给(2，1，N)码的维特比解码器解码。收缩卷积码的性能可以做到与最好码的性能非常接近。

DVB-S 采用基于(2，1，7)的收缩卷积码，如图 8-9 所示。编码比率可以是 1/2、2/3、3/4、5/6、7/8，收缩卷积码的码表如表 8-2 所示。

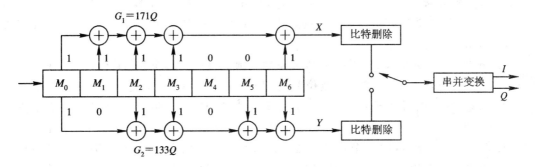

图 8-9 (2，1，7)收缩卷积码的产生

表 8-2 (2，1，7)收缩卷积码的码表

原　码			编　码　比　率									
			1/2		2/3		3/4		5/6		7/8	
N	$G_1(X)$	$G_2(Y)$	P	d_{free}	P	d_{free}	P	d_{free}	P	d_{free}	P	d_{free}
7	171_{OCT}	133_{OCT}	$X:1$ $Y:1$ $I=X_1$ $Q=Y_1$	10	$X:10$ $Y:11$ $I=X_1Y_2Y_3$ $Q=Y_1X_3Y_4$	6	$X:101$ $Y:110$ $I=X_1Y_2$ $Q=Y_1X_3$	5	$X:10101$ $Y:11010$ $I=X_1Y_2Y_4$ $Q=Y_1X_3X_5$	4	$X:1000101$ $Y:1111010$ $I=X_1Y_2Y_4Y_6$ $Q=Y_1Y_3X_5X_7$	3

表 8-2 中 1 为传输位，0 为不传输位，X、Y 代表（2，1，7）卷积编码器的并行输出序列，分别由生成多项式 G_1、G_2 产生，$G_1=171Q=1111001B$，$G2=133Q=1011011B$，d_{free} 是卷积码的自由距离。以编码率 $R=3/4$ 为例，它是分别将 X、Y 按每 3 比特分为一组，按照删除矩阵 P 进行比特删除，即 X 序列每组的 3 个比特中，第 1 比特、第 3 比特传输，第 2 比特被删除；Y 序列每组的 3 个比特中，第 1 比特、第 2 比特传输，第 3 比特被删除，得到的串行输出为 X_1、Y_1、Y_2、X_3 … 然后再进行串/并变换，得到 $I=X_1$、Y_2 …，$Q=Y_1$、X_3 …。

8.2.6 LDPC 码

LDPC(Low Density Parity Check，低密度奇偶校验)码也称 Gallager 码，是一类可以用非常稀疏的校验矩阵(Parity Check 矩阵)或二分图（Bi-Partite Graph，Tanner 图)定义的线性分组纠错码。

LDPC 码的特点是：① 性能优于 Turbo 码，具有较大灵活性和较低的差错平底特性(Error Floors)；② 描述简单，对严格的理论分析具有可验证性；③ 解码复杂度低于 Turbo 码，且可实现完全的并行操作，硬件复杂度低，因而适合硬件实现；④ 吞吐量大，极具高速解码潜力。

1. LDPC 码的编码

LDPC 码是一种线性纠错码，线性纠错码采用一个生成矩阵 G，将要发送的信息 $s=s_1$，s_2，…，s_m 转换成被传输的序列 $t=t_1$，t_2，…，t_n，$n>m$。与生成矩阵 G 相对应的是一个校验矩阵 H，H 满足 $H_t=0$。LDPC 码的校验矩阵 H 是一个几乎全部由 0 组成的矩阵。

LDPC 码的编码任务是构造校验矩阵。校验矩阵每列"1"的个数称为列重，每行"1"的个数称为行重。如果矩阵的列重和行重都是固定的数，称为规则(Regular)码，否则是非规则(Iregular)码。

二分图与校验矩阵一一对应，可以形象地刻画 LDPC 码的编解码特性。二分图是一种双向图，只有两类节点，一类节点是位节点(Bit Node，变量节点，左节点)，对应校验矩阵的列，同时对应码字中的位；另一类节点是校验节点(Check Node，函数节点，右节点)，对应校验矩阵的行。如果校验矩阵的第 i 行第 j 列元素为 1，则二分图的第 j 个位节点与第 i 个校验节点有一条线相连，节点的连线的总数称为节点的度(Degree)，从某个节点出发又回到此节点为一周期(Cycle)，所经过的连线的个数称为周长(Girth)。校验矩阵的行重和列重与节点的度一致，度的分布完全决定了校验矩阵。图 8-10 给出了一个二分图的例子。

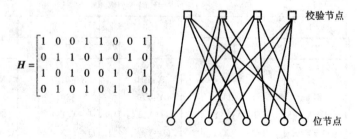

$$H=\begin{bmatrix} 1 & 0 & 0 & 1 & 1 & 0 & 0 & 1 \\ 0 & 1 & 1 & 0 & 1 & 0 & 1 & 0 \\ 1 & 0 & 1 & 0 & 0 & 1 & 0 & 1 \\ 0 & 1 & 0 & 1 & 0 & 1 & 1 & 0 \end{bmatrix}$$

图 8-10 一种 LDPC 码的校验矩阵和二分图

2. BP 迭代解码

LDPC 的解码通常使用 BP（Belief-Propagation）算法，也称 SPA（Sum-Product Algorithm，和积算法），就是通过在变量节点和校验节点重复地交换软信息实现解码。第一步更新所有的变量节点，第二步更新所有的校验节点。每一步的节点更新过程都是独立的，因此可以实现并行解码。解码（节点信息交换）过程是在对数域（LLR）中实现的，可以大大简化计算过程。度数为 i 的变量节点对信息 k 的更新如下：

$$\lambda_k = \lambda_{ch} + \sum_{l=0,\, l \neq k}^{i-1} \lambda_l$$

式中：λ_{ch} 是变量节点的信道信息；λ_l 是节点的似然信息。

校验节点的更新如下：

$$\tanh \frac{\lambda_k}{2} = \prod_{l=0,\, l \neq k}^{i-1} \tanh \frac{\lambda_l}{2}$$

常用的 LDPC 解码算法还有最小和算法（Min Sum Algorithm）以及基于最小和算法的改进算法，详见参考文献[22]。

8.2.7 Turbo 码

信道编码是提高传输系统性能的关键，在地面广播中，信号因多径和电磁干扰会产生高的比特误码率，为了提高系统的可靠性，常采用由 RS 编码、卷积交织、卷积编码组成的级联编码，也提出了以迭代解码算法为基础的 Turbo 编码。在 DVB - RCT（地面数字电视系统回传信道）标准中允许交替使用级联编码和 Turbo 编码。

Turbo 码有很强的抗衰落和抗干扰能力，特别适合各种恶劣环境下的通信，但其延时较长、运算量较大的缺点限制了它的应用。

1. 串行与并行级联分组码

交织器与级联码结合可构成码字非常长的编码。在串行级联分组码（Serially Concatenated Block Code，SCBC）中，交织器插在两个编码器之间，如图 8 - 11 所示。串行级联分组码的前后两个码都是二进制线性系统码，外码是 (p,k) 码而内码是 (n,p) 码。块交织的长度选为 $N = mp$，这里 m 对应于外码码字的数目。编码和交织的具体过程如下：mk 位信息比特经外编码器变为 $N = mp$ 位编码比特，这些编码比特进入交织器，按交织器的置换算法以不同的顺序读出；交织器输出的 mp 编码比特分隔成长度为 p 的分组送入内编码器，这样，mk 位信息比特被 SCBC 编成了 mn 的码块。最终的编码率是 $R = k/n$，它是内、外编码器编码率的乘积。然而，串行级联分组码 SCBC 的分块长度是 mn 比特，它比不使用交织器的一般级联码的分块长度要大得多。

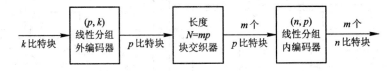

图 8 - 11　串行级联分组码编码器的基本结构框图

用类似办法可构成并行级联分组码（Parallelly Concatenated Block Code，PCBC）。图

8-12 是这种编码器的基本结构框图，它由两个二进制编码器组成，两编码器可以相同，也可以不同。这两个编码器是二进制、线性、系统的，分别用 (n_1, k)、(n_2, k) 来表示。块交织器的长度为 $N=mk$，由于信息比特仅传送一次，因此 PCBC 总的分组长度是 n_1+n_2-k，编码率是 $R=k/(n_1+n_2-k)$。

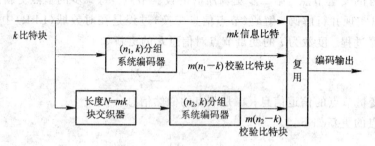

图 8-12　并行级联分组码编码器的基本结构框图

解码采用软输入软输出(SISO)的最大后验概率(Maximum Aposterriori Probability，MAP)算法迭代执行。带交织器的级联码与 MAP 迭代解码相结合导致在中等误码率(如 10^{-4} 到 10^{-5})时，编码性能非常接近香农限。

2. 并行与串行的级联卷积码

并行与串行的级联分组码采用交织器来构成特长码。用卷积码也能构成带交织的级联码。

1) 并行级联卷积码

(1) Turbo 码。

带交织的并行级联卷积码(Parallelly Concatenated Convolutional Code，PCCC)也叫 Turbo 码，Turbo 编码器的基本结构如图 8-13 所示，它由两个并联的递归系统卷积码 (Recursive Systematic Convolutional，RSC)编码器组成，在第二个编码器前面串接了一个交织器。Turbo 编码器的编码率是 $R=1/3$。通过对编码器输出冗余校验比特的删除压缩 (Puncturing)处理，我们可以获得较高的编码率，比如 1/2 或 2/3。

输入信息序列 $X^s=(x_1, x_2, \cdots, x_N)$ 经过交织器形成信息序列 $X^{s'}$，X^s 和 $X^{s'}$ 分别送到两个 RSC 编码器产生校验序列 X^{P1}、X^{P2}，删除器周期性地从 X^{P1}、X^{P2} 中删除一些校验位形成校验序列 X^P。未编码信息序列 X^s 和校验序列 X^P 复合形成 Turbo 码序列 $X=(X^s, X^P)$。

Turbo 码编码器中的两个 RSC 编码器结构和普通系统卷积码不同，采用递归型结构，其生成多项式为 $G(D)=[1, (1+D^2)/(1+D+D^2)]$，结构如图 8-13 所示。

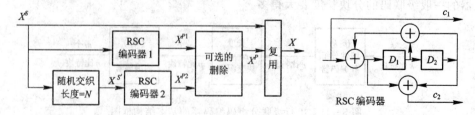

图 8-13　Turbo 编码器的基本结构

交织器采用随机交织的方法，将长度为 N 的信息序列 X^s 中各个比特位置进行交换，实现随机编码，可以使两个 RSC 编码器的输入不相关，确保在解码过程中有效使用迭代解码。交织长度 N 越长，获得的编码增益越高，但解码延迟就越长。删除处理虽然可调整编码率，但要降低系统性能。

（2）Turbo 码的迭代解码。

Turbo 码优异的性能在很大程度上是在充分利用软判决信息和迭代解码的条件下得到的。Turbo 码迭代解码器的基本结构如图 8-14 所示，由两个串行级联的软输入软输出（SISO）解码器（DEC1，DEC2）、两个随机交织器和一个随机解交织器组成，其中交织器和编码器中所用的交织器相同。接收端的解调器产生软判决序列 $Y=(Y^s, Y^{P1}, Y^{P2})$；解码器 DEC1 对 Y^s 和 Y^{P1} 进行解码产生关于信息序列 X^s 的每个比特的似然信息，并将其中的"外信息"（Extrinsic Information，两解码器之间交换的软输出信息）交织后作为解码器 DEC2 的先验信息（Priori Information）L_2^e；解码器 DEC2 对经过交织的 Y^s 和 Y^{P2} 进行解码，产生交织后的信息序列每个比特的似然信息，然后将其中的"外信息"经过解交织后作为 DEC1 的先验信息 L_1^e，并进行下一次迭代；经过多次迭代，外信息趋于稳定，$L(x_k)$ 为逼近最大似然解码所需的似然比，对 $L(x_k)$ 进行硬判决可得到信息序列 X^s 的最佳估值序列 $\overline{X}^s$。

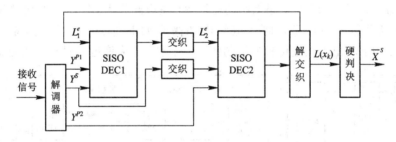

图 8-14　Turbo 码迭代解码器的基本结构

影响 Turbo 码性能的一个重要因素是交织长度，有时也称为交织增益。使用足够大的交织器，采用 MAP 迭代解码，Turbo 码的性能可以非常接近香农限。例如，码率 1/2、块长 $N=2^{16}$、每比特解码迭代 18 次的 Turbo 码，在差错概率为 10^{-5} 时所需 SNR 可达 0.6 dB。

带有大交织器的 Turbo 解码的主要缺点是迭代解码算法固有的解码时延和计算复杂。

2）串行级联卷积码

构成带交织的级联卷积码的第二种方法是串行级联卷积码（Serially Concatenated Convolutional Code，SCCC）。在误码率低于 10^{-2} 时，SCCC 显示了比 PCCC 更好的性能。

8.3　数字电视广播标准

目前数字电视广播有三种相对成熟的国际标准制式：欧洲的 DVB（Digital Video Broadcasting）、美国的 ATSC（Advanced Television Systems Committee）和日本的 ISDB（Integrated Services Digital Broadcasting）。

欧洲的 DVB 制式应用最广泛、最灵活。DVB 制式主要包括卫星数字电视（DVB-S）、有线数字电视（DVB-C）和地面数字广播电视（DVB-T）三个标准，这三个标准的信源编码都采用 MPEG-2 标准，规定视频采用 MPEG-2 编码，音频采用 MPEG Audio 层 II

(MUSICAM)编码标准。DVB 标准对于不同的传输信道采用了不同的调制方式：DVB－S
采用 QPSK(四相相移键控)方式，DVB－C 采用 QAM(正交幅度调制)方式，DVB－T 采用
COFDM(多载波正交频分复用)技术。

ATSC 标准视频压缩采用 MPEG－2 标准，音频压缩采用 ATSC 标准 A/52(即杜比公
司的 AC－3)，节目复用采用 MPEG－2 标准，完成各种码流的组合和调整。地面电视广播
系统中，采用网格编码(Trellis Code)8 电平残留边带(8VSB)调制方式，在 6 MHz 的频带
内可传送一路 HDTV 节目，传输比特率为 19.39 Mb/s；有线电视网中采用 16VSB 调制方
式，在 6 MHz 的频带内可传送两路 HDTV 节目，传输比特率为 38.78 Mb/s。

8.3.1　DVB－S 的基带成形滤波与 QPSK 调制

DVB－S 是 1994 年 12 月由 ETSI(European Telecommunications Standards Institute,
欧洲电信标准学会)制定的，标准编号为 ETS 300 421。ITU(国际电信联盟)的相应标准号
是 ITU－R BO.1211。我国相应的国家标准是 GB/T17700－1999《卫星数字电视广播信道
编码和调制标准》。我国国家标准与上述两个国际标准的差异是：① 我国将使用范围扩展
到 C 波段(4/6 GHz)固定卫星业务中的相应业务；② 增加了在特定的条件下系统可以使用
BPSK 调制方式。图 8－15 是卫星系统功能框图，左边部分为 MPEG－2 信源编码和复用，
右边部分为卫星信道适配器，即信道编码和高频调制部分。DVB－S 系统定义了从
MPEG－2 复用器输出到卫星传输通道的特性，总体上分成信道编码和高频调制两大部分。

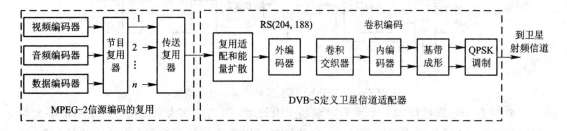

图 8－15　卫星系统功能方框图

在 DVB－S 中，能量扩散如 8.2.2 节所述，外码编码如 8.2.3 节所述的 RS(204，188)，
卷积交织如 8.2.4 节所述的(204，12)交织器，内编码如 8.2.5 节所述的(2，1，7)收缩卷
积码。

1. 基带成形

进行调制之前，I 支路、Q 支路信号要进行基带成形，为了避免相邻传输信号之间的
串扰，多进制符号需要有合适的信号波形。数字信号处理时的波形是方波，但在传输时这
种方波并不合适。根据奈奎斯特第一准则，实际通信系统中最佳接收波形为滚降升余弦
(Roll off Raised Cosine, RRC)信号。滤波过程由发送端的基带成形(Baseband Shaping)滤
波器和接收端的匹配滤波器(Matched Filter)共同实现，因此两个滤波均为平方根升余弦
(square Root Raised Cosine, SRRC)滚降滤波，合在一起就实现了一个升余弦滚降滤波。
实现平方根升余弦滚降信号的过程称为波形成形，由于生成的是基带信号，因此这一过程
又称基带成形滤波。接收端的匹配滤波是针对发射端的成形滤波而言的，与成形滤波相匹
配实现了数字通信系统的最佳接收。

这里基带成形滤波器为升余弦平方根滤波器，滤波器具有以理想截止频率 ω_c 为中心、奇对称升余弦滚降边沿的低通特性，滚降系数 $\alpha = 0 \sim 1$，$\alpha = 0$，是通频带为 ω_c 的理想低通滤波器；$\alpha = 1$，通频带为 $2\omega_c$；α 越大，通频带越宽，码间干扰越小。由于卫星信道干扰较多，故取滚降系数 α 为 0.35。

卫星信号的频带宽（>24 MHz），卫星转发器的辐射功率不高（十几瓦至一百多瓦），卫星信道路径远，易受雨衰影响，所以传输质量不够高。为保证可靠接收，DUB - S 系统采用了调制效率较低、抗干扰能力强的 QPSK 调制。根据具体的转发器功率、覆盖要求和信道质量，可以利用不同的内码编码率来适应特定的需要。例如，为确保良好的传输和接收，编码率可以是 1/2 或 2/3；而若希望可用比特率高时，编码率可以是 3/4 或更大。总之，DVB - S 系统的参数选择在内码编码率上有较大的灵活性，以适用于不同的卫星系统和业务要求。

2. QPSK 调制

在 QPSK（Quaternary Phase Shift Keying，四相相移键控）中，数字序列相继两个码元的 4 种组合对应 4 个不同相位的正弦载波，即 00、01、10、11 分别对应 $A_0 \cos\left(\omega_c t + \frac{\pi}{4}\right)$、$A_0 \cos\left(\omega_c t - \frac{\pi}{4}\right)$、$A_0 \cos\left(\omega_c t + \frac{3\pi}{4}\right)$、$A_0 \cos\left(\omega_c t - \frac{3\pi}{4}\right)$，其中 $0 \leqslant t < 2T$，T 为比特周期。图 8 - 16(a) 是 QPSK 相位矢量图，图中 I 表示同相信号，Q 表示正交信号。图 8 - 16(b) 是 QPSK 星座图，星座图中不画矢量箭头只画出矢量的端点。星座图中星座间的距离越大，信号的抗干扰能力就越强，接收端判决再生时就越不容易出现误码。星座间的最小距离表示调制方式的欧几里德距离。欧几里德距离 d 可表示为信号平均功率 S 的函数。QPSK 信号的欧几里德距离与平均功率的关系为 $d = \sqrt{2S}$。

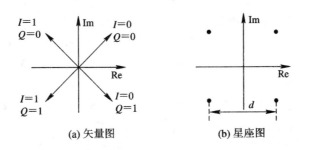

(a) 矢量图   (b) 星座图

图 8 - 16   QPSK 的矢量图和星座图

图 8 - 17 是 QPSK 调制器的原理框图。码率为 R 的数字序列 $S(t)$ 经分裂器（串/并转换）分裂为码率为 $R/2$ 的 I、Q 信号，再由 I、Q 信号生成幅度为 $-A \sim A$ 的双极性不归零序列 $\text{Re}(t)$、$\text{Im}(t)$。$\text{Re}(t)$ 和 $\text{Im}(t)$ 分别对相互正交的两个载波 $\cos\omega_c t$ 和 $\cos\left(\omega_c t + \frac{\pi}{2}\right) = -\sin\omega_c t$ 进行 ASK（Amplitude Shife Keying，幅移键控）调制，然后相加得到已调信号 $S_{\text{QPSK}}(t)$。

$$S_{\text{QPSK}}(t) = \text{Re}(t) \cos\omega_c t - \text{Im}(t) \sin\omega_c t \qquad (8 - 21)$$

图 8 - 18 示出了 QPSK 调制信号 $S_{\text{QPSK}}(t)$ 的波形。

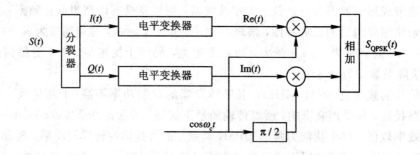

图 8 - 17　QPSK 调制器的原理框图

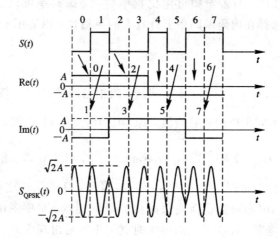

图 8 - 18　QPSK 调制信号的波形

3. DVB - S2

　　DVB - S2 是 DVB 组织于 2004 年 6 月发布的 DVB - S2 标准草案(EN302 307)，它支持更广泛的应用业务，如广播服务(Broadcast Service，BS)、交互式服务(Interactive Service，IS)、卫星新闻采集(Digital Satellite News Gathering，DSNG)和其他专业服务(Professional Service，PS)等，且与 DVB - S 兼容。DVB - S2 与 DVB - S 相比在技术上有许多改进，主要表现如下：

　　(1) DVB - S 只能处理 MPEG - 2 传送流，DVB - S2 设有灵活的输入码流适配器，在不显著增加复杂性的情况下能处理其他数据格式，如打包的或连续的单节目或多节目流。

　　(2) 采用外码为 BCH 码、内码为 LDPC 码的 FEC 系统，级联码输出的长度是固定的，可以是 64 800 的长帧或 16 200 的短帧。

　　(3) 有 1/4、1/3、2/5、1/2、3/5、2/3、3/4、4/5、5/6、8/9、9/10 共 11 种格式的编码率供选择。在信号电平低于噪声电平的恶劣条件下，推荐使用 QPSK，采用 1/4、1/3 和 2/5 的编码。8PSK 调制与 1/2、2/3 和 4/5 的编码率相结合有很大优势。

　　(4) 有 QPSK、8PSK、16APSK(Amplitude Phase Shift Keying，振幅相移键控)、32APSK 共四种调制方案供选择，基带成形有 0.35、0.25、0.2 共三种滚降系数供选择。

　　(5) 应用可变编码调制(Variable Coding and Modulation，VCM)技术，对不同业务(如 SDTV、HDTV、音频和多媒体)可以使用不同的调制方式与编码速率，也就是可以在同一个载波上对每个数据流施加不同的调制方式和纠错级别，因而传输效率得以大大提高。

（6）在交互和点对点应用的情况下，VCM 和回传信道结合，实现自适应编码调制（Adaptive Coding and Modulation，ACM），这是通过卫星或地面回传信道把每个接收终端的信道条件通知卫星上行站，实现自适应编码和调制。

（7）提供可选的导频，帮助接收机载波恢复。

我国处于卫星广播发展的初期，现有的卫星接收终端数量不多，应该尽早向 DVB-S2 新标准过渡，直接采用新技术，实现卫星广播的跨越式发展。

8.3.2 DVB-C 的差分编码映射与 QAM 调制

DVB-C 标准规定了有线数字电视广播系统中传送数字电视的帧结构、信道编码和调制方式。DVB-C 的欧洲标准是由 ETSI 于 1994 年 12 月制定的，标准编号为 ETS 300 429。ITU 的相应标准为 ITU-TJ.83 建议书。我国制定的相应标准为《有线数字电视广播信道编码和调制规范》，编号为 GY/T170—2001。

DVB-C 信道编码层尽量与 DVB-S 的编码相协调，这样卫星传送的多节目数字电视便于进入 DVB-C 馈送网络向用户分配。有线数字电视广播系统的特点有：① 传输信道的带宽窄（8 MHz）；② 信号电平高，接收端最小输入信号在 100 mV$_{p-p}$ 以上；③ 传输信道质量好，光缆和电缆内的信号不易受到外来干扰。因此，DVB-C 系统对 FEC 处理的要求可降低，其高频调制效率可提高。

DVB-C 有线前端与接收的原理框图如图 8-19 所示。图中，发送端的前 4 个方框与 DVB-S 是一样的。但在卷积交织器后没有级联的卷积编码，即只有外编码而无内编码，因为有线信道质量较好，FEC 不必做得复杂化。为提高调制效率，采用的 MQAM 容许在 16QAM、32QAM、64QAM、128QAM 和 256QAM 中选择，通常为 64QAM。高质量的光缆、电缆下可以采用 128QAM 甚至 256QAM。为实现 QAM 调制，需将交织器的串行字节输出变换成适当的 m 位符号，这就是字节到符号的映射。

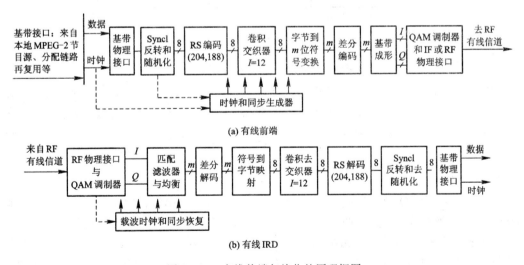

(a) 有线前端

(b) 有线 IRD

图 8-19 有线前端与接收的原理框图

1. QAM

QAM（Quadrature Amplitude Modulation，正交幅度调制）也称为正交幅移键控，这种

键控由两路数字基带信号对正交的两个载波调制合成而得到。为了避免符号上的混淆，一般用 m-QAM 代表 m 电平正交调幅，用 MQAM 代表 M 状态正交调幅。通常有 2 电平正交幅移键控（2-QAM 或 4QAM）、4 电平正交幅移键控（4-QAM 或 16QAM）、8 电平正交幅移键控（8-QAM 或 64QAM）等。电平数 m 和信号状态 M 之间的关系是 $M=m^2$。

图 8-20 是 MQAM 正交振幅调制方框图。调制信号 S 由分裂器（串/并变换）分成 I、Q 两路信号，再经 $2-m$ 电平变换器从 2 电平信号变成 m 电平信号 $x(t)$、$y(t)$，用 $x(t)$、$y(t)$ 对正交的两个载波 $\cos\omega_c t$ 和 $\sin\omega_c t$ 进行调幅再相加得到已调信号 MQAM。

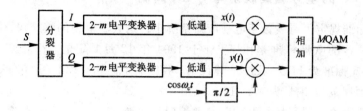

图 8-20　MQAM 正交振幅调制方框图

2. 字节到符号的映射

不同 M 值的 QAM 调制，映射成的符号数不相同，在任何情况下，符号 Z 的 MSB（Most Significant Bit，最高有效位）应取字节 V 的 MSB，该符号的下一个有效位应取字节的下一个有效位。2^m QAM 调制的情况下（这里 m 为符号位数），将 k 字节映射到 n 个符号，$8k=nm$。图 8-21 是 64QAM 情况下字节到符号变换的示意图，这时，$m=6$，$k=3$，$n=4$。

自交织器输出 （字节）	字节 V		字节 $V+1$		字节 $V+2$	
	b7b6b5b4b3b2	b1b0	b7b6b5b4	b3b2b1b0	b7b6	b5b4b3b2b1b0
	MSB					LSB
至差分编码器 （6 bit符号）	b5b4b3b2b1b0	b5b4b3b2b1b0	b5b4b3b2b1b0		b5b4b3b2b1b0	
	符号 Z	符号 $Z+1$	符号 $Z+2$		符号 $Z+3$	

图 8-21　64QAM 时字节到 m 比特符号变换的示意图

64QAM 调制时，每个符号为 6 比特，分成两路，每路 3 比特。I 轴和 Q 轴各自为 3 比特，构成 ±1、±3、±5、±7 的 8 电平，符号映射时将 3 字节变换成 4 符号。图中，b0 为每个字节或每个符号的最低有效位（Least Significant Bit，LSB），符号 Z 在符号 $Z+1$ 之前传输。

3. 差分编码

DVB-C 采用 QAM 调制方式，支持 16QAM、32QAM、64QAM、128QAM 和 256QAM 等多种方式。当多元调制为 2^m QAM，则需把 k 个字节变换成 n 个符号，即 $8k=n\times m$，变换后的符号的最高 2 比特进行差分编码（Differential Code），图 8-22 是字节到 m 比特符号变换、两位 MSB 差分编码示意图，差分编码后形成 I_k 和 Q_k 分量，由下面的布尔表达式给出：

$$I_k = \overline{A_k \oplus B_k} \cdot (A_k \oplus I_{k-1}) + (A_k \oplus B_k)(A_k \oplus Q_{k-1}) \quad (8-22)$$

$$Q_k = \overline{A_k \oplus B_k} \cdot (B_k \oplus Q_{k-1}) + (A_k \oplus B_k)(B_k \oplus I_{k-1}) \quad (8-23)$$

接着进入具有升余弦平方根滚降特性(滚降系数 $\alpha=0.15$)的滤波器进行基带整形，然后与其他符号位一起进入 QAM 调制器完成信号调制。

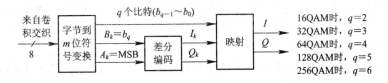

图 8-22　字节到 m 比特符号变换、两位 MSB 差分编码

4. 旋转不变性

由于在接收端进行 QAM 解调时提取的相干载波存在相位模糊问题，为消除相位模糊，正确恢复原始的发送信息，调制实际上是采用格雷码在星座图上的差分编码映射。每个符号中两个最高有效位 I_k 和 Q_k 确定星座所在的象限，其余 q 位确定象限内的星座图。象限内的星座图具有格雷码特性，同一象限内任一星座点与其相邻星座点之间只有一位代码不同。四个象限的星座图具有 $\pi/2$ 旋转不变性，随着 I_k 和 Q_k 分量从星座图第一象限的 00 依次变换到第二象限的 10、第三象限的 11、第四象限的 01，符号的较低位星座图从第一象限旋转 $\pi/2$ 到第二象限，从第二象限旋转 $\pi/2$ 到第三象限，从第三象限旋转 $\pi/2$ 到第四象限，完成整个星座的映射，图 8-23 是 16QAM 星座图。

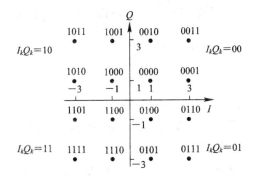

图 8-23　16QAM 星座图

5. DVB-C2

第二代有线数字电视标准 DVB-C2 于 2009 年 7 月发布，标准号是 ETS1 EN 302 76913。

DVB-C2 的系统由多通道输入处理模块、多通道编码调制模块、数据分片及帧形成模块、OFDM 信号生成模块组成。

为了使透明传输可行，定义了物理层管道(Physical Layer Pipe，PLP)，它是一个数据传输的适配器。一个 PLP 适配器可以包含多个节目 TS 流，或单个节目、单个应用以及任何基于 IP 的数据输入，PLP 适配器的数据被数据处理单元转换为 DVB-C2 所需要的内部帧结构。

DVB-C2 采用 BCH 外编码与 LDPC 内编码相级联的纠错码技术，抗误码能力增强了很多。BCH 编码增加的冗余度小于 1%，LDPC 码率由 2/3～9/10 可变，经过前向纠错编码的数据进行位交织，然后进行星座映射。DVB-C2 提供 QPSK、16QAM、64QAM、

256QAM、1024QAM、4096QAM 共 6 种星座模式。

多个物理层管道的数据可以组成一个数据分片，数据分片的作用是把物理层管道组成的数据流分配到发送的 OFDM 符号特定的子载波组上，这些子载波组对应频谱上相应的子频带。每一个数据分片进行时域和频域的二维交织，目的是使接收机能够消除传输信道带来的脉冲干扰及频率选择性衰落等干扰。

帧形成模块把多个数据分片和辅助信息及导频信号组合在一起，形成 OFDM 符号。导频包括连续导频和离散导频，连续导频在每个 OFDM 符号里分配给固定位置的子载波，并且在不同符号中的位置都相同。1 个 DVB - C2 接收机使用 6 MHz 带宽中的 30 个连续导频就可以很好地完成信号时域和频域同步。利用连续导频，还可以检测和补偿由于接收机射频前端本振相位噪声引起的公共相位误差。离散导频用来进行信道均衡，根据接收离散导频与理论离散导频的差值，可以很容易地得到传输信道的反向信道响应。离散导频的数量与所选的保护间隔长度有关。

辅助信息主要包括被称做 L1(Layer 1)的信令信息，它被放在每一个 OFDM 帧的最前边。L1 使用 1 个 OFDM 符号所有的子载波来进行传输，给接收机提供对 PLP 进行处理所需的相关信息。OFDM 符号的生成是通过反傅里叶变换(IFFT)来实现的，使用 $4k$ - IFFT 算法产生 4096 个子载波，其中 3409 个子载波用来传输数据和导频信息。

DVB - C2 支持在单个 8 MHz 的有线电视信道带宽内传输 10 路以上的 MPEG - 4 高清电视业务。由于引入了回传通道，DVB - C2 可以支持互动电视、电子商务等双向业务。

8.3.3　DVB - T 的导频与 COFDM 调制

1. OFDM 基本原理

在无线传输系统，特别是电视地面广播系统中，由于城市建筑群或其他复杂的地理环境，发送的信号经过反射、散射等传播路径后，到达接收端的信号往往是多个幅度和相位各不相同的信号的叠加，形成多径干扰。多径反射的延迟时间为 10^{-1} μs 到几 μs 量级。多径干扰会引起信号的频率选择性衰减，导致信号畸变。数字视频信号的数码率 R_b 是很高的，大约是几 Mb/s 到 10 Mb/s 量级，因而比特周期(或符号周期)很短，约为 10^{-1} μs 到 10^{-2} μs 量级。调制在高频载波上进行地面开路发送时，高速数据易受到多径干扰等影响而发生严重的 ISI(Inter-Symbol Interference，码间干扰，或符号间干扰)，造成接收中的误码率较高。对于移动接收，情况会更严重。

解决高误码率的办法是扩大符号周期，使其大大超过多径反射的延时时间，于是多径反射波滞后于直达波的时间将只占据符号周期的很小一部分，码间干扰变得微不足道，不会产生误码。

因此要将数码率 R_b 降低几千倍，利用串/并变换器将串行数据流变换成几千路并行比特流，每路比特流的码率是原码率 R_b 的几千分之一，符号周期相应地扩大几千倍。接着将这几千路符号对频带内的几千个子载波分别进行 PSK 或 QAM 调制，再把几千路已调波混合起来，形成频带内的一路综合已调波。这种调制方式是多载波调制，因为子载波已调信号是以频分多路形式合成在一起的，所以属于频分复用调制。

正交频分复用(Orthogonal Frequency Division Multiplexing，OFDM)利用数据并行传

输和频分复用(FDM)技术来抗多径干扰和选择性衰减,同时实现了频带的充分利用。

COFDM(Coded OFDM,编码正交频分复用)是将编码和 OFDM 结合起来的一种传输方法,编码常采用网格编码调制(TCM)结合频率和时间交织的方案。

在传统的串行数据系统中,符号是串行传输的,并且每个数据符号的频谱允许占用整个有效带宽。在并行传输系统中,任何瞬间都传送多个数据,单个数据只占用可用频带的一小部分。并行传输将频率选择性衰减扩展到多个符号上,可以有效地将由于衰减和多径干扰引起的突发错误随机化,用许多符号受到较小的干扰代替少数相邻符号受到的严重干扰。这样,即使不进行前向纠错,也能将绝大部分接收信号准确恢复。整个信道分成了许多个较窄的子信道,每个子信道的频率响应比较平坦,系统的均衡比较简单。

OFDM 不仅被欧洲的 DVB-T 和 DAB(Digital Audio Broadcasting,数字音频广播)标准所采纳,目前已经成为 WLAN(Wireless LAN,无线局域网)和宽带无线接入(IEEE 802.16)的核心技术。

2. DVB-T

DVB-T 是 1997 年 8 月由 ETSI 制定的,标准编号为 ETS 300 744。DVB-T 的信道编码和调制系统方框图如图 8-24 所示。图中,前 4 个方框与 DVB-S 是相同的,信道编码也采用 RS(204,188,$t=8$)外编码和收缩卷积内编码,内编码可根据需要采用不同的编码率($R=1/2\sim7/8$)。

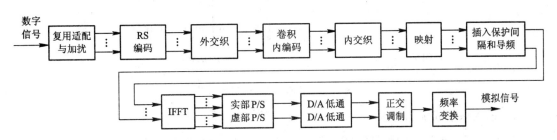

图 8-24 DVB-T 的信道编码和调制系统方框图

OFDM 系统中的载波数量是几千个,在实际应用中不可能像传统的 FDM 系统那样使用 N 个振荡器和锁相环(Phase Lock Loop,PLL)阵列进行相干解调。S. B. Weinstein 提出了一种用 DFT 实现 OFDM 的方法,其核心思想是将在通频带内实现的频分复用信号 $x(t)$ 转化为在基带实现。先用快速傅里叶反变换(Inverse Fast Fourier Transformation,IFFT)得到 $x(t)$ 的等效基带信号 $s(t)$,再乘以一个载波 f_c 将 $s(t)$ 搬移到所需的频带上。基带实现的优点是可以借助集成电路工艺直接对数字信号进行处理,实现 OFDM 的同时避免了生成 N 个载波由于频率偏移而产生的载波间干扰。

3. 内交织

DVB-T 中高频载波采用 COFDM 调制方式,在 8 MHz 射频带宽内设置 1705(2k 模式)或 6817(8k 模式)个载波,将高数码率的数据流分解成 2k 路(或 8k 路)低数码率的数据流,分别对每个载波进行 QPSK、16QAM 或 64QAM 调制。为提高 COFDM 信号接收解调时维特比(Viterbi)解码器对突发误码的纠错能力,对卷积编码后的数据流进行内交织,包括比特交织和符号交织两个步骤,不同的调制方式有不同的交织模式。

DVB-T 中对交织规律作了较详细的规定：比特交织后的符号串在符号交织器中进一步实现符号交织，根据 2k 模式（除导频信号外有效载波数 1512＝12×126）或 8k 模式（有效载波数 6048＝48×126 个）的 COFDM 调制，将 12 个或 48 个符号组（每组 126 符号）顺序进行交织。

内交织是一种频率交织，就是将原来连续的比特或符号尽可能配置到相距较远的载波上。

4. 映射和星座图

COFDM 调制中，由每个符号对各个载波进行调制，QPSK 调制时符号为 2 比特，16QAM 调制时符号为 4 比特，64QAM 调制时符号为 6 比特。

图 8-25(a) 所示的是 QPSK 调制时，2 比特的符号 $y_{0,A}$、$y_{1,A}$ 应用格雷码映射成 4 点星座图，图(b)的 16QAM 星座图可以类推。

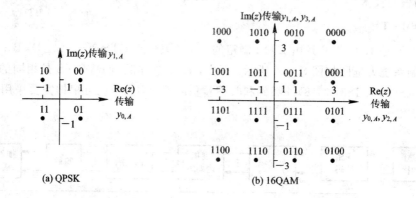

图 8-25 QPSK、16QAM 星座图

5. 插入保护间隙和导频

地面数字电视的传输频谱很宽，实际 OFDM 的载波数目 N 是有限的，不能保证每路载波的带宽总是小于 Δf，否则会产生码间干扰，影响正交条件。多径反射的结果是前一个符号的尾部拖延到后一个符号的前部，解决的办法是在每个符号之前设置保护间隙 T_g，即在接收机中对每个符号开始的 T_g 时间内的信号不予考虑，以此来消除多径延时小于 T_g 的码间干扰。保护间隙的插入使频谱利用率略有下降。

OFDM 是由 N 个不同频率的已调制载波综合成的信号。在 2k 模式中，$N＝1705$；在 8k 模式中，$N＝6817$。68 个 OFDM 符号构成一个 OFDM 帧，它们分别受到 2 比特、4 比特或 6 比特符号进行的 QPSK、16QAM 或 64QAM 调制。由序列号为 0～67 的 OFDM 符号构成一个 OFDM 帧，由 4 个 OFDM 帧构成一个超帧。每个 OFDM 符号中有一些载波不用于数据传输而用于连续导频（Continual Pilots，CP）、散布导频（Scattered Pilots，SP）和特殊导频 TPS（Transmission Parameter Signaling，传输参数信令）信号的传输，它们是接收端获取解调和编码有关信息所必需的。

DVB-T 系统中的导频是训练数据，是在规定的子载波上发送的特定参考信号，通过比较特定参考信号和接收端收到的经过信道传输的导频，可以得到该子载波的信道传输函数，再通过插值等方法得到其他子载波上的信道传输函数。在接收端的 FFT 之后，在每个子载波上用一个抽头的均衡器便可从接收数据准确地恢复出原始数据。均衡器抽头系数为子载波信道传输函数的倒数。

在发送端，一般在频域(IFFT 之前，FFT 之后)插入导频，DVB - T 系统中的导频分为连续导频和散布导频。连续导频向接收机提供同步和相位误差估值信息，因为 OFDM 中对每个载波都是抑制载波调制，接收机解调时需要具有已知幅度和相位的基准导频信号。连续导频以恒定数量分布于 OFDM 符号内，在 2k 模式的 1705 个载波中有 45 个连续导频载波，载波序号为 0、48、54、87、141、156、192、201、255、279、282、333、432、450、483、525、531、618、636、714、759、765、780、804、873、888、918、939、942、969、984、1050、1101、1107、1110、1137、1140、1146、1206、1269、1323、1377、1491、1683、1704。8k 模式的 6817 个载波中有 177 个连续导频载波，接收端已知其规律，可以作为同步和相位误差估值信息。

散布导频分布在每 12 个载波中的第 12 个，逐个 OFDM 符号依此类推下去，直至一帧结束。散布导频的作用是提供频率选择性衰落、时间选择性衰落和干扰的变化动态等信道特性信息，便于接收机迅速进行动态信道均衡。在一些载波位置上散布导频与连续导频是重合的，图 8 - 26 是 DVB - T 系统 2k 模式的导频分布示意图。

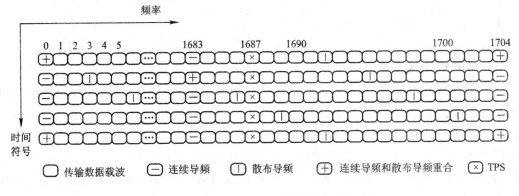

图 8 - 26　DVB - T 系统 2k 模式的导频分布示意图

特殊导频 TPS 用于传输保护间隔长度、调制方式等的系统参数。2k 模式 TPS 载波序号为 34、50、209、346、413、569、595、688、790、901、1073、1219、1262、1286、1469、1594、1687。

连续导频和散布导频都可以用来进行信道估计，对静态信道来说，利用散布导频和利用连续导频的估计性能几乎是一样的；在时变信道中，散布导频有助于更好地跟踪信道变化。

进行 IFFT 和 FFT 运算要求数据数为 2^N，而 1705 不是 2^N，所以虚拟载波被插在有效载波的前后两头。这样安排频谱可以选择合适的模拟传输成形滤波器来限制 IFFT 输出的离散信号的频谱，使频谱两端迅速滚降，接近理想的矩型滤波器。虚拟载波不传送能量，幅值为 0。

在 DVB - T 中，2k 模式的 OFDM 符号周期为 224 μs，8k 模式的 OFDM 符号周期为 896 μs(不包括保护间隔)，信道中时域上出现的一些突发干扰和小的衰落在接收端被 FFT 平均到整个 OFDM 符号周期内，这样整个符号受到了轻微的影响，还是可以被解码器解码。在单载波系统中,同样的突发干扰和衰落会完全破坏符号,无法被解码器解码。

在 DVB‐T 系统中,利用散布导频进行信道估计可分为两步:第一步是将接收的导频符号除以本地的导频符号,获得导频符号位置处的信道传输函数的估计;第二步是通过插值获得数据符号处的信道的传输函数的估计。因此,信道的估计性能主要依赖于第二步的插值技术的应用。常用的插值技术有线性插值、二阶插值、三次样条(Cubic‐Spline)插值、低通插值、时域插值、变换域滤波插值等,各种插值方法实现的复杂度和适用的信道条件都不相同,产生的插值误差也不同,应该根据实际情况来选取。导频用于跟踪信道变化,导频的间隔也就决定了可以跟踪的信道变化的最大速率。在 DVB‐T 系统中,导频时域间隔 $N_k=4$,频域间隔 $N_i=12$。假设系统完全同步,且多径时延小于保护间隔,在 FFT 的运算后,每个子载波经过一个单抽头的均衡器,便可以将多径干扰消除。

DVB‐T 系统接收机利用连续导频和散布导频能快速同步和正确解调,但减少了传输数据的载波数目,2k 模式中实际有用载波为 1512 个,8k 模式中有用载波为 6048 个,载波使用效率均为 88.7%。表 8‐3 是 2k 和 8k 模式的 OFDM 参数。

表 8‐3　2k 和 8k 模式的 OFDM 参数

模式	载波总数	Δf	有效载波数	连续导频数	分散导频数	符号有效持续期
2k	1705	4464 Hz	1512	45	1/12	224 μs
8k	6817	1116 Hz	6048	177	1/12	896 μs

6. COFDM 信号形成

N 路信号组成的 N 维复矢量进行 IFFT,对 IFFT 输出的复矢量的实部和虚部分别进行并/串变换、D/A 转换和低通滤波。随后对虚部信号和实部信号进行正交调制,即分别乘以 $\cos\omega t$ 和 $-\sin\omega t$ 后再相加,在 ω 所规定的中频频带上形成 COFDM 信号。这里的 COFDM 信号是以复信号的形式传输的。正交调制后的信号最后经频率变换搬移到射频,馈送至天线发射出去。在接收机中对 COFDM 信号的解调按与上述调制过程相反的顺序进行。

7. DVB‐T2

DVB‐T2 标准是 2008 年 6 月发布的,标准号是 ETSI EN 302 755。DVB‐T2 标准是第二代欧洲地面数字电视广播传输标准,在 8 MHz 频谱带宽内所支持的最高 TS 流传输速率约 50.1 Mb/s(如包括可能去除的空包,最高 TS 流传输速率可达 100 Mb/s)。

DVB‐T2 是一种三层分级帧结构,基本元素为 T2 帧,若干个 T2 帧和未来扩展帧(Future Extension Frame,FEF)组成一个超帧,FEF 位于超帧中两个 T2 帧之间或整个超帧最后。每个 T2 帧包含一个 P1 符号、多个 P2 符号和多个数据符号,所有符号均为 OFDM 符号及其扩展部分(如循环前缀)。通常,T2 帧中最后一个数据 OFDM 符号与其他数据 OFDM 符号的参数和导频插入位置会有所不同,称为帧结束符号(Frame Closing Symbol,FCS)。

T2 帧中数据符号的数目是可配置的,FFT 点数越多,子载波间隔越小,OFDM 符号在时域上占用的时间 T_u 就越长。

P1 符号格式固定,可携带 7 bit 信令,主要目的是识别前导符号。P1 符号携带信息有两种：第一种与 P1 符号的 3 个 S1 比特有关，用于辅助接收机迅速获得基本传输参数，即 FFT 点数；第二种与 P1 符号的 4 个 S2 比特有关，用于识别帧类型，包括 SISO（Single Input Single Output，一个发送天线一个接收天线）和 MISO（Multiple Input Single Output，多个发送天线一个接收天线，系统将待传输信号进行空频编码后通过多个发射天线进行发射，接收端使用一个接收天线进行接收）的 T2 帧类型。

P2 符号是位于 P1 符号之后的信令符号，也可用于频率与时间的细同步和初步的信道估计。T2 帧的多个 P2 符号的 FFT 大小和保护间隔是相同的，个数由 FFT 的大小所决定。P2 符号包括 L1 后信令及用于接收和解码 L1 后信令的 L1 前信令，也可能携带在 PLP 中传输的数据。L1 后信令又包含可配置和动态的两部分。除了动态 L1 后信令部分，整个 L1 信令在一个超帧（由若干个连续 T2 帧组成）内是不变的。在 P2 符号构成中，也进行了针对 L1 前/后信令的符号交织和编码调制。

L1 后信令包含了对接收端指定物理层管道进行解码所需的足够信息。L1 后信令进一步包括两类参数（信令）——可配置参数和动态参数，以及一个可选的扩展域。可配置参数在一个超帧的持续时间内保持不变，而动态参数仅提供与当前 T2 帧具体相关的信息。动态参数取值可以在一个超帧内改变，但是动态参数每个域的大小在一个超帧内保持不变。

一般来说，超帧的最大时间周期为 64 s，包含 FEF 时可达 128 s。DVB-T2 标准不要求目前 T2 标准接收机能够接收 FEF，但要求接收机必须能够利用 P1 符号携带的信令和 P2 符号中的 L1 信令检测 FEF，每个 T2 帧或 FEF 最长为 250 ms。

1）输入处理模块

DVB-T2 系统的输入由一个或多个逻辑数据流组成，每个逻辑数据流由一个 PLP（Physical Layer Pipe，物理层管道）进行传输。图 8-27 是单个物理层管道下输入处理模块方框图。对于输入的每个数据流，在输入处理模块内都有与之对应的模式适配模块来单独处理该数据流。模式适配模块将每个输入的逻辑数据流分解成数据域，然后经过流适配后形成基带帧。模式适配模块包括输入接口，后面跟着 3 个可选子系统模块（输入流同步、空包删除和 8 bit CRC 校验生成），最后将输入数据流分解成数据域并在每个数据域的开始加入基带包头。流适配模块的输入流是基带包头和数据域，输出流是基带帧，它将基带帧填充到固定长度并加入进行能量扩散的扰码。

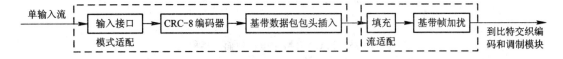

图 8-27　单个物理层管道下输入处理模块方框图

2）比特交织编码和调制模块

比特交织编码和调制模块由前向纠错编码、比特交织、比特到星座点（单元）的分解和映射、星座点旋转、单元交织以及时域交织等子模块构成。

前向纠错编码子模块包括外编码（BCH）、内编码（LDPC）和比特交织。子模块输入流由基带帧组成，输出流由 FEC 帧组成，码率有 1/2、3/5、2/3、3/4、4/5、5/6 几种。

每个 FEC 帧（正常 FEC 帧长度为 64 800 bit，短 FEC 帧长度为 16 200 bit）映射到编码调制 FEC 块的过程如下：

首先需要将串行输入比特流解复用为并行 OFDM 单元流，解复用器输出的每个单元字需要映射为 QPSK、16QAM、64QAM 或 256QAM 的星座点；然后星座点进行归一化，所有星座点映射均为格雷映射。

伪随机单元交织器的目的是将 FEC 码字对应的单元均匀分开，以保证在接收端每个 FEC 对应的单元所经历的信道畸变和干扰各不相关，并且对一个时域交织块内的每个 FEC 块按照不同的旋转方向（或称交织方向）进行交织，从而使得一个时域交织块内的每个 FEC 块具有不同的交织。

时域交织器(TI)面向每个 PLP 的内容进行交织。单元交织器输出的属于同一个 PLP 的多个 FEC 块组成时间交织块，一个或多个时间交织块再映射到一个交织帧，一个交织帧最终映射到一个或多个 T2 帧。每个交织帧包含的 FEC 块数目可变，可以动态配置。同一个 T2 系统内不同 PLP 的时间交织参数可以不同。

8.3.4　ATSC 系统的网格编码和 VSB 调制

ATSC 标准采用了 ITU‐R Tech Group 11/3(数字电视地面广播)的模式，由信源编码和压缩、业务复用和传送、RF/发送三个子系统组成，如图 8‐28 所示。信源编码与压缩用来得到视频、音频和辅助数据流，辅助数据(Ancillary Data)是指控制数据、条件接收控制数据和与视频、音频节目有关的数据。业务复用和传送把视频、音频和辅助数据流打成统一格式的数据包并合成一个数据流。RF/发送也称为信道编码和调制，信道编码的目的是从受到传输损失的信号中恢复出原信号，在地面传输中采用 8VSB 调制，在有线电视中采用 16VSB 调制。

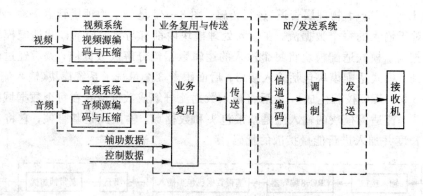

图 8‐28　ITU‐R 数字电视地面广播模式

1. 信道编码

从传送编码输入的 TS 流信息码率是 19.28 Mb/s，每个数据包(TS 包)为 188 字节(其中 1 个同步字节和 187 字节数据)，码率是 19.39 Mb/s(19.28×188/187)。

(1) 先进行数据随机化，其生成多项式为

$$G(x) = x^{16} + x^{13} + x^{12} + x^{11} + x^7 + x^6 + x^3 + x + 1 \tag{8-24}$$

每场场同步后的第一个段同步初始化，初始值为 0F180H。图 8‐29 是 ATSC 随机化和去随机化电路，随机化是将 8 个输出端 $D_0 \sim D_7$ 与输入数据字节逐位进行异或运算，同步字节不进行随机化和前向纠错，在复用时转成段同步信号。

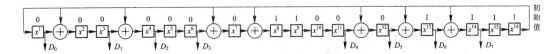

图 8 - 29　ATSC 随机化和去随机化电路

（2）接着进行外编码，采用 RS(207，187)编码器，其域生成多项式为

$$P(x) = x^8 + x^4 + x^3 + x^2 + 1 \tag{8-25}$$

附加 20 字节纠错码后，每个数据包变为 208 字节。

卷积交织是 $N=208$、$M=4$、$I=52$ 的卷积交织器。

2. TCM 编码

在传统的数字传输系统中，纠错编码与调制是分别设计并实现的。昂格尔博克（Ungerboeck)提出的网格编码调制(Trellis Code Modulation，TCM)将两者作为一个整体来考虑。

网格编码调制的基本原理是通过一种"集合划分映射"的方法，将编码器对信息比特的编码转化为对信号点的编码，在信道中传输的信号点序列遵从网格图中某一条特定的路径。这类信号有两个基本特征：

（1）星座图中所用的信号点数大于未编码时同种调制所需的点数(通常扩大 1 倍)，这些附加的信号点为纠错编码提供冗余度。

（2）采用卷积码在时间上相邻的信号点之间引入某种相关性，因而只有某些特定的信号点序列可能出现，这些序列可以模型化为网格结构，因而称为网格编码调制。

图 8 - 30 是通用 TCM 编码调制器结构示意图，TCM 编码调制器由卷积编码器、信号子集选择器和信号点选择器组成。在每个调制信号周期中，有 b 比特信息输入，其中 k 比特送到卷积编码器，卷积编码器输出的 $k+r$ 比特中的 r 比特是由编码器引入的冗余度，通常 $r=1$，这 $k+r$ 比特用于选择 2^{b+r} 点星座的 2 个子集之一；剩余 $b-k$ 比特直接送到信号点选择器，在指定的子集中唯一确定一个星座点。

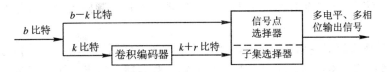

图 8 - 30　通用 TCM 编码调制器结构示意图

TCM 码形成信号星座到 2^{k+r} 个子集的一种分割，分割采用最小距离最大化的原则，即分割后子集内信号点之间的最小欧氏距离最大。每经过一次分割，子集数加倍，每个子集内的信号点数减半，最小欧氏距离随之增大。设经过 i 级分割之后子集内的最小欧氏距离为 d_i，则有 $d_0 < d_1 < d_2 < \cdots < d_i$。可以用二叉树来表示集分割，定义最后一次分割得到的子集数为分割的级数。

ATSC 中的网格编码器结构示意图如图 8 - 31 所示。图中预编码器的作用是减少与模拟电视之间的同频干扰，2 位的符号经网格编码器后成为 3 位的符号，用来选择 8VSB 的电平，信息速率不变而载波幅度分级数加倍，8VSB 的分集方法如图 8 - 32 所示。

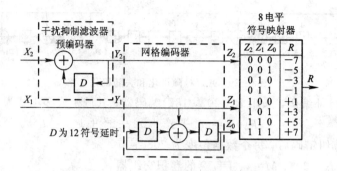

图 8-31 ATSC 的网格编码器结构示意图

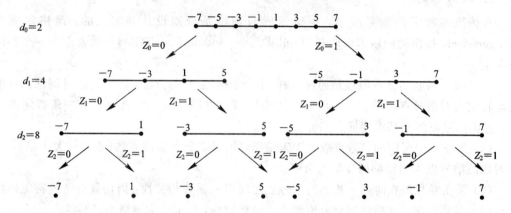

图 8-32 8VSB 的分集方法

3. VSB 调制

VSB(Vestigial Side - Band,残留边带)调制就是调幅信号抑制载波,并且两个边带信号中一个边带几乎完全通过而另一个边带只有少量残留部分通过。为保证所传输的信息不失真,要求残留边带分量等于传输边带中失去的那一部分。这就要求残留边带滤波器在载频处具有互补滚降特性(奇对称),这样,有用边带分量在载频附近的损失能被残留边带分量补偿。

图 8-33 是 ATSC 系统的 VSB 信道编码与调制方框图。网格编码后信号输出到复用器,与数据段同步和数据场同步复用;复用的输出数据插入适当的导频(Pilot Frequency),经过均衡滤波器后和调制载频相乘,再经 VSB 滤波器输出一种单载波幅度调制的、抑制载波的残留边带信号。

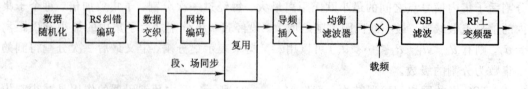

图 8-33 VBS 信道编码与调制方框图

4. VSB 数据结构

VSB 数据结构如图 8-34 所示。数据帧(Data Frame)分成两个数据场(Data Field),每场又有 313 个数据段(Segments)，每场第一个数据段是数据场同步(Data Field Sync)，其中包括用于接收机均衡的训练序列，如图 8-35 所示。数据场同步是固定的 ±5 的二电平伪随机序列，PN511 为 511 位的 PN 码，生成多项式是 $x^9+x^7+x^6+x^4+x^3+x+1$，初始值是 010000000，是向接收机提供均衡用的训练序列；后面紧跟三组 63 个符号的伪随机序列，称为 PN63，生成多项式是 x^6+x+1，初始值是 100111，是向接收机提供重影补偿用的测试序列，也可以用作均衡。在场同步 2 中 3 个 PN63 的中间那个是其"反码"。因为场周期是 24.2 ms，只依靠这些训练序列来完成自适应过程的均衡器，跟踪信道动态的能力受到限制。ATSC 系统地面广播中采用精心设计的自适应判决反馈均衡器来消除多径衰落引起的回波干扰，判决反馈均衡器 FIR 滤波器长度 64 级，IIR(Infinite Impulse Response，无限脉冲响应)滤波器长度 256 级，利用训练序列来加速收敛。当信道损伤比训练序列的发送快得多时，可以采用盲均衡技术。

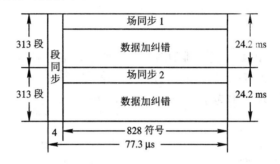

图 8-34　VSB 数据帧

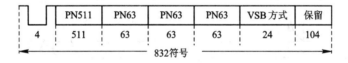

图 8-35　VSB 数据场同步

场同步外的其余 312 个数据段，每段携带了相当于 TS 包 187 字节信息和 FEC 编码附加数据，交织使每段数据来自不同的 TS 包。每段共 832 个符号，前 4 个符号传送数据段同步(Data Segment Sync)，是由 2 电平"1001"码组成的，其余的 828 个符号相应于传送包 187 字节的信息加上 20 字节的 FEC 数据。采用 2/3 格形编码，2 比特将变成 3 比特，8VSB 调制恰好可以表示 3 比特信息，相当于 2 比特转换为一个 8VSB 符号(8 种电位：±7 V，±5 V，±3 V，±1 V)，或 1 字节转换为 4 个 8VSB 符号，因此同步字节占 4 个符号位，187 个数据字节加 20 字节纠错数据组成的 207 字节数据占 828 个符号位。

5. 基准频率

图 8-36 是编码设备方框图。图中有两套频率，信源编码器部分和信道编码部分中采用不同的基础频率。在信源编码器部分中，以 27 MHz 时钟为基础($f_{27\text{ MHz}}$)，用来产生 42 比特的节目时钟基准。根据 MPEG-2 规定，将 42 比特的节目时钟基准分成 33 比特的 program-clock-reference-base(节目时钟基准基础)和 9 比特的 program-clock-reference-extension(节目时钟基准扩展)两部分，用于视频和音频编码中产生时间表示印记(Presentation Time Stamp，PTS)和解码时间印记(Decode Time Stamp，DTS)。图中 f_a 和 f_v 分别是音频和视频时钟，必须锁定在 27 MHz 时钟上。信道编码部分传送比特流频率

f_{tp} 和 VSB 符号频率 f_{sym} 必须锁定，并有如下的关系：

$$f_{tp} = 2 \times \frac{188}{208} \times \frac{312}{313} \times f_{sym} \qquad (8-26)$$

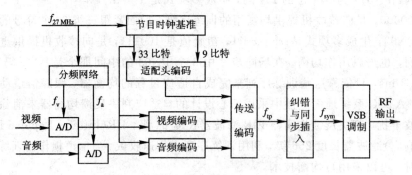

图 8-36　编码设备方框图

6. VSB 频谱

VSB 在 6 MHz 带宽内的频谱安排如图 8-37 所示，在两侧各安排了形状为平方根升余弦响应的过渡段各 310 kHz，3dB 带宽为 $6-0.62=5.38$（MHz），可以支持的符号率为 $S_r=10.76$ MS/s。这样，段速率为 $f_{seg}=S_r/832=12.93$ kseg/s，帧速率为 $f_{frame}=f_{seg}/626=20.66$ frame/s。

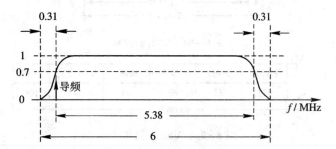

图 8-37　VSB 频谱图

在 VSB 频谱中，在抑制载波频率上加有一个同相位的小幅度导频（Pilot）信号。VSB 利用导频来恢复载波，降低了接收机载波恢复电路的复杂度，提高了载波恢复精度。

7. 18 种扫描格式

ATSC 标准规定了 18 种扫描格式，如表 8-4 所示。

表 8-4　ATSC 标准的 18 种扫描格式

质量标准	显示格式	宽高比	帧/场频
HDTV	1920(点)×1080(行)	16：9	60 Hz/i(隔行 Interlacing)
			30 Hz/p(逐行 Progressive)
			24 Hz/p(逐行)
HDTV	1280(点)×720(行)	16：9	60 Hz/p(逐行)
			30 Hz/p(逐行)
			24 Hz/p(逐行)

质量标准	显示格式	宽高比	帧/场频
SDTV	704(点)×480(行)	16：9	60 Hz/i(隔行)
			60 Hz/p(逐行)
			30 Hz/p(逐行)
			24Hz/p(逐行)
SDTV	704(点)×480(行)	4：3	60 Hz/i(隔行)
			60 Hz/p(逐行)
			30 Hz/p(逐行)
			24 Hz/p(逐行)
SDTV	640(点)×480(行)	4：3	60 Hz/i(隔行)
			60 Hz/p(逐行)
			30 Hz/p(逐行)
			24 Hz/p(逐行)

8.3.5 ISDB-T标准的频宽分段传输和高强度时间交织

1. 频宽分段传输

日本 ISDB-T 标准采用频宽分段传输正交频分复用调制方式(Bandwidth Segmented Transmission OFDM),可以在 6 MHz 带宽中传递 HDTV 服务或多节目服务。与 DVB 不同,ISDB-T 标准将整个带宽分割成一系列的频率段,称为 OFDM 段。ISDB-T 提供 DQPSK、QPSK、16QAM、64QAM 等调制方式的组合和 1/2、2/3、3/4、5/6、7/8 等内编码的编码率(Code Rate),这些参数对每个 OFDM 段可以独立选择。ISDB-T 的模拟带宽有 5.6 MHz 的宽带 ISDB-T 和 430 kHz 的窄带 ISDB-T 两种选择,宽带 ISDB-T 由 13 个 OFDM 段组成,可以分层传输,也就是说,各个 OFDM 段可以具有不同的参数,这样就能够满足综合业务接收机的需要;窄带 ISDB-T 仅由一个 OFDM 段构成,适合语音和数据广播。宽带接收机可以接收窄带信号,窄带接收机可以接收宽带信号的中心频率段。

一个 OFDM 段帧由 108 个载波和 204 个符号构成。按载波调制方式分,OFDM 段可以分成两类:一类为差分调制 DQPSK(Differential Quaternary Phase Shift Keying,差分四相相移键控),另一类为连续调制(QPSK,16QAM,64QAM)。每个 OFDM 段除了具有数据载波外,同时还有一些特别的符号或载波,其中包括 SP(Scattered Pilots,散布导频)、CP(Continual Pilots,连续导频)、TMCC(Transmission and Multiplexing Configuration Control,传输和复用配置控制)、AC1(辅助信道 1)和 AC2(辅助信道 2)。CP、AC1、AC2 和 TMCC 用于频率同步,SP 用于信道估计,TMCC 用于传送载波调制方式和内编码的编码率。

2. 高强度时间交织适应移动接收

为实现数字电视地面移动接收,ISDB-T 采用了高强度时间交织,最大限度地缓冲突发误码对系统的冲击。地面移动信道动态多径造成的误码具有强突发性质,误码持续时间远大于脉冲干扰引起的突发误码。系统纠错体系难以对高频度突发误码做出响应,以至产生误码累积效应。对付这种突发误码的最好方法是采用时域数据交织技术将误码沿时间轴离散化,以均衡误码冲击能量。

ISDB-T 的内、外码数据已经进行了交织,如内交织采用并联比特交织方式,用以均衡内码解码输入端误码能量,交织延时仅为 120 调制符号;外交织采用与 DVB 相同的 12 臂同步回旋交织器,最大交织延时为 2244 字节,与 RS(204,188)编码配合的最大理论纠错容限为 96 连续错误符号。这样的纠错配置对于严重动态多径环境适应能力偏低,因此 ISDB-T 标准在系统内层采用高强度时间交织环节予以改善。

图 8-38 是 ISDB-T 系统内层方框图。节目经信道编码后分三层映射,A 层只占一个分段,进行手机用简易活动图像广播;B 层占几个分段,进行移动接收用 SDTV 广播;C 层占多个分段,进行固定接收用 HDTV 广播。高强度交织环节位于映射合成输出至 OFDM 调制 IFFT 之间的数据分段处理通道中。因为映射合成输出数据的读取是按 IFFT 取样时钟进行的,所以合成输出数据(复数域)与 OFDM 调制后生成的 OFDM 分段的子载波构成对应关系,与一个 OFDM 分段相对应的映射合成数据段定义为一个数据分段(Data Segment),全部数据分段构成数据符号,并与全部 OFDM 分段构成的系统 OFDM 符号相对应。因此高强度时间交织环节将按数据分段组织,并针对复数域映射数据操作,包括段内交织和段间交织。段间交织将各个数据分段进行交织,交织后原来数据分段连续比特分配到各个 OFDM 分段,是一种频率交织。

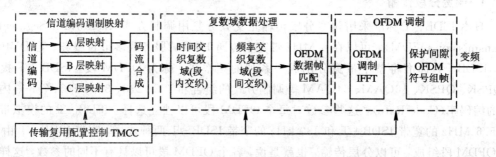

图 8-38　ISDB-T 系统内层方框图

ISDB-T 在系统内层采用延时长达数百毫秒的交织环节相当有效,系统对移动信道恶劣环境的适应性明显加强。加上系统频谱分段分级传输功能,ISDB-T 系统具有较强的综合业务,特别是移动业务的开发潜力。

8.3.6　我国地面数字电视标准

我国地面数字电视标准为《数字电视地面广播传输系统帧结构、信道编码和调制》(GB20600),该标准规定了数字电视地面广播传输系统信号的帧结构、信道编码和调制方式。自主创新并能提高系统性能的关键技术有:能实现快速同步和高效信道估计与均衡的 PN 序列帧头设计、符号保护间隔填充方法、低密度校验纠错码(LDPC)、系统信息的扩频传输方法等。我国地面数字电视标准支持 4.813~32.486 Mb/s 的系统净荷传输数据率,支持标准清晰度电视业务和高清晰度电视业务,支持固定接收和移动接收,支持多频组网和单频组网。

数字电视地面广播传输系统是广播电视系统的重要组成部分，必须具有支持传统电视广播服务的基本功能，还要具有适应广播电视服务的可扩展功能。数字电视地面广播传输系统支持固定接收和移动接收两种模式。在固定接收（含室内、外）模式下，可以提供标准清晰度数字电视业务、高清晰度电视业务、数字声音广播业务、多媒体广播和数据服务业务；在移动接收模式下，可以提供标准清晰度数字电视业务、数字声音广播业务、多媒体广播和数据服务业务。

数字电视地面广播传输系统支持多频网和单频网两种组网模式，可以根据应用业务的特性和组网环境选择不同的传输模式和参数，并支持多业务的混合模式，以达到业务特性与传输模式的匹配，实现业务运营的灵活性和经济性。

数字电视地面广播传输系统发送端完成从输入数据码流到地面电视信道传输信号的转换。图 8-39 是数字电视地面广播传输系统发送端原理图。输入数据码流经过扰码器（随机化）、前向纠错编码（FEC），然后进行从比特流到符号流的星座映射，再进行交织后形成基本数据块；基本数据块与系统信息复用后，经过帧体数据处理形成帧体；帧体与相应的帧头（PN 序列）复接为信号帧（组帧），经过基带后处理转换为基带输出信号（8 MHz 带宽内）；该信号经正交上变频转换为射频信号（UHF 和 VHF 频段范围内）。

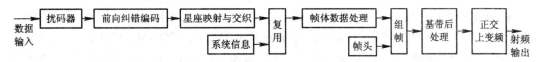

图 8-39 数字电视地面广播传输系统发送端原理图

1. 加扰

为了保证传输数据的随机性以便于传输信号处理，输入的数据码流需要用扰码器进行加扰。

扰码是一个最大长度二进制伪随机序列。该序列由线性反馈移位寄存器（Linear Feedback Shift Register，LFSR）生成。其生成多项式定义为

$$G(x) = 1 + x^{14} + x^{15} \tag{8-27}$$

该 LFSR 的初始相位定义为 100101010000000。

输入的比特码流（来自输入接口的数据字节的 MSB 在前）与 PN 序列进行逐位模 2 加后产生数据扰乱码。扰码器的移位寄存器在信号帧开始时复位到初始相位。

2. 前向纠错

扰码后的比特流接着进行前向纠错编码。前向纠错编码由外码（BCH 码）和内码（LDPC）级联实现。

FEC 码的块长为 7488 比特，分为三种码率，码率 1 编码效率为 0.4(3008/7488)，信息比特为 3008；码率 2 编码效率为 0.6(4512/7488)，信息比特为 4512；码率 3 编码效率为 0.8(6016/7488)，信息比特为 6016。

BCH(762,752)码由 BCH(1023,1013)系统码缩短而成。在 752 比特数据扰乱码前添加 261 比特 0 成为 1013 比特，编码成 1023 比特（信息位在前）。然后去除前 261 比特 0，形成 762 比特 BCH 码字。

三种码率的前向纠错码使用同样的 BCH 码，该 BCH 码的生成多项式为

$$G_{BCH}(x) = 1 + x^3 + x^{10} \tag{8-28}$$

BCH 码字按顺序输入 LDPC 编码器时，最前面的比特是信息序列矢量的第一个元素。LDPC 编码器输出的码字信息位在后，校验位在前。

标准中给出了 LDPC(7493, 3048)、LDPC(7493, 4572)、LDPC(7493, 6096) 的生成多项式及其详细数据列表。

标准中给出了 LDPC(7493, 3048)、LDPC(7493, 4572)、LDPC(7493, 6096) 的校验矩阵及其详细数据列表。

码率为 0.4 的 FEC(7488, 3008) 码：先由 4 个 BCH(762, 752) 码和 LDPC(7493, 3048) 码级联构成，然后将 LDPC(7493, 3048) 码前面的 5 个校验位删除。

码率为 0.6 的 FEC(7488, 4512) 码：先由 6 个 BCH(762, 752) 码和 LDPC(7493, 4572) 码级联构成，然后将 LDPC(7493, 4572) 码前面的 5 个校验位删除。

码率为 0.8 的 FEC(7488, 6016) 码：先由 8 个 BCH(762, 752) 码和 LDPC(7493, 6096) 码级联构成，然后将 LDPC(7493, 6096) 码前面的 5 个校验位删除。

3. 符号星座映射

前向纠错编码产生的比特流要转换成均匀的 nQAM(n：星座点数) 符号流 (最先进入的 FEC 编码比特作为符号码字的 LSB)。标准包含 64QAM、32QAM、16QAM、4QAM 和 4QAM-NR 等五种符号映射关系。各种符号映射加入相应的功率归一化因子，使各种符号映射的平均功率趋同。星座图已经考虑功率归一化要求。

对于 64QAM，每 6 比特对应 1 个星座符号。FEC 编码输出的比特数据被拆分成 6 比特为一组的符号 ($b_5 b_4 b_3 b_2 b_1 b_0$)，该符号的星座映射是同相分量 $I = b_2 b_1 b_0$，正交分量 $Q = b_5 b_4 b_3$。星座点坐标对应的 I 和 Q 的取值为 -7、-5、-3、-1、1、3、5 和 7。

对于 32QAM，每 5 比特对应于 1 个星座符号。FEC 编码输出的比特数据被拆分成 5 比特为一组的符号 ($b_4 b_3 b_2 b_1 b_0$)。星座点坐标对应的同相分量 I 和正交分量 Q 的取值为 -7.5、-4.5、-1.5、1.5、4.5、7.5。

对于 16QAM，每 4 比特对应于 1 个星座符号。FEC 编码输出的比特数据被拆分成 4 比特为一组的符号 ($b_3 b_2 b_1 b_0$)，该符号的星座映射是同相分量 $I = b_1 b_0$，正交分量 $Q = b_3 b_2$。星座点坐标对应的 I 和 Q 的取值为 -6、-2、2、6。

对于 4QAM，每 2 比特对应于 1 个星座符号。FEC 编码输出的比特数据被拆分成 2 比特为一组的符号 ($b_1 b_0$)，该符号的星座映射是同相分量 $I = b_0$，正交分量 $Q = b_1$。星座点坐标对应的 I 和 Q 的取值为 -4.5、4.5。

4QAM-NR 映射方式是在 4QAM 符号映射之前增加 NR(Nordstrom Robinson) 准正交编码映射。按照符号交织方法对 FEC 编码后的数据信号进行基于比特的卷积交织，然后进行一个 8 比特到 16 比特的 NR 准正交预映射，再把预映射后每 2 个比特按 4QAM 调制方式映射到星座符号，直接与系统信息复接。

标准中给出了 8 比特到 16 比特的 NR 准正交预映射方法及其详细数据列表。

4. 符号交织

时域符号交织编码是在多个信号帧的基本数据块之间进行的。数据信号 (即星座映射

输出的符号)的基本数据块间交织采用基于星座符号的卷积交织编码,如图 8-40 所示,其中变量 B 表示交织宽度(支路数目,在 DVB、GB/T17700、GY/T170 中被称为交织深度,用 I 表示),变量 M 表示交织深度(延迟缓存器尺寸,在 DVB、GB/T17700、GY/T170 中被称为卷积交织器分支深度)。进行符号交织的基本数据块的第一个符号与支路 0 同步。交织/去交织对的总时延为 $M(B-1)B$ 个符号。基本数据块间交织的编码器有两种工作模式(取决于应用情况):

模式 1:$B=52$,$M=240$ 符号,交织/解交织总延迟为 170 个信号帧。

模式 2:$B=52$,$M=720$ 符号,交织/解交织总延迟为 510 个信号帧。

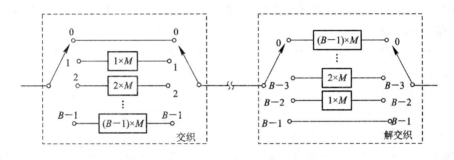

图 8-40　卷积式数据块间交织

5. 频域交织

频域交织仅适用于多载波模式($c=3780$),目的是将调制星座点符号映射到帧体包含的 3780 个有效子载波上。频域交织为帧体内的符号块交织,交织大小等于子载波数 3780。标准中给出了具体交织图样及其数据列表。

6. 复帧

图 8-41 是复帧的四层结构。基本单元为信号帧,超帧定义为一组信号帧,分帧定义为一组超帧,复帧结构的顶层称为日帧(Calendar Day Frame,CDF)。信号结构是周期的,并与自然时间保持同步。

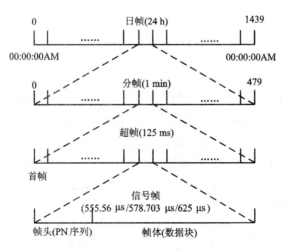

图 8-41　复帧的四层结构

超帧的时间长度定义为125 ms，8个超帧为1 s，这样便于与定时系统（例如GPS，即Global Positioning System，全球定位系统）校准时间。

超帧中的第一个信号帧定义为首帧，由系统信息中的相关信息指示。

一个分帧的时间长度为1 min，包含480个超帧。

日帧以一个公历自然日为周期进行周期性重复，由1440个分帧构成，时间为24 h。在北京时间00:00:00AM或其他选定的参考时间，日帧被复位，开始一个新的日帧。

信号帧是系统帧结构的基本单元，一个信号帧由帧头和帧体两部分时域信号组成。帧头和帧体信号的基带符号率相同（7.56 MS/s）。

帧体部分包含36个符号的系统信息和3744个符号的数据，共3780个符号。帧体长度是500（即3780/7.56）μs。

帧头部分由PN序列构成，帧头长度有三种选项。帧头信号采用I路和Q路相同的4QAM调制。

1）帧头模式1

帧头为420个符号，加上帧体3780个符号，故信号帧为4200个符号，每225个信号帧组成一个超帧（（225×4200/7.56）μs=125 ms）。

帧头模式1采用的PN序列定义为循环扩展的8阶m序列，可由一个LFSR实现，经0到+1值及1到−1值的映射变换为非归零的二进制符号。

长度为420个符号的帧头信号PN420由一个82个符号的前同步、一个PN255序列和一个83个符号的后同步构成，前同步和后同步定义为PN255序列的循环扩展。图8－42是PN255序列的循环扩展示意图。LFSR的初始条件确定所产生的PN序列的相位。在一个超帧中共有225个信号帧，每个超帧中各信号帧的帧头采用不同相位的PN信号作为信号帧识别符。

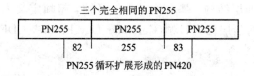

图8－42　PN255序列的循环扩展示意图

产生序列PN255的LFSR的生成多项式定义为

$$G_{255}(x) = 1 + x + x^5 + x^6 + x^8 \tag{8－29}$$

PN420序列可以用8阶m序列LFSR产生。基于该LFSR的初始状态，可产生255个不同相位的PN420序列，从序号0到序号254，选用其中的225个PN420序列，从序号0到序号224。为了尽量减少相邻序号的相关性，经过计算机优化选择形成各序号序列LFSR的初始状态，标准中给出了这些初始状态的详细数据。在每个超帧开始时，LFSR复位到序号0的初始状态。标准附录中给出了PN420的详细数据列表。帧头信号的平均功率是帧体信号平均功率的2倍。

2）帧头模式2

帧头为595个符号，加上帧体3780个符号，信号帧为4375个符号，每216个信号帧组成一个超帧（（216×4375/7.56）μs=125 ms）。

帧头模式 2 采用 10 阶最大长度伪随机二进制序列截短而成，帧头信号的长度为 595 个符号，是长度为 1023 的 m 序列的前 595 个码片。

该最大长度伪随机二进制序列由 10 比特 LFSR 产生。该最大长度伪随机二进制序列的生成多项式为

$$G_{1023}(x) = 1 + x^3 + x^{10} \tag{8-30}$$

该 10 比特 LFSR 的初始相位为：0000000001，在每个信号帧开始时复位。

由此产生的伪随机序列的前 595 码片，经 0 到 +1 值及 1 到 -1 值的映射变换为非归零的二进制符号。在一个超帧中共有 216 个信号帧。每个超帧中各信号帧的帧头采用相同的 PN 序列。

帧头信号的平均功率与帧体信号的平均功率相同。

3）帧头模式 3

帧头为 945 个符号，加上帧体 3780 个符号，故信号帧为 4725 个符号，每 200 个信号帧组成一个超帧（(200×4725/7.56) μs = 125 ms)。

帧头模式 3 采用的 PN 序列定义为循环扩展的 9 阶 m 序列，可由一个 LFSR 实现，经 0 到 +1 值及 1 到 -1 值的映射变换为非归零的二进制符号。

长度为 945 个符号的帧头信号（PN945）由一个前同步、一个 PN511 序列和一个后同步构成。前同步和后同步定义为 PN511 序列的循环扩展，前同步和后同步长度均为 217 个符号。LFSR 的初始条件确定所产生的 PN 序列的相位。在一个超帧中共有 200 个信号帧，每个超帧中各信号帧的帧头采用不同相位的 PN 信号作为信号帧识别符。

产生序列 PN511 的 LFSR 的生成多项式定义为

$$G_{511}(x) = 1 + x^2 + x^7 + x^8 + x^9 \tag{8-31}$$

PN945 序列可以用 9 阶 m 序列 LFSR 产生，基于该 LFSR 的初始状态，可产生 511 个不同相位的 PN945 序列，从序号 0 到序号 510。标准选用其中的 200 个 PN945 序列，从序号 0 到序号 199。为了尽量减小相邻序号的相关性，经过计算机优化选择，形成的信号帧序号序列和 LFSR 的初始状态，标准中给出了这些初始状态的详细数据。在每个超帧开始时 LFSR 复位到序号的初始相位。标准附录中给出了 PN945 的详细数据列表。帧头信号的平均功率是帧体信号的平均功率的 2 倍。

4）系统信息

系统信息为每个信号帧提供必要的解调和解码信息，包括符号星座映射模式、LDPC 编码的码率、交织模式信息、帧体信息模式等。系统中预设了 64 种不同的系统信息模式，并采用扩频技术传输。这 64 种系统信息在扩频前可以用 6 个信息比特 $s_5 s_4 s_3 s_2 s_1 s_0$ 来表示，其中 s_5 为 MSB。$s_3 s_2 s_1 s_0$ 是编码调制模式，为 0000～1111 时分别表示奇数编号的超帧的首帧指示符、4QAM - LDPC 码率 1、4QAM - LDPC 码率 2、4QAM - LDPC 码率 3、保留、保留、保留、4QAMNR - LDPC 码率 3、保留、16QAM - LDPC 码率 1、16QAM - LDPC 码率 2、16QAM - LDPC 码率 3、32QAM - LDPC 码率 3、64QAM - LDPC 码率 1、64QAM - LDPC 码率 2 和 64QAM - LDPC 码率 3。s_4 为交织模式信息，为 0 表示交织模式 1，为 1 表示交织模式 2。s_5 为保留。

该 6 比特系统信息将采用扩频技术变换为 32 比特长的系统信息矢量，即用长度为 32 的 Walsh 序列和长度为 32 的随机序列来映射保护。

将 2^6 种系统信息与这 64 个系统信息矢量一一对应，标准附录中给出了详细数据列表。对于传输的任何一种系统模式，通过这些数据可以得到需要在信道上传输的 32 比特长的系统信息矢量。

7. 帧体数据处理

3744 个数据符号复接系统信息后，经帧体数据处理后形成帧体，用 C 个子载波调制，占用的射频带宽为 7.56 MHz，时域信号块长度为 500 μs。

C 有两种模式：$C=1$ 或 $C=3780$。

令 $X(k)$ 为对应帧体信息的符号，当 $C=1$ 时，生成的时域信号可表示为

$$FBody(k) = X(k) \qquad k = 0, 1 \cdots 3779 \qquad (8-32)$$

在 $C=1$ 模式下，作为可选项，对组帧后形成的基带数据在 ± 0.5 符号速率位置插入双导频，两个导频的总功率相对数据的总功率为 -16 dB。插入方式为从日帧的第一个符号（编号为 0）开始，在奇数符号上实部加 1、虚部加 0，在偶数符号上实部加 -1、虚部加 0。

在 $C=3780$ 模式下，相邻的两个子载波间隔为 2 kHz，对帧体信息符号 $X(k)$ 进行频域交织得到 $X(n)$，然后按下式进行变换得到时域信号：

$$FBody(k) = \frac{1}{\sqrt{C}} \sum_{n=1}^{C} X(n) e^{j2\pi n \frac{k}{C}} \qquad k = 0, 1, \cdots, 3779 \qquad (8-33)$$

8. 基带后处理

基带后处理（成形滤波）采用平方根升余弦（Square Root Raised Cosine，SRRC）滤波器进行基带脉冲成形。SRRC 滤波器的滚降系数 α 为 0.05。

表 8-5 示出了在不同信号帧长度、内码码率和调制方式下，标准支持的净荷数据率。

表 8-5　系统净荷数据率　　　　　　　　　　　单位：Mb/s

信号帧长度	4200 个符号（帧头模式 1 PN420）			4375 个符号（帧头模式 2 PN595）			4725 个符号（帧头模式 3 PN945）		
FEC 码率	0.4	0.6	0.8	0.4	0.6	0.8	0.4	0.6	0.8
映射 4QAM-NR			5.414			5.198			4.813
映射 4QAM	5.414	8.122	10.829	5.198	7.797	10.396	4.813	7.219	9.626
映射 16QAM	10.829	16.243	21.658	10.396	15.593	20.791	9.626	14.438	19.251
映射 32QAM			27.072			25.989			24.064
映射 64QAM	16.243	24.365	32.486	15.593	23.390	31.187	14.438	21.658	28.877

表中空白表示该模式组合标准不支持。

标准中还给出了射频发送信号的成形滤波后基带信号的频谱特性和谱模板。

标准的全部技术内容为强制性，2007 年 8 月 1 日实施。

9. 系统净荷数据率的计算

数字电视传输系统净荷数据率简称净码率。

净码率是按照传输系统的某种模式，在信道编码输入端可以传送的有效数据率。在数

字电视的信道传输系统中，以下3方面影响净码率。

（1）前向纠错。前向纠错是一种数据冗余的过程，它在有效数据上附加冗余的校验数据，达到保护有效数据的目的，这个过程减少了净码率。

（2）星座图映射。把二进制数据变换到表示载波的符号，这种符号数据是数字电视调制系统对外部发送数据的依据，此过程往往采用效率较高的调制方式，增加净码率。

（3）符号帧形成。地面传输时，为了增强信道抗干扰能力，需要在数据符号中加入同步、导频、保护间隔、系统信息等内容，这个过程会减少净码率。

图8-43是我国地面数字电视传输系统的净码率计算示意图。

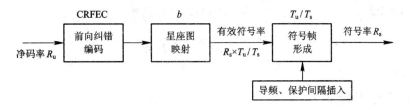

图8-43　我国地面数字电视传输系统的净码率计算示意图

图中的参数符号为：

• R_u（净码率）：通过 MPEG-TS 接口送到信道传输系统的数据码率。

• CRFEC（前向纠错编码效率）：应是外编码效率与内编码效率之积，我国地面数字电视传输系统设计为 0.4、0.6、0.8 三种码率，在实际计算中应采用精确值 3008/7488、4512/7488、6016/7488。

• b（调制映射关系）：它表示每个载波可携带多少个比特信息。4QAM-NR 调制为 1 bit，4QAM 调制和 QPSK 调制为 2 bit，16QAM 调制为 4 bit，32QAM 调制为 5 bit，64QAM 调制为 6 bit，这时 b 分别为 1、2、4、5、6。

• T_u（有效的数据周期）：指示一个符号中有效数据占用的时间长度。

• T_s（符号周期）：指示一个符号占用的时间长度。

• T_u/T_s：有效数据比例。

• R_s（符号率）：指系统的传输符号率。有效符号率＝$R_s \times T_u/T_s$。

我国地面标准传输净码率 $R_u = R_s \times (T_u/T_s) \times b \times \text{CRFEC}$。

不论是 $C=1$ 的单载波模式还是 $C=3780$ 的多载波模式，都在 7.56 MHz 带宽的频段中传输，符号率 $R_s = 7.56$ MS/s。我国地面标准的 T_u 在不同模式下相同，都是 3744 个符号周期，$T_u = 495.238$ μs，而 T_s 则根据不同的 PN 序列而不同，分别是：PN420，555.5 μs；PN595，578.7 μs；PN945，625 μs，见图8-44。信号帧参数如表8-6所示。在实际计算中为减少误差应采用有效符号数与信号帧符号数之比代替 T_u/T_s，T_u/T_s 在三种模式时的精确值分别为 3744/4200、3744/4375、3744/4725。

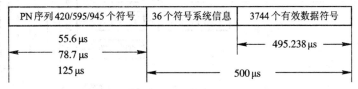

图8-44　有效数据符号和信号帧的时间关系

表 8-6　信 号 帧 参 数

帧头模式	信号帧周期 T_s/μs	有效数据周期/μs	信号帧符号数	有效符号数
模式 1 PN420	555.5	495.238	4200	3744
模式 2 PN595	578.7	495.238	4375	3744
模式 3 PN945	625	495.238	4725	3744

例 1：采用帧头模式 1(PN420)，在 64QAM，FEC 码率＝0.6 时则有：

$$净码率\ R_u = 7.56 \times \frac{3744}{4200} \times 6 \times \frac{4512}{7488} = 24.365\ \text{Mb/s}$$

例 2：采用帧头模式 3(PN945)，在 4QAM，FEC 码率＝0.8 时则有：

$$净码率\ R_u = 7.56 \times \frac{3744}{4725} \times 2 \times \frac{6016}{7488} = 9.626\ \text{Mb/s}$$

用上述方法可以计算出表 8-6 的各项净码率。

8.3.7　手机电视标准

CMMB(China Mobile Multimedia Broadcasting，中国移动多媒体广播)是国内自主研发的第一套面向手机、PDA、MP3、MP4、数码相机、笔记本电脑等多种移动终端的行业标准，CMMB 利用 S 波段信号实现"天地"一体覆盖、全国漫游，支持 25 套电视节目和 30 套广播节目。CMMB 信道传输部分的技术解决方案基于 S-TiMi(Satellite & Terrestrial interactive Multimedia infrastructure，卫星与地面交互式多媒体结构)技术。CMMB 采用了 RS 外码和 LDPC 内码、OFDM 调制以及快速的同步技术，为手持终端提供传输视频、音频以及数据服务。CMMB 工作在 30～3000 MHz，同时支持 8 MHz 和 2 MHz 带宽，支持结合卫星和地面的单频网。CMMB 采用了时间分片技术，以减少手持终端的功耗。此外，CMMB 采用了逻辑信道以提供更好的传输服务，帧结构中包含 1 个控制逻辑信道，1～39 个业务逻辑信道，每一个逻辑信道的码率、星座映射以及时隙分配都是独立的。

GY/T220.1-2006《移动多媒体广播 第 1 部分 广播信道帧结构、信道编码和调制》对信道编码、信道调制、扰码、帧结构等都有具体规定，下面分别叙述。

1. 系统发端框图

CMMB 传输系统发端框图如图 8-45 所示。来自上层(信源)的输入数据流经过前向纠错编码、交织和星座映射后，与离散导频和连续导频复接在一起进行 OFDM 调制；调制后的信号插入帧头后形成物理层信号帧，再经过基带至射频变换后发射。

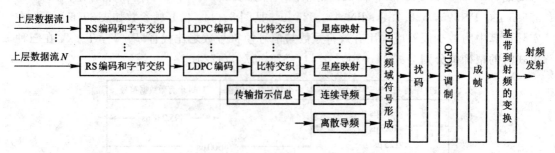

图 8-45　CMMB 传输系统发端框图

2. 信道编码

CMMB 采用 RS 和 LDPC 级联码作为其前向纠错码，其中外码 RS 码采用 $(240, K)$ 的截短码，K 有 4 种取值，分别为 240、224、192 和 176，由原始 RS$(255, M)$ 系统码通过截断获得。RS 码的每个码元取自 GF(256)，其域生成多项式为 $g(x) = x^8 + x^4 + x^3 + x^2 + 1$。截短码 RS$(240, K)$ 编码如下：在 K 位信息字节前添加 15 个 0 字节，然后经过 RS$(255, M)$ 系统码编码，编码完成后再从码字中删除添加的字节，即得到 240 字节的截短码。

RS 码和 LDPC 码之间需要加入字节交织，以打散内码的突发错误。

经过 RS 编码和字节交织的传输数据按照低位比特优先发送的原则将每字节映射为 8 位的比特流，送入 LDPC 编码器。LDPC 码长为 9216 bit，提供两种码率，分别为 1/2 码率 $(9216, 4608)$ 和 3/4 码率 $(9216, 6912)$。CMMB 中 LDPC 码也是一个校验位在前、信息位在后的系统码。

LDPC 编码后的比特需要经过比特交织，然后再做星座映射，CMMB 中的比特交织采用块交织，采用行写列读的方式。交织器大小根据传输带宽的不同有两种选择，8 MHz 带宽下交织器大小为 384×360，2 MHz 带宽下交织器大小为 192×144。

3. 信道调制

CMMB 的星座映射采用了 BPSK、QPSK 以及 16QAM，同时进行 OFDM 调制，其 OFDM 调制采用 CP‐OFDM(Cyclic Prefix Orthogonal Frequency Division Multiplexing) 的保护间隔填充技术，在 8 MHz 模式下有效子载波个数为 3076，总子载波数为 4096；2 MHz 模式下有效子载波个数为 628，总子载波数为 1024。有效子载波被分派给数据子载波、离散导频和连续导频。

4. 扰码

扰码由线性反馈移位寄存器产生，生成多项式为 $g(x) = x^{12} + x^{11} + x^8 + x^6 + 1$。初始值有 8 种选择，分别是 0000 0000 0001、0000 1001 0011、0000 0100 1100、0010 1011 0011、0111 0100 0100、0000 0100 1100、0001 0110 1101、0010 1011 0011。线性反馈移位寄存器在每个时隙开头重置，加扰通过将有效子载波上的复符号和复伪随机序列进行复数乘法实现。

5. 帧结构

CMMB 采用了物理层的逻辑信道技术，物理层分为控制逻辑信道(Control Logic CHannel, CLCH)和业务逻辑信道(Service Logic CHannel, SLCH)，分别承载系统控制信息和广播业务。物理层共有 40 个时隙，除第 0 个时隙作为控制逻辑信道外，其他 39 个时隙可以提供 1～39 个业务逻辑信道，每个业务逻辑信道占用整数个时隙。图 8‐46 是 CMMB 物理层的逻辑信道示意图，图 8‐47 是 CMMB 基于时隙划分的帧结构示意图。每个时隙持续时间为 25 ms，由一个信标和 53 个 OFDM 符号组成。每个信标由一个发射机标识符(TxID)和两个同步符号组成，分别用于标识不同的发射机和同步。

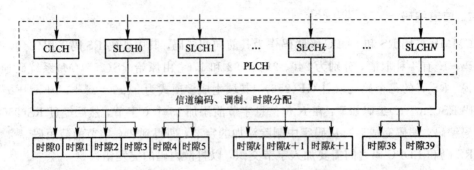

图 8-46　CMMB 物理层的逻辑信道示意图

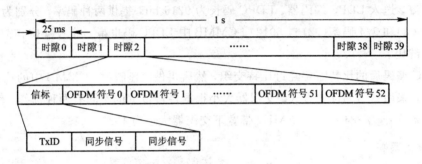

图 8-47　CMMB 基于时隙划分的帧结构

同步信号是二进制伪随机序列，由线性反馈移位寄存器产生，生成多项式为 $g(x) = x^{11} + x^9 + 1$，初始值为 01110101101(LSB)。

GY/T 220.2～GY/T 220.8 分别规定了移动多媒体广播的复用、电子业务指南、紧急广播、数据广播、接收解码终端技术要求、复用器技术要求和测量方法。

8.3.8　直播星标准

直播星标准(Advanced Broadcasting System - Satellite，ABS - S)的全称是 GD/JN01 - 2009《先进广播系统—卫星传输系统帧结构、信道编码及调制：安全模式》，主要技术包括 LDPC 信道编码技术、高阶调制技术、高效的帧结构设计等。

ABS - S 是卫星直播应用的传输标准，定义了编码调制方式、帧结构及物理层信令。系统定义了多种编码及调制方式，以适应不同卫星广播业务的需求。图 8 - 48 是 ABS - S 传输系统的功能框图。基带格式化模块将输入流格式化为前向纠错块，然后将每一前向纠错块送入 LDPC 编码器，经编码后得到相应的码字，比特映射后，插入同步字和其他必要的头信息，经过根升余弦(RRC)滤波器脉冲成形，最后上变频至 Ku 波段射频频率。在接收信号载噪比高于门限电平时，可以保证准无误接收，PER(Packet Error Rate，误包率)小于 10^{-7}。

图 8 - 48　ABS - S 传输系统的功能框图

ABS-S 具有如下特点：

（1）高质量信号采用无导频的模式，而对于由于使用低廉射频器件引起的噪声信号，可以采用有导频模式。

（2）FEC 只使用具有强大纠错能力的 LDPC 编码。

（3）对于不同的应用，可以使用不同的码率，并具有四种调制方式：QPSK、8PSK（用于所有业务）、16APSK 和 32APSK（用于除广播业务外的所有其他业务）。

（4）三种成形滤波滚降因子：0.2、0.25 和 0.35。

（5）ACM 可应用于互联网技术中。

1. 信道编码技术

ABS-S 的 LDPC 的码字长度为 15 360，且不同编码比率时，码长固定。

ABS-S 提供了支持 QPSK 调制方式与 1/4、2/5、1/2、3/5、2/3、3/4、4/5、5/6、13/15、9/10 信道编码率、8PSK 调制方式与 3/5、2/3、3/4、5/6、13/15、9/10 信道编码率的各种组合。这样，结合不同的滤波滚降因子可以为运营商提供相当精细的选择，从而根据系统实际应用条件充分发挥直播卫星的传输能力。

ABS-S 中提供了 16APSK 和 32APSK 两种高阶调制方式，这两种方式在符号映射与比特交织上结合 LDPC 编码的特性进行了专门的设计，从而体现出了整体性能优化的设计理念。

2. 帧结构设计

ABS-S 固定物理帧长度（不含导频），在一个物理帧内可以传输不同调制方式的多个 LDPC 码字。同时，在 ACM 工作方式下，通过特定的数据结构 NFCT（Next Frame Composition Table，下一帧成分表）对下一帧的结构进行描述，如各 LDPC 码字的调制方式、编码比率等。这样做最大的优势在于物理帧的时间长度固定，即同步字 UW（Unique Word，唯一字）以相同的时间间隔出现，便于接收机进行同频搜索。同时，NFCT 可以对一帧中多个 LDPC 码字的参数进行描述，而 NFCT 被放置在一帧的第一个 LDPC 码字中，同样通过 LDPC 进行编码。

ABS-S 是我国拥有知识产权、保证节目传输安全的技术标准。该标准是我国专用，与境外卫星不兼容，可限制村村通用户接收其他卫星上的境外节目，确保卫星直播系统的安全性。

ABS-S 安全模式对直播星安全接收进行了技术调整，包括传输技术和播出管理两个方面，一是通过采用安全模式的技术来提高传输技术的安全性和可靠性，同时给直播卫星信号进行加密传输。

8.4 数字电视的条件接收

条件接收是一种技术手段，它只容许被授权的用户才能收看规定的一些电视节目，未经授权的用户不能收看这些电视节目。

8.4.1 条件接收系统安全技术

条件接收系统（Conditional Access System，CAS）必须解决如何阻止用户接收未经授权的节目和如何从用户处收费这两个问题。广播电视系统中，在发送端对节目进行加扰（Scrambling），在接收端对用户进行寻址控制和授权解扰是解决这两个问题的基本途径。条件接收系统由加扰器、解扰器、加密器、控制字发生器、用户授权系统、用户管理系统和接收机中的条件接收子系统等部分组成，如图8-49所示。

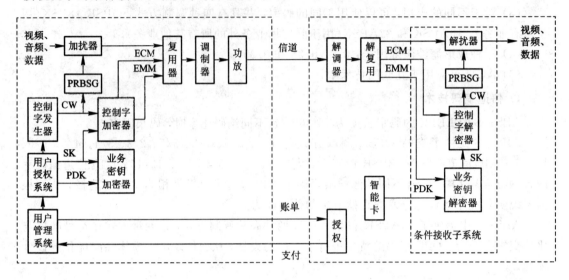

图 8-49　条件接收系统的方框图

在信号的发送端，由控制字发生器产生控制字（Control Word，CW），将它提供给伪随机二进序列发生器 PRBSG 产生一个伪随机二进序列送给加扰器，加扰器对 MPEG-2 传送比特流进行加扰运算，加扰器的输出结果即为经过扰乱了以后的 MPEG-2 传送比特流。控制字就是加扰器进行加扰所用的密钥，控制字的典型字长为 60 bit，每隔 2～10 s 改变一次。控制字加密器接收到来自控制字发生器的控制字后，根据用户授权系统提供的业务密钥（Service Key，SK）对控制字进行加密（Encryption）运算，输出为经过加密以后的控制字，被称为授权控制信息（Entitlement Control Message，ECM）。业务密钥在送给控制字加密器的同时也被提供给了业务密钥加密器，业务密钥加密器根据用户授权系统提供的管理密钥 MK 或称为个人分配密钥（Personal Distribution Key，PDK）对授权控制系统送来的业务密钥 SK 进行加密，输出加密后的业务密钥，被称为授权管理信息（Entitlement Management Message，EMM）。经过这样一个过程产生的 ECM 和 EMM 信息均被送至 MPEG-2 复用器，与被送至复用器的加扰后的图像、声音和数据信号比特流一起打包成 MEPG-2 传送比特流而输出。

在发送端还有用户管理系统（Subscriber Management System，SMS）和节目信息管理系统（图 8-49 中未画出），用户管理系统主要实现数字电视广播条件接收用户的管理，包括对用户信息、用户设备信息、用户预订信息、用户授权信息、财务信息等进行记录、处理、维护和管理。根据用户订购节目和收看节目的情况，一方面向授权控制系统发出指令，决定哪些用户可以被授权看相应的节目或接受相应的服务；一方面它还可以向用户发送账单。

节目信息管理系统为即将播出的节目建立节目表。节目表包括频道、日期和时间安排，也包括要播出的各个节目的 CA 信息。节目管理信息被 SI 发生器用来生成 SI/PSI 信息，被播控系统用来控制节目的播出，被 CA 系统用来作加扰调度和产生 ECM，同时送入 SMS 系统。

在信号接收端，在最开始的瞬间，经过解调后的加扰比特流送至解复用器，由于 ECM 和 EMM 信号被放置于 MPEG‐2 传送比特流的固定位置，因此，解复用器便很容易地解出 ECM 和 EMM 信号。从解复用器出来的 ECM 和 EMM 信号被分别送至条件接收子系统中的控制字解密器与业务密钥解密器(控制字解密和业务密钥解密的工作常由 CPU 执行特殊算法来完成)，恢复出控制字 CW，并将它送至解扰器。恢复控制字的过程十分短暂，一旦在接收端恢复出正确控制字以后，解扰器便能正常解扰，将加扰比特流恢复成正常比特流。

可以看出，整个条件接收系统的安全性得到了三层保护：第一层保护是用控制字 CW 对复用器输出的图像、声音和数据信号 TS 流进行加扰，使其在接收端不经过解扰就不能正常收看、收听；第二层保护是用业务密钥 SK 对控制字加密，这样，即使控制字在传送给用户的过程中被盗，偷盗者也无法对加密后的控制字进行解密；第三层保护是用 PDK 对业务密钥的加密，非授权用户即使得到业务密钥，也不能轻易解密。解不出业务密钥就解不出正确的控制字，没有正确的控制字就无法解出并获得正常信号的 TS 流。

为了能提供不同级别、不同类型的各种服务，一套 CA 系统往往为每个用户分配好几个 PDK，来满足丰富的业务需求。在已实际运营的多套 CA 系统(主要在欧美)中使用的加密授权方式有很多种，如人工授权、磁卡授权、IC 卡授权、智能卡授权(用 IC 构成有分析判断能力的卡)、中心集中寻址授权(由控制中心直接寻址授权，不用插卡授权)、智能卡和中心授权共用的授权方式等。

当前，机顶盒的主流授权方式是智能卡授权，我国广电总局确定智能卡为我国入网设备的标准配件。

8.4.2 同密和多密

同密(Simulcrypt)是指通过同一种加扰算法和加扰控制信息，使多个条件接收系统一同工作的技术或方式。其核心是不同厂家采用同一种加扰方式，用同一种加扰算法来加扰电视节目，但对各自的密钥数据则采用各自的加密算法。

多密(Multicrypt)技术是指接收机中对多个不同的条件接收系统的节目进行接收的技术或方式。多密方案的基本思想是将解扰、解密等条件接收功能集中于一个具有公共接口的插入式 CA 模块(CAM)中。而接收机中只具有接收未加扰的 MPEG‐2 视频、音频、数据的功能。

DVB 在综合解码接收机(IRD)和条件接收系统之间定义了一个公共接口(Common Interface，CI)，如图 8‐50 所示。通过定义和使用公共接口，条件接收系统的生产商能够将公共解扰器及专利解密器集成在一块可拆卸的模块上，并可装入 DVB 接收机上的插槽中。这样做的好处是可以将 DVB 接收机的生产和销售与条件接收系统的生产和销售分离，从而使得数字电视经营者能够根据需要选择不同的接收机生产厂商和条件接收系统生产厂商。

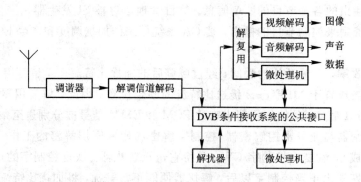

图 8-50　DVB 条件接收系统的公共接口

公共接口的物理格式采用了笔记本电脑的 PCMCIA(Personal Computer Memory Card International Association,个人计算机存储器卡国际协会)标准,在 DVB 接收机和条件接收卡之间有一个 68 线的接口。特殊的插槽设计使条件接收卡在插入时最先供电,拔出时最后断电,从而可以带电插拔,该公共接口标准还规定了条件接收模块的形式参数和性能。公共接口在一个物理接口中包括两个逻辑接口:第一个是 MPEG 传送数据流接口,它将解调后的 MPEG-2 比特流送入条件接收模块,条件接收模块根据授权控制系统的授权对加扰的 MPEG-2 比特流进行解扰,然后将处理后的 MPEG-2 比特流送回 DVB 接收机;第二个是命令接口,在 DVB 接收机和条件接收卡之间传递控制信息,它可以使条件接收模块能够与 DVB 接收机中的调制解调器、显示器件等进行通信,而并不要求 DVB 接收机必须理解其细节。

多密技术要求接收机采用 CI 接口,实现同一接收机可以接收不同 CA 系统加密节目,从用户角度来讲,不会因购买一家 CA 接收机而受到限制,用户还有选择其他 CA 服务的可能性。当 CA 系统需要更新时,只需更换 CA 模块,不需要更换接收机。

图 8-51 是多密方式的条件接收系统示意图。

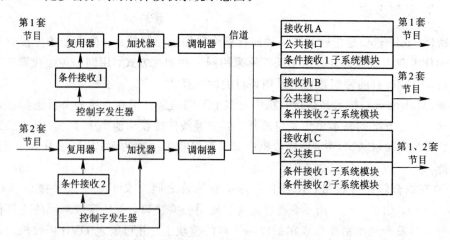

图 8-51　多密方式的条件接收系统示意图

在发送端,节目提供商提供的第 1 套节目由条件接收系统 1 加扰,经调制后传输。节目提供商提供的第 2 套节目由条件接收系统 2 加扰,经调制后传输。在接收端,用户只要在其接收机的公用接口上分别插上条件接收系统 1 和 2 的子系统模块,就可以用这个接收机接收到第 1 套和第 2 套节目；若在接收机上只装有条件接收系统 1 的子系统，则该接收机只能正确接收第 1 套节目，即使是在发送端授权该接收机能接收第 2 套节目，但由于没有安装条件接收系统 2 的子系统，则还是不能接收到第 2 套节目。当发送端有多个节目提供商提供多套节目时，可以类推。

无论是同密方式还是多密方式，一台数字电视接收机或机顶盒就可以接收到信道传送的各个被授权接收的节目。同密方式只要一个条件接收子模块便可接收多个授权节目，这些节目采用同一种加扰算法；多密方式要具有多个条件接收子模块才可接收多个不同的授权节目，这些节目采用不同的加扰算法。

8.5　数字电视的接收

8.5.1　概述

1. 三种信道接收

为适用于不同的传输信道，数字电视接收分为卫星、有线和地面广播三种不同的类型。它们在系统的视频、音频和数据的解复用和信源解码方面都是相同的，遵循 MPEG - 2 系统标准(ISO/IEC 13818 - 1)、MPEG - 2 视频标准(ISO/IEC 13818 - 2)和 MPEG - 2 音频标准(ISO/IEC 13818 - 3)。ATSC 的音频为 Dolby AC - 3 多声道环绕声方案。三种数字电视信号接收机的主要区别是在调谐、解调和信道解码方面。目前流行的做法是将调谐器、频率合成器，以及数字解调和信道解码器等做在一起，成为一体化调谐解调解码器，并用金属壳屏蔽起来，形成独立的通用组件，常称为数字调谐器、DTV 调谐器或数/模一体机。

2. 数字电视机顶盒

机顶盒(Set Top Box，STB)是指电视机顶端或内部的一种终端装置。在当前模拟电视与数字电视共存的阶段，千家万户已经拥有的模拟电视机不能直接用来接收数字电视节目，机顶盒就是用来充当数字电视与模拟电视机之间的桥梁的一种接收转换装置。

在电视台，数字电视信号经过信源编码、复用、信道编码、调制后发送。在接收机中则相反，如图 8 - 52 所示，用调谐器在多个频道的信号中选择一路节目的信号后，经解调、信道解码、解复用、信源解码，输出数字音、视频信号，音频信号经 D/A 输出模拟伴音信号，视频信号经 PAL 编码后输出模拟全电视信号，这两个信号接到模拟电视机的 AV 输入口，可以在模拟电视机上收看数字电视节目。上述电路常被做成一个盒子放在模拟电视机顶上，所以称为机顶盒。上述电路也可以和显示器、音响一起组成数字电视机。

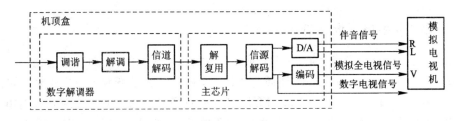

图 8 - 52　数字电视接收机方框图

数字调谐器是本世纪才有的产品,所以机顶盒中有没有数字调谐器成为新一代产品和上世纪老产品的分界线。

解复用、信源解码、音频 D/A、PAL 编码、嵌入式 CPU 等电路集成在一块芯片上常称为单片解决方案。

卫星数字机顶盒也称为综合接收解码器(Integrated Receiver Decoder,IRD)。它接收从室外单元(高频头)送来的第一中频信号,经过调谐、解调、信道解码和信源解码,将接收的数字码流转化为压缩前的分量数字视频信号,再经 D/A 转换和视频编码转换为模拟全电视信号,送到普通的模拟电视接收机。根据使用场合的不同,IRD 可分为家用(Consumer)和商用(Commercial)两大类。前者适用于家庭,有遥控、屏幕菜单显示等功能;后者常用于有线电视前端的集体接收,要求有更高的质量、可靠性和更多的接口。我们平时看到的卫视节目都是有线电视台通过商用的 IRD 从卫星接收下来,再通过有线电视网送入各家各户。我国直接接收卫星电视节目需经有关部门批准,家用的 IRD 在我国并不普及,但在国外具有较好的市场。由于 IRD 的传输平台是卫星信道,因此支持交互式应用比较困难。

有线数字电视机顶盒的信号传输介质是有线电视广播所采用的全同轴电缆网络或光纤/同轴电缆混合网。由于大部分有线电视网络具有较好的传输质量以及电缆调制解调器技术的成熟,有线数字电视机顶盒除了有线数字电视广播的接收,还可能支持各种交互式多媒体应用,如电子节目指南(EPG)、准视频点播(NVOD)、按次付费观看(PPV)、软件在线升级、数据广播、因特网接入、电子邮件、IP 电话和视频点播等,但由于目前有线电视传输网络大多是单向的,只能做到电子节目指南和一些数据查阅。

3. 机顶盒的三种类型

数字电视机顶盒从功能上可分为基本型、增强型和交互型三种。

(1)基本型机顶盒。由数字调谐器、主芯片、FLASH、SDRAM、开关电源、标准接口、AV 接口、S-Video 接口、IC 卡座、嵌入式软件、CA 系统组成。该机顶盒能将接收的数字电视信号转到模拟电视机输出,还能实现付费收看。

(2)增强型机顶盒。除采用基本型的所有部件外,还增加了中间件和其他应用软件。该机顶盒能将接收的数字电视信号转到模拟电视机输出,还能实现付费收看、多种有线电视增值业务及简单交互式应用。

(3)交互型机顶盒。由于机顶盒的模块化设计,在功能选择上更加灵活。只需在机顶盒硬件上增加 CPU 及相关应用软件,即可增加 Internet 浏览功能。根据交互方式的类型,该机顶盒可采用不同的回传方式和接口,其功能可在增强型有线数字机顶盒的基础上按需要添加。

8.5.2 卫星数字电视调谐器

天线接收到 C 波段(3.7~4.2 GHz)或 Ku 波段(11.7~12.75 GHz)的卫星下行信号,经 LNBF(Low Noise Block Feed,馈源一体化的低噪声放大下变频器,又称为一体化下变频器)放大和下变频,形成 950~2150 MHz 第一中频信号,经引下电缆送到室内单元、卫星数字电视接收机(也称综合解码接收机)。引下电缆一般采用 F 型连接器,采用高频特性较好的专用电缆。图 8-53 是卫星数字电视接收机组成框图。

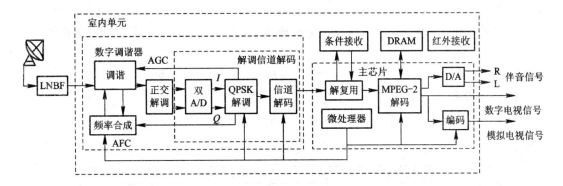

图 8-53　卫星数字电视接收机组成方框图

室内单元包括数字调谐器、解复用、解码主芯片和条件接收模块、IC卡接口、视频和音频输出接口、遥控器和电源等。

由图 8-53 可见，卫星数字调谐器主要是由调谐解调、频率合成、QPSK 解调信道解码三部分构成，这三部分也是数字调谐器的三块主要芯片。

零中频方案调谐器的本振频率与输入信号频率相同。输出信号为零中频的基带信号，可直接送到正交解调电路进行处理，输出 I、Q 模拟基带信号，省去了中频处理电路和声表面波滤波器等元器件，简化了电路，降低了成本；调谐器后面的数字解调是对基带信号进行取样，ADC 的取样时钟频率可以降低，从而降低对 ADC 处理速度的要求。ZARLINK 公司的 SL1925 是典型的调谐解调芯片。

频率合成是将一个高稳定和高精度的标准频率经过运算，产生同样稳定度和精度的特定频率的技术。ZARLINK 公司的 SP5769 是常用的一种频率合成器电路，和 SL1925 配合使用。ST 公司的 STV0299 是常用的解调信道解码 IC。

下面介绍几种典型的卫星数字调谐器芯片。

ST 公司的 STB6000 是高集成零中频调谐集成电路，电路包括低噪声放大器、下变频混合器、基带低通滤波器、增益控制、压控振荡器、低噪声锁相环，相当于 SL1925 和 SP5769 的组合。ST 公司的芯片 STV0399 将低噪放大、模拟调谐、零中频解调、数字解调、信道解码等集成在一块芯片上，相当于 STB6000 和 STV0299 的组合。

ZARLINK 公司的 ZL10036 是零中频调谐和频率合成电路。ZARLINK 公司的 ZL10312 是卫星电视 QPSK 解调和信道解码芯片，接收 ZL10036 输出的模拟 I、Q 进行 A/D 变换、数字解调、前向纠错，输出 MPEG-2 TS 流。

杭州国芯科技有限公司的 GX1101 系列是支持 DVB-S 标准的卫星数字电视信道接收芯片，主要由双 ADC、QPSK 解调模块及前向纠错模块组成。海尔公司的 Hi3102 是卫星数字接收解调与信道解码芯片。

8.5.3　有线数字电视调谐器

有线数字电视是利用射频电缆、光缆、多路微波线路或它们的组合传输数字电视信号的数字电视系统。

卫星数字电视的接收比较简单，卫星电视广播系统的上行站、卫星和遥测遥控跟踪站等都已由国家建成，用户只要有卫星接收天线和带智能卡的专用卫星解码器就能接收到卫星电视广播系统的节目。有线数字电视的建设是一个复杂的系统工程，需要较多的投资，要建设数字电视前端设备，要建设或拓宽传输网络，用户要购置有线数字电视接收机或机顶盒。

有线数字电视系统通常由前端设备、传输系统、信号分配系统三部分组成。

1. 前端设备

图 8-54 是有线数字电视前端设备组成方框图。

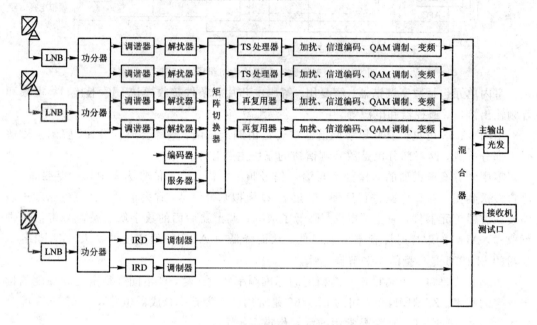

图 8-54　有线数字电视前端设备组成方框图

卫星天线接收的信号经馈源和高频头送到功分器，功分器将输入信号功率分成相等的几路信号功率输出。因为每个卫星转发多套节目，有线电视系统要同时接收这些节目必须使用功率分配器。功分器每一输出可接一台卫星数字调谐器，调谐器输出的 TS 流经解扰器解扰后送到矩阵切换器。

自办节目用摄像机摄取图像信号，用话筒获取声音信号送到 MPEG-2 编码器后压缩为 TS 流送到矩阵切换器。视频服务器将观众点播的节目 TS 流送到矩阵切换器。

矩阵切换器选取要播放的节目并由 TS 流处理器进行解复用或者由再复用器进行重新组合。这些组合的 TS 流经过加扰、信道编码、QAM 调制、变频后送到混合器。

根据我国的实际情况，模拟电视和数字电视会有相当长一段时间的并存期，用卫星电视接收机输出的模拟电视信号经调制后也送到混合器与数字信号一起混合。

2. 传输分配系统

参照国际电信联盟 ITU-T 建议 J.112 中给出的数字视频广播有线电视分配系统模型，广电城域宽带网在业务提供商和用户之间建立了两种信道：广播信道（BC）和交互信道（IC）。

无方向性的宽带广播信道包括视频、音频及数据的传输和分配。交互信道是建立在业务提供商和用户之间的双向信道，用来为用户提供交互业务。交互信道分为反向信道和正向信道。反向信道的方向是从用户到业务提供商，是用于向业务提供商申请或回答问题的窄带信道；正向信道的方向是从业务提供商到用户，用于支持业务提供商为交互业务而提供的各类信息和其他请求通信服务。

专门用户、集团用户以及上网密度较高的楼群应采用以基带传输为特征的 5 类双绞线以太网接入方式进入广电网；分散、数量多、分布面广的个体用户应采用 HFC(Hybrid Fiber Coaxial，光纤同轴混合有线电视网络)接入方式进入广电网。

只有当有线数字电视前端设备、广电城域网和接入网都建成后，用户购置有线数字电视接收机或机顶盒后才能接收有线数字电视。

3. 有线数字调谐器的基本结构

图 8-55 是有线数字电视接收机组成方框图，包括数字调谐器、解复用、解码主芯片和条件接收模块、IC 卡接口、视频和音频输出接口、遥控器和电源等。来自有线电视前端的射频数字信号在数字调谐器中转换为 TS 流，有线数字调谐器由高放、MOPLL、解调和信道解码器三部分电路组成。

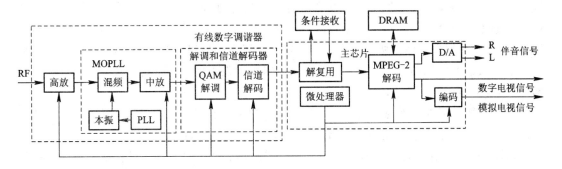

图 8-55　有线数字电视接收机组成方框图

高放包括一个场效应管宽带低噪声放大器（频率覆盖范围为 48.25～855.25 MHz），放大后的信号再送入低（48.25～168.25 MHz，VHFL）、中（175.25～447.25 MHz，VHFH）、高（455.25～855.25 MHz，UHF)三个波段放大器放大，波段放大器前后各有两个带通滤波器进行波段滤波，波段放大后信号送入 MOPLL。

MOPLL(Mixer-Oscillator Phase Lock Loop)是混频器-振荡器锁相环，常用电路有 INFINEON 公司的 TUA6034 和 TI 公司的 SN761672A。ST 公司的 STV0297J 是典型的有线电视信道解码芯片。

飞利浦公司的 TDA8274 和 TDA10023HT 是一对有线数字电视调谐器专用芯片。杭州国芯科技有限公司的 GX1001 系列是支持 DVB-C 的有线数字电视信道接收芯片。澜起科技(上海)有限公司的 M88DC2800 是 DVB-C 有线数字电视解芯片。

8.5.4　地面数字电视调谐器

2006 年 8 月，我国的地面数字电视标准 GB20600 正式发布。2007～2008 年北京市地面数字电视通过实验确定了七个主要工作模式，目前已经开播地面数字电视的城市基本上都采用这七个主要工作模式。表 8-7 是我国地面数字电视的七个主要工作模式。

表 8-7 我国地面数字电视的七个主要工作模式

序号	工 作 参 数				系统净荷数据率/(Mb/s)
1	$C=3780$	16QAM	$R_i=0.4$ PN=945	$M=720$	9.626
2	$C=1$	4QAM	$R_i=0.8$ PN=595	$M=720$	10.396
3	$C=3780$	16QAM	$R_i=0.6$ PN=945	$M=720$	14.438
4	$C=1$	16QAM	$R_i=0.8$ PN=595	$M=720$	20.791
5	$C=3780$	16QAM	$R_i=0.8$ PN=420	$M=720$	21.658
6	$C=3780$	64QAM	$R_i=0.6$ PN=420	$M=720$	24.365
7	$C=1$	32QAM	$R_i=0.8$ PN=595	$M=720$	25.989

2007 年 2 月,我国香港地区开播了符合国家标准的地面数字电视。2008 年 8 月,我国 6 个奥运城市北京、上海、天津、青岛、沈阳和秦皇岛,2 个重点城市广州和深圳,共 8 个城市开播了符合国家标准的地面数字电视,成功地转播了北京奥运会,实现了模/数同播(Simulcast)。6 套 SDTV,接近广播级质量,清晰度高于 400 线;CCTV 高清,清晰度高于 700 线。这 8 个地方都使用两个频道。2009 年完成了全国地级城市的地面数字电视的规划,开展了全国地面电视的组网建设。当前地面数字电视发展的主要任务是模数同播、高标清同播、中央和地方节目的同播。

地面电视数字调谐器与有线电视数字调谐器的主要区别在于解调和信道解码芯片的不同。只要将前述有线电视数字调谐器中的符合 DVB-C 标准的解调和信道解码芯片 STV0297J 换成符合 DVB-T 标准的解调和信道解码芯片 STV0360,就构成了地面电视数字调谐器。当然,这样的地面电视数字调谐器只能在执行 DVB-T 标准的欧洲地区使用。我国的地面电视数字调谐器的解调和信道解码芯片必须符合 GB20600 地面数字电视标准(见 8.3.6 节)。常用的芯片有凌讯科技的 LGS—8913/8G52/8G75、上海高清数字科技产业有限公司的 HD-2812/2912/29L1、卓胜微电子(上海)有限公司的 MXD1325、中天联科公司的 AVL3106、杭州国芯的 GX1501B、泰鼎公司的 DRX3986Z 和迈同(Microtune)公司的 MT8860。

8.5.5 直播星电视调谐器

ABS-S 直播星数字调谐器与 DVB-S 卫星数字调谐器的主要区别在于解调和信道解码芯片的不同。只要将前述 DVB-S 卫星数字调谐器中的符合 DVB-S 标准的解调和信道解码芯片 STV0299 换成符合 ABS-S 标准的解调和信道解码芯片,就构成了 ABS-S 直播星数字调谐器。

支持 ABS-S 标准的直播星信道解调解码芯片有中天联科公司的 AVL1108、杭州国芯科技有限公司的 GX1121、北京海尔集成电路设计有限公司的 Hi3121、上海澜起微电子科技有限公司的 M88DA300 和湖南国科广电科技有限公司的 GK5101。

1. AVL1108

中天联科公司的 AVL1108 芯片符合中国先进卫星广播系统标准(ABS-S),支持

QPSK 和 8PSK 模式，在 8PSK 模式下，支持 1～45 MS/s 符号率；向前纠错解码器的速率支持：1/2、3/5、2/3、3/4、4/5、5/6、13/15、9/10；脉冲整形滚降系数为 0.2、0.25 或 0.35；片上集成双通道 ADC，具备消除直流、IQ 补偿和相位补偿功能；具有信号质量监测和锁定检测，提供省电模式，100 脚的 LQFP 封装。图 8-56 是 AVL1108 的内部结构方框图。

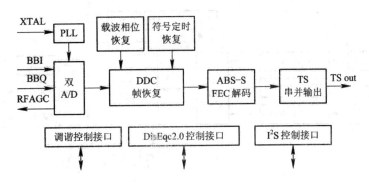

图 8-56　AVL1108 的内部结构方框图

2. GX1121

杭州国芯科技有限公司的 GX1121 是支持 ABS-S 标准的直播星信道解调解码芯片，具有抗回波干扰、低接收门限和低功耗性能，支持 ABS-S 标准的 QPSK/8PSK 调制和 LDPC 信道纠错码；支持如下 LDPC 码率：QPSK 1/4、2/5、1/2、3/5、2/3、3/4、4/5、5/6、13/15、9/10，8PSK 3/5、2/3、3/4、5/6、13/15、9/10；支持 0.35、0.25、0.20 三种滚降因子。工作电压两组：I/O 电压 3.3 V，核心电压 1.2 V；100 脚 LQFP 封装。

8.5.6　解复用信源解码单片方案

数字电视接收机的解复用信源解码部分电路的方框图如图 8-57 所示。

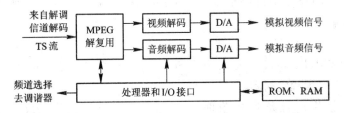

图 8-57　数字电视接收机的解复用信源解码部分电路的方框图

目前已有很多厂家把解复用和信源解码部分电路集成在单芯片上，常用的单芯片有法意半导体－汤姆逊公司（SGS-Thomson，简称 ST 公司）的 STi5500/5518 系列、LSILogic 公司（2001 年并购 C-cube 公司）的 SC2000/2005 系列、德国富士通公司的 MB87L2250/MB86H21 和飞利浦公司的 PNX8310。其他芯片厂商如 ATI 公司、NEC 公司、科胜讯（Conexant）公司、Broadcom 公司等也有类似的芯片。国产芯片有宁波中科集成电路设计中心的"凤芯二号"、杭州国芯科技有限公司的 GX3101、展讯通信有限公司的 SV6100 等。

1. STi5518 接收方案

STi5518 方案是国内数字电视机顶盒采用得最多的方案。图 8-58 是 STi5518 数字接收方案方框图，有线数字电视在调谐器后用 STV0297 进行 QAM 解调和信道解码，输出 TS 流；卫星数字电视在调谐器后用 STV0299/0399 进行 QPSK 解调和信道解码，输出 TS 流；地面数字广播电视在调谐器后用 STV0360(DVB - T)进行 COFDM 解调和信道解码，输出 TS 流。接收免费频道时，TS 流经过 CI 接口电路直通进入 STi5518 进行信源解码。

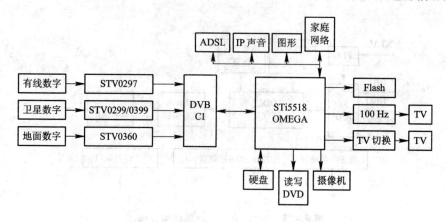

图 8 - 58　STi5518 数字接收方案方框图

STi5518 采用嵌入式设计，将 32 位微处理器、TS 流解复用器、MPEG - 2 音频、视频解码器、PAL/NTSC 模拟编码器、块运动 DMA 控制器、MPEG DMA 控制器、诊断控制器以及串行 IEEE1394 接口、外部存储器接口 EMI、图文信号接口、SDAV(Simplified Digital Audio Video，在 5518 和外部单元之间高速传送记录和回放的 TS 包)接口等一系列接口集成在一起。CPU 是一个 81 MHz ST20 - C2＋的 32 位可变长度精简指令(VL - RISC)微处理器内核，内部含有 2 KB I Cache(Instruction Cache，指令高速缓存器)、2 KB D Cache(Data Cache，数据高速缓存器)和 4 KB SRAM 存储器。CPU 能经通用外部存储器接口(External Memory Interface，EMI)进入外部 DRAM 和 EPROM 存储器，也可经与 MPEG 解码器共享的存储接口(Shared Memory Interface，SMI)进入外部 SDRAM 存储器，支持 MPEG 解码和 OSD 显示。

芯片中含有 4 个通用异步串行接口(Universal Asynchronous Receiver Transmitter，UART)、三个 PWM(Pulse Width Modulation，脉宽调制器)编码输出、3 个 PWM 解码(捕获)输入和 4 个可编程定时器。

用 STi5518 芯片进行条件接收时，TS 流经过 CI 接口电路进入 DVB - CI 模块进行解扰后，再经 CI 接口电路送到 STi5518，图 8 - 59 是 DVB - CI 条件接收示意图。图中，CI 接口电路采用 STV701 芯片时可在前端电路和后端电路之间插入一个 DVB - CI 模块，CI 接口电路采用 STV700 芯片时可在前端电路和后端电路之间插入两个 DVB - CI 模块。图中，

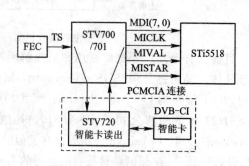

图 8 - 59　DVB - CI 条件接收示意图

MDI(7,0)是 8 位数据；MICLK 是数据时钟；MISTAR 是输入传送包第一个字节指示，

MISTAR 有效时 MDI(7，0)＝47H；MIVAL 指示 MDI 数据字节有效，MIVAL 为 0 时，数据字节被忽略。

STi5518 内嵌的 ATAPI 接口可以与硬盘无缝连接，为机顶盒实现 PVR(Personal Video Recorder，私人视频记录)功能提供了条件。传入 STi5518 的 TS 流通过解复用将其分解为音、视频 PES 包。PES 包既可以被送往音、视频解码器解码，也可以被送到 ATAPI 接口作为数据存入硬盘。STi5518 内嵌的 ATAPI 接口可提供最高为 PIO 模式 4 的数据传输，传输速率为 16.7 MB/s。ATAPI 设备可作为 STi5518 的存储器映像设备。将硬盘映射到 CPU 可编程的外部存储器接口 EMI 的 BANK 1 上。图 8 - 60 是 STi5518 ATAPI 接口方框图。STi5518 地址线的第 20、19 位分别与硬盘驱动器的 CS1、CS0 相连，地址线的第 18、17、16 位分别与硬盘驱动器的 DA2、DA1、DA0 相连，这样可通过访问 BANK 1 的存储空间实现对硬盘的读/写操作；STi5518 提供的可编程 I/O 口中的 ATAPI_WR 和 ATAPI_RD 专门用来连接硬盘的 DIOW 和 DIOR。STi5518 的读写信号 CPU_R/W 用来控制传输门的数据传送方向。在录制节目时需要将 PES 流数据写入硬盘，由于硬盘的读/写速度较慢，因此在系统中开辟一个缓冲区来存储数据。

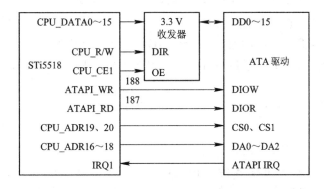

图 8 - 60　ATAPI 接口方框图

2. 开发平台和软件包

STi5518 可分级开发平台包括一块可分级评估板和一套完整的驱动软件。STi5518 开发平台支持各种信道的解调解码电路，如 STV0399 QPSK 解调解码电路、STV0297 QAM 解调解码电路和 STV0360 COFDM 解调解码电路。该平台提供一个连接到硬盘驱动器的接口、一个"Overdrive"接口，后者允许连接到一个外部的 ST40 微处理器板，以实现双处理器系统。

图 8 - 61 为 STi5518 开发平台的软件结构示意图。该平台提供 ST20 软件工具包、免费提供 ST - Lite 实时操作系统和一组 ST 应用编程接口驱动代码 STAPI。ST 公司开发的 STAPI 应用编程接口是用户建立各种应用的稳定基础，STAPI 对将来的 ST 公司的芯片继续有效，用户编写的应用程序具有到下一代芯片的可移植性。适配层可适配流行的中间件如 MediaHighway、OpenTV、Liberate 等。这样结构的软件系统可以减少产品的设计时间和难度。

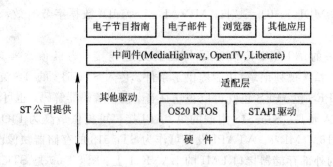

图 8-61　STi5518 开发平台的软件结构示意图

数字电视中间件（Middleware）是数字电视接收机软件系统中位于接收设备驱动层软件之上，隔离交互应用与系统资源的一层软件。有了中间件，应用程序可独立于接收机硬件平台，不同硬件组成的数字电视接收机能在同一电视系统中使用，不同的软件公司可以基于同一编程接口来开发应用程序，并运行在不同的接收机中。中间件技术因此可以降低接收机和应用软件的成本，增强数字电视市场推广力度和普及率。

STi5518 系列的其他芯片有：

（1）STi5516：ST20CPU 的速度为 180 MHz，具有 8 KB 的 I Cache、8 KB 的 D Cache 和 8 KB 的 SRAM，具有 POD 接口和两个 DVB 的 CI 接口、5 个 UART 接口、4 个 PWM 接口。

（2）QAMi5516：在 STi5516 的基础上集成了 QAM 解调和信道解码，宜用于有线电视接收机。

（3）STi5100：ST20CPU 的速度为 243 MHz，具有 8 KB 的 I Cache、8 KB 的 D Cache 和 4 KB 的 SRAM，两个可编程传送接口，具有 DAA（Direct Access Arrangement，由 Silicon Labs 公司提出的可编程线接口，能适应电话线的要求，代替音频变压器、继电器和 2－4 线变换器等）接口，可用 PSTN（Public Switched Telephone Network，公用电话交换网）作回传通道，宜用于交互电视接收机。

（4）STi5189：集成了 DVB－S 的 QPSK 解调、信道解码和 MPEG－2 信源解码，宜用于卫星电视接收机。350 MHz ST40CPU，具有 32 KB 的 I Cache、32 KB 的 D Cache，具有 CI 接口、4 个 UART 接口、4 个 PWM 接口和以太网接口，可用于交互电视接收机。

（5）STi5197：集成了 DVB－C 的 QAM 解调、信道解码和 MPEG－2 信源解码，宜用于有线电视接收机。具有 CI 接口、4 个 UART 接口、PWM 接口和以太网接口，可用于交互电视接收机。

8.5.7　手机电视的接收

CMMB 手机电视接收中主要是 CMMB 解调芯片，一般集成有调谐器、解调器、解复用和 CPU，输入射频信号，输出 MSF（Multiplex Sub Frame，复用子帧）流到多媒体处理器中进行信源解码。多媒体处理器还进行手机的各种服务。常用的 CMMB 解调芯片有创毅视讯的 IF308、泰合志恒的 TP31×3、思亚诺公司的 SMS1186、展讯通信的 SC6600V、卓胜微电子的 MXD0250 等。

泰合志恒 TP3021 集成了一个多频段的调谐器、一个高性能的解调器、一个晶振和其他全部的无源元件,封装在 9 mm×9 mm 的 36 脚 QFN 模块中。从天线得到的 RF 信号输入到 TP3021 中,输出的是解复用的 CMMB 子帧数据,称为 MSF 流,之后被传送到多媒体处理器进行视频和音频的解码。图 8-62 是基于 TP3021 的收看免费电视手机电视接收的方框图。图中解复用也可称为 MSF 解析器,从 PMS(Packetized Multiplexing Stream,打包的复用流)中解析出 ECM、EMM 和 MSF 流。

图 8-62 基于 TP3021 的收看免费电视手机电视接收的方框图

在需要收看付费电视时要插入 CA 卡进行解密和解扰,图 8-63 是基于 TP3021 的收看付费电视手机电视接收的方框图。解复用解析出 ECM、EMM 送到卡中 CA 模块,获取 CW 字,送到卡中解扰模块,解扰模块将解复用送来的加扰 MSF 流解扰为 MSF 清流。

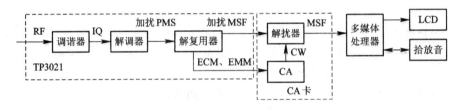

图 8-63 基于 TP3021 的收看付费电视手机电视接收的方框图

泰合志恒 TP31×3 系列芯片是 SIP(System In Package,系统级封装),它是指将不同的集成电路封装在单一芯片中整合使用。这些芯片集成了调谐器、解调器、解复用器、解扰器和具有解密功能的 CA 模块。图 8-64 是基于 TP31×3 的收看付费电视手机电视接收的方框图。

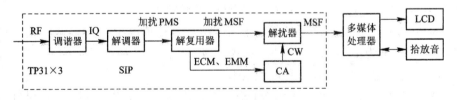

图 8-64 基于 TP31×3 的收看付费电视手机电视接收的方框图

法国迪康公司(DiBcom)Octopus 可编程平台是一对多解决方案。图 8-65 是 Octopus 可编程平台组成结构方框图。平台通过迪康特别设计的 DSP(Digital Signal Processor,数字信号处理器),即图中的 VSP(Video Signal Processor,视频信号处理器)来完成数据流的解码工作。移动电视需要处理大量的数据,所以需要高性能的 DSP,这个 DSP 是特定架构的数据处理装置。平台中还集成了支持全频道的调谐器(Tuner)和 PMU(Power Management Unit,功率管理单元)以及加密装置,PMU 可以完成更高性能电源管理工作,而加密装置可节省手机的成本。

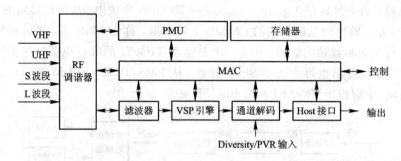

图 8-65 Octopus 可编程平台组成结构方框图

只要制造商下载迪康提供的固件,就可以轻易地改变平台的功能,支持不同的移动电视标准,目前可支持 DVB-T、DVB-H、DVB-SH、CMMB、ISDB-T(1 SEG 及 Full-SEG)、T-DMB、DAB 及 DAB+等标准。采用 Octopus 可编程平台的终端厂商可以将 CMMB 终端改造成适合出口到其他国家或地区的移动电视终端,代表性的芯片为 DIB 10098。

据悉,目前北京地区 CMMB 手持电视业务可提供 CCTV-1、CCTV-新闻、CCTV-5、晴彩电影、BTV-1 和晴彩北京共 6 套节目。作为全国产品的"晴彩中国"免费 3 年,"晴彩 6 月"免费半年,作为区域产品的"晴彩电视"每月 12 元。其节目内容主打娱乐性和服务性,以 60%文化娱乐、20%资讯、10%人文、10%其他的节目形态呈现。

8.5.8 高清电视的接收

我国于 2000 年颁布了《高清晰度电视节目制作及交换用视频数值》标准 GY/T155—2000,该标准主要参考了国际电信联盟的建议书 ITU-R BT.709-3《节目制作及国际间节目交换用 HDTV 参数值》中的第二种方案——方型像素通用格式。该格式规定:我国 HDTV 采用分辨率为 1920×1080、帧频为 25 Hz 的隔行扫描方式,每帧总行数为 1125,所以行频为 28 125 Hz;标称信号带宽 30 MHz,取样频率 74.25 MHz;采用 8 或 10 bit 线性编码。8 bit 编码时,R、G、B、Y 黑电平为 16,标称峰值电平为 235,C_B、C_R 黑电平为 128,标称峰值电平为 16 和 240。10 bit 编码时,R、G、B、Y 黑电平为 64,标称峰值电平为 940,C_B、C_R 黑电平为 512,标称峰值电平为 64 和 960。

SDTV 信源压缩编码一直是采用 MPEG-2 标准的主类主级,码率由节目提供者根据节目质量来选定,一般为 5~15 Mb/s。图像质量越高,所需码率越高。

HDTV 信源压缩编码采用 MPEG-2 标准主类高级,码率可达 20 Mb/s 以上。如果采用高压缩率的编码技术,如 H.264 和我国的 AVS,压缩率可达 MPEG-2 的 2~3 倍,能减少传输带宽。

目前高清节目的卫星广播集中在 115.5°E 的中星 6B 卫星上转发:

(1) 4100 MHz、V 极化、27 500 kS/s 的转发器上的 CCTV 高清综合频道,免费。

(2) 3740 MHz、V 极化、27 500 kS/s 的转发器上的 CHC 高清电影频道,采用永新同方和天柏的 CA 系统。

(3) 4129 MHz、H 极化、13 300 kS/s 的转发器上的新视觉高清频道，采用 DVB - 8PSK 调制，采用上海文广数字付费电视平台(SiTV)和爱迪德 2 的 CA 系统。

央视高清北京地面广播在 33 频道，采用 MPEG - 2、AC - 3，主要技术参数 $C=1$，16QAM，$PN=595$，$R_i=0.8$，$M=720$，码率为 20.791 Mb/s。

高清机顶盒与标清机顶盒的主要区别在于解复用信源解码单芯片和共享存储器的不同。

高清机顶盒的解复用信源解码单芯片至少要支持 MPEG - 2 主类高级的解码，能支持 H.264、VC1、AVS 等多种标准当然更好。

共享存储器是 CPU 与解码器共享的存储器，为了存储在高清解码中生成的大量的处理数据，采用的 DDR SDRAM 芯片需要较高的速度和较大的容量，比如速度在 433 MHz 以上，总容量在 512 MB 以上，使用起来比较方便。

常用的高清解码芯片有 ST 公司的早期芯片 STi7710、支持 AVS 高清解码的 STi7106、博通公司的 BCM7405、科胜讯公司的 CX2417×、SIGMA 公司的 SMP8650、展讯通信的 SV6111、泰鼎公司的 Pro - SX 等。

8.6　数字电视的发展

8.6.1　数字电视发展概况

1. 国外数字电视发展情况

美、日、英等发达国家的数字电视普及较早。

美国政府自 2007 年 3 月起禁止销售模拟信号电视机，并给民众发放最高 80 美元的代金券购买机顶盒，同时通过数字电视教育和社区志愿者推广数字电视。美国 90％的电视台都制作高清节目，黄金时段播出的高清电视节目占到 85％。美国于 2009 年 6 月 12 日起关闭了模拟信号。

英国政府加强与数字平台运营商、设备制造商、零售商和消费者团体的合作，在整合资源、鼓励竞争、构建多元化市场等方面发挥了重要的作用。英国当局推出免费地面数字电视(Freeview)，用户可免费接收一些节目内容，并免费赠送机顶盒，成为电视数字化进程的重要推动力。英国天空卫视播出 26 个高清频道以吸引用户。英国计划到 2012 年完成电视数字化。

2009 年上半年，日本政府公布了"数字日本创新计划"纲要，把地面数字电视广播作为构建先进数字网络的重要组成部分，提出要强化支撑系统，并采取必要的措施提升在发送和接受方向的同步传输。在日本，电视台的演播室设备高清化已经达到了百分之百，转播高清比例超过 90％，日本卫星电视播出 10 个高清频道，地面电视播出 7 个高清频道，覆盖家庭超过 5000 万户。日本计划于 2011 年结束模拟信号发送(以上见参考文献[18])。

表 8 - 8 是 2008 年美国、德国、中国数字电视用户规模情况表。由表可以看出，我国的数字电视无论是用户规模还是数字电视在全国电视用户中所占的比例与发达国家相比差距都很大，特别是地面数字电视和卫星数字电视的建设还正在启动，差距更大。

表 8-8　2008 年美国、德国、中国数字电视用户规模情况表

国家	地面数字电视用户	有线数字电视用户	卫星数字电视用户	数字电视用户总计	全国电视用户	数字电视用户所占比例
美国	1246 万户	4000 万户	1620 万户	6866 万户	1.13 亿户	60.7%
德国	275 万户	379 万户	1320 万户	1996 万户	3767 万户	52.0%
中国		4450 万户		4450 万户	3.4 亿户	13.0%

2. 我国数字电视发展成果

近年来,国家实施了村村通工程、有线电视数字化工程、移动多媒体广播电视工程、地面数字电视工程,使我国数字电视广播事业发生了翻天覆地的变化(见参考文献[19])。

1) 村村通工程

村村通工程目前已完成全国 11.7 万个行政村"盲村"、10 万个 50 户以上自然村"盲村"的村村通建设任务,解决了近 1 亿多人听广播和看电视难的问题。通过直播卫星方式(见 8.3.8 节和 8.5.5 节)解决了 1230 万户、近 5000 万人的听广播和看电视难的问题。由于采用了直播卫星加密方式,因此可以实现对每个用户、每个机顶盒实行精细化管理和服务,为下一步推动广播电视户户通奠定了良好基础。

2) 有线电视数字化工程

全国已有 160 多个地市、460 多个县市完成了数字化整体转换,广西、海南、宁夏、江苏等省区的所有城市已完成整体转换。目前全国有线电视用户数达 1.74 亿,其中有线数字电视用户数超过 6500 万,占用户总数的 1/3 以上,有线数字电视呈快速发展势头。

3) 移动多媒体广播电视(CMMB)工程

CMMB 是我国自主创新的移动多媒体技术和标准(见 8.3.7 节),已经形成完整的产业链。全国已有 300 多个城市开通了 CMMB 信号,30 个省份完成了业务运营支撑系统建设和运营签约,并与中国移动一道,推动我国自主创新的 TD+CMMB 的融合发展。TD+CMMB 的融合发展,开启了我国具有自主知识产权的无线通信广播事业融合发展的新领域,是实践三网融合的有益探索,对于推进科技创新、带动国内消费、促进文化信息产业发展、满足人们多样多变多元精神文化需求、培育新的经济增长点,都具有重要的意义。

4) 地面数字电视工程

全国已有 100 多个城市开通了地面数字电视(见 8.3.6 节),为了保证公共服务,我国地面电视实行模拟与数字同播、标清与高清同播的方针,以避免因为技术升级而使目前收看模拟地面电视的用户接收不到电视信号。

5) 网络电视

互联网作为新兴媒体,具有很强的生命力和聚合力,它以"多对多,自传播"的方式,改变了广电"一对多,点对面"的传播模式,满足了信息时代人们获取信息的个性化的新需求。近年来,广电系统高度重视互联网等新媒体的发展,积极利用互联网的新途径、新方式,不断提升广播影视的传播力和影响力,大力推进了网络广播电视的发展。央视网、中国广播网和国际在线等网站的点击量快速增长,开播了中国网络电视台。

8.6.2 我国数字电视的发展措施和目标

1. 我国数字电视的发展措施（见参考文献[19]）

(1) 依靠科技进步和自主创新，推动跨越式发展。

随着数字技术、网络技术的快速发展，广播正向数字广播、网络广播、多媒体广播方向发展，电视正向数字电视、高清电视、超高清电视、网络电视、移动电视、下一代电视方向发展，广播电视网正向数字、双向、智能、多功能、全业务方向发展。要发挥科技进步的引领、带动、支撑和保障作用，以数字化、网络化为龙头，以自主创新为依托，改造广播影视的生产流程，提高生产效率和核心竞争力，加快推动我国具有自主知识产权的移动多媒体广播电视、地面数字电视、数字电影放映等技术的产业化进程，为广播影视发展开拓新空间，不仅为电视机、收音机等终端用户提供良好的节目内容服务，还要为手机、计算机、MP4等终端用户提供良好的节目内容服务，不断提高数字化的传播能力，实现广播影视面向多终端的全方位服务，满足不同受众对数字化传媒生态中内容的新需求。

(2) 注重结构调整和质量提高，推动广播电视由外延扩张向内涵提高方向转变。

要更加注重结构调整、品质提高、品牌建设、科技创新、产业发展和节能环保，合理配置资源，完善体制，加快推动广播电视传播方式从模拟单向传输向数字双向互动转变，加快推动运营模式由小规模分散经营向集约化、规模化方向转变，加快推动服务方式由简单单一服务向多样化的综合服务转变，培育一批充满活力、有竞争实力的骨干企业，打造具有自主知识产权、具有市场影响的文化品牌，不断提高广播电视服务水平和整体实力。

(3) 充分发挥智力、技术、管理等生产要素的重要作用。

要建立科学、规范的管理体制和激励机制，充分调动和发挥员工的积极性、主动性和创造性，广泛吸纳社会有识之士和专业人才，让一切劳动、知识、技术、管理等生产要素的活力竞相迸发，共同推动广播影视发展方式的转变。

(4) 构建现代传播体系。

要从我国基本国情出发，遵循各种传输手段的传播规律，统筹兼顾，明确定位，有序竞争，共赢发展，在实现公共服务均等化目标的基础上，着眼于高速、高清、互动、便携、移动等新业务、新业态、新服务，满足人民群众多层次、多样化的精神文化需求。

(5) 有线电视网由小网变大网、模拟变数字、单向变双向、标清变高清、事业变企业、由看电视变成用电视。

2. 我国广播电视的发展目标

胡锦涛总书记在党的十七届三中全会上明确提出：谁的传播手段先进、传播能力强大，谁的思想文化和价值观念就能更广泛地流传，谁就能更有力地影响世界。传播力决定影响力。

2009年，中共中央办公厅、国务院办公厅下发了24号文件（关于印发《2009—2020年我国重点媒体国际传播力建设总体规划》的通知），要求到2020年，在报刊、通讯社、广播电视和互联网等领域建成若干具有国际影响力的传媒集团，形成与我国经济社会发展水平和国际地位相称的媒体国际传播力。

思考题和习题

1. 填空题

(1) 信源编码是为了提高数字通信传输_____而采取的措施，是通过各种编码尽可能地_____信号中的冗余信息，以降低传输速率和减少传输频带宽度。

(2) 信道编码是为了提高数字通信传输的_____而采取的措施。为了能在接收端检测和纠正传输中出现的错误，在发送的信号中_____一部分冗余码。

(3) 卫星广播着重于解决_____。有线电视广播着重于解决城镇等人口居住稠密地区_____。而地面无线广播由于其所独具的简单接收和移动接收的能力，能够满足现代信息化社会的基本需求。

(4) MPEG-2规定的节目特定信息有_____、_____、_____、_____和_____5种。

(5) 系统复用时，最主要的工作是进行_____和_____。

(6) 数字通信系统为了达到_____和_____的最佳折衷，_____和_____都是必不可少的处理步骤。

(7) 本原 BCH 码的码长为_____。非本原 BCH 码的码长是_____。

(8) DVB-S 的前向纠错包括_____、_____、_____和_____四个部分。

(9) 交织分为_____交织和_____交织两种类型。

(10) 目前数字电视广播有三个相对成熟的标准制式：欧洲的_____、美国的_____和日本的_____。

(11) 根据奈奎斯特第一准则，实际通信系统中的最佳接收波形为_____信号。

(12) DVB-S2 采用外码为_____码、内码为_____码的 FEC 系统。

(13) 正交振幅调制 $MQAM$ 的电平数 m 和信号状态 M 之间的关系是_____。

(14) DVB-C2 提供_____、_____、_____、_____、_____、_____共 6 种星座模式。

(15) DVB-T 在 8 MHz 射频带宽内设置 1705(_____模式)或 6817(_____模式)个载波，将高数码率的数据流分解成低数码率的数据流。

(16) 对付突发误码的最好方法是采用_____技术将误码沿时间轴离散化，以均衡误码冲击能量。

(17) 我国地面数字电视标准有_____、_____、_____、_____、_____五种符号映射关系。

(18) 我国地面数字电视标准复帧分为_____、_____、_____、_____四层结构。

(19) 当前地面数字电视发展的主要任务是_____同播、_____同播、_____同播。

(20) CMMB 的星座映射采用了_____、_____和_____，同时进行 OFDM 调制。

2. 选择题

(1) 一个具有正常视觉的观众在距离高清晰度电视机大约是显示屏高度_____倍的地方所看到的图像质量应与观看原景象或表演时所得到的印象相同。

①2　　　　　②3　　　　　③4　　　　　④5

(2) 在一个码组集合中要检测 e 位错码，应使码组间的最小码距 $d_{\min} \geqslant$ _____。

① $e+1$　　　② $2t+1$　　　③ $t+e$　　　④ $t+e+1$

(3) 在一个码组集合中要纠正 t 位错码，应使码组间的最小码距 $d_{\min} \geqslant$ _____。

① $e+1$　　　② $2t+1$　　　③ $t+e$　　　④ $t+e+1$

(4) 在一个码组集合中要纠正 t 位错码，同时具有检测 e 位错码的能力，应使码组间的最小码距 $d_{\min} \geqslant$ _____。

① $e+1$　　　② $2t+1$　　　③ $t+e$　　　④ $t+e+1$

(5) DVB-C 采用的调制方式是 _____。

① QAM　　　② QPSK　　　③ OFDM　　　④ VSB

(6) DVB-S 采用的调制方式是 _____。

① QAM　　　② QPSK　　　③ OFDM　　　④ VSB

(7) DVB-T 采用的调制方式是 _____。

① 256QAM　　② BPSK　　　③ OFDM　　　④ VSB

(8) ATSC 采用的调制方式是 _____。

① QAM　　　② QPSK　　　③ OFDM　　　④ VSB

(9) ISDB-T 采用的调制方式是 _____。

① 256QAM　　② BPSK　　　③ OFDM　　　④ VSB

(10) 研究卷积码不采用的方法是 _____。

① 树状图　　　② 网格图　　　③ 状态图　　　④ 波形图

(11) 下列编码中 _____ 被称为 Turbo 码。

① SCBC　　　② PCBC　　　③ PCCC　　　④ SCCC

(12) DVB-T 中 _____ 不是导频。

① SP　　　　② CP　　　　③ TPS　　　　④ PLP

(13) 下列标准中，_____ 不采用外码为 BCH 码、内码为 LDPC 码的 FEC 系统。

① DVB-S2　　② DVB-C2　　③ DVB-T2　　④ CMMB

(14) 下列标准中，_____ 外编码不采用 RS(204，188) 码。

① DVB-S　　　② DVB-C　　　③ DVB-T　　　④ ATSC

(15) 我国地面数字电视标准的 FEC 码没有 _____ 这种码率。

① 0.2　　　② 0.4　　　③ 0.6　　　④ 0.8

(16) 我国地面数字电视标准的帧头模式中没有 _____ 个符号的帧头。

① 945　　　② 595　　　③ 420　　　④ 545

(17) ABS-S 标准中不能选择的成形滤波滚降因子是 _____。

① 0.1　　　② 0.2　　　③ 0.25　　　④ 0.35

(18) 与条件接收系统密钥无关的是 _____。

① CW　　　② SK　　　③ PDK　　　④ PSK

(19) 下列标准中，_____ 只有外编码而无内编码。

① DVB-S　　　② DVB-C　　　③ DVB-T　　　④ DVB-C2

(20) CMMB 采用 _____ 级联码作为其前向纠错码。

① RS 和 LDPC　② BCH 和 LDPC　③ RS 和卷积　　④ BCH 和 Turbo

3. 判断题

(1) 卷积码的监督码元只与本码组的信息码元有关。

(2) 系统码编码后的信息码元保持原样不变。

(3) 码流的随机化是将输入码流与伪随机二进制序列(PRBS)进行模 2 加。

(4) 随机化电路和去随机化电路是完全一样的。

(5) 卷积码在任何一个码组中的监督码元不仅与本组的 k 个信息码元有关，而且与前面 $N-1$ 段的信息码元有关。

(6) 通信系统中的最佳接收波形是方波。

(7) DVB-S2 只能处理 MPEG-2 传送流。

(8) DVB-C 采用差分编码映射，符号中两个最高有效位 I_k 和 Q_k 确定星座所在的象限。

(9) 正交频分复用(OFDM)是单载波调制。

(10) DVB-T 的连续导频(CP)分布在每 12 个载波中的第 12 个。

(11) DVB-T 系统的 2k 模式载波总数为 2048 个。

(12) 网格编码调制(TCM)是将纠错编码与调制分别设计并实现的。

(13) DVB-T2 是一种三层分级帧结构，基本元素为 T2 帧。

(14) ATSC 网格编码器中预编码器的作用是减少与模拟电视之间的同频干扰。

(15) ATSC 的 VSB 数据帧分成两个数据场，每场又有 313 个数据段。

(16) ISDB-T 采用了高强度时间交织实现数字电视地面移动接收。

(17) 我国地面数字电视标准的多载波模式有效子载波是 3780 个。

(18) CMMB 物理层总共 40 个时隙。

(19) 零中频方案调谐器的本振频率与输入信号频率相同。

(20) 模拟电视机通过一种叫机顶盒的接收转换装置来接收数字电视节目。

4. 问答题

(1) 怎样利用节目特定信息(PSI)找到节目的 TS 流？

(2) 电子节目指南的基本功能是什么？

(3) 系统复用最主要的工作是什么？

(4) 最小码距 d_{min} 与码的纠错和检错能力之间具有什么样的关系？

(5) 级联码用来纠正哪一类误码？一般是哪些码级联？是如何编码的？

(6) DVB-S 的前向纠错包括哪四个部分？

(7) 什么是扰码？有什么作用？

(8) 交织的作用是什么？常用的有哪两种方法？

(9) DVB-C2 与 DVB-C 标准的主要区别在哪里？

(10) COFDM 是如何防止多径干扰的？

(11) TCM 编码调制器由哪几部分组成？

(12) ISDB-T 采用了什么方法实现数字电视地面移动接收？

(13) 计算我国地面数字电视在帧头模式 2(PN595)、64QAM、FEC 码率＝0.4 时的净码率。

（14）CMMB 采用 RS(240，K)外编码，K 有哪几种取值？

（15）条件接收系统的安全性得到了哪三层保护？

（16）公共接口 CI 有什么用途？

（17）有线数字电视前端主要由哪些设备组成？

（18）STi5518 芯片内部有哪些存储器？有哪些存储器接口？

（19）STi5518 芯片是怎样进行条件接收的？

（20）数字电视中间件有什么用途？

缩略词与名词索引

AAC：Advanced Audio Coding，高级音频编码。

AACS：Advanced Access Content System，高级访问内容系统，一种内容和数字版权管理标准。

ABS－S：Advanced Broadcasting System－Satellite，先进卫星广播系统，直播星标准。

ACM：Adaptive Coding and Modulation，自适应编码调制。

AFPC：Automatic Frequency Phase Control，自动频率相位控制。

AGC：Automatic Gain Control，自动增益控制。

ALC：Automatic Light Compensation，自动光补偿。

ANC：Automatic Noise Constrain，自动噪波抑制。

APSK：Amplitude Phase Shift Keying，振幅相移键控。

ARQ：Automatic Repeat Request，检错重发。

ASK：Amplitude Shift Keying，幅移键控。

ASPEC：Adaptive Spectral Perceptual Entropy Coding of high quality music signals，高质量音频自适应频域感知熵编码。

ATFT：Adaptive Time Frequency Tiling，自适应时频分块。

ATM：Asynchronous Transfer Mode，异步转移模式。

ATSC：Advanced Television Systems Committee，美国的数字电视广播标准。

AVS：Audio Video coding Standard，中国数字音视频编解码国家标准。

AWGN：Additive White Gaussian Noise，加性高斯白噪声。

B 帧：Bidirectionally predicted picture，双向预测编码图像帧。

Basic Access，基本接入。

BAT：Bouquet Association Table，业务群关联表。

BD：Blue ray Disc，蓝光光盘。

BDA：Blue ray Disc Association，蓝光光盘协会。

Bi-Partite Graph，二分图(或 Tanner 图)。

B-ISDN：Broad-band ISDN，宽带综合业务数字网。

BS：Broadcast Service，广播服务。

BSS：Broadcast Statellite Services，卫星广播业务。

CABAC：Context-based Adaptive Binary Arithmetic Coding，基于上下文的自适应二进制算术编码。

CAS：Conditional Access System，条件接收系统。

CAT：Conditional Access Table，条件接收表。

CATV：Community Antenna Television System，公用天线电视系统。

CATV：Cable Television System，电缆电视系统。

CAVLC：Context-based Adaptive Variable Length Coding，基于上下文的自适应变长编码。

CBHD：China Blue High Definition disc，中国蓝光高清光盘。

CBR：Constant Bit Rate，固定数码率。

CCD：Charge Coupled Devices，电荷耦合器件。

CCIR：Consultative Committee for International Radio，国际无线电咨询委员会。

CD：Compact Disc Digital Audio，数字激光唱机。

CDF：Calendar Day Frame，日帧。

CDS：Correlated Double Sampling，相关双取样，一种 CCD 摄像机信号处理方法。

CELP：Code Excited Linear Prediction，码激励线性预测。

CI：Common Interface，公共接口。

CIF：Common Intermediate Format，通用中间格式。

CIRC：Cross Interleave Reed solomon Code，交叉交织里德-所罗门码。

CLCH：Control Logic CHannel，控制逻辑信道。

CMMB：China Mobile Multimedia Broadcasting，中国移动多媒体广播。

CMTS：Cable Modem Termination System，电缆调制解调器终端系统。

COFDM：Coded OFDM，编码正交频分复用。

Constraint Length，约束长度。

Convolutional Coding，卷积编码。

CP：Continual Pilots，连续导频。

CSC：Color Space Conversion，彩色空间转换。

CSF：Contrast Sensitivity Function，对比度敏感函数。

CSS：Content Scrambling System，内容扰乱系统，一种防止直接从盘片上复制文件的数据加密方案。

CT：Computed Tomography，计算机断层成像。

CTI：Color Transient Improvement，色度瞬态改善。

CVBS：Composite Video Blanking Synchronization，复合视频信号。

CW：Control Word，控制字。

D 帧：DC coded picture，直流编码帧。

DAB：Digital Audio Broadcasting，数字音频广播。

DBS：Direct Broadcasting Satellite，直播卫星。

D Cache：Data Cache，数据高速缓存器。

DCT：Discrete Cosine Transform，离散余弦变换。

descriptor，描述符。

DDNS：Dynamic Domain Name System，动态域名解析系统。

DIP：Direct Intra Prediction，直接帧内预测。

DIT：Discontinuity Information Table，间断信息表。

DPCM：Differential Pulse Code Modulation，差值脉冲编码调制。

DQPSK：Differential Quaternary Phase Shift Keying，差分四相相移键控。

DRA：Dynamic Resolution Adaptation，动态分辨率自适应，一种音频编码标准。

DRM：Digital Rights Management，数字版权管理。

DSM – CC：Digital Storage Media Command and Control，数字存储媒体命令和控制扩展协议。

DSNG：Digital Satellite News Gathering，卫星新闻采集。

DSP：Digital Signal Processor，数字信号处理器。

DTH：Direct To Home，直接到户。

DTS：Decode Time Stamp，解码时间印记。

DVB：Digital Video Broadcasting，欧洲的数字电视广播标准。

DVD：Digital Versatile Disc，数字多能光盘。

DWT：Discrete Wavelet Transform，离散小波变换。

ECM：Entitlement Control Message，授权控制信息。

EFM：Eight to Fourteen Modulation，8 – 14 比特变换调制。

EIT：Event Information Table，事件信息表。

EMI：External Memory Interface，外部存储器接口。

EMM：Entitlement Management Message，授权管理信息。

Encryption，加密。

Energy Dispersal，能量扩散。

EPG：Electronic Program Guide，电子节目指南。

EPON：Ethernet over Passive Optical Network，以太无源光网络。

Error Floors，差错平底特性。

ES：Elementary Stream，基本流。

ETSI：European Telecommunications Standards Institute，欧洲电信标准学会。

EVD：Enhanced Versatile Disc，增强型多能光盘。

FCS：Frame Closing Symbol，帧结束符号。

FEC：Forward Error Correction，前向纠错。

FEF：Future Extension Frame，未来扩展帧。

FFT：Fast Fourier Transformation，快速傅里叶变换。

FIM：Frame Integration Mode，帧积累方式。

FIR：Finite Impulse Response，有限脉冲响应。

FIT：Frame Interline Transfer，帧行间转移，面阵 CCD 的一种工作方式。

FPD：Flat Panel Display，平板显示器。

FSS：Fixed Satellite Service，固定卫星业务。

FT：Frame Transfer，帧转移，面阵 CCD 的一种工作方式。

GCFS：Green Checker Field Sequence，一种镶嵌式的滤色器名。

GF：Galois Field，伽罗华域。

GK：Gate Keeper，网闸。

GL：Gen Lock：台从锁相。

GoB：Group of Blocks，块组。

GoP：Group of Picture，图像组。

GoV：Group of Vop，视频对象平面组。

GPS：Global Positioning System，全球定位系统。

GUI：Graphical User Interface，图形用户接口。

GW：GateWay，网关。

H14L：High - 1440Level，高 1440 级。

HDB3：High Density Bipolar 3Zeros，3 阶高密度双极性码。

HDTV：High Definition Television，高清晰度电视。

HEC：Hybrid Error Correction，混合纠错。

HFC：Hybrid Fiber Coaxial，光纤同轴混合有线电视网络。

IIL：High Level，高级。

HP：High Profile，高类。

i：Interlacing，隔行(扫描)。

I 帧：Intra - coded picture，帧内编码图像帧。

I Cache：Instruction Cache，指令高速缓存器。

ICT：Integer Cosine Transform，整数余弦变换。

IEC：International Electrotechnical Commission，国际电工技术委员会。

IFFT：Inverse Fast Fourier Transformation，快速傅里叶反变换。

IIR：Infinite Impulse Response，无限脉冲响应。

Interleaving，交织。隔行(扫描)。

Intranet：企业网。

IRD：Integrated Receiver Decoder，综合接收解码器。

IS：Interactive Service，交互式服务。

ISDB：Integrated Services Digital Broadcasting，日本的数字电视广播标准。

ISDN：Integrated Services Digital Network，综合业务数字网。

ISI：Inter-Symbol Interference，码间干扰，符号间干扰。

ISO：International Organization for Standardization，国际标准化组织。

IT：Interline Transfer，行间转移，面阵 CCD 的一种工作方式。

ITU - R：International Telecommunications Union - Radio communications sector，国际电联无线电通信部门。

ITV：Interactive Television，交互式电视。

JPEG：Joint Photographic Experts Group，联合图片专家小组，常用静止图像压缩标准。

JVT：Joint Video Team，联合视频小组。

LAN：Local Area Network，局域网。

LC：Low Complexity profile，(MPEG - 2 AAC 的)低复杂度类。

LCD：Liquid Crystal Display，液晶显示器。

LDPC：Low Density Parity Check，低密度奇偶校验。

LFE：Low Frequency Enhancement，低频增强。

LFSR：Linear Feedback Shift Register，线性反馈移位寄存器。

LL：Low Level，低级。

LL：Line Lock，电源锁相。

LNBF：Low Noise Block Feed，馈源一体化的低噪声放大下变频器。

LSB：Least Significant Bit，最低有效位。

LTI：Luminance Transient Improvement，亮度瞬态改善。

MAP：Maximum Aposterriori Probability，最大后验概率。

MB：Macro Block，宏块。

MCPC：Multiple Channel Per Carrier，多路单载波。

MCU：Multi-point Control Unit，多点控制设备。

MDCT：Modified Discrete Cosine Transform，修正离散余弦变换。

Middleware，中间件。

MISO：Multiple Input Single Output，多个发送天线一个接收天线。

MJD：Modified Julian Date，修正的儒略日期。

ML：Main Level，主级。

MOPLL：Mixer-Oscillator Phase Lock Loop，混频器-振荡器锁相环。

MP：Main Profile，主类。

MPEG：Moving Pictures Experts Group，活动图像专家组，活动图像压缩标准。

MRI：Magnetic Resonance Imaging，核磁共振成像。

MSB：Most Significant Bit，最高有效位。

MSF：Multiplex Sub Frame，复用子帧。

Multicast，多播。

Multicrypt，多密。

Multiunicast，多路单播。

MUSICAM：Masking pattern adapted Universal Subband Integrated Coding And Multiplexing，掩蔽型自适应通用子频带综合编码与复用。

NAL：Network Abstraction Layer，网络抽象层。

NFCT：Next Frame Composition Table，下一帧成分表。

NIT：Network Information Table，网络信息表。

NTSC：National Television Systems Committee，国家电视制式委员会，美国模拟彩色电视制式。

OFDM：Orthogonal Frequency Division Multiplexing，正交频分复用。

OSD：On Screen Display，屏幕显示。

OTP：One Time Password，一次性密码。

p：Progressive，逐行扫描。

P 帧：Predictive – coded picture，预测编码图像帧。

PAL：Phase Alternation Line，逐行倒相，我国模拟彩色电视制式。

PAT：Program Association Table，节目关联表。

PCBC：Parallelly Concatenated Block Code，并行级联分组码。

PCCC：Parallelly Concatenated Convolutional Code，并行级联卷积码，Turbo 码。

PCM：Pulse Coding Modulation，脉冲编码调制。

PCMCIA：Personal Computer Memory Card International Association，个人计算机存储器卡国际协会。

PCR：Program Clock Reference，节目时钟基准。

PDK：Personal Distribution Key，个人分配密钥。

PDP：Plasma Display Panel，等离子显示器。

PER：Packet Error Rate，误包率。

PES：Packetized ES，打包基本流，分组基本码流。

PID：Packet IDentifier，包标识符。

Pilot Frequency，导频。

PIP：Picture In Picture，画中画。

PIT：Pre-scaled Integer Transform，带预缩放的整数变换。

PLL：Phase Lock Loop，锁相环。

PLP：Physical Layer Pipe，物理层管道。

PMS：Packetized Multiplexing Stream，打包的复用流。

PMT：Program Map Table，节目映射表。

PMU：Power Management Unit，功率管理单元。

PRBS：Pseudo Random Binary Sequence，伪随机二进制序列。

Primary Access，基群接入。

PS：Professional Service，专业服务。

PS：Program Stream，节目流。

PSI：Program Specific Information，节目特定信息。

PSTN：Public Switched Telephone Network，公用电话交换网。

PTS：Presentation Time Stamp，时间表示印记。

Punctured Convolutional Codes，收缩卷积码。

PVR：Personal Video Recorder，私人视频记录。

PWM：Pulse Width Modulation，脉宽调制器。

QAM：Quadrature Amplitude Modulation，正交幅度调制。

QoS：Quality of Service，服务质量。

QP：Quantization Parameter，量化参数。

QPSK：Quaternary Phase Shift Keying，四相相移键控。

QSS：Quasi Split Sound，音频准分离式。

RAS：Registration、Administration and Status，注册、允许和状态。

RLC：Run Length Coding，游程编码。

RoI：Region of Interest，感兴趣区域。

RRC：Roll off Raised Cosine，滚降升余弦。

RS：Reed-Solomon，里德-所罗门，一种编码名。

RSC：Recursive Systematic Convolutional，递归系统卷积码。

RS - PC：Reed Solomon Product Code，里德-所罗门乘积码。

RST：Running Status Table，运行状态表。

RSVP：ReSource reserVation Protocol，资源预留协议。

RTP：Real-time Transport Protocol，实时传输协议。

RTCP：Real-time Transport Control Protocol，实时传输控制协议。

SAWF：Surface Acoustic Wave Filter，声表面波滤波器。

SCBC：Serially Concatenated Block Code，串行级联分组码。

SCCC：Serially Concatenated Convolutional Code，串行级联卷积码。

SCL：Serial CLock，I^2C 接口时钟线。

Scrambling，加扰。

SCPC：Single Channel Per Carries，单路单载波。

SDA：Serial DAta，I^2C 接口数据线。

SDT：Service Description Table，业务描述表。

SDTV：Standard Definition Television，标准清晰度电视。

SECAM：法国模拟彩色电视制式国家标准。

SED：Surface-conduction Electron-emitter Display，表面传导电子发射显示器。

SI：Service Information，业务信息。

SIMD：Single Instruction Multiple Data，单指令多数据。

Simulcrypt，同密。

SIP：System In Package，系统级封装。

SISO：Single Input Single Output，一个发送天线一个接收天线。

SIT：Selection Information Table，选择信息表。

SK：Service Key，业务密钥。

SLCH：Service Logic CHannel，业务逻辑信道。

SMI：Shared Memory Interface，共享的存储接口。

SMPTE：Society of Motion Picture and Television Engineers，电影与电视工程师协会。

SMS：Subscriber Management System，用户管理系统。

SNRP：SNR scalable Profile，信噪比可分级类。

SP：Simple Profile，简单类。

SP：Scattered Pilots，散布导频。

SPA：Sum-Product Algorithm，和积算法，BP(Belief-Propagation)算法。

SRRC：Square Root Raised Cosine，平方根升余弦。

SSP：Spatially Scalable Profile，空间可分级类。

SSR：Scalable Sampling Rate profile，（MPEG - 2 AAC 的)取样率可分级类。

ST：Stuffing Table，填充表。

STB：Set Top Box，机顶盒。

S - TiMi：Satellite & Terrestrial interactive Multimedia infrastructure，卫星与地面交互式多媒体结构。

STM：Synchronous Transfer Mode，同步转移模式。

SVCD：Super VCD，超级 VCD。

TCM：Trellis Code Modulation，网格编码调制。

TCP/IP：Transmission Control Protocol/Internet Protocol，传送控制协议/因特网协议。

TDAC：Time Domain Aliasing Cancellation，时域折叠对消。

TDT：Time and Date Table，时间日期表。

TMCC：Transmission and Multiplexing Configuration Control，传输和复用配置控制。

TNS：Time-domain Noise Shaping，时域噪声整形。

TOT：Time Offset Table，时间偏移表。

TPS：Transmission Parameter Signaling，传输参数信令。

Trellis Code，网格编码。

TS：Transport Stream，传输流。

TSDT：Transport Stream Description Table，传送流描述表。

TSSOP：plastic Thin Shrink Small Outline Package，一种芯片封装形式。

TVP：Transient Voltage supPressor，瞬变电压抑制器，也称 TVS。

UART：Universal Asynchronous Receiver Transmitter，通用异步串行接口。

UHF：Ultra High Frequency，特高频，超高频，300～3000 MHz。

Unicast，单播。

Unvoiced Sound，清音。

UTC：Universal Time Co-ordinated，世界协调时。

UTP：Unshielded Twisted Pair，非屏蔽双绞线。

UVLC：Universal Variable Length Coding，通用的变字长编码。

UW：Unique Word，唯一字。

VBR：Variable Bit Rate，可变数码率。

VC－1：Video Codec One，视频编解码一号。

VCD：Video CD，数字视音光盘。

VCEG：Video Coding Experts Group，视频编码专家组。

VCL：Video Coding Layer，视频编码层。

VCM：Variable Coding and Modulation，可变编码调制。

VCO：Voltage Controlled Oscillator，压控振荡器。

VHF：Very High Frequency，甚高频，30～300 MHz。

VHFH：甚高频高频段，175.25～447.25 MHz。

VHFL：甚高频低频段，48.25～168.25 MHz。

VLC：Variable Length Coding，可变字长编码。

VLUT：Video Look Up Table，视频查找表。

VM：Velocity Modulation，扫描速度调制。

VO：Video Object，视频对象。

VoD：Video on Demand，视频点播。

Voiced Sound，浊音。

VOL：Video Object Layer，视频对象层。

VOP：Video Object Plane，视频对象平面。

VS：Video Sequence，视频序列。

VSB：Vestigial Side-Band，残留边带。

VSP：Video Signal Processor，视频信号处理器。

WAN：Wide Area Network，广域网。

WLAN：Wireless LAN，无线局域网。

参 考 文 献

[1] GB/T14857—1993. 演播室数字电视编码参数规范[S].

[2] GB/T17191—1997. 信息技术 具有 1.5Mbit/s 数据传输率的数字存储媒体运动图像及其伴音的编码[S].

[3] GB/T17975—2000. 信息技术 运动图像及其伴音信息的通用编码[S].

[4] GB/T17700—1999. 卫星数字电视广播信道编码和调制[S].

[5] GY/Z170—2001. 有线数字电视广播信道编码与调制规范[S].

[6] GY/Z174—2001. 数字电视广播业务信息规范[S].

[7] GY/Z175—2001. 数字电视广播条件接收系统规范[S].

[8] GB20600—2006. 数字电视地面广播传输系统帧结构、信道编码和调制[S].

[9] GD/JN01—2009. 先进广播系统-卫星传输系统帧结构、信道编码及调制：安全模式[S].

[10] GYT220.1—2006. 移动多媒体广播 第 1 部分：广播信道帧结构、信道编码和调制[S].

[11] GYT155—2000. 高清晰度电视节目制作及交换用视频数值[S].

[12] SJT11368—2006. 多声道数字音频编解码技术规范[S].

[13] 赵坚勇. 电视原理与系统. 西安：西安电子科技大学出版社，2004.

[14] 赵坚勇. 数字电视技术. 2 版. 西安：西安电子科技大学出版社，2011.

[15] 赵坚勇. 电视原理与接收技术. 北京：国防工业出版社，2007.

[16] 中国电子视像行业协会. 解读数字电视. 北京：人民邮电出版社，2008.

[17] 杨玉龙. 发展我国数字电视所存在的问题与建议[J]. 广播电视信息，2009(8)：43-46.

[18] 国务院发展研究中心"重点产业调整转型升级"课题组. 我国数字电视产业发展现状、问题和政策建议[J]. 发展研究，2009(11)：44-46.

[19] 张海涛. 坚持科技创新. 加快数字化进程，构建广播影视现代传播体系. [EB/OL][2010-03-22]http://www.dvbcn.com/50664.html.

[20] 耿束建，储原林. DVB-C2 标准简介[J]. 电视技术，2010(3)：7-8.

[21] 周晓，等. DVB-T2 标准的技术进展[J]. 电视技术，2009(5)：20-24.

[22] 施玉海，余方毅. LDPC 在 DVB-S2 中的应用[J]. 电视技术，2006(5)：81-84.

[23] 毕笃彦，等. 数字视频广播系统级复用器的设计与实现[J]. 电视技术，2002(2)：23-25.